高等学校 21 世纪规划教材

大学物理 上册

（第二版）

杨庆芬　张　闪　李同锴　主编

U0317004

中国铁道出版社有限公司
CHINA RAILWAY PUBLISHING HOUSE CO., LTD.

内 容 提 要

本书是大学工科物理教材,是 2007 年第一版的修订版.全书分上、下两册,上册内容包括力学、热学、电磁学;下册内容包括振动和波动、波动光学、近代物理基础.本书既是多年工科物理教学实践的一次总结,也是教学改革的一次尝试.

全书内容精练,难易适度,力图在有限的课时内完成大学物理基本内容的传授,同时又能扩大知识面,培养学生的创新能力.本书每章均附有阅读材料,在近代物理基础篇中加入了选学内容:原子核物理和粒子物理简介、广义相对论和宇宙学简介、高新技术物理基础.另外,为了能在传授知识的同时培养学生的科学素养,还选编了部分科学家简介.

本书适合作为高等院校理工科非物理类专业大学物理课程的教材,也可作为高校人文类专业的物理课程教材或参考书,亦可作为高校自学考试、函授教材.

图书在版编目(CIP)数据

大学物理. 上册/杨庆芬,张闪,李同锴主编.—
2 版. —北京:中国铁道出版社,2011.1(2024.2重印)
高等学校 21 世纪规划教材
ISBN 978-7-113-12332-1

Ⅰ.①大…　Ⅱ.①杨…②张…③李…　Ⅲ.①物理学-
高等学校-教材　Ⅳ.①04

中国版本图书馆 CIP 数据核字(2010)第 241563 号

书　　名:**大学物理·上册**
作　　者:杨庆芬　张　闪　李同锴

策划编辑:李小军
责任编辑:李小军　徐盼欣
封面设计:窦若仪　　　　　　　　　　封面制作:李　路
责任印制:樊启鹏

出版发行:中国铁道出版社有限公司(北京市西城区右安门西街 8 号　邮政编码:100054)
网　　址:http://www.tdpress.com/51eds/
印　　刷:三河市宏盛印务有限公司
版　　次:2007 年 1 月第 1 版　　2011 年 1 月第 2 版　　2024 年 2 月第 22 次印刷
开　　本:730mm×988mm　1/16　印张:22　字数:534 千
书　　号:ISBN 978-7-113-12332-1
定　　价:49.80 元

第二版前言

本教材（上册、下册）自 2007 年出版以来，经过四年的教学实践，在征求各方教材使用者意见的基础上，经过编写组成员的多次讨论，对一些内容进行了修订．主要的修订原则是简化定理的证明过程，突出物理思想；删除了部分与中学物理重复的内容；改写了部分章节，使其讲法更简练、明确；修改了原书中一些书写、印刷方面的错误和不当之处．

在修订过程中，使用本教材的各院校师生提出了许多宝贵意见，并参考了国内外一些优秀教材，在此向他们表示谢意．

除原参加编写工作的人员外，参加本教材上册、下册修订工作的还有：李洋、刘向民、申俊杰、郭宏凯、吴江文、侯召宇、冀建利、王锦仁．

本书中标有 ＊ 的部分为选学内容，各院校可根据实际情况进行取舍．

编　者

2010.9

第一版前言

本书内容符合国家教育部关于"高等教育面向 21 世纪教学内容和课程体系改革计划"的基本要求,是编者总结多年的教学实践经验,参照原国家教委颁发的《高等学校工科本科物理课程教学基本要求(1995 年修订版)》,为高等工科院校各专业而编写的大学物理课程教材.

本书在编写过程中,力求突出以下特点:

1. 教材体系合理完整,重点突出,内容全面. 在力学部分,为了提高起点,精简了部分内容,并及早地把矢量、微积分知识应用到物理中,培养学生用高等数学分析和解决物理问题的能力. 本书还对教学内容做了适当调整:振动和波动内容放在波动光学之前讲,从而使相位概念得到很好的衔接;狭义相对论内容放在了近代物理基础一篇中讲,这样更加符合物理学发展的时间顺序,突出了相对论和量子力学在近代物理中的两大理论支柱作用.

2. 在系统阐述基本概念、基本规律、基本方法的同时,加强了物理学思想方法的讲授,引导和培养学生的科学创新意识和科学素养. 本书在基本教学内容之外,在一些章节后面还附加了科学家简介和阅读材料,介绍了重要的物理学家的生平和主要科学贡献,以及一些科普知识,希望学生在扩大知识面的同时,在科学素养和思想境界方面也能获得教益.

3. 内容现代化. 在确保经典物理内容的同时,加大了近代物理部分的内容. 在第六篇中,除去需要讲授的狭义相对论和量子物理基础内容之外,还加入了选学内容:原子核物理和粒子物理简介、广义相对论和宇宙学简介、高新技术物理基础. 在编排这些选学内容时,为了突出物理图像的建立,剔除了繁琐的数学推导,力求做到浅显易懂,旨在扩大学生的知识面和激发求知欲. 另外,在附加的阅读材料内容中,还介绍了如混沌、孤子、磁悬浮、液晶等现代热点内容.

本教材分为上、下两册,共 21 章. 上册内容为力学、热学、电磁学,下册内容为振动与波动、波动光学、近代物理学. 本书由杨庆芬、张闪、李同锴主编,参加本书编写工作的有:杨庆芬、张闪、李同锴、乔治、吴文旺、张彦立、闫宗林、史严、崔建坡、王振彪、刘虎、赵秋宇.

江南大学李果华教授对全书进行了严格的审阅,提出了许多宝贵意见. 在此表示衷心的感谢.

在本书的编写过程中,参考和借鉴了一些国内外的同类优秀教材,使本书编者受益匪浅,在此一并表示诚挚的谢意.

由于编者水平有限,书中难免有许多错误和疏漏,恳请读者批评指正.

编　者

2006.8

目　录

第二篇　热　　学

第三篇　电　磁　学

绪　　论

物理学是研究物质结构、物质相互作用和运动形态的一门学科. 物理学的研究目的在于认识物质运动的基本性质和相互转化规律,揭示物质不同层次的内部结构. 物理学作为一门自然科学,在科学技术发展中发挥着极其重要的作用;物理学也是一门理论与实践高度结合的科学,它有一套全面系统的科学研究方法. 因此,学好物理学,对每个将要从事科学技术工作的人来说都是非常重要的.

一、物理学的发展

16 世纪以前,人们对物理学的知识还只是零碎的,物理学还未能形成一门独立学科. 进入 16 世纪以后,随着数学的进步和新的实验手段的出现,物理学得到迅速发展,成为一门独立的学科. 之后,物理学的发展经历了以下的历程:

(1)1619 年,开普勒的行星三定律(即轨道定律、面积定律和周期定律)建立. 启示人们必须对观测数据进行理论分析,才能找到事物运动的内在规律.

(2)1638 年,伽利略的《两门新科学的对话》出版,其中讨论了惯性原理、自由落体运动、斜面上物体的运动、抛射体的运动等问题. 创立了对物理现象进行实验研究并把实验方法与数学方法和逻辑论证相结合的科学方法,有力地促进了物理学的发展.

(3)1687 年,牛顿出版《自然哲学的数学原理》. 牛顿在书中系统总结了万有引力定律和牛顿运动三定律,并运用微积分建立了经典力学完整而严密的优美体系,这是物理学史上第一次大的知识综合,标志着经典力学体系的建立.

(4)到 19 世纪 50 年代,在对蒸汽机效率的深入研究过程中,建立了热力学第一和第二定律,从而奠定了经典热力学的基础. 同时,经典统计热力学把热运动的宏观现象和微观机制联系起来,在力学规律的基础上揭示了新的统计规律,这是经典物理学的又一次大综合.

(5)19 世纪是人类的电磁学世纪. 库仑、奥斯特、安培、法拉第等人在电、磁及电磁相互作用等方面的重大发现奠定了现代电工学的基础;麦克斯韦总结了电磁现象的基本规律,建立了经典电磁场理论,揭示了电、磁、光现象的统一性,完成了经典物理学的第三次大综合.

(6)20 世纪初,量子论和相对论相继建立,物理学在微观领域和高速领域的研究全面展开,进入了近代物理的新纪元.

今天,物理学的研究范围迅速扩大,并且仍在不断深入,人们在粒子物理学、原子核物理学、凝聚态物理学、原子分子物理学、光学、等离子体物理学、生物物理学、宇宙学和各个交叉学科中,都在不断地取得令人瞩目的成就.

二、物理学与科学技术

物理学的发展与科学技术和生产技术的提高有着十分密切的关系. 在过去的几百年中,物理学研究的重大突破直接导致了科学技术的飞跃发展. 17 世纪,由于力学和热学理论的发展和不断完善,以蒸汽机为代表的各种动力设备相继问世,极大地促进了生产力的发展,被称为第一次技术革命;19 世纪,电磁理论的发展直接促成了以电力和无线通信为标志的第二次技术革命,把人类带入了电气时代;20 世纪,半导体、计算机、核磁共振、激光等技术的发明则是量子力学微观理论的直接成果,被称为信息革命的第三次技术革命正在对人类的生产生活产生着巨大影响.

当然,科学技术的进步也反过来推动着物理学的发展. 例如,蒸汽机发明之后,人们在对其效率的研究中总结出了热力学第二定律,从而使热学理论进一步完善;计算机的飞速发展,使计算物理异军突起,成为与理论物理、实验物理鼎足而立的一个分支;没有加速器和对撞机技术的不断研发,也就没有粒子物理的深入研究.

应当指出的是,迄今的大多数工程技术,包括航空航天技术,仍然以经典物理学为基础;而 20 世纪 30 年代以来,磁性材料、超导体、电子显微镜、激光、核能、纳米材料等方面的技术已密切依赖于以相对论和量子物理为基石的近代物理学了. 因此,对于将来的工程技术人员,要掌握现代生产技术就必须具备一定的物理知识.

三、物理学的研究方法

在物理学的发展过程中,还积累了十分有效的研究方法,这些研究方法对人类认识世界的贡献甚至不亚于物理知识本身.

深入观察现象,抓住主要因素进行实验;对观测结果进行分析,提出假设,建立模型;在模型基础上应用数学工具形成理论;在实践中检验和修正理论,这就是物理学的研究方法. 这也是人们公认的科学研究的一般方法,在其他科学领域和工程实际中,这种研究方法常常起到理论指导作用.

在物理学研究中,还经常用到演绎法、归纳法、定性和半定量分析甚至直觉和想象力. 无论采用何种手段和方法,有一点是不变的,这就是实践是检验真理的唯一标准. 实验是物理学理论之源,也是检验理论的最终标准. 实验是指把自然界和生产实践中的物理现象在人工控制的条件下有选择、有控制地再现,以便掌握其中规律性的联系. 实验结论可以用数学定量描述,实验过程可以由任何人重新实现,这是物理实验的显著特点,也是物理理论令人信服的力量所在.

在物理学的研究中,物理模型起着非常重要的作用. 物理模型是以客观原型为依据,突出反映原型中对所研究问题起决定作用的因素,忽略其他因素而建立的理论模型. 物理模型具有广泛的适用性;另一方面,物理模型是对客观原型的近似描写,有一定的适用条件和适用范围. 在学习中,这一点必须充分理解.

物理学始终贯彻实事求是的精神,在它的发展过程中,总是不断根据新的观测事实对物理学理论进行修正,甚至重新建立新的理论.因此,物理学是一门充满活力和不断创新的学科.

学习物理,不但要学习知识,还要学习物理学中的科学态度和研究方法,正确的态度和方法可以使人受益终身.正如结构生物学家米歇尔所说:"对我影响最大的是我的物理老师,她教我如何思考问题,避免走弯路,使我的思想具有逻辑性."

四、学习物理的几点建议

物理学是大学理工科各专业的一门重要的基础课,应该牢固掌握物理学的基本理论知识和基本研究方法,为专业知识的学习打下必要的理论基础.为此提出如下建议:

(1)在学习物理知识的同时,要注意物理思想和方法的学习.物理学中用来解决问题的方法和手段,不仅对处理物理学本身的问题有用,而且对处理相关学科的问题也具有指导意义.

(2)注意培养自己科学的思维方法和抽象的思维能力.运用物理学的思想和方法,提高自己分析问题和解决问题的能力,增强创新能力,从而在今后的学习和工作中立于不败之地.

(3)注意培养科学素养,确立正确的人生态度.在学习物理的过程中,物理学家们实事求是、不断探索、为科学献身的崇高思想和高尚品德也应该是我们学习的内容.只有确立终身为科学技术事业而奋斗的人生信念,并且不断探索和攀登,才有希望到达光辉的顶点.

让我们以1999年3月召开的第23届国际纯粹与应用物理联合会(IUPAP)代表大会通过的决议作为结束语.

(1)物理学是一项激动人心的智力探险活动,它鼓舞着年轻人,并扩展着我们关于大自然知识的疆界.

(2)物理学发展着未来技术进步所需的基本知识,而技术进步将持续驱动着世界经济发动机的运转.

(3)物理学有助于技术的基本建设,它为科学进步和发明的利用,提供所需训练有素的人才.

(4)物理学在培养化学家、工程师、计算机科学家以及其他物理科学和生物医学科学工作者的教育中,是一个重要的组成部分.

(5)物理学扩展和提高我们对其他学科的理解,诸如空间科学、地球科学、农业科学、化学、生物学、环境科学以及天文学和宇宙学(这些学科对世界上所有民族都是至关重要的).

(6)物理学提供发展应用于医学的新设备和新技术所需的基本知识,如计算机层析术(CT)、磁共振成像、正电子发射层析术、超声波成像和激光手术等,改善了我们生活的质量.

第一篇　力　学　基　础

力学是物理学的一个分支,物理学的建立就是从力学开始的. 以牛顿定律为基础的经典力学是整个物理学的理论基础,经典力学的创立对其他学科的发展影响深远. 近代物理中的相对论力学和量子力学的形成都受到经典力学的影响,它们的许多概念和思想都是经典力学概念和思想的发展与改造. 不仅如此,经典力学的基础研究不断深化和丰富了人类对基本自然规律的认识,不断为其他学科的发展提供认识工具. 目前,经典力学的物理内容仍在深化,经典力学在与其他学科的前沿交叉处迅速发展,形成了多种新的力学分支学科.

经典力学不仅具有很强的基础性,同时又具有广泛的应用性. 在一般的工程技术领域,诸如机械工程、土建与水利工程、爆炸工程、抗震工程、航空与航天技术以及航海技术等,经典力学仍保持着充沛的活力,它的实用性也是我们学习经典力学的一个重要原因.

力学的研究对象是物体的机械运动. 经典力学研究的是弱引力场中宏观物体的低速运动. 通常把经典力学分为运动学和动力学. **运动学只研究物体运动的规律,不涉及运动状态变化的原因. 动力学则研究物体间的相互作用及其对物体运动的影响.** 本书经典力学的内容包括质点运动学、质点动力学和刚体力学三部分.

第一章　质点运动学

机械运动是指物体的位置随时间的改变．机械运动是最简单、最基本的运动．研究物体机械运动的规律首先要知道如何描述机械运动．本章主要阐述三个问题：一是如何描述质点的运动状态，强调矢量描述方法，介绍不同坐标系中运动的描述；二是运动方程问题，这是运动学的核心问题，着重讲解应用运动方程处理运动学问题的物理思想和方法；三是运动描述的相对性问题，介绍经典力学的坐标变换、速度变换和加速度变换，了解经典力学的时空观．

§1-1　参考系与坐标系　质点

一、参考系与坐标系

宇宙中的任何物体都处于永恒的运动中，绝对静止的物体是不存在的．运动是绝对的，但运动的描述却是相对的．同一个物体相对于不同的参考标准可能具有不同的运动状态，因此，要描述物体的运动状态，需要先说明选取的参考标准才有意义．例如，坐在行进中列车上的人相对于车厢来说是静止的，但相对于地面来说却是运动的．为描述一个物体的位置及其运动而选择的参考标准叫做**参考系**．

同一物体的运动，由于所选的参考系不同，对其运动的描述就会不同．从地面上看来铅直下落的雨点，在行驶着的火车车厢里的旅客看来却是向后倾斜的．因此，当我们研究某一物体的运动时，必须明确指出这种运动是相对于哪一个参考系来说的，否则就无法确定物体的运动情况．

从运动的描述来说，参考系的选择主要取决于问题的性质和研究的方便，是完全任意的．在研究地面上物体的运动时，若不作特别说明，均选地面或相对地面静止的物体作为参考系．若要研究宇宙飞船绕太阳的运动，则应选太阳作为参考系．

参考系选定后，为了定量地描述物体的运动规律，就必须在参考系上建立适当的**坐标系**．在力学中常用的是直角坐标系，根据需要，我们也可以选用极坐标系、自然坐标系、球坐标系等．一般把坐标系的原点和轴固定在参考系上，运动物体的位置就由它在坐标系中的坐标值决定．这样，物体相对于坐标系的运动也就是相对于参考系的运动．当参考系选定后，物体运动的性质、轨道形状等也就确定了，且不会因为坐标系的选择不同而有所不同．坐标系选择得当，可以使计算简化．

二、质点

任何物体均有形状及大小，但在有些问题中，物体的形状及大小对问题的讨论影响不大,可以忽略．这时便可将物体抽象成为一个只有质量而无形状大小的几何点,这样的点称为**质点**．由两个或两个以上质点所组成的系统称为**质点系**．

一个物体能否被看做质点须视研究问题的性质而定．一般而言,当物体的尺度远小于它运动的空间范围时,物体上的每一点的运动情况均可视为相同,就可以把这个物体看做一个质点．又如所研究的问题不涉及物体的转动及形变,这时也可将物体视为一个质点．什么样的物体可以视为质点,要由所研究问题的具体条件来定．例如,当研究地球绕太阳公转规律时,由于地球直径(1.28×10^4 km)比地球到太阳的距离(1.50×10^8 km)小得多,因而可以忽略地球的线度和形状,这时可将地球视为质点;但若研究地球的自转时,显然就不能将地球视为质点了,必须把它视为球体．因此,如果物体的形状和大小对我们所研究的问题影响很小,我们就可把物体看做质点．

质点只是在几何上作为一个点来处理,但它并不是一个纯粹的点,它仍然是一个物体,具有质量、动量、能量等各种物理属性,只不过这些量不是分布在有限的体积范围内而是集中在一个几何点上．

如果物体在所研究的问题中不能被视为质点,则可设法将它分割成许多个线度极小的质量元,质量元中每一点的运动均可认为相同,这时质量元便可视为质点;而整个物体则可视为质点系．也就是说,质量连续分布的物体可以当做质点系来处理．

质点是一个理想化模型．在物理中常常用理想模型来代替实际研究的对象,以突出主要因素,这在一定条件下简化了问题的处理,突出了主要矛盾．这是物理学中常用的研究方法．

§1-2　运动的描述

一、位置矢量

设一质点相对于选定的参考系运动,为了描述质点的位置随时间的变化,首先选取一个坐标系,最常见的是直角坐标系,参看图 1-1.

设 t 时刻质点位于空间的 P 点,则 P 点的位置可由三个坐标 x、y、z 来确定,即 $P(x, y, z)$;还可以采用矢量表示法,即从坐标原点 O 到 P 点的有向线段 $\overrightarrow{OP} = r$ 来表示,矢量 r 叫做**位置矢量**,简称位矢．位矢 r 的大小等于原点 O 到 P 点之间的距离,方向由 O 点指向 P 点,相应地,坐标 x、y、z 也就是位矢 r 在直角坐标轴上的三个分量．

在直角坐标系中,位矢 r 可以表示成

$$r = x\boldsymbol{i} + y\boldsymbol{j} + z\boldsymbol{k} \tag{1-1}$$

图 1-1　直角坐标系中物体的位置

式中,i、j、k 分别表示沿 x、y、z 三个坐标轴的单位矢量. 位矢的大小 r 由下式决定

$$r=|\boldsymbol{r}|=\sqrt{x^2+y^2+z^2} \tag{1-2}$$

位矢 $\boldsymbol{r}$ 的方向由下述方向余弦决定

$$\cos\alpha=\frac{x}{r}, \quad \cos\beta=\frac{y}{r}, \quad \cos\gamma=\frac{z}{r}$$

式中,α、β、γ 分别表示位矢 $\boldsymbol{r}$ 与 x、y、z 三个坐标轴的夹角.

二、运动方程

当质点运动时,质点的空间位置将随时间而变化,这时质点的位矢 $\boldsymbol{r}$ 是时间 t 的函数. 表示位矢随时间变化的函数式称为**运动方程**,可以写作

$$\boldsymbol{r}=\boldsymbol{r}(t) \tag{1-3a}$$

在直角坐标系中,运动方程表示为

$$x=x(t), y=y(t), z=z(t) \tag{1-3b}$$

质点的运动方程描述了质点的运动规律. 已知质点的运动方程,就可以求出质点在任意时刻的位置,确定质点在任意时刻的速度和加速度,还可以由各时刻的坐标值描述出质点在空间的运动路线. 我们把运动质点在空间所经过的路径称为**轨道**,它是位矢 $\boldsymbol{r}$ 的末端随时间变化而描绘出的一条连续曲线. 从运动方程中消去 t 即可得到**轨道方程**.

由上可知,运动方程表明 $\boldsymbol{r}$ 与 t 的函数关系,而轨道方程则是位置坐标 x、y、z 之间的关系式,两者是不同的.

例如,已知某质点的运动方程为

$$x=A\cos\omega t, \quad y=A\sin\omega t, \quad z=0$$

式中,A、ω 均为常量. 从 x、y 两式中消去 t 后得轨道方程

$$x^2+y^2=A^2, \quad z=0$$

以上两式表示质点在 $z=0$ 的平面内做以原点为中心、半径为 A 的圆周运动.

三、位移

要研究质点的运动,不仅要知道它的位置,更重要的是要知道它的位置变化. 设质点沿图 1-2 所示的曲线 AB 运动,在时刻 t,质点位于 A 点,位置矢量为 $\boldsymbol{r}_A$,在时刻 $t+\Delta t$,质点运动到 B 点,位置矢量为 $\boldsymbol{r}_B$. 我们定义:由始点 A 到终点 B 的有向线段 $\overrightarrow{AB}$ 为质点在时间 Δt 内的**位移矢量**,简称位移,即

$$\overrightarrow{AB}=\boldsymbol{r}_B-\boldsymbol{r}_A=\Delta\boldsymbol{r} \tag{1-4}$$

位移 $\Delta\boldsymbol{r}$ 反映了质点位置的变化,质点在某一时间内的位移等于同一时间内位置矢量的增量. 位移是矢量,它的大小等于始点和终点之间的距离,其方向由始点指向终点.

图 1-2 曲线运动中的位移

必须注意，位移是描述质点位置变化的物理量，它仅仅表示质点在一段时间内位置变化的总效果，它并不代表质点实际所通过的路程．在图 1-2 中，A 到 B 的轨迹的长度是质点的路程 Δs，而位移 Δr 是有向线段 $\overrightarrow{AB}$，它的大小 $|\Delta r|$ 为割线 AB 的长度．一般来说，$|\Delta r| \neq \Delta s$，仅在 $\Delta t \to 0$ 时，才有 $|dr| = ds$．即使在直线运动中，位移和路程也是两个不同的概念．质点只有做单向直线运动时，才有 $\Delta s = |\Delta r|$．

在直角坐标系中，位移的表达式为

$$\Delta \boldsymbol{r} = (x_2 - x_1)\boldsymbol{i} + (y_2 - y_1)\boldsymbol{j} + (z_2 - z_1)\boldsymbol{k} = (\Delta x)\boldsymbol{i} + (\Delta y)\boldsymbol{j} + (\Delta z)\boldsymbol{k} \tag{1-5}$$

位移的模为

$$|\boldsymbol{r}| = \sqrt{(x_2 - x_1)^2 + (y_2 - y_1)^2 + (z_2 - z_1)^2} \tag{1-6}$$

位置矢量和位移在量值上都表示长度，国际单位制（SI）中单位为米，符号为 m.

四、速度

研究质点的运动时，不仅要知道质点的位移，还需知道质点运动的快慢程度和方向，为此我们引入速度这一物理量．

如图 1-2 所示，在时刻 t 到 $t + \Delta t$ 的这段时间内，质点的位移为 Δr．定义 Δr 与 Δt 的比值为质点在 Δt 时间内的**平均速度**，即

$$\bar{\boldsymbol{v}} = \frac{\overrightarrow{AB}}{\Delta t} = \frac{\Delta \boldsymbol{r}}{\Delta t} \tag{1-7}$$

平均速度是矢量，其方向与位移 Δr 的方向相同，大小为 $\dfrac{|\Delta r|}{\Delta t}$．

平均速度仅反映了质点在某一段时间内位移的平均变化，而在 Δt 时间内，质点各个时刻的运动情况不一定相同，质点运动的快慢和方向也是可以不断变化的．

为了精确地描述质点在某一时刻或某一位置的运动情况，我们可将 Δt 无限地减小，当 $\Delta t \to 0$ 时，$\dfrac{\Delta r}{\Delta t}$ 将趋近于一个确定的极限矢量，这个极限矢量确切地描述了质点在某时刻或某一位置时质点运动的快慢程度和方向．我们定义质点在 t 时刻的**瞬时速度**（以下简称**速度**）为

$$\boldsymbol{v} = \lim_{\Delta t \to 0} \frac{\Delta \boldsymbol{r}}{\Delta t} = \frac{d\boldsymbol{r}}{dt} \tag{1-8}$$

瞬时速度等于当时间趋近于零时平均速度的极限值，即**速度等于位置矢量对时间的一阶导数**．

速度是矢量，具有大小和方向．速度的方向就是在 t 时刻质点的运动方向，当 Δt 趋近于零时，由位移 Δr 的极限方向确定，即沿质点所在处轨道的切线方向，并指向质点前进的一方．

为了描述质点运动的快慢，我们引入了一个叫做**速率**的物理量．速率是标量，它描述质点所经历路程变化的快慢，而不考虑质点运动的方向．如图 1-2 所示，质点在

Δt 时间内所行经的路程为曲线段 AB，其长度为 Δs，Δs 与 Δt 的比值就称为在时间 Δt 内质点的**平均速率**，即

$$\bar{v} = \frac{\Delta s}{\Delta t} \tag{1-9}$$

平均速率是标量，而平均速度是矢量，这是两个不同的物理量，即使是平均速度的量值与平均速率也不一定相等．例如，在某一段时间内质点环行了一个闭合路径，显然质点的位移等于零，平均速度为零，而质点的平均速率则不等于零．但在 $\Delta t \to 0$ 的极限条件下，曲线 AB 的长度 Δs 与直线 AB 的长度 $|\Delta r|$ 相等，即在 $\Delta t \to 0$ 时，$\mathrm{d}s = |\mathrm{d}r|$，所以

瞬时速率

$$v = \lim_{\Delta t \to 0} \frac{\Delta s}{\Delta t} = \frac{\mathrm{d}s}{\mathrm{d}t} = \lim_{\Delta t \to 0} \frac{|\Delta r|}{\Delta t} = |v| \tag{1-10}$$

即瞬时速度的大小即为瞬时速率．

在直角坐标系中，由于

$$r = x\boldsymbol{i} + y\boldsymbol{j} + z\boldsymbol{k}$$

所以，速度 v 可表示为

$$v = \frac{\mathrm{d}r}{\mathrm{d}t} = \frac{\mathrm{d}x}{\mathrm{d}t}\boldsymbol{i} + \frac{\mathrm{d}y}{\mathrm{d}t}\boldsymbol{j} + \frac{\mathrm{d}z}{\mathrm{d}t}\boldsymbol{k} = v_x\boldsymbol{i} + v_y\boldsymbol{j} + v_z\boldsymbol{k} \tag{1-11}$$

式中

$$v_x = \frac{\mathrm{d}x}{\mathrm{d}t}, \quad v_y = \frac{\mathrm{d}y}{\mathrm{d}t}, \quad v_z = \frac{\mathrm{d}z}{\mathrm{d}t}$$

是速度在 x、y、z 轴的分量．可见，速度 v 在三个坐标轴上的分量等于相应坐标对时间的一阶导数．速度的大小也可以表示为

$$v = |v| = \sqrt{v_x^2 + v_y^2 + v_z^2} \tag{1-12}$$

速度的方向由下述方向余弦确定

$$\cos\alpha = \frac{v_x}{|v|}, \quad \cos\beta = \frac{v_y}{|v|}, \quad \cos\gamma = \frac{v_z}{|v|}$$

式中，α、β、γ 分别表示速度 v 与 x、y、z 三个坐标轴的夹角．

在国际单位制(SI)中速度的单位是米每秒，符号 $\mathrm{m \cdot s^{-1}}$．

五、加速度

在一般情况下，质点的运动速度是在改变的，不但速度的大小可以改变，方向也可以改变，为了描述质点速度的变化情况，我们引入加速度这个物理量．

如图 1-3 所示，质点在 t 时刻位于 A 点，速度为 v_A，在 $t + \Delta t$ 时刻，质点到达

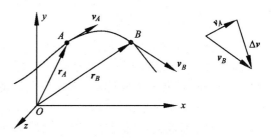

图 1-3　速度的增量

B 点，速度为 v_B，则在时间 Δt 内质点速度的增量为

$$\Delta v = v_B - v_A$$

我们把速度的增量 Δv 与其所经历的时间 Δt 之比称为质点在时间 Δt 内的**平均加速度**，即

$$\bar{a} = \frac{\Delta v}{\Delta t} \tag{1-13}$$

平均加速度是矢量，其方向与速度增量 Δv 的方向相同，大小为 $\frac{|\Delta v|}{\Delta t}$，它表示时间 Δt 内速度 v 随时间的平均变化率．平均加速度只能粗略地描述一段时间内速度变化的大致情况，而不能精确描述质点在某一时刻速度的变化情况．为了精确地描述质点在任一时刻 t 或任一位置处的速度变化情况，我们引入瞬时加速度的概念．

我们把当时间 $\Delta t \to 0$ 时平均加速度的极限值，定义为质点在某时刻或某位置的**瞬时加速度**（简称**加速度**），其数学表达式为

$$a = \lim_{\Delta t \to 0} \frac{\Delta v}{\Delta t} = \frac{\mathrm{d}v}{\mathrm{d}t} = \frac{\mathrm{d}^2 r}{\mathrm{d}t^2} \tag{1-14}$$

即加速度是速度随时间的变化率，加速度等于速度矢量对时间的一阶导数，或位置矢量对时间的二阶导数．

在直角坐标系中，加速度可表示为：

$$a = a_x i + a_y j + a_z k \tag{1-15}$$

其中，a_x、a_y、a_z 分别是加速度 a 的三个分量

$$a_x = \frac{\mathrm{d}v_x}{\mathrm{d}t} = \frac{\mathrm{d}^2 x}{\mathrm{d}t^2}$$

$$a_y = \frac{\mathrm{d}v_y}{\mathrm{d}t} = \frac{\mathrm{d}^2 y}{\mathrm{d}t^2} \tag{1-16}$$

$$a_z = \frac{\mathrm{d}v_z}{\mathrm{d}t} = \frac{\mathrm{d}^2 z}{\mathrm{d}t^2}$$

加速度的大小是

$$a = |a| = \sqrt{a_x^2 + a_y^2 + a_z^2} \tag{1-17}$$

加速度的方向由下述方向余弦确定

$$\cos \alpha = \frac{a_x}{|a|}, \quad \cos \beta = \frac{a_y}{|a|}, \quad \cos \gamma = \frac{a_z}{|a|}$$

式中，α、β、γ 分别表示加速度 a 与 x、y、z 三个坐标轴的夹角．

加速度是矢量，加速度的方向就是当 $\Delta t \to 0$ 时速度增量 Δv 的极限方向．加速度 a 的方向与该时刻速度 v 的方向一般是不相同的．当质点做匀变速直线运动时，加速度与速度的方向在同一直线上，a 与 v 同方向，质点做加速运动；a 与 v 反方向，质点做减速运动．质点做曲线运动时，加速度总是指向轨迹凹的一边．如果速率逐渐增加，则 a 与 v 成锐角（如图 1-4（a）所示）；如果速率逐渐减小，则 a 与 v 成钝角（如图 1-4（b）所

示);如果速率不变,则 **a** 与 **v** 成直角(如图 1-4(c)所示).

在国际单位制(SI)中加速度的单位是米每二次方秒,用符号 m·s^{-2} 表示.

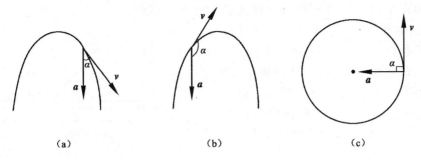

图 1-4　曲线运动中加速度的方向

六、运动学中的两类基本问题

1. 第一类问题

若已知质点的运动学方程,则可通过求导来计算质点的速度和加速度,这类问题称为第一类问题,它是计算速度与加速度的一种基本方法.

例 1-1　已知某质点的运动学方程为 $r=5i+15t^2j-10k$,求:(1)$t_1=1$ s 到 $t_2=2$ s 时间内质点的位移;(2)在 $t_1=1$ s 时的速度和加速度.

解　(1)根据定义得

$t_1=1$ s 时　　　$r_1=5i+15j-10k$

$t_2=2$ s 时　　　$r_2=10i+60j-10k$

位移　$\Delta r=r_2-r_1=(10-5)i+(60-15)j+[(-10)-(-10)]k$
　　　　$=5i+45j$

(2)根据定义可以求出任意时刻 t 质点的速度矢量、加速度矢量

$$v=\frac{\mathrm{d}r}{\mathrm{d}t}=5i+30tj$$

$$a=\frac{\mathrm{d}v}{\mathrm{d}t}=30j$$

将 $t_1=1$ s 代入,即可求出该时刻质点的速度、加速度

$$v=5i+30j,\quad a=30j$$

它们的大小为

$$v=|v|=\sqrt{5^2+30^2}\ \mathrm{m\cdot s^{-1}}=30.41\ \mathrm{m\cdot s^{-1}},\quad a=|a|=30\ \mathrm{m\cdot s^{-2}}$$

速度矢量的方向余弦为

$$\cos\alpha=\frac{5}{30.41}=0.164,\quad \cos\beta=\frac{30}{30.41}=0.987,\quad \cos\gamma=\frac{0}{30.41}=0$$

质点运动的加速度与时间无关，等于恒量，$a = 30 \text{ m} \cdot \text{s}^{-2}$，方向为沿 y 轴正方向．

例 1-2 在离水面高 h 的岸上，有人用绳拉船靠岸，如例 1-2 图所示．设人以匀速率 v_0 收绳，试求：当船距岸边 x_0 时，船的速度和加速度的大小各是多少？

例 1-2 图

解 建立坐标系如例 1-2 图所示，设任意时刻绳长为 l，船处于 x 位置．船在运动过程中，l 和 x 均是 t 的函数．由题意可知，收绳过程中 l 随时间减小，故

$$v_0 = -\frac{\mathrm{d}l}{\mathrm{d}t}$$

且满足关系

$$l^2 = x^2 + h^2$$

对上述关系两边求导得

$$2l\frac{\mathrm{d}l}{\mathrm{d}t} = 2x\frac{\mathrm{d}x}{\mathrm{d}t}$$

则船运动的速度为

$$v = \frac{\mathrm{d}x}{\mathrm{d}t} = -\frac{l}{x}v_0 = -\frac{\sqrt{x^2 + h^2}}{x}v_0$$

对速度求导即可得到船运动的加速度

$$a = \frac{\mathrm{d}v}{\mathrm{d}t} = -\frac{v_0}{x^2}\left(x\frac{\mathrm{d}l}{\mathrm{d}t} - l\frac{\mathrm{d}x}{\mathrm{d}t}\right) = -\frac{h^2 v_0^2}{x^3}$$

代入 x_0 即得船在该处的速度和加速度

$$v = -\frac{\sqrt{h^2 + x_0^2}}{x_0}v_0$$

$$a = -\frac{h^2 v_0^2}{x_0^3}$$

因为 $x > 0$，所以 $v < 0$，这表明船的速度方向与选定的 x 轴正方向相反．同理，$a < 0$，船的加速度方向也和选定的 x 轴正方向相反．v、a 同方向，表示船做变加速直线运动．

2. 第二类问题

若已知质点的加速度（或速度）及初始条件（$t = 0$ 时的速度和位矢），则可通过积分运算来计算质点的速度或位矢，这类问题称为第二类问题，它是计算速度或位矢的另一种基本方法．

例 1-3 已知质点做匀加速直线运动，加速度为 a，求这个质点的运动方程．

解 由定义 $a = \dfrac{\mathrm{d}v}{\mathrm{d}t}$ 得

$$\mathrm{d}v = a\mathrm{d}t$$

设 $t=0$ 时，$v=v_0$，将上式两边积分

$$\int_{v_0}^{v} dv = \int_{0}^{t} a dt = a \int_{0}^{t} dt$$

由此可得

$$v = v_0 + at \tag{1}$$

式(1)就是确定质点在匀加速直线运动中速度 v 的时间函数式.

又由定义

$$\frac{dx}{dt} = v = v_0 + at$$

设 $t=0$ 时，$x=x_0$，将上式变形后两边积分

$$\int_{x_0}^{x} dx = \int_{0}^{t} (v_0 + at) dt$$

可得

$$x = x_0 + v_0 t + \frac{1}{2} at^2 \tag{2}$$

式(2)就是在匀加速直线运动中确定质点位置的时间函数式，也就是质点的运动方程.

此外，若把加速度改写为

$$a = \frac{dv}{dt} = \frac{dv}{dx}\frac{dx}{dt} = v\frac{dv}{dx}$$

移项并对两边积分

$$\int_{x_0}^{x} a dx = \int_{v_0}^{v} v dv$$

可得

$$v^2 = v_0^2 + 2a(x - x_0) \tag{3}$$

式(3)就是做匀加速直线运动中质点坐标 x 和速度 v 之间的关系式.

例 1-4　一位跳伞运动员在跳伞过程中的加速度 $a = A - Bv$，式中 A、B 均为大于 0 的常量，v 为任意时刻的速度. 设初始时刻的速度为 0，求任意时刻的速度表达式.

解　本题已知加速度求速度，亦属第二类问题. 取运动员开始下落位置为坐标原点建立坐标轴，并取竖直向下为正向. 由题意知

$$\frac{dv}{dt} = a = A - Bv$$

分离变量求积分得

$$\int_{0}^{v} \frac{dv}{A - Bv} = \int_{0}^{t} dt$$

由积分公式 $\int \frac{dx}{a+bx} = \frac{1}{b}\ln(a+bx) + c$ ，求解上式得

$$v = \frac{A}{B}(1 - e^{-Bt})$$

例 1-5 质点做直线运动,初速度为零,初始加速度为 a_0,质点出发后,每经过时间 τ,加速度均匀增加 b. 求经过 t 时间后,质点的速度和位移.

解 由题意知,加速度和时间的关系为

$$a = a_0 + \frac{b}{\tau}t = \frac{\mathrm{d}v}{\mathrm{d}t}$$

$$\int_0^v \mathrm{d}v = \int_0^t \left(a_0 + \frac{b}{\tau}t\right)\mathrm{d}t$$

解得速度为

$$v = a_0 t + \frac{b}{2\tau}t^2$$

由于 $v = \frac{\mathrm{d}x}{\mathrm{d}t}$,设 $t = 0$ 时,$x_0 = 0$,有

$$\int_0^x \mathrm{d}x = \int_0^t v\mathrm{d}t$$

$$x = \frac{1}{2}a_0 t^2 + \frac{b}{6\tau}t^3$$

§1-3 曲线运动的描述

一、运动的叠加原理

运动的叠加性也是运动的一个重要特征. 图 1-5 所示为用每 1/30 s 照明小球一次的频闪仪拍摄的两个小球运动路径的照片. 在同一时刻,同一高度,使一个球竖直下落,另一个球被水平抛射. 可以看出,尽管两个球在水平方向上的运动不同,但它们在竖直方向上,在相同的时间内,下落的高度总是相同的,即两球总是同时落地的. 这表明虽然两球的运动轨迹不同,但在竖直方向上的运动是相同的. 被水平抛射出去的球,水平方向的运动对其竖直方向的运动是没有影响的. 由此可见,抛体运动正是由水平方向和竖直方向两种运动(它们彼此独立)叠加而成.

图 1-5 两个小球的频闪观测照片

大量实验事实证明,一个运动可以看成是几个同时进行的各自独立的简单运动的叠加. 这就是**运动叠加原理**. 或者说,任何一个方向的运动,都不会因为其他方向的运动是否存在而受到影响. 运动叠加原理也称为**运动的独立性原理**.

二、斜抛运动

从地面上某点向空中抛出一物体,它在空中的运动就称为**抛体运动**. 抛体运动是一种平面曲线运动.

当抛体以速度 v_0 沿仰角 θ 的方向斜抛出去后,若不计空气阻力,则物体在整个运动过程中,只有一个铅直向下的重力加速度 g. 如图1-6,若取抛射点为坐标原点,沿水平方向和竖直方向分别为 x 轴和 y 轴,从抛出时刻开始计时,$t=0$ 时,物体位于原点. 则物体在整个运动过程中的加速度为

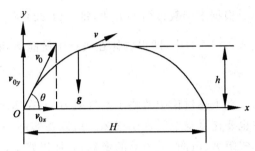

图 1-6 斜抛运动的轨迹

$$a_x = 0, \quad a_y = -g \tag{1-18}$$

利用初始条件

$$x_0 = 0, \quad v_{0x} = v_0 \cos\theta$$
$$y_0 = 0, \quad v_{0y} = v_0 \sin\theta$$

可求出物体在空中任意时刻的速度为

$$v_x = v_{0x} = v_0 \cos\theta$$
$$v_y = v_0 \sin\theta - gt \tag{1-19}$$

由 $v = \dfrac{\mathrm{d}r}{\mathrm{d}t}$,可得物体的运动方程为

$$\begin{cases} x = \displaystyle\int_0^t v_x \mathrm{d}t = v_0 t\cos\theta \\ y = \displaystyle\int_0^t v_y \mathrm{d}t = v_0 t\sin\theta - \dfrac{1}{2}gt^2 \end{cases} \tag{1-20}$$

运动方程的矢量形式为

$$r = (v_0 t\cos\theta)i + \left(v_0 t\sin\theta - \dfrac{1}{2}gt^2\right)j \tag{1-21}$$

由上式可以看出,抛体运动是由沿 x 轴的匀速直线运动和沿 y 轴的匀变速直线运动叠加而成的.

消去式(1-20)中的 t,可得

$$y = x\tan\theta - \frac{g}{2v_0^2\cos^2\theta}x^2 \tag{1-22}$$

这就是斜抛物体的轨迹方程,它表明在略去空气阻力的情况下,抛体在空间所经历的路径为抛物线.

在式(1-22)中,令 $y=0$,可得抛物线与 x 轴的一个交点的坐标为

$$H = \frac{v_0^2 \sin 2\theta}{g} \tag{1-23}$$

这就是抛体的射程. 从上式可看出, 在给定初速度 v_0 的情况下, 射程 H 是抛射角 θ 的函数. 要想射得最远, 可令 $\sin 2\theta = 1$, 即在 $\theta = 45°$ 时射程最大.

根据求函数极值的方法, 将式(1-22)对 x 求导, 并令 $\dfrac{\mathrm{d}y}{\mathrm{d}x} = 0$, 可得 $x = \dfrac{v_0^2 \sin 2\theta}{2g}$, 将它代入式(1-22)中, 即得物体在飞行中所能达到的最大高度

$$h = \frac{v_0^2 \sin^2 \theta}{2g} \tag{1-24}$$

在上述讨论中忽略了空气阻力, 但在实际中, 空气阻力往往不能忽略, 实际射程往往也要比真空中射程小很多. 所以在实际中, 除了要以上述式子为基础外, 还要考虑空气阻力、风向、风力等的影响, 并加以修正, 才能得到抛体运动的正确结果.

三、圆周运动及其描述

圆周运动是一种常见的曲线运动. 当质点沿固定的圆周轨迹运动时称为圆周运动. 如机械上的轮子绕固定轴转动时, 它上面(中心轴除外)的所有点都在做圆周运动. 同时, 圆周运动又是一种重要的曲线运动. 当质点做一般的曲线运动时, 虽然它的运动轨迹可以是各种形状, 但是根据数学知识, 过曲线上任意一点都能做一个曲率圆与曲线相切, 相切点附近的一小段可以认为是曲率圆的一部分, 因此一般的曲线运动可以看成是由一系列半径不同的圆周运动组合而成的. 所以, 圆周运动是讨论一切曲线运动的基础.

1. 切向加速度和法向加速度

设质点做圆周运动, 时刻 t 在圆周上 A 点的速度为 v, 如图 1-7 所示. 由于质点的运动速度总是沿轨迹的切线方向, 如果用 $\boldsymbol{\tau}$ 表示沿切线方向的单位矢量, 则速度 v 可表示为

$$\boldsymbol{v} = v\boldsymbol{\tau} \tag{1-25}$$

式中, $\boldsymbol{\tau}$ 是随时间变化的, 因为圆周轨迹上各不同点的切线方向是不同的.

我们讨论一般的情况, 质点做圆周运动时, 速度的大小和方向均发生改变, 由式(1-25), 可得质点在 t 时刻的加速度 $\boldsymbol{a}$ 为

$$\boldsymbol{a} = \frac{\mathrm{d}\boldsymbol{v}}{\mathrm{d}t} = \frac{\mathrm{d}v}{\mathrm{d}t}\boldsymbol{\tau} + v\frac{\mathrm{d}\boldsymbol{\tau}}{\mathrm{d}t} \tag{1-26}$$

从上式可以看出, 加速度 $\boldsymbol{a}$ 具有两个分矢量. 其中第一项 $\dfrac{\mathrm{d}v}{\mathrm{d}t}\boldsymbol{\tau}$ 是一个与切向平行的矢量, 是由于切向速度的大小变化而引起的沿切向方向的加速度, 称为**切向加速度**, 用 $\boldsymbol{a}_\tau$ 表示, 有

$$\boldsymbol{a}_\tau = \frac{\mathrm{d}v}{\mathrm{d}t}\boldsymbol{\tau}, \quad a_\tau = |\boldsymbol{a}_\tau| = \frac{\mathrm{d}v}{\mathrm{d}t} \tag{1-27}$$

式(1-26)中的第二项 $v\dfrac{\mathrm{d}\boldsymbol{\tau}}{\mathrm{d}t}$ 是由于速度的方向随时间变化而引起的,可以证明 $v\dfrac{\mathrm{d}\boldsymbol{\tau}}{\mathrm{d}t}$ 是一个与切线方向相垂直的矢量,称作**法向加速度**,用 $\boldsymbol{a}_n$ 表示.

下面计算 $\boldsymbol{a}_n$ 的大小和方向. 如图 1-8(a)所示,时刻 t,质点位于圆周上点 A,其速度为 $\boldsymbol{v}_1$,速度方向的单位矢量为 $\boldsymbol{\tau}_1$,经过 Δt 时间后,质点运动到 B 点,其速度为 $\boldsymbol{v}_2$,速度方向的单位矢量为 $\boldsymbol{\tau}_2$. 在 Δt 时间间隔内,位矢 $\overrightarrow{OA}$ 转过的角度为 $\Delta\theta$,速度增量为 $\Delta\boldsymbol{v}=\boldsymbol{v}_2-\boldsymbol{v}_1$,速度方向单位矢量的增量为 $\Delta\boldsymbol{\tau}=\boldsymbol{\tau}_2-\boldsymbol{\tau}_1$,如图 1-8(b)所示.

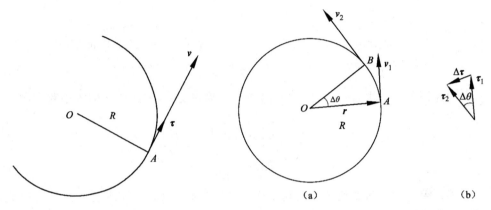

图 1-7 切向单位矢量 $\boldsymbol{\tau}$ 图 1-8 切向单位矢量随时间变化率 $\mathrm{d}\boldsymbol{\tau}/\mathrm{d}t$

根据几何关系有:

$$\frac{\overline{AB}}{R}=\frac{|\Delta\boldsymbol{\tau}|}{|\boldsymbol{\tau}_1|}$$

由于 $|\boldsymbol{\tau}_2|=|\boldsymbol{\tau}_1|=1$,法向加速度的大小为:

$$|\boldsymbol{a}_n|=v\left|\frac{\mathrm{d}\boldsymbol{\tau}}{\mathrm{d}t}\right|=v\lim_{\Delta t\to 0}\left|\frac{\Delta\boldsymbol{\tau}}{\Delta t}\right|=\lim_{\Delta t\to 0}\frac{v}{R}\frac{\overline{AB}}{\Delta t}=\lim_{\Delta t\to 0}\frac{v}{R}\frac{\Delta s}{\Delta t}=\frac{v^2}{R}$$

$\boldsymbol{a}_n$ 的方向是 $\Delta\boldsymbol{\tau}$ 的极限方向,因为当 $\Delta t\to 0$ 时,$\Delta\theta\to 0$,所以 $\Delta\boldsymbol{\tau}$ 的极限方向与 $\boldsymbol{\tau}$ 垂直,即趋于与 $\boldsymbol{v}$ 垂直,指向圆心. 若我们把沿矢径而指向圆心的单位矢量称为法向单位矢量 $\boldsymbol{n}$(如图 1-9 所示),则**法向加速度 $\boldsymbol{a}_n$** 为:

$$\boldsymbol{a}_n=\frac{v^2}{R}\boldsymbol{n},\quad a_n=|\boldsymbol{a}_n|=\frac{v^2}{R} \tag{1-28}$$

于是加速度 $\boldsymbol{a}$ 为

$$\boldsymbol{a}=\frac{\mathrm{d}v}{\mathrm{d}t}\boldsymbol{\tau}+\frac{v^2}{R}\boldsymbol{n} \tag{1-29}$$

由此可见,圆周运动的加速度可分解成相互正交的切向分量 $\boldsymbol{a}_\tau$ 和法向分量 $\boldsymbol{a}_n$(如图 1-10 所示),其中切向加速度的大小 $\dfrac{\mathrm{d}v}{\mathrm{d}t}$ 表示质点速率变化的快慢,法向加速度的大小 $\dfrac{v^2}{R}$ 表示质点速度方向变化的快慢.

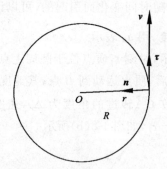

图 1-9 法向单位矢量 **n**
与切向单位矢量 **τ** 相垂直

图 1-10 切向加速度和法向加速度

在变速圆周运动中,由于速度的方向和大小都在变化,加速度 **a** 的大小和方向为

$$a = \sqrt{a_\tau^2 + a_n^2} = \sqrt{\left(\frac{\mathrm{d}v}{\mathrm{d}t}\right)^2 + \left(\frac{v^2}{R}\right)^2} \tag{1-30}$$

$$\tan\varphi = \frac{a_n}{a_\tau} \tag{1-31}$$

上述结果虽然是从变速圆周运动中得出的,但对一般的曲线运动也都是适用的.此时可以把一段足够小的曲线看成是一段圆弧,计算中用该圆弧的曲率半径 ρ 代替圆的半径 R.一般说来,曲线上各点处的曲率中心和曲率半径是逐点变化的,但法向加速度 a_n 处处指向曲率中心.

质点运动时,如果法向加速度和切向加速度都不为零,则表示速度的方向和大小都在变化,这是一般曲线运动的特征.质点运动时,如果只有法向加速度不为零而切向加速度为零,则速度只改变方向而不改变大小,这是匀速曲线运动;如果只有切向加速度不为零而法向加速度为零,则速度不改变方向只改变大小,这就是变速直线运动.

2. 圆周运动的角量描述

质点做圆周运动时,也常用角位移、角速度和角加速度等角量来描述.

(1)角位置 θ 和角位移 $\Delta\theta$.

设一质点在 xOy 平面内绕原点 O 做半径为 R 的圆周运动,如图 1-11 所示.设 t 时刻质点位于 A 点,此时半径 OA 与 x 轴夹角为 θ,则 θ 称为 A 点的**角位置**.角位置是随时间变化的,即 $\theta = \theta(t)$,质点沿圆周运动时,它在任意时刻 t 的位置则可用角位置 θ 来确定.在 $t + \Delta t$ 时刻,质点到达 B 点,B 点的角位置为 $\theta + \Delta\theta$,则 $\Delta\theta$ 表示质点在 Δt 时间内角位置的变化,称为质点在 Δt 时间内的**角位移**.角位移不但有大小而且有转向,一般规定沿逆时

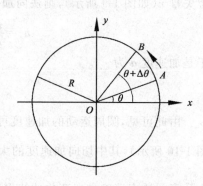

图 1-11 质点在 xOy 平面内做圆周运动

针转向取正值,沿顺时针转向取负值．在国际单位制中,角位移的单位是弧度(rad)．

（2）角速度 ω．

仿照直线运动的描述方法,把角位移 $\Delta\theta$ 与时间 Δt 之比称为在 Δt 时间内质点对 O 点的**平均角速度**,以 $\bar{\omega}$ 表示,即

$$\bar{\omega} = \frac{\Delta\theta}{\Delta t}$$

当 $\Delta t \to 0$ 时,平均角速度 $\bar{\omega}$ 的极限值称为质点在 t 时刻的**瞬时角速度**,简称**角速度**,以 ω 表示,即

$$\omega = \lim_{\Delta t \to 0} \frac{\Delta\theta}{\Delta t} = \frac{\mathrm{d}\theta}{\mathrm{d}t} \tag{1-32}$$

角速度等于做圆周运动质点的角位置对时间的一阶导数．角速度是描述质点做圆周运动时,在时刻 t 相对于圆心 O 转动快慢的物理量．在圆周运动中,质点的角速度也可以看成是标量,它的正负决定于质点的运动方向(一般规定沿逆时针转向取正值,沿顺时针转向取负值)．在国际单位制中角速度的单位是弧度每秒(rad·s^{-1})．

（3）角加速度 β．

设质点在 t 时刻的角速度为 ω,$t+\Delta t$ 时刻的角速度变为 $\omega+\Delta\omega$,则角速度的增量 $\Delta\omega$ 与时间 Δt 之比称为在 Δt 这段时间内质点对 O 点的**平均角加速度**,以 $\bar{\beta}$ 表示,即

$$\bar{\beta} = \frac{\Delta\omega}{\Delta t}$$

当 $\Delta t \to 0$ 时,平均角加速度 $\bar{\beta}$ 的极限值称为质点在 t 时刻的**瞬时角加速度**,简称**角加速度**,以 β 表示,即

$$\beta = \lim_{\Delta t \to 0} \frac{\Delta\omega}{\Delta t} = \frac{\mathrm{d}\omega}{\mathrm{d}t} = \frac{\mathrm{d}^2\theta}{\mathrm{d}t^2} \tag{1-33}$$

角加速度等于做圆周运动质点的角速度对时间的一阶导数,也等于质点的角位置对时间的二阶导数．角加速度是描述质点做圆周运动时,在时刻 t 相对于圆心 O 角速度变化快慢的物理量．在圆周运动中,质点的角加速度也可以看成标量,当质点沿圆周做加速运动时,β 与 ω 同号;做减速运动时,β 与 ω 异号;做匀速运动时,ω 为常量,β 等于零;当质点做匀变速圆周运动时,β 为常量．在一般情况下,β 不是常量．在国际单位制(SI)中角加速度的单位是弧度每二次方秒(rad·s^{-2})．

（4）用角量表示的运动方程．

质点做匀速圆周运动时,角速度 ω 为常量,角加速度 β 等于零,用角量表示的匀速圆周运动的运动方程与匀速直线运动的方程类似,为

$$\theta = \theta_0 + \omega t \tag{1-34}$$

当质点做匀变速圆周运动时,角加速度 β 为常量,用角量表示的匀变速圆周运动的运动方程与匀变速直线运动的方程类似,为

$$\theta = \theta_0 + \omega_0 t + \frac{1}{2}\beta t^2 \tag{1-35}$$

$$\omega = \omega_0 + \beta t \tag{1-36}$$

$$\omega^2 = \omega_0^2 + 2\beta(\theta - \theta_0) \tag{1-37}$$

其中式(1-35)称为**运动方程**,式(1-36)称为**角速度公式**,式(1-37)是**角速度与角位移的关系式**. 式(1-35)、(1-36)、(1-37)中的 θ、θ_0、ω、ω_0、β 分别表示质点的角位置、初角位置、角速度、初角速度和角加速度. 质点的圆周运动还可以是变加速的,这时角加速度就是变量了.

3. 角量与线量的关系

位矢、位移、速度、加速度等称为**线量**,而角位置、角位移、角速度、角加速度等称为**角量**. 质点做圆周运动时,既可以用线量来描述,也可以用角量来描述,显然角量与线量之间存在着某种对应关系. 如图 1-11 所示,设圆的半径为 R,在时间 Δt 内质点的角位移为 $\Delta\theta$,则质点在时间 Δt 内的线位移就是有向线段 $\overrightarrow{AB}$,当 $\Delta t \to 0$ 时,A 与 B 的弧长 Δs 与 $\overrightarrow{AB}$ 的长度可视为相等,即

$$\Delta s = |\overrightarrow{AB}| = R\Delta\theta$$

所以质点的速度 v 可表示为

$$v = \lim_{\Delta t \to 0} \frac{\Delta s}{\Delta t} = \lim_{\Delta t \to 0} R\frac{\Delta\theta}{\Delta t} = R\omega \tag{1-38}$$

由上式,并按切向加速度和法向加速度的定义,可得

$$a_\tau = \frac{dv}{dt} = R\frac{d\omega}{dt} = R\beta \tag{1-39}$$

$$a_n = \frac{v^2}{R} = v\omega = R\omega^2 \tag{1-40}$$

式(1-38)、(1-39)、(1-40)就是描述圆周运动角量与线量之间的关系的表达式,在分析各种力学问题时经常用到.

例 1-6 一质点以角速度 $\omega = b - ct$ 沿逆时针方向做半径为 R 的圆周运动,式中 b 和 c 均为正常量. 求:(1)任意时刻质点加速度的大小和方向;(2)角速度为零时质点沿圆周运动了多少圈.

解 (1)由已知 $\omega = b - ct$ 可得

$$a_n = R\omega^2 = R(b - ct)^2 \tag{1}$$

$$a_\tau = R\frac{d\omega}{dt} = -Rc \tag{2}$$

切向加速度 $a_\tau < 0$,说明是减速圆周运动. 由(1)和(2)式可得加速度的大小为

$$a = \sqrt{a_\tau^2 + a_n^2} = R\sqrt{c^2 + (b - ct)^2}$$

加速度与切向轴之间的夹角设为 θ,则

$$\tan\theta = \frac{a_n}{a_\tau} = -\frac{(b - ct)^2}{c}$$

即 θ 为钝角.

（2）由角速度定义 $\omega=\dfrac{\mathrm{d}\theta}{\mathrm{d}t}$ 得

$$\int_{\theta_0}^{\theta}\mathrm{d}\theta=\int_0^t\omega\mathrm{d}t=bt-\frac{1}{2}ct^2$$

即

$$\theta-\theta_0=bt-\frac{1}{2}ct^2 \tag{3}$$

由 $\omega=b-ct=0$ 可解出 $t=\dfrac{b}{c}$，代入式（3）得

$$\theta-\theta_0=\frac{b^2}{2c}$$

质点转动的圈数为

$$n=\frac{\theta-\theta_0}{2\pi}=\frac{b^2}{4\pi c}$$

例 1-7　一质点沿半径为 0.1 m 的圆周运动，其角位置 $\theta=2+4t^3$（SI），见例 1-7 图．求：（1）$t=2$ s 时，质点的法向加速度和切向加速度；（2）角位置 θ 为何值时，该质点的加速度与半径成 45°角．

解　（1）由角速度定义，有 $\omega=\dfrac{\mathrm{d}\theta}{\mathrm{d}t}=\dfrac{\mathrm{d}}{\mathrm{d}t}(2+4t^3)=12t^2$，

所以法向加速度　　$a_n=\omega^2R=(12t^2)^2\times0.1=14.4t^4$

切向加速度　　$a_\tau=\dfrac{\mathrm{d}v}{\mathrm{d}t}=\dfrac{\mathrm{d}}{\mathrm{d}t}(R\omega)=2.4t$

将 $t=2$ s 代入以上两式，分别得到

$$a_n=230.4\ \mathrm{m\cdot s^{-2}},\quad a_\tau=4.8\ \mathrm{m\cdot s^{-2}}$$

例 1-7 图

（2）当合加速度与半径成 45°角时，应有 $a_n=a_\tau$，即 $14.4t^4=2.4t$，解得 $t^3=\dfrac{1}{6}$，代回运动方程，得

$$\theta=2+4t^3=2+4\times\frac{1}{6}\ \mathrm{rad}=2.67\ \mathrm{rad}$$

§1-4　相 对 运 动

质点运动的描述是相对的，在不同参考系中，同一个运动质点的位矢、位移和速度都是不同的，这种情况在日常生活中经常遇到．例如，在无风的雨天里，静止于地面的观察者看到雨滴从空中竖直落下，而坐在行进着的汽车里的观察者所看到的雨滴是向后倾斜落下，车速愈快，倾斜角度愈大．下面就来研究某一质点相对于两个不同参考系的运动情况．

现把两参考系抽象为两直角坐标系 $Oxyz$（S 系）和 $O'x'y'z'$（S' 系）．下面的讨论

仅限于两坐标系的相应坐标轴在运动中总保持互相平行的情况,如图 1-12 所示.

设 S' 系的坐标原点 O' 相对于 S 系的坐标原点 O 的位矢为 $\boldsymbol{r}_{O'O}$,质点 A 在空间运动,某时刻相对 S 系的位矢为 $\boldsymbol{r}_{AO}$,相对于 S' 系的位矢为 $\boldsymbol{r}_{AO'}$.则根据空间几何关系,显然有

$$\boldsymbol{r}_{AO} = \boldsymbol{r}_{AO'} + \boldsymbol{r}_{O'O}$$

将上式两边对时间 t 求一阶导数得

$$\frac{\mathrm{d}\boldsymbol{r}_{AO}}{\mathrm{d}t} = \frac{\mathrm{d}\boldsymbol{r}_{AO'}}{\mathrm{d}t} + \frac{\mathrm{d}\boldsymbol{r}_{O'O}}{\mathrm{d}t}$$

根据速度定义,上式可写作

$$\boldsymbol{v}_{AO} = \boldsymbol{v}_{AO'} + \boldsymbol{v}_{O'O} \qquad (1\text{-}41)$$

将式(1-41)两边分别对 t 求导,则可得

$$\boldsymbol{a}_{AO} = \boldsymbol{a}_{AO'} + \boldsymbol{a}_{O'O} \qquad (1\text{-}42)$$

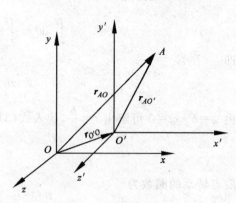

图 1-12 相对运动

式(1-41)、(1-42)中,$\boldsymbol{v}_{AO}$、$\boldsymbol{a}_{AO}$ 为质点 A 相对于 S 系的速度、加速度,$\boldsymbol{v}_{AO'}$、$\boldsymbol{a}_{AO'}$ 为质点 A 相对于 S' 系的速度、加速度,$\boldsymbol{v}_{O'O}$、$\boldsymbol{a}_{O'O}$ 为 S' 系相对于 S 系的速度、加速度.在实际运算时,常可利用分量式.

例 1-8 在河水流速 $v_0 = 2 \text{ m} \cdot \text{s}^{-1}$ 的地方有小船渡河,如果希望小船以 $v = 4 \text{ m} \cdot \text{s}^{-1}$ 的速率垂直于河岸横渡,问小船相对于河水的速度的大小和方向应如何?

解 例 1-8 图给出了水的流速、船相对水及船相对岸的速度三者间的关系.设小船相对河岸的速度为 $\boldsymbol{v}$,小船相对河水的速度为 $\boldsymbol{v}'$,河水的流速为 $\boldsymbol{v}_0$,则有

$$\boldsymbol{v} = \boldsymbol{v}' + \boldsymbol{v}_0$$

取如图坐标系,船相对于水的速度为

例 1-8 图

$$\boldsymbol{v}' = \boldsymbol{v} - \boldsymbol{v}_0$$

$$\boldsymbol{v}' = -v_0 \boldsymbol{i} + v \boldsymbol{j}$$

其大小为

$$v' = \sqrt{v_0^2 + v^2} = \sqrt{2^2 + 4^2} \text{ m} \cdot \text{s}^{-1} = 4.47 \text{ m} \cdot \text{s}^{-1}$$

设 v' 与水流方向 v_0 间的夹角为 θ,则

$$\theta = 90° + \arctan \frac{v_0}{v} = 90° + 26.6° = 116.6°$$

即小船渡河时,必须使船身与河水流动方向间的夹角为 116.6°,逆流划行.

例 1-9 一带篷的载货汽车,篷高 $h = 2 \text{ m}$,当它停在马路上时,雨点可落入车内,达到篷后沿前方 $d = 1 \text{ m}$ 处,如例 1-9 图所示.当车以 $15 \text{ km} \cdot \text{h}^{-1}$ 的速度沿平直马路

行驶时,雨点恰好不能落入车内. 求雨点相对地面的速度及雨点相对车的速度.

解　取地面为 S 系,车为 S' 系,S' 系相对 S 系的运动速度为 u,所求雨点相对地面的速度为 v,雨点相对车的速度为 v'. 由式(1-41)知

$$v = v' + u$$

由已知条件得 u 的大小 $u = 15\ \text{km} \cdot \text{h}^{-1}$,$v$ 与地面的夹角

$$\theta = \arctan(h/d) = 63.4°$$

且 v' 与 u 垂直. 由图可得

$$v = \frac{u}{\cos\theta} = \frac{15}{\cos 63.4°}\ \text{km} \cdot \text{h}^{-1} = 33.5\ \text{km} \cdot \text{h}^{-1}$$

$$v' = u\tan\theta = u\frac{h}{d} = \frac{15 \times 2}{1}\ \text{km} \cdot \text{h}^{-1} = 30\ \text{km} \cdot \text{h}^{-1}$$

例 1-9 图

思　考　题

1-1　回答下列问题:

(1)一物体具有加速度而其速度为零,是否可能?

(2)一物体具有恒定的速率但仍有变化的速度,是否可能?

(3)一物体具有恒定的速度但仍有变化的速率,是否可能?

(4)一物体的加速度大小恒定而其速度的方向改变,是否可能?

1-2　路程和位移有何区别? 速度和速率有何区别?

1-3　$|\Delta r|$ 和 Δr 有何区别? $\left|\dfrac{\mathrm{d}v}{\mathrm{d}t}\right|$ 和 $\dfrac{\mathrm{d}v}{\mathrm{d}t}$ 有何区别?

1-4　设质点的运动方程 $x = x(t)$,$y = y(t)$,在计算质点的速度和加速度时,有人先求出 $r = \sqrt{x^2 + y^2}$,然后根据 $v = \dfrac{\mathrm{d}r}{\mathrm{d}t}$ 及 $a = \dfrac{\mathrm{d}^2 r}{\mathrm{d}t^2}$ 求得结果;又有人先计算速度和加速度的分量,再合成求得结果,即

$$v = \sqrt{\left(\frac{\mathrm{d}x}{\mathrm{d}t}\right)^2 + \left(\frac{\mathrm{d}y}{\mathrm{d}t}\right)^2}\ \text{及}\ a = \sqrt{\left(\frac{\mathrm{d}^2 x}{\mathrm{d}t^2}\right)^2 + \left(\frac{\mathrm{d}^2 y}{\mathrm{d}t^2}\right)^2}$$

你认为哪一种正确? 两者差别何在?

1-5　回答下列问题:

(1)匀加速运动是否一定是直线运动?

(2)在圆周运动中,加速度的方向是否一定指向圆心? 为什么?

1-6　对于物体的曲线运动有两种说法,是否正确?

(1)物体做曲线运动时,必有加速度,加速度的法向分量一定不等于零;

(2)物体做曲线运动时,速度方向一定在运动轨道的切线方向,法向分速度恒等于零,因此其法向加速度也一定等于零.

1-7　圆周运动中,质点的加速度是否一定和速度方向垂直? 任意曲线运动的加速度是否一定与速度方向不垂直?

1-8 一个做平面运动的质点，它的运动方程是 $r=r(t),v=v(t)$，如果(1)$\dfrac{\mathrm{d}r}{\mathrm{d}t}=0,\dfrac{\mathrm{d}r}{\mathrm{d}t}\neq0$，质点做什么运动？(2)$\dfrac{\mathrm{d}v}{\mathrm{d}t}=0,\dfrac{\mathrm{d}v}{\mathrm{d}t}\neq0$，质点做什么运动？

1-9 一人在以恒定速度运动的火车上竖直向上抛出一石子，此石子能否落入此人的手中？如果石子抛出后，火车以恒定的加速度前进，结果又将如何？

习 题

1-1 质点做直线运动，运动方程为

$$x=12t-6t^2$$

其中 t 以 s 为单位，x 以 m 为单位，求：(1)$t=4$ s 时，质点的位置、速度和加速度；(2)质点通过原点时的速度；(3)质点速度为零时的位置；(4) 作出 $x\text{-}t$ 图、$v\text{-}t$ 图、$a\text{-}t$ 图.

1-2 一质点在 xOy 平面上运动，运动方程为

$$x=3t+5, \quad y=\frac{1}{2}t^2+3t-4$$

其中 t 以 s 为单位，x 以 m 为单位. 求：

(1)以时间 t 为变量，写出质点位置矢量的表示式；

(2)求出 $t=1$ s 时刻和 $t=2$ s 时刻的位置矢量，计算这 1 s 内质点的位移；

(3)计算 $t=0$ s 时刻和 $t=4$ s 时刻内的平均速度；

(4)求出质点速度矢量表示式，计算 $t=4$ s 时质点的速度；

(5)计算 $t=0$ s 时刻和 $t=4$ s 时刻内的平均加速度；

(6)求出质点加速度的矢量表示式，计算 $t=4$ s 时质点的加速度.

1-3 一长为 5 m 的梯子，顶端斜靠在竖直的墙上，设 $t=0$ 时，顶端离地面 4 m，当顶端以 2 m·s^{-1} 的速度沿墙面匀速下滑时，求：

(1)梯子下端的运动方程和速度. 设梯子下端与上端离墙角的距离分别为 x 和 y，并画出 $x\text{-}t$ 图和 $v\text{-}t$ 图；

(2)$t=3$ s 时，梯子下端的速度.

1-4 一质点沿一直线运动，其加速度为 $a=-2x$，式中 x 的单位为 m，a 的单位为 m·s^{-2}，试求该质点的速度 v 与位置坐标 x 之间的关系. (设 $x=0$ 时，$v_0=4$ m·s^{-1})

1-5 质点沿直线运动，加速度 $a=4-t^2$，如果当 $t=3$ 时，$x=9$，$v=2$，求质点的运动方程. (其中 a 以 m·s^{-2} 为单位，t 以 s 为单位，x 以 m 为单位，v 以 m·s^{-1} 为单位)

1-6 当物体高速穿过空气时，由空气阻力产生的反向加速度大小与物体速度的平方成反比，即 $a=-kv^2$，其中 k 为常量. 若物体不受其他力的作用，沿 x 方向运动，通过原点时的速度为 v_0，试证明在此后的任意位置 x 处其速度为 $v=v_0\mathrm{e}^{-kx}$.

1-7 试写出以矢量形式表示的质点做匀速圆周运动的运动学方程，并证明做匀速圆周运动质点的速度矢量 v 和加速度矢量 a 的标积等于零，即 $v\cdot a=0$.

1-8 一质点在 xOy 平面内运动，其运动方程为 $r=a\cos\omega t\boldsymbol{i}+b\sin\omega t\boldsymbol{j}$，其中 a、b、ω 均为大于零的常量.

(1)试求质点在任意时刻的速度；

(2)证明质点运动的轨道为椭圆；

(3)证明质点的加速度恒指向椭圆的中心.

1-9　路灯离地面高度为 H，一个身高为 h 的人，在灯下水平路面上以匀速 v_0 步行. 如题1-9图所示，求当人与灯的水平距离为 x 时，他的头顶在地面上的影子移动的速度的大小.

题 1-9 图

1-10　质点沿半径为 R 的圆周按 $s = v_0 t - \dfrac{1}{2} b t^2$ 的规律运动，式中 s 为质点离圆周上某点的弧长，v_0、b 都是常量，求：(1)t 时刻质点的加速度；(2)t 为何值时，加速度在数值上等于 b.

1-11　质点做半径为 20 cm 的圆周运动，其切向加速度恒为 5 cm·s^{-2}，若该质点由静止开始运动，需要多少时间：(1)它的法向加速度等于切向加速度；(2)法向加速度等于切向加速度的 2 倍.

1-12　(1)地球的半径为 6.37×10^6 m，求地球赤道表面上一点相对于地球中心的向心加速度；

(2)地球绕太阳运行的轨道半径为 1.5×10^{11} m，求地球相对于太阳的向心加速度；

(3)天文测量表明，太阳系以近似圆形的轨道绕银河系中心运动，半径为 2.8×10^{20} m，速率为 2.5×10^5 m·s^{-1}，求太阳系相对于银河系的向心加速度.

1-13　以初速度 $v_0 = 20$ m·s^{-1} 抛出一小球，抛出方向与水平面成 $60°$ 的夹角，求：(1)球轨道最高点的曲率半径 R_1；(2)落地处的曲率半径 R_2.

1-14　一架飞机在水平地面的上方，以 174 m·s^{-1} 的速率垂直俯冲，假定飞机以圆形路径脱离俯冲，而飞机可以承受的最大加速度为 78.4 m·s^{-2}. 为了避免飞机撞到地面，求飞机开始脱离俯冲的最低高度. 假定整个运动中速率恒定.

1-15　一飞轮以速度 $n = 1\,500$ r·min^{-1} 转动，受制动而均匀减速，经 $t = 50$ s 静止，求：

(1)角加速度 β 和从制动开始到静止飞轮转过的转数 N；

(2)制动开始后，$t = 25$ s 时飞轮的角速度 ω；

(3)设飞轮半径 $R = 1$ m，$t = 25$ s 时，飞轮边缘上一点的速度和加速度.

1-16　一质点沿半径为 1 m 的圆周运动，运动方程为 $\theta = 2 + 3t^2$，式中 θ 以 rad 计，t 以 s 计，求：(1)$t = 2$ s 时，质点的切向和法向加速度；(2)当加速度的方向和半径成 $45°$ 角时，其角位移是多少？

1-17　一圆盘半径为 3 m，它的角速度在 $t = 0$ 时为 3.33π rad·s^{-1}，以后均匀地减小，到 $t = 4$ s 时角速度变为零. 试计算圆盘边缘上一点在 $t = 2$ s 时的切向加速度和法向加速度的大小.

1-18　某雷达站对一个飞行中的炮弹进行观测，发现炮弹达最高点时正好位于雷达站的上方，且速率为 v，高度为 h. 求在炮弹此后的飞行过程中，在 t(以 s 为单位)时刻雷达的观测方向与铅垂直方向之间的夹角 θ 及其变化率 $\omega = \dfrac{\mathrm{d}\theta}{\mathrm{d}t}$(雷达的转动角速度).

1-19　汽车在大雨中行驶，车速为 80 km·h^{-1}，车中乘客看见侧面的玻璃上雨滴和铅垂线成 $60°$ 角，当车停下来时，他发现雨滴是竖直下落的，求雨滴下落的速度.

1-20　一升降机以加速度 1.22 m·s^{-2} 上升，当上升速度为 2.44 m·s^{-1} 时，有一螺帽自升降机的天花板松落，天花板与升降机底面相距 2.74 m，计算：(1)螺帽从天花板落到底面所需的时间；(2)螺帽相对于升降机外固定柱子的下降距离.

1-21　某人骑自行车以速率 v 向西行驶，北风以速率 v 吹来(对地面)，问骑车者感觉到风速及风向如何？

1-22　当一轮船在雨中航行时,它的雨篷遮着篷的垂直投影后 2 m 的甲板上,篷高为 4 m,但当轮船停航时,甲板上干湿两部分的分界线却在篷前 3 m,若雨滴的速度大小为 8 m·s⁻¹,求轮船的速率.

1-23　飞机自 A 城向北飞到 B 城,然后又向南飞回到 A 城,飞机相对于空气的速度为 v,而空气相对于地面的速度为 u,A、B 之间的距离为 L,如果飞机相对于空气的速率保持不变,试证:

(1)当空气静止($u=0$)时,飞行一个来回的时间为 $t_0=2L/v$;

(2)当空气的速度由南向北时,飞行一个来回的时间为 $t_1=t_0 \left/ \left(1-\dfrac{u^2}{v^2}\right)\right.$;

(3)当空气的速度由东向西时,飞行一个来回的时间为 $t_2=t_0 \left/ \sqrt{1-\dfrac{u^2}{v^2}}\right.$.

科学家简介

伽　利　略

伽利略(Galileo,1564—1642)是意大利著名数学家、天文学家、物理学家、哲学家,是首先在科学实验的基础上将数学、天文学、物理学三门学科融会贯通的科学巨人.

生平简介

伽利略,1564 年出生于意大利比萨城的一个没落贵族大家庭.他从小聪颖过人,17 岁时被父亲送入比萨大学学习医学,但他对医学不感兴趣.由于受到一次数学演讲的启发,他开始热衷于数学和物理学的研究.伽利略于 1585 年辍学回家,此后曾在比萨大学和帕多瓦大学任教,在此期间他在科学研究上取得了不少成绩.由于他反对当时统治知识界的亚里士多德的世界观和物理学,同时又由于他积极宣扬违背天主教教义的哥白尼太阳中心说,所以不断受到教授们的排挤以及教士们和罗马教皇的激烈反对,终于在 1633 年被罗马宗教裁判所判刑入狱(后不久改为在家监禁),并强迫他在写有“我悔恨我的过失,宣传了地球运动的邪说的‘悔罪书’”上签字.这使他的身体和精神都受到很大的摧残.但他仍然致力于力学的研究工作.1637 年伽利略双目失明,1642 年由于寒热病在孤寂中离开了人世,时年 78 岁.时隔 348 年,罗马教皇于 1980 年宣布承认对伽利略的压制是错误的,并为他“恢复名誉”.

主要科学贡献

(1)论证和宣扬了哥白尼学说,令人信服地说明了地球的公转、自转以及行星的绕日运动,他还用自制的望远镜仔细地观测了木星的 4 个卫星的运动,在人们面前展示了一个太阳系的模型,有力地支持了哥白尼学说.

(2)论证了惯性运动,指出维持运动并不需要外力.这就否定了亚里士多德“运动必须推动”的教条.不过伽利略对惯性运动的理解还没有完全摆脱亚里士多德的影响,他也认为“维护宇宙完善秩序”的惯性运动“不可能是直线运动,而只能是圆周运动”.这个错误理解被他的同代人笛卡儿和后人牛顿纠正了.

（3）论证了所有物体都以同一加速度下落.这个结论直接否定了亚里士多德的重物比轻物下落快的说法.200多年后,从这个结论萌发了爱因斯坦的广义相对论.

（4）用实验研究了匀速运动.他通过使小球沿斜面滚下的实验测量验证了他推出的公式:从静止开始的匀加速运动的路程和时间的平方成正比.他还把这一结果推广到自由落体运动,即倾角为90°的斜面上的运动.

伽利略自制的望远镜

伽利略做自由落体实验的比萨斜塔

（5）提出运动合成的概念,明确指出平抛运动是相互独立的水平方向的匀速运动和竖直方向的匀加速运动的合成,并用数学证明合成运动的轨迹是抛物线.他还根据这个概念计算出了斜抛运动在仰角45°时射程最大,比45°大或小同样角度的斜抛运动射程相等.

（6）提出了相对性原理的思想.他生动地叙述了大船内的一些力学现象,并且指出船以任何速度匀速前进时这些现象都一样地进行,从而无法根据它们来判断船是否在动.这个思想后来被爱因斯坦发展为相对性原理而成了狭义相对论的基本假设之一.

（7）发现了单摆的等时性,并证明了单摆振动的周期和摆长的平方根成正比.他还解释了共振和共鸣现象.

此外,伽利略还研究过固体材料的强度、空气的重量、潮汐现象、太阳黑子、月亮表面的隆起与凹陷等问题.伽利略的主要传世之作是两本书,一本是1632年出版的《关于两个世界体系的对话》,简称《对话》,主要内容是宣扬哥白尼的太阳中心说;另一本是1638年出版的《关于力学和局部运动两门新科学的谈话和数学证明》,简称《两门新科学》,书中主要陈述了他在力学方面研究的成果.

除了具体的研究成果外,伽利略还在研究方法上为近代物理学的发展开辟了道路,是他首先把实验引进物理学并赋予重要的地位,革除了以往只靠思辨下结论的恶习.他同时也很注意严格的推理和数学的运用,例如他用消除摩擦的极限情况来说明惯性运动,推论大石头和小石块绑在一起下落应具有的速度来使亚里士多德陷于自相矛盾的困境,从而否定重物比轻物下落快的结论.这样的推理能消除直觉的错误,从而能更深入地理解现象的本质.爱因斯坦和英费尔德在《物理学的进化》一书中曾评论说:"伽利略的发现以及他所应用的科学的推理方法,是人类思想史上最伟大的成就之一,而且标志着物理学的真正开端."

伽利略一生和传统的错误观念进行了不屈不挠的斗争,他对待权威的态度也很值得我们学习.他说过:"老实说,我赞成亚里士多德的著作,并精心地加以研究.我只是责备那些使自己完全沦为他的奴隶的人,这种人不管权威讲什么都盲目地赞成,并把权威的话一律当做不能违抗的圣旨,从来不去做任何深入的研究.'"

全球定位系统和质点运动学

1. 全球定位系统简介

1973 年 12 月,美国国防部制定了"导弹星"全球定位系统(GPS)的国防导弹卫星计划,并建立了一个供各军种使用的统一的全球军用卫星系统.该系统能够向全球用户提供连续、实时、高精度的三维位置、三维速度和时间信息.整个系统由地面监控网、多个卫星和大量用户接收机组成,是一种高精度卫星定位导航系统.

全球定位系统由空间的 24 颗卫星组成导航卫星星座,其中 21 颗卫星为工作卫星,3 颗卫星为备份卫星,卫星在 6 条轨道上运转;轨道面倾角为 55°,每条轨道上布设 3 颗卫星,彼此相距 120°,各轨道的升交点沿赤道等间隔配置,且相邻升交点之间的角距离为 60°.从一个轨道面的卫星到下一个轨道面的卫星之间错开 40°,另外,每隔一个轨道平面的轨道上布置有 1 颗预热备份卫星.卫星在距地面 2.02×10^7 m 高度的轨道上运转,或者说轨道半径 2.65×10^7 m,运转一周为 12 h.每颗卫星都装有非常精确的原子钟,这样的卫星系统基本上保证了地球任何位置的用户接收机能同时接收到 4~8 颗卫星发来的信号,如图 A-1 所示.

图 A-1　GPS卫星星座

现代战争具有大规模、大纵深、非线性的作战特点,这就要求分布在广大地域的地面部队、坦克、火炮、飞机、水面和水下的舰艇具有协同一致的作战行动,同时也要求其具有高度精确且一致的时间基准,并且在任何时候都能确定自身的位置和速度.全球定位系统是卫星无线电导航、定位和授时系统,其主要任务就是为分布在各地的三军部队及武器装备提供全天候的精确导航、定位和授时服务,并为低轨道军用卫星提供必要的信息.

2. 全球定位系统的物理基础

全球定位系统能保证全球上任何地点至少同时看到 4 颗卫星,如图 A-2 所示.每颗卫星能连续不断地向用户接收机发射导航信号,所以系统能对地面目标进行精确定位.下面具体分析.

用户到卫星的距离等于电磁波的传播速度乘以电磁波传播所用的时间.假设用户同时接收到 4 颗卫星信号,且 4 颗卫星发射信号时的精确位置和时间分别为:(x_1, y_1, z_1, t_1),(x_2, y_2, z_2, t_2),(x_3, y_3, z_3, t_3),(x_4, y_4, z_4, t_4),电磁波的传播速度为 u,用户此时所在的位置为 (x, y, z, t),则有

$$\sqrt{(x-x_1)^2+(y-y_1)^2+(z-z_1)^2}=u(t-t_1)$$
$$\sqrt{(x-x_2)^2+(y-y_2)^2+(z-z_2)^2}=u(t-t_2)$$
$$\sqrt{(x-x_3)^2+(y-y_3)^2+(z-z_3)^2}=u(t-t_3)$$
$$\sqrt{(x-x_4)^2+(y-y_4)^2+(z-z_4)^2}=u(t-t_4)$$

解此方程组可求得(x,y,z,t)，即用户此时所在位置
.

如果连续不断地定位，则可求出三维速度(v_x,v_y,v_z)．　　图 A-2　GPS 的定位原理
设 t 时刻用户的位置为(x,y,z,t)，t' 时刻用户的位置为(x',y',z',t')，则用户的速度为

$$v_x=\frac{x-x'}{t-t'},\qquad v_y=\frac{y-y'}{t-t'},\qquad v_z=\frac{z-z'}{t-t'}$$

全球定位系统测量精度高．国内外 10 多年的众多实验和研究表明：若方法合适，软件精良，则短距离（15 km）的定位精度可达到厘米数量级或更好；中长距离（几十千米到几千千米）的相对精度为 $10^{-8}\sim10^{-7}$，其定位精度是相当惊人的．

3. 全球定位系统的军事应用

全球定位系统可为地面车辆、人员以及航空、航海、航天等领域的飞机、舰艇、潜艇、卫星、航天飞机等进行导航和定位；可用于洲际导弹的中段制导，作为惯性制导系统的补充，提高导弹的精度；还可用于照相制图和大地测量、空中交会和加油、空投和空运、航空交通控制和指挥、火炮的定位和发射、靶场测试、反潜战、布雷、扫雷、船只的保持和营救工作等．全球定位系统的大规模军事应用始于海湾战争，以美国为首的多国部队给海陆空三军装备了 1.7 万台全球定位系统接收机，为多国部队创造了难以估计的效益和利益．

例如，在实施"沙漠风暴"的第一天晚上，美军出动了 7 架 B-52G 战略轰炸机，向伊拉克发射了 35 枚 AGM-80C 巡航导弹，这些导弹上都装有全球定位系统复合制导装置，能从区域目标转为定点目标，准确击中预定战略目标，使伊军通信防空和供电系统很快陷入瘫痪状态．

北约在对南联盟的行动中广泛使用了远程巡航导弹，并借助全球定位系统，结合直接攻击性武器，对南联盟的军事、民用目标进行了精确打击．

在 2003 年对伊拉克重点目标的打击中，全球定位系统又起到了巨大作用．可以肯定，全球定位系统在未来战争中必将发挥越来越大的作用．

由于全球定位系统具有巨大的实用价值，俄罗斯也在发展与全球定位系统相似的导航系统——Gionass 工作星座，星座由 21 颗工作卫星和 3 颗在轨备用卫星组成，均匀分布在 3 个轨道平面上．

目前世界各地的许多重要导航定位用户都具有 GPS/Gionass 组合导航定位能力．

欧洲空间局正在筹建导航卫星系统，系统包括赤道面上的 6 颗同步卫星和 12 颗高椭圆轨道卫星，是一个混合卫星系统．

我国也正在筹建双星定位系统，它是由 2 颗同步卫星确定平面的导航系统．"北斗一号"是我国的导航定位系统卫星，它在 2003 年 6 月 3 日凌晨 5 时成功定点并顺利进入地球同步轨道．

第二章 质点动力学

第一章研究的是质点运动学,即如何描述质点的运动状态,但不涉及运动状态变化的原因. 这一章将研究质点运动状态变化的原因及其规律,称为质点动力学. 牛顿的三个运动定律是整个质点动力学的基本定律,也是研究一般动力学问题的基础.

§2-1 牛顿运动定律

一、牛顿运动定律

牛顿运动定律是在大量实验的基础上总结出来的. 三个定律是一个整体,它们之间有密切的联系,现分别讨论如下:

1. 牛顿第一定律

任何物体都将保持静止或匀速直线运动状态,直到作用在它上面的力迫使它改变这种状态为止.

第一定律包含了两个重要概念:

(1)**惯性** 任何物体都具有保持其原有运动状态不变的特性,这种特性称为**惯性**. 因此牛顿第一定律又称为惯性定律. 物体的惯性不仅表现在不受外力时保持原有运动状态不变,还表现在物体受到外力作用时,它们的运动状态改变的难易程度不同. 在一定的外力作用下,惯性小的物体的运动状态容易改变,而惯性大的物体则难以改变.

(2)**力** 物体之间的相互作用称为**力**. 力是改变物体运动状态的原因. 也就是说,力的起源是物体之间的相互作用,力的效果是改变物体的运动状态. 而维持物体的运动状态要靠惯性.

事实上,任何物体都不可能完全不受其他物体的作用力,但是,如果这些作用力恰好相互抵消,则物体的速度保持不变,力处于平衡之中. 从这个角度可以说:第一定律描述的是力处于平衡时物体的运动规律.

此外,由于运动只有相对于一定的参考系才有意义,所以牛顿第一定律还定义了一种参考系. 在这种参考系中观察,一个不受力或处于受力平衡状态下的物体将保持其静止或匀速直线运动的状态不变. 这样的参考系叫**惯性参考系**,简称**惯性系**. 并非任何参考系都是惯性系. 一个参考系是不是惯性系,要靠实验来判定. 例如,实验指出,对一般力学现象来说,地面参考系是一个足够精确的惯性系. (有关惯性参考系的详细讨论参见§2-2)

2. 牛顿第二定律

物体(质点)所获得的加速度 a 的大小和所受合外力 F 的大小成正比,与物体的质量 m 成反比,加速度的方向与合外力的方向相同.其数学表达式为

$$F = ma \tag{2-1}$$

在国际单位制中,力 F 的单位是牛顿,符号是 N,质量 m 的单位是千克,符号是 kg.

牛顿第二定律包含两个要点:

(1)**定量地研究了力的效果**.当一物体受不同的外力作用时,物体所获得的加速度和外力成正比,即 $a \propto F$,也就是说,对同一物体施加的外力大,则获得的加速度也大;施加的外力小,获得的加速度也小.当同一外力作用在不同物体上时,加速度与质量成反比,即 $a \propto \dfrac{1}{m}$,也就是说,在相同的外力作用下,质量小的物体可以得到大的加速度;而质量大的物体只能得到小的加速度.

(2)**定量地量度了惯性**.牛顿第二定律给出,质量不同的物体受到相同的外力作用时,物体加速度与物体质量之间成反比关系.这说明质量越大的物体其原有的运动状态越不容易改变,即它的惯性越大.所以说质量是物体惯性大小的量度.

质量与重量是有区别的,重量是物体所受到的重力.物体在不同的地点所受到的重力可以不同,但质量却不会因此而不同.

应用第二定律要注意以下三点:

(1)式(2-1)中的 F 应是物体所受外力的矢量和,而不是其中的某一个分力.

(2)式(2-1)表达的是 F 与 a 的瞬时关系.当质点所受的力 F 随时间而变化时,加速度 a 也将随时间而变化,同一瞬时的 F 和 a 满足式(2-1).如果某时刻力为零,则该时刻加速度也必然为零.当某时刻力沿某一方向,则该时刻的加速度也必然沿同一方向.它们是同时存在、同时消失、同时改变的.

(3)$F = ma$ 是一个矢量式,在直角坐标系中,它有三个分量式:

$$F_x = ma_x, \quad F_y = ma_y, \quad F_z = ma_z \tag{2-2}$$

在解决实际问题时,分量式更便于计算.应用时,当 $F_x = 0$ 时,只能说明 $a_x = 0$,而不能说明 a 也一定是零.当 $F_x \neq 0$ 时,则 a_x 也一定不为零.

3. 牛顿第三定律

当物体 A 以力 F_{BA} 作用于物体 B 时,物体 B 也以力 F_{AB} 作用于物体 A.如果这两个力中的一个叫做作用力,则另一个就叫做反作用力.它们沿同一直线,大小相等,方向相反.如图 2-1 所示.用数学式表达就是

图 2-1 作用力和反作用力

$$F_{BA} = -F_{AB} \tag{2-3}$$

该定律表明:任何两个物体之间的作用力和反作用力都是大小相等、方向相反、成

对出现的,而且作用于不同物体上,不能彼此抵消.

运用牛顿第三定律要明确:

(1)作用力和反作用力同时产生,同时消失,没有先后、主从之分.

(2)作用力和反作用力分别作用在两个物体上,其效果不能相互抵消.

(3)作用力和反作用力属于同一性质的力,如一物体受到地球对它的重力,同时地球也受到该物体的反作用力.这一对力都属于万有引力.

综上所述,牛顿第一定律定性地说明了物体的惯性和引起物体运动状态变化的原因.牛顿第二定律定量地说明了物体运动状态变化与所受作用力之间的关系.牛顿第三定律指出了力是物体间的一种相互作用.

上述牛顿的三条定律在解决实际问题时,经常是结合在一起应用的.

二、几种常见力

现代物理学按物体之间相互作用性质将力分为四类:引力、电磁力、强相互作用力和弱相互作用力.引力是存在于一切物体之间、由物体质量决定的一种相互吸引力.电磁力是带电物体或载流导体之间的相互作用力.力学中常见的弹力和摩擦力都起源于构成物体的微观粒子之间的电磁力.在牛顿力学中,当研究宏观物体的相互作用时,不必仔细考察它们的粒子之间的复杂的电磁力,只用到它们之间宏观的相互作用效果.强相互作用力和弱相互作用力都是短程力,只存在于某些基本粒子之间,牛顿力学规律在这里已不适用.所以在经典力学中,我们只介绍万有引力、弹力、摩擦力和黏力这几种常见力.

1. 万有引力

在开普勒(Kepler,1571—1630,德国)提出行星运动三条定律之后,牛顿在前人研究行星运动规律的基础上发现,星体之间的引力和地球上各物体间的引力性质是相同的,遵从相同的规律,并于1686年提出万有引力定律.

万有引力定律指出:任何两个质点之间都存在着相互吸引力,其大小与两质点质量的乘积成正比,与两质点之间的距离的平方成反比,力的方向沿着两质点的连线.如果 m_1、m_2 分别为两质点的质量,r 为两质点之间的距离,则引力的大小为

$$F = G\frac{m_1 m_2}{r^2} \tag{2-4a}$$

若写成矢量形式,则为

$$\boldsymbol{F} = -G\frac{m_1 m_2}{r^2}\boldsymbol{r}_0 \tag{2-4b}$$

式中 $\boldsymbol{r}_0$ 为单位矢量,方向沿两质点的连线由施力物体指向受力物体.G 称为引力常量,近代实验测定 $G = 6.672 \times 10^{-11} \mathrm{N} \cdot \mathrm{m}^2 \cdot \mathrm{kg}^{-2}$.万有引力定律是自然界最普遍的定律之一.

地球表面物体所受到的重力是它所受到地球引力的一个特例.如果将地球看成

匀质圆球,且不考虑地球自转,则可把地球质量 M 集中在地心一点来处理. 根据式 (2-4),地球对质量为 m 物体的引力为

$$F = m\frac{GM}{R^2} = mg \tag{2-5}$$

式中的 R 为地球半径, $g = \frac{GM}{R^2} = 9.8 \text{ m} \cdot \text{s}^{-2}$,称为重力加速度.

如果考虑地球的非匀质、非球形及自转的存在,则不同纬度的 g 与上述量值常有些微小差别,物体所受的重力略小于地球对物体的引力.

2. 弹力

一物体与另一物体相接触时,物体受力会产生弹性形变,而发生形变的物体,总是企图恢复原状,则形变的物体将对使其产生形变的其他物体产生作用力,这种力叫**弹力**. 如弹簧被拉伸或压缩时,便会对与其接触物体产生弹力. 柔软的绳子在受到外力拉伸而发生形变时,在绳的两端和内部产生阻止形变的力,这种弹力又称为**张力**. 下面我们简单地分析绳子的张力. 如图 2-2(a)所示,在绳上取两点 A 和 B,分别过 A、B 的两个截面将绳子分成三段,AB 段的质量设为 Δm. 在 A 处,左边部分对 AB 段施以张力 T_A,方向向左;在 B 处,右边部分对 AB 段施以张力 T_B,方向向右,如图 2-2(b). 以向右为正方向,则 AB 段受到的合外力为 $T_B - T_A$. 由牛顿第二定律有

$$T_B - T_A = \Delta m \cdot a$$

可见,绳中各点张力的大小一般是不相等的,只有当绳做匀速直线运动或绳的质量可以忽略不计时,张力才处处相等,且等于绳子两端所受的力 F.

图 2-2　绳中的张力

除形变的弹簧和被拉紧的绳索具有弹力外,两物体接触面的压力也是常见的弹力,它们的方向垂直于接触面.

3. 摩擦力

当两个相互接触的物体沿接触面做相对运动或有相对运动的趋势时,在这两个物体的接触面上所产生的阻碍它们之间做相对运动的力,这种力叫**摩擦力**. 摩擦力的方向总是与接触面平行、并与物体间相对运动方向或运动趋势方向相反.

当相互接触的物体有相对运动的趋势,但尚未做相对运动时,所出现的摩擦力叫**静摩擦力**. 物体所受静摩擦力的大小与外力的大小相等,但方向相反. 当外力增大时,静摩擦力也随着增大. 当外力增大到某一值时,物体间开始有相对运动,这时的静摩擦力叫**最大静摩擦力**. 实验证明,最大静摩擦力 f_{max} 的大小与压力 N 成正比,即

$$f_{max} = \mu_0 N \tag{2-6}$$

式中,μ_0 为**最大静摩擦系数**. 其值由两个物体接触面的粗糙程度和材料性质决定,可

通过实验测得.

两个接触物体之间有相对滑动时,所产生的摩擦力叫**滑动摩擦力**.实验表明,滑动摩擦力的大小也与压力成正比,即

$$f = \mu N \tag{2-7}$$

式中,μ 为**滑动摩擦系数**,对于给定的两个物体,它们之间的滑动摩擦系数 μ 比静摩擦系数 μ_0 略小.

4. 黏力

除固体之间的摩擦力外,当固体在流体(液体或气体)中运动时,或流体内部各部分之间存在相对运动时,流体与固体或流体内部各部分之间也存在着另一种摩擦力,即**黏力**.一般固体与流体之间的黏力与它们之间的相对运动速率 v 的大小有关.在速率不太大时,黏力与 v 的一次方成正比,在速率大时与 v 的平方或更高次方成正比.其比例系数与固体的形状、大小和流体性质有关,其值可由实验测定.

三、牛顿运动定律的应用

应用牛顿运动定律大致可解决两类动力学问题.一类是已知物体的受力情况求解物体的运动;另一类是已知物体的运动求物体的受力情况,其解题方法大体可采取以下步骤:

1. 选取研究对象

在求解质点动力学问题时,首先要选取研究对象,若在所研究的问题中涉及多个物体时,可根据需要,选一个或几个物体分别作为研究对象.

2. 分析受力情况,画出受力图

将所选取的研究对象从其他物体中隔离出来,被隔离的物体称为隔离体.然后分析隔离体所受的外力,画出隔离体的受力图.

3. 选取坐标系

根据物体的运动情况选取坐标系是解决力学问题的一个重要步骤.坐标系选取得当,可使运算过程简化.

4. 根据牛顿运动定律列方程、求解

按照选定的坐标系,对每个研究对象列出牛顿第二定律的分量式,如果所列方程数目不足以解出全部未知量,还要根据题中的其他条件,如运动关系、摩擦力或其他约束条件,列出适当的补充方程,以联合求解出结果.列方程时,若力和加速度的方向事先不能判定,则可先假定一个方向,然后按假定方向列出方程并进行运算,用计算结果与假定方向相比较来确定其实际方向.

解方程组时,一般先进行文字运算,然后将已知量统一单位制后代入数值求出未知量.对于待求量是矢量的还要指明方向.

5. 分析讨论

最后,还要对所求得的解进行分析、讨论,说明解的物理意义、解的适用范围等.

例 2-1 如例 2-1 图(a),设电梯中有一质量可以忽略的滑轮,在滑轮两侧用轻绳

悬挂着质量分别为 m_1 和 m_2 的重物 A 和 B. 已知 $m_1 > m_2$,当电梯(1)匀速上升、(2)匀加速上升(加速度为 a)时,分别求绳中的张力和物体 A 相对于电梯的加速度 a_A.

解　取地面为参考系,如例 2-1 图(a)所示. 把 A 与 B 隔离开来,分别画出它们的受力图,如例 2-1 图(b). 可以看出,每个质点都受两个力的作用:绳子的向上拉力和质点的重力.

例 2-1 图

(1)当电梯匀速上升时,物体对电梯的加速度等于它们对地面的加速度. 选取 y 轴的正方向向上,则 B 以 a_r 向上运动,而 A 以 a_r 向下运动. 因绳子的质量可忽略,所以轮子两侧绳的向上拉力相等. 由牛顿第二定律得

$$T - m_1 g = -m_1 a_r \tag{1}$$

$$T - m_2 g = m_2 a_r \tag{2}$$

由上列两式消去 T,解得

$$a_r = \frac{m_1 - m_2}{m_1 + m_2} g \tag{3}$$

把 a_r 代入式(1),得

$$T = \frac{2m_1 m_2}{m_1 + m_2} g \tag{4}$$

(2)当电梯以加速度 a 上升时,A 相对于地面的加速度为 $a_1 = a - a_r$,B 相对于地面的加速度为 $a_2 = a + a_r$,因此

$$T - m_1 g = m_1 (a - a_r) \tag{5}$$

$$T - m_2 g = m_2 (a + a_r) \tag{6}$$

可解得

$$a_r = \frac{m_1 - m_2}{m_1 + m_2} (a + g) \tag{7}$$

$$T = \frac{2m_1 m_2}{m_1 + m_2} (a + g) \tag{8}$$

显然,如果 $a = 0$,上两式就归结为式(3)与式(4).

如在式(7)与式(8)中用 $-a$ 代替 a,可得电梯以加速度 a 下降时的结果(设 $a \leqslant g$):

$$a_r = \frac{m_1 - m_2}{m_1 + m_2}(g - a) \tag{9}$$

$$T = \frac{2m_1 m_2}{m_1 + m_2}(g - a) \tag{10}$$

由此可以看出，当 $a = g$ 时，a_r 与 T 都等于 0，亦即滑轮、质点都成为自由落体，两个物体之间没有相对加速度.

例 2-2　如例 2-2 图所示，轻绳一端固定于 O 点，另一端系一质量为 m 的小球. 小球在竖直平面内绕 O 点做半径为 R 的圆周运动. 设小球运动到水平位置时开始计时，其初速度为 v_0. 求小球下落到任意角度 θ 时的速率和绳中张力的大小（用牛顿运动定律求解）.

解　以小球为研究对象，用隔离体法画出小球所受重力 $\boldsymbol{G}$ 及绳的拉力 $\boldsymbol{T}$，如例 2-2 图所示. 小球在重力 G 和绳的拉力 T 的作用下，做变速率圆周运动. 当小球下落到绳与水平线成 θ 角位置时，可把力和加速度分解成切向分量和法向分量. 根据牛顿第二定律，有

例 2-2 图

$$mg\cos\theta = m\frac{\mathrm{d}v}{\mathrm{d}t} \tag{1}$$

$$T - mg\sin\theta = m\frac{v^2}{R} \tag{2}$$

因为 $\dfrac{\mathrm{d}v}{\mathrm{d}t} = \dfrac{\mathrm{d}v}{\mathrm{d}\theta}\dfrac{\mathrm{d}\theta}{\mathrm{d}t}$，而 $\dfrac{\mathrm{d}\theta}{\mathrm{d}t} = \omega = \dfrac{v}{R}$，所以 $\dfrac{\mathrm{d}v}{\mathrm{d}t} = \dfrac{v}{R}\dfrac{\mathrm{d}v}{\mathrm{d}\theta}$. 将此结果代入式(1)，则有

$$g\cos\theta = \frac{v}{R}\frac{\mathrm{d}v}{\mathrm{d}\theta} \tag{3}$$

对式(3)分离变量后再积分，有

$$\int_0^\theta g\cos\theta\,\mathrm{d}\theta = \frac{1}{R}\int_{v_0}^v v\,\mathrm{d}v$$

由此式可解出拉绳处于 θ 角时小球速率为

$$v = \sqrt{v_0^2 + 2Rg\sin\theta}$$

将 v^2 值代入式(2)可得绳中张力为

$$T = mg\sin\theta + (v_0^2 + 2gR\sin\theta)\frac{m}{R}$$

$$= 3mg\sin\theta + m\frac{v_0^2}{R}$$

例 2-3　以初速度 v_0 从地面竖直向上抛出一质量为 m 的小球，小球除受重力外，还受一个大小为 amv^2 的黏滞阻力（a 为常数，v 为小球运动的速度大小），当小球回到地面时，它的速度大小为多少？

解 小球竖直向上抛出后、将受到向下的重力 mg 和向下的阻力 amv^2 作用. 取地面为坐标原点,竖直向上为 y 轴正方向,由牛顿第二定律有

$$-mg-amv^2=m\frac{\mathrm{d}v}{\mathrm{d}t}$$

变量替换 $\frac{\mathrm{d}v}{\mathrm{d}t}=\frac{\mathrm{d}v}{\mathrm{d}y}\cdot\frac{\mathrm{d}y}{\mathrm{d}t}=v\frac{\mathrm{d}v}{\mathrm{d}y}$,有

$$-mg-amv^2=mv\frac{\mathrm{d}v}{\mathrm{d}y}$$

即

$$-\frac{mv\mathrm{d}v}{mg+amv^2}=\mathrm{d}y$$

由题意,小球位于地面 $y=0$ 时,速度大小为 $v=v_0$,设小球向上的最大高度为 h,即当 $y=h$ 时,$v=0$,积分上式,有

$$\int_{v_0}^{0}\left(-\frac{mv\mathrm{d}v}{mg+amv^2}\right)=\int_{0}^{h}\mathrm{d}y$$

小球自地面可到达的最大高度为

$$h=\frac{1}{2a}\ln\frac{mg+amv_0^2}{mg} \tag{1}$$

小球下落时,将受到向下的重力 mg 和向上的阻力 amv^2,根据牛顿第二定律,有

$$-mg+amv^2=m\frac{\mathrm{d}v}{\mathrm{d}t}$$

作变量替换后有

$$-mg+amv^2=mv\frac{\mathrm{d}v}{\mathrm{d}y}$$

即

$$\frac{mv\mathrm{d}v}{-mg+amv^2}=\mathrm{d}y$$

由题意,当 $y=h$ 时,$v=0$;设小球回到地面时,它的速度大小为 v_1,即 $y=0$,$v=-v_1$. 积分上式

$$\int_{0}^{-v_1}\left(-\frac{mv\mathrm{d}v}{mg-amv^2}\right)=\int_{h}^{0}\mathrm{d}y$$

得

$$h=\frac{1}{2a}\ln\frac{mg}{mg-amv_1^2} \tag{2}$$

将(1)式代入(2)式,有

$$\frac{1}{2a}\ln\frac{mg+amv_0^2}{mg}=\frac{1}{2a}\ln\frac{mg}{mg-amv_1^2}$$

解此式可得小球回到地面时的速度大小为

$$v_1 = \frac{v_0 \sqrt{g}}{\sqrt{av_0^2 + g}}$$

说明：这是一个变力问题．应用牛顿定律求解本题时，积分变量替换，即 $\frac{\mathrm{d}v}{\mathrm{d}t} = \frac{\mathrm{d}v}{\mathrm{d}y}\frac{\mathrm{d}y}{\mathrm{d}t} = v\frac{\mathrm{d}v}{\mathrm{d}y}$ 非常重要．积分变量替换后，分离变量，然后通过积分就可求解此题，这种方法在许多问题中都有应用．黏滞阻力的方向始终与物体的运动方向相反，解此题时应将小球的上抛运动和下落运动分开考虑．

例 2-4　升降机内有一光滑斜面，固定在底板上，斜面倾角为 θ．当升降机以匀加速度 a_1 竖直上升时，质量为 m 的物体从斜面顶端沿斜面开始下滑，如例2-4图所示．已知斜面长为 l，求物体对斜面的压力，以及物体从斜面顶点滑到底部所需的时间．

例 2-4 图

解　以物体 m 为研究对象．其受到斜面的正压力 N 和重力 mg．以地面为参考系，设物体 m 相对于斜面的加速度为 a_2，方向沿斜面向下，则物体相对于地面的加速度为

$$a = a_1 + a_2$$

设 x 轴正向沿斜面向下，y 轴正向垂直斜面向上，则对 m 应用牛顿定律列方程如下：

x 方向：
$$mg\sin\theta = m(a_2 - a_1\sin\theta)$$

y 方向：
$$N - mg\cos\theta = ma_1\cos\theta$$

解方程，得

$$a_2 = (g + a_1)\sin\theta$$

$$N = m(g + a_1)\cos\theta$$

由牛顿第三定律可知，物体对斜面的压力 N' 与斜面对物体的压力 N 大小相等，方向相反，即物体对斜面的压力为 $m(g + a_1)\cos\cos\theta$，垂直指向斜面．

因为 m 相对于斜面以加速度 $a_2 = (g + a_1)\sin\theta$ 沿斜面向下做匀变速直线运动，所以

$$l = \frac{1}{2}a_2 t^2 = \frac{1}{2}(g + a_1)\sin\theta \cdot t^2$$

得

$$t = \sqrt{\frac{2l}{(g + a_1)\sin\theta}}$$

§2-2　惯性系与非惯性系　惯性力

前面已经指出运动的描述是相对的，研究物体的运动必须首先选定参考系，而参考系的选取视研究的方便，可以任意选取．但在应用牛顿定律时，参考系是不能任意

选取的,因为牛顿运动定律不是对任何参考系都能适用.

先看一个例子,在一列相对于地面以加速度 a_1 做直线运动的车厢内,有一个质量为 m 的小球放在光滑的桌面上,如图 2-3 所示.这时,如果选地面为参考系,小球所受的合外力等于零,小球保持静止状态,符合牛顿运动定律.但是如果取车厢为参考系,那么此小球在水平方向不受任何外力的作用,却以加速度 $-a_1$ 相对于车厢运动.所以,对于车厢这个参考系来说,牛顿运动定律并不成立.

由此可见,对于有些参考系,牛顿定律成立;对另一些参考系,牛顿定律不成立.实际上,牛顿定律只有在惯性参考系中才成立.惯性参考系就是由牛顿第一定律引进的参考系,在此参考系中,一个不受力作用的物体将保持静止或匀速直线运动状态.不难理解,相对于某惯性参考系做匀速直线运动的参考系仍是惯性参考系;而相对于惯性参考系做加速运动的参考系将不再是惯性参考系.

图 2-3 加速运动车厢中牛顿定律不成立

由此可见,牛顿运动定律并不是对任何参考系中都能成立.凡是牛顿运动定律成立的参考系称为**惯性参考系**,简称**惯性系**,而牛顿运动定律不成立的参考系称为**非惯性系**.一个参考系是不是惯性系,只能根据实验和观察结果来判定.太阳参考系是个很好的惯性系,实验证明,在以太阳中心为坐标原点,以指向任一恒星的直线为坐标轴建立起来的坐标系中,牛顿运动定律是精确成立的.实验表明:任何相对于某惯性参考系做匀速直线运动的参考系仍是惯性参考系;而相对于某惯性参考系做加速运动的参考系将不再是惯性参考系.由于地球绕太阳公转,也就是说地球相对于太阳有加速度,所以地球参考系不是惯性系.但由于地球相对于太阳的加速度很小,所以地球参考系可以近似地看成惯性系.这样,地球或静止在地面上的任一物体都可以近似地看做是惯性系.同样,在地面上做匀速直线运动的物体也可以近似地看做是惯性系.

在许多实际问题中,我们经常需要在非惯性系中来讨论力学问题,但是在非惯性系中牛顿运动定律不成立,那么我们如何在非惯性系中处理物体的动力学问题呢?

如图 2-4 所示,设有一质量为 m 的质点,相对于惯性系 $Oxyz$ 的加速度为 a,所受合外力为 F,根据牛顿第二定律有

$$F = ma \qquad (2-8)$$

图 2-4 惯性系与非惯性系

设想有另一参考系 $O'x'y'z'$ 相对于惯性系 $Oxyz$ 以加速度 $\boldsymbol{a}_0$ 运动,在 $O'x'y'z'$ 中,设质点相对于非惯性系 $O'x'y'z'$ 的加速度为 $\boldsymbol{a}'$,则

$$\boldsymbol{a} = \boldsymbol{a}_0 + \boldsymbol{a}' \tag{2-9}$$

将上式代入式(2-8)得

$$\boldsymbol{F} + (-m\boldsymbol{a}_0) = m\boldsymbol{a}' \tag{2-10}$$

由于物体间的相互作用力与参考系的选取无关,在非惯性系 $O'x'y'z$ 中,质点所受实际合外力仍为 $\boldsymbol{F}$,但 $\boldsymbol{F} \neq m\boldsymbol{a}'$,这说明在非惯性系中牛顿第二定律不成立.为了在非惯性系中仍可在形式上运用牛顿第二定律处理动力学问题,定义一个虚拟的力 $\boldsymbol{F}^*$ 作用在质点上,使质点获得相对非惯性系的加速度 $-\boldsymbol{a}_0$.这个假想的虚拟的力称为惯性力,它可以表示为

$$\boldsymbol{F}^* = -m\boldsymbol{a}_0 \tag{2-11}$$

式中 $\boldsymbol{F}^*$ 即**惯性力**,其大小等于质点的质量与非惯性系相对于惯性系的加速度大小的乘积,方向与非惯性系相对于惯性系的加速度的方向相反.引入惯性力的概念后,在非惯性系中的动力学方程为

$$\boldsymbol{F} + \boldsymbol{F}^* = m\boldsymbol{a}' \tag{2-12}$$

其中 $\boldsymbol{a}'$ 是物体 m 相对于非惯性系的加速度.上式表明,若要在非惯性系中仍用牛顿第二定律来解决力学问题,则在分析受力时,除了应考虑物体间的相互作用力外,还必须加上惯性力的作用.

要注意的是,惯性力是一种假想的力,它不是由于物体间的相互作用而产生的真实力.惯性力既没有施力者,也没有反作用力,惯性力的实质是物体的惯性在非惯性系中的反映.

例 2-5   如例 2-5 图所示,质量为 M 的楔块放在光滑水平地面上,楔块的光滑斜面上有一质量为 m 的物体自由滑下.求楔块相对于地面的加速度和物体相对于斜面下滑的加速度.

例 2-5 图

解   将楔块和物体隔离开来分别进行受力分析.物体 m 受重力 $\boldsymbol{P}_1$、楔块对它的弹力 $\boldsymbol{N}_2'$ 两个力的作用.楔块受重力 $\boldsymbol{P}_2$、地面支持力 $\boldsymbol{N}_1$ 和物体 m 对它的正压力 $\boldsymbol{N}_2$ 三个力的作用.$\boldsymbol{N}_2'$、$\boldsymbol{N}_2$ 是一对作用力与反作用力.

设楔块相对于地面的加速度为 $\boldsymbol{a}$,方向向左,m 相对 M 的下滑的加速度为 $\boldsymbol{a}'$,方向沿斜面向下.

建立坐标系:以地面为参考系建立 xOy 坐标系,x 轴沿水平方向,方向向右为正,y 轴垂直于水平方向,向上为正.此坐标系是惯性坐标系,固定于地面上.以斜面为参考系建立 $x'O'y'$ 坐标系,x' 轴沿斜面向下为正,y' 轴垂直于斜面,此坐标系固定于斜面上,是非惯性系.

以 M 为研究对象,地面为参考系,根据牛顿第二定律列方程

$$x \text{ 方向} \qquad N_2 \sin \theta = Ma \qquad (1)$$

$$y \text{ 方向} \qquad N_1 = N_2 \cos \theta + Mg \qquad (2)$$

以 m 为研究对象,斜面为参考系,根据式(2-12)列方程,注意,斜面为非惯性系,要考虑惯性力

$$x' \text{ 方向} \qquad ma\cos \theta + mg\sin \theta = ma' \qquad (3)$$

$$y' \text{ 方向} \qquad N_2' + ma\sin \theta = mg\cos \theta \qquad (4)$$

联立(1)、(3)、(4),注意到 $N_2 = N_2'$,解得

$$a = \frac{m\sin \theta \cos \theta}{M + m\sin^2 \theta}g, \qquad a' = \frac{(M+m)\sin \theta}{M + m\sin^2 \theta}g$$

例 2-6　例 2-6 图所示是一个水平转台,以恒定的角速度 ω 相对于地面惯性参考系转动.假想转台上坐有一人,他手中捧着一个小球,球的质量为 m,与转轴的距离为 R,他随转台一起转动,他和球相对于转台都是静止的,问:对于转台这一做匀角速度转动的参考系来说,小球受到怎样的惯性力?

例 2-6 图

解　对于惯性参考系地面而言,小球受到重力 P 的作用,还受到人手对它的作用力 f,这两个力的合力 F 就是使小球做匀速圆周运动的向心力,所以

$$F_n = F = ma_n = m\frac{v^2}{R} = m\omega^2 R \qquad (1)$$

对于匀速转动的转台这一非惯性系而言,小球除受到 F 的作用外,还受到惯性力 F^* 的作用,由于小球与转台是相对静止的,所以 F^* 和 F 互相平衡,于是

$$F^* + F = 0 \qquad (2)$$

$$F^* = -F = -ma_n = -m\omega^2 R \qquad (3)$$

我们知道,小球随台转动时,在圆周各处,小球所受合力 F 的方向是指向圆心的,所以 F^* 的方向是从圆心沿径向向外的,通常把这样的惯性力称为**惯性离心力**.

§2-3　动量　动量守恒定律

在力的作用下,质点的运动状态将要发生变化,牛顿第二定律已经给出了作用于

质点上的合外力与它的作用效果之间的瞬时关系. 因此,牛顿第二定律也可以称为力的瞬时作用定律. 但是,质点的运动状态变化必须经过一个运动过程才能体现出来,这就意味着,质点的运动状态变化是力持续作用的累积效应. 这种力的累积效应反映在两个方面:一方面是力的时间累积效应,即在力的作用下经过一段时间的累积,物体的运动状态会发生怎样的变化;另一方面是力的空间累积,即在力的作用下物体经历一段位移后,物体的运动状态发生怎样的变化. 下面先讨论力的时间累积效应.

一、质点的动量定理

力的时间累积效应可由牛顿第二定律直接导出. 由公式 $F=ma$ 可得

$$F=m\frac{\mathrm{d}v}{\mathrm{d}t}=\frac{\mathrm{d}(mv)}{\mathrm{d}t}$$

式中,mv 称为质点的**动量**,常用 p 表示,即

$$p=mv$$

动量 p 是矢量,它的方向与速度 v 的方向相同. 质点的动量是描述质点运动状态的物理量. 引入动量概念后,牛顿第二定律又可表示为

$$F=\frac{\mathrm{d}p}{\mathrm{d}t} \tag{2-13}$$

即作用在质点上的合力等于质点动量对时间的变化率. 该式给出了质点的动量变化与外力的关系. 这一关系式称为**质点动量定理的微分形式**,也是牛顿第二定律的基本普遍形式. 牛顿最初提出第二定律的形式正是这样. 在经典力学的范围内,质点的质量是一个与其运动速度无关的常量,可由式(2-13)得出式(2-1)$F=ma$. 但当物体运动速率接近光速时,物体的质量不再是常量,因而式(2-1)不再适用,但式(2-13)被实验证明仍然是成立的.

式(2-13)描述的是一个瞬时关系,当外力作用持续一段时间间隔 t_2-t_1 后,质点的动量将会产生一个增量,力对时间的累积效应可以从式(2-13)分离变量并积分得到

$$\int_{t_1}^{t_2}F\mathrm{d}t=\int_{v_1}^{v_2}\mathrm{d}(mv)=mv_2-mv_1 \tag{2-14}$$

上式左端是力对时间的积分,它表示作用于质点上的合力在 t_1 到 t_2 时间间隔的累积效应,称为**力的冲量**,简称冲量,用 I 表示,即

$$I=\int_{t_1}^{t_2}F\mathrm{d}t \tag{2-15}$$

则式(2-14)又可写成

$$I=p_2-p_1 \tag{2-16}$$

上式表明作用于物体上的合外力的冲量等于物体动量的增量. 这就是**质点的动量定理**. 因为冲量和动量都是矢量,所以质点的动量定理不仅反映了冲量和动量之间的数值关系,还反映了它们之间的方向关系,即动量增量的方向与外力冲量的方向相同. 质点的动量定理说明了力对质点持续作用一段时间的累积效应,表现为这段时间内质点

运动状态的变化.

在直角坐标系中动量定理的分量式为

$$I_x = \int_{t_1}^{t_2} F_x \mathrm{d}t = mv_{2x} - mv_{1x}$$

$$I_y = \int_{t_1}^{t_2} F_y \mathrm{d}t = mv_{2y} - mv_{1y} \qquad (2-17)$$

$$I_z = \int_{t_1}^{t_2} F_z \mathrm{d}t = mv_{2z} - mv_{1z}$$

上式表明,在一段时间内,作用于物体上的合外力沿某一坐标轴投影的冲量等于同一时间内质点动量沿该坐标轴投影的增量.

由式(2-14)知,要使物体动量发生变化,作用于物体上的力和力持续的时间是两个同样重要的因素. 因此,人们在实践中,在物体的动量变化给定时,常常用增加作用时间(或减少作用时间)来减缓(或增大)冲力.

动量定理常用于研究反冲、打击和碰撞等问题中. 由于在这一类问题中,作用于物体的力时间极短,数值很大,且变化很快,我们把这种力称为**冲力**. 在实际问题中,很难确定冲力随时间的变化关系,(图2-5曲线所表示的就是冲力迅速变化的示意图). 因此不能用牛顿第二定律求解此类问题. 但是两物体在碰撞前后的动量和作用持续的时间都较容易测定. 这样我们就可根据动量定理求出冲力的平均值,根据实际情况来估算冲力.

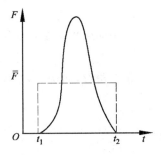

图 2-5 冲力示意图

通常我们可用平均冲力来粗略地描述随时间变化的力,平均冲力是力对时间的平均值. 即:

$$\overline{F} = \frac{\int_{t_1}^{t_2} F \mathrm{d}t}{t_2 - t_1} \qquad (2-18)$$

由动量定理

$$\int_{t_1}^{t_2} F \mathrm{d}t = mv_2 - mv_1$$

联立上式和式(2-18),平均冲力 $\overline{F}$ 可表示为

$$\overline{F} = \frac{mv_2 - mv_1}{t_2 - t_1} \qquad (2-19)$$

应该指出的是:动量定理是由牛顿第二定律导出的,故动量定理只适用于惯性系. 对于不同的惯性系,同一质点的动量不同,但动量的增量总是相同的,因为力 F 和时间 t 都与参考系无关,同一力在不同的惯性系中冲量是相同的.

在国际单位制中,冲量的单位是牛顿秒(N·s),动量的单位是千克米每秒(kg·m·s⁻¹).

例 2-7 小球质量 $m = 200$ g,以 $v_0 = 8$ m·s⁻¹ 的速度沿与地面法线成 $\alpha = 30°$ 角的

方向射向光滑地面,然后沿与法线成 $\beta=60°$ 角的方向弹起.设碰撞时间 $\Delta t=0.01$ s,地面水平,求小球给地面的平均冲力.

解法一 选小球为研究对象,受力分析如例 2-7 图(a)所示.

（a）小球受力   （b）冲量、动量表示

例 2-7 图

因地面光滑,地面对小球的作用沿地面法线,以平均冲力 f 表示,如例 2-7 图(a)所示.

对小球应用动量定理得

$$\boldsymbol{I}=(\boldsymbol{f}+m\boldsymbol{g})\Delta t=m\boldsymbol{v}-m\boldsymbol{v}_0$$

作矢量三角形,如例 2-7 图(b)所示,构成直角三角形.

$$\cos\alpha=\frac{mv_0}{(f-mg)\Delta t}$$

即

$$(f-mg)\Delta t=\frac{mv_0}{\cos\alpha},\quad f=mg+\frac{mv_0}{\Delta t\cos\alpha}$$

代入数据得

$$f=\left(0.2\times9.8+\frac{0.2\times8}{0.01\times\sqrt{3}/2}\right)\text{N}=187\text{ N}$$

而 $mg=1.96$ N 与 f 相比可以忽略.应注意:在实际问题中如果有限大小的力(如重力)与冲力同时作用,因冲力很大,作用时间又很短,有限大小的力的冲量就可忽略不计.

解法二 建立坐标系如例 2-7 图(b)所示.

将 $(\boldsymbol{f}+m\boldsymbol{g})\Delta t=m\boldsymbol{v}-m\boldsymbol{v}_0$ 投影得

x 方向:　　　　$0=mv\sin\beta-mv_0\sin\alpha$ 　　　　　　　　　　　(1)

y 方向:　　　$(f-mg)\Delta t=mv\cos\beta-(-mv_0\cos\alpha)$ 　　　　　(2)

由式(1)、(2)联立消去 v 得

$$(f-mg)\Delta t=\frac{mv_0}{\cos\alpha}\sin(\alpha+\beta)=\frac{mv_0}{\cos\alpha}$$

$$f = mg + \frac{mv_0}{\Delta t \cos\alpha}$$

注意:动量定理适用于外力作用的全部过程,而不只是 Δt 的碰撞时间内.

例 2-8　质量为 m 的抛体,由水平面上点 O 抛出,其初速度为 v_0,与水平面成仰角 α. 不计空气阻力. 求:(1)抛体从发射点 O 到最高点的过程中,重力的冲量;(2)抛体从发射点 O 到降回水平面的过程中,重力的冲量.

例 2-8 图

解　本题可从动量定理和冲量的定义两条不同的思路去求重力的冲量. 取如例 2-8 图所示的坐标系.

方法一　从动量定理求重力的冲量.

(1)在物体从发射点 O 运动到最高点 A 的过程中,重力的冲量为

$$\boldsymbol{I}_1 = mv_{Ay}\boldsymbol{j} - mv_{0y}\boldsymbol{j} = -mv_0\sin\alpha\boldsymbol{j}$$

(2)在物体从发射点 O 运动到点 B 的过程中,重力的冲量为

$$\boldsymbol{I}_2 = mv_{By}\boldsymbol{j} - mv_{0y}\boldsymbol{j} = -2mv_0\sin\alpha\boldsymbol{j}$$

方法二　从冲量的定义求重力的冲量.

(1)物体从发射点 O 运动到最高点 A 所需时间为

$$\Delta t_1 = \frac{v_0\sin\alpha}{g}$$

重力为恒力,其大小为 mg,方向竖直向下,故在此过程中重力冲量为

$$\boldsymbol{I}_1 = \int_0^{t_1}\boldsymbol{F}\mathrm{d}t = -mg\Delta t_1\boldsymbol{j} = -mv_0\sin\alpha\boldsymbol{j}$$

(2)物体从发射点 O 运动到点 B 所需的时间为

$$\Delta t_2 = 2\Delta t_1 = \frac{2v_0\sin\alpha}{g}$$

于是,在此过程中重力的冲量为

$$\boldsymbol{I}_2 = \int_0^{t_2}\boldsymbol{F}\mathrm{d}t = -mg\Delta t_2\boldsymbol{j} = -2mv_0\sin\alpha\boldsymbol{j}$$

例 2-9　如例 2-9 图(a)所示的圆锥摆中,质点 m 的速率为 v,圆轨道半径为 R,摆线与竖直方向的夹角为 θ,求质点 m 经过半圆周从 A 运动到 B 时,绳中张力的冲量.

解　质点 m 从 A 运动到 B 时,张力大小不变,但方向变化,因此本题是计算变力的冲量.

方法一　根据定义,利用积分求冲

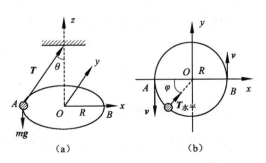

(a)　　　　　(b)

例 2-9 图

量. 设球受的张力为 $\boldsymbol{T}$，其冲量为 $\boldsymbol{I}$，张力在 z 方向分量 $T_z = T\cos\theta = mg$. 由于小球做匀速圆周运动，周期为

$$T = \frac{2\pi R}{v}$$

张力在 z 方向的冲量

$$I_z = \int_0^{\frac{T}{2}} T_z \mathrm{d}t = \int_0^{\frac{\pi R}{v}} mg\,\mathrm{d}t = mg\,\frac{\pi R}{v}$$

张力在水平面 xOy 上的分量

$$T_{水平} = T\sin\theta = mg\tan\theta$$

将 $T_{水平}$ 分解（如例 2-9 图（b））

$$T_x = T_{水平}\cos\varphi = mg\tan\theta\cos\varphi, \quad T_y = T_{水平}\sin\varphi = mg\tan\theta\sin\varphi$$

张力在 x 方向的冲量

$$I_x = \int_A^B T_x \mathrm{d}t = mg\tan\theta\int_A^B \cos\varphi\,\mathrm{d}t$$

球速为 v，则相应的角速度 $\omega = \dfrac{v}{R}$，设 $t = 0$ 时，$\varphi = 0$，则在任意时刻 t，$\varphi = \omega t$，因而

$$I_x = mg\tan\theta\int_0^{\frac{T}{2}} \cos\omega t\,\mathrm{d}t = \frac{mg\tan\theta}{\omega}\sin\omega t \,\bigg|_0^{\frac{T}{2}} = 0$$

张力在 y 方向的冲量

$$I_y = mg\tan\theta\int_0^{\frac{T}{2}} \sin\omega t\,\mathrm{d}t = \frac{2mg\tan\theta}{\omega} = \frac{2mg\tan\theta R}{v}$$

由于

$$mg\tan\theta = m\frac{v^2}{R}$$

所以

$$I_y = 2mv$$

$$\boldsymbol{I} = I_y\boldsymbol{j} + I_z\boldsymbol{k} = 2mv\boldsymbol{j} + \frac{mg\pi R}{v}\boldsymbol{k}$$

方法二 利用质点动量定理

$$\boldsymbol{I}_{合力} = \boldsymbol{I}_T + \boldsymbol{I}_{mg} = m\boldsymbol{v}_B - m\boldsymbol{v}_A$$

$$\boldsymbol{I}_T = m\boldsymbol{v}_B - m\boldsymbol{v}_A - \boldsymbol{I}_{mg} = 2mv\boldsymbol{j} + \frac{mg\pi R}{v}\boldsymbol{k}$$

二、质点系的动量定理

如果研究的对象是多个质点，则称为质点系. 一个不能抽象为质点的物体也可认为由多个（直至无限个）质点所组成.

设质点系由 n 个质点组成，在 t 时刻，各质点的动量分别用 $\boldsymbol{p}_1$、$\boldsymbol{p}_2$、$\cdots$、$\boldsymbol{p}_i$、$\cdots$、$\boldsymbol{p}_n$ 表

示，则质点系在 t 时刻的动量，就是质点系内所有质点的动量的矢量和．即

$$p = \sum_{i=1}^{n} \boldsymbol{p}_i = \sum_{i=1}^{n} m_i \boldsymbol{v}_i \tag{2-20}$$

式中，m_i 为第 i 个质点的质量，v_i 为第 i 个质点在 t 时刻的速度．

当研究对象是质点系时，其受力就可分为内力和外力．凡质点系内各质点之间的作用力称为内力（如图 2-6 所示），质点系以外物体对质点系的作用力称为外力．由牛顿第三定律可知，质点系内质点间相互作用的内力必定是成对出现的，且每对作用内力都必沿两质点连线的方向．

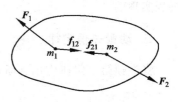

图 2-6 质点系的内力和外力

我们首先来讨论由两个质点组成的质点系．如图 2-6 所示，设质点的质量分别为 m_1 和 m_2，每个质点受到的外力合力分别为 $\boldsymbol{F}_1$ 和 $\boldsymbol{F}_2$，两质点间相互作用的内力分别为 $\boldsymbol{f}_{12}$ 和 $\boldsymbol{f}_{21}$.

对质点 m_1 应用动量定理，有

$$\int_{t_0}^{t} (\boldsymbol{F}_1 + \boldsymbol{f}_{12}) \mathrm{d}t = m_1 \boldsymbol{v}_1 - m_1 \boldsymbol{v}_{10}$$

对质点 m_2 应用动量定理，有

$$\int_{t_0}^{t} (\boldsymbol{F}_2 + \boldsymbol{f}_{21}) \mathrm{d}t = m_2 \boldsymbol{v}_2 - m_2 \boldsymbol{v}_{20}$$

将以上两式相加，考虑到 $\boldsymbol{f}_{12} = -\boldsymbol{f}_{21}$，有

$$\int_{t_0}^{t} (\boldsymbol{F}_1 + \boldsymbol{F}_2) \mathrm{d}t = (m_1 \boldsymbol{v}_1 + m_2 \boldsymbol{v}_2) - (m_1 \boldsymbol{v}_{10} + m_2 \boldsymbol{v}_{20})$$

结果表明，对于两个质点组成的系统，合外力的冲量等于系统总动量的增量．

推广到多个质点组成的系统，由于内力总是成对出现的，根据牛顿第三定律，内力冲量的总和恒为零，不会改变系统的总动量，所以以上结论仍然成立．这样，对于任意系统有

$$\int_{t_0}^{t} \sum_{i=1}^{n} \boldsymbol{F}_i \mathrm{d}t = \sum_{i=1}^{n} m_i \boldsymbol{v}_i - \sum_{i=1}^{n} m_i \boldsymbol{v}_{i0} \tag{2-21}$$

或

$$\boldsymbol{I} = \boldsymbol{p} - \boldsymbol{p}_0$$

上式即为**质点系的动量定理**，可表述为：**系统所受的合外力的冲量等于系统总动量的增量**．

在直角坐标系中动量定理的分量式为

$$\int_{t_0}^{t} \sum_{i=1}^{n} F_{ix} \mathrm{d}t = \sum_{i=1}^{n} m_i v_{ix} - \sum_{i=1}^{n} m_i v_{i0x}$$

$$\int_{t_0}^{t} \sum_{i=1}^{n} F_{iy} \mathrm{d}t = \sum_{i=1}^{n} m_i v_{iy} - \sum_{i=1}^{n} m_i v_{i0y} \tag{2-22}$$

$$\int_{t_0}^{t} \sum_{i=1}^{n} F_{iz} \mathrm{d}t = \sum_{i=1}^{n} m_i v_{iz} - \sum_{i=1}^{n} m_i v_{i0z}$$

即一个力学系统所受的合外力在某方向分量的冲量等于此系统总动量在此方向的分量的增量.

由上可知:作用于系统的合外力是作用于系统内每一个质点的外力的矢量和. 只有外力才会改变系统的动量,而质点系的内力可以改变系统内每一个质点的动量,但不能改变整个系统的动量. 动量定理指出,力的时间累积效应是使物体或物体系的动量发生改变. 动量是状态量,合外力的冲量是过程量,其动量状态量的改变是经由冲量过程实现的.

三、动量守恒定律

将牛顿第二定律应用到质点系中,可以写为

$$\sum_{i=1}^{n} \boldsymbol{F}_i = \frac{\mathrm{d}}{\mathrm{d}t} \sum_{i=1}^{n} m_i \boldsymbol{v}_i$$

若合外力 $\sum\limits_{i=1}^{n} \boldsymbol{F}_i = 0$,则

$$\boldsymbol{P} = \sum_{i=1}^{n} m_i \boldsymbol{v}_i = 常矢量 \tag{2-23}$$

即当系统不受外力或所受合外力为零时,系统的总动量保持不变. 这就是**动量守恒定律**. 式(2-23)是动量守恒定律的矢量式. 在直角坐标系中,其分量式为

$$\sum_{i=1}^{n} F_{ix} = 0 \; 时 \quad P_x = \sum_{i=1}^{n} m_i v_{ix} = 常量$$

$$\sum_{i=1}^{n} F_{iy} = 0 \; 时 \quad P_y = \sum_{i=1}^{n} m_i v_{iy} = 常量 \tag{2-24}$$

$$\sum_{i=1}^{n} F_{iz} = 0 \; 时 \quad P_z = \sum_{i=1}^{n} m_i v_{iz} = 常量$$

上式表明,当系统的合外力在某方向的分量等于零时,此系统的总动量在此方向上的分量守恒.

在应用动量守恒定律时应注意以下几点:

(1)在动量守恒定律中,系统的动量是守恒量. 由于动量是矢量,故系统的总动量不变是指系统内所有质点的动量的矢量和不变,但每个质点的动量可能变化.

(2)系统动量守恒的条件就是系统所受合外力为零. 但是,有时系统所受的合外力虽不为零,但与系统的内力相比较,外力远小于内力,这时可以略去外力对系统的作用,认为系统的动量是守恒的. 像碰撞、打击、爆炸等问题一般都可以这样处理,这是因为参与碰撞的物体的相互作用时间很短,相互作用内力很大,而一般的外力(如空气阻力、重力)与内力比较可忽略不计,所以在碰撞过程的前后可认为参与碰撞的物体系统的总动量保持不变.

(3)如果系统所受的合外力的矢量和并不为零,但合外力在某个坐标轴方向上的分

矢量为零,这时,虽然系统的总动量不守恒,但在该坐标轴方向上的分动量却是守恒的.

(4)动量定理和动量守恒定律只在惯性系中才成立,因此运用它们来求解问题时,一定要选取一惯性系作为参考系.此外,各物体的动量必须相对于同一惯性系.

动量守恒定律是物理学最普遍、最基本的定律之一.动量守恒定律虽然是由牛顿运动定律推演的结果,但近代的科学实验和理论分析都表明:无论是宏观物体还是微观粒子,无论是物体的运动速度远远小于光速,还是接近于光速,动量守恒定律都是成立的;而在原子、原子核等微观领域中,牛顿运动定律却是不适用的.因此,动量守恒定律比牛顿运动定律更加基本,它是自然界中最普遍、最基本的定律之一.

例 2-10　如例 2-10 图所示,一质量为 m 的球在质量为 M 的 1/4 圆弧形滑槽中从静止滑下.设圆弧形槽的半径为 R,如所有摩擦都可忽略,求当小球 m 滑到槽底时,M 滑槽在水平方向上移动的距离.

例 2-10 图

解　以 m 和 M 为研究系统,其在水平方向不受外力(图中所示是 m 和 M 所受的竖直方向的外力),故水平方向动量守恒.

设在下滑过程中,m 相对于 M 的滑动速度为 u,M 对地的速度为 v,并以水平向右为 x 轴正向,则在水平方向上有

$$m(u_x - v) - Mv = 0$$

解得

$$u_x = \frac{m+M}{m}v$$

设 m 在弧形槽上运动的时间为 t,而 m 相对于 M 在水平方向移动的距离为 R,则有

$$R = \int_0^t u_x \mathrm{d}t = \frac{M+m}{m} \int_0^t v \mathrm{d}t$$

于是滑槽在水平面上移动的距离

$$S = \int_0^t v \mathrm{d}t = \frac{m}{m+M}R$$

例 2-11　如例 2-11 图所示,设水平地面上一辆静止的炮车以仰角 α 发射炮弹,炮弹的出腔速度相对于炮车为 $\boldsymbol{u}$,炮车和炮弹的质量分别为 M 和 m,不计地面摩擦,试求:(1)炮弹刚出口时,炮车的反冲速度;(2)若炮管长为 L,则发炮过程中炮车移动的距离.

解　(1)选炮车与炮弹组成的系统为研究对象,由题设知,系统水平方向不受外力,因而系统水平方向动量守恒,设炮车速度为 v,向右为正方向,则

例 2-11 图

$$0 = -Mv + m(-v + u\cos\alpha)$$

解得

$$v = \frac{mu\cos\alpha}{M+m}$$

(2)设 $u(t)$ 表示在发射过程中某一时刻炮弹相对于炮身的速度,由上式可知,该时刻炮车的速度应为

$$v(t) = \frac{mu(t)\cos\alpha}{M+m}$$

设发射过程中炮弹在炮筒中经过的时间为 t,则炮车沿地面移动的距离为

$$S = \int_0^t v(t)\mathrm{d}t = \int_0^t \frac{mu(t)\cos\alpha}{m+M}\mathrm{d}t = \frac{m\cos\alpha}{m+M}L$$

式中, $\int_0^t u(t)\mathrm{d}t = L$ 为炮筒的长度.

例 2-12 如例 2-12 图,水平光滑轨道上有一车,长度为 l,质量为 m_2,车的一端有人(包括所骑自行车),质量为 m_1,开始时,人和车均静止. 当人从车的一端骑到另一端时,人、车各移动了多少距离?

例 2-12 图

解 如例 2-12 图所示,选人、车为系统,取 Ox 轴如图. 设人、车对地速度大小分别为 v_1、v_2,系统水平方向上动量守恒,则有

$$0 = m_1 v_1 - m_2 v_2$$

即

$$m_1 v_1 = m_2 v_2 \tag{1}$$

此式在任何时刻都成立. 设 $t=0$ 时人在车右端, t 时刻到达左端,对上式两边同时乘以 $\mathrm{d}t$ 后积分,有

$$m_1 \int_0^t v_1 \mathrm{d}t = m_2 \int_0^t v_2 \mathrm{d}t$$

设人在时间 t 内从车的一端到另一端,用 x_1 和 x_2 分别表示人和车在这段时间内相对于地移动的距离,则有

$$x_1 = \int_0^t v_1 \mathrm{d}t, \quad x_2 = \int_0^t v_2 \mathrm{d}t$$

于是有

$$m_1 x_1 = m_2 x_2 \tag{2}$$

由题意可知

$$x_1 = l - x_2 \tag{3}$$

解(2)、(3)两式可得

$$x_1 = \frac{m_2}{m_1 + m_2}l, \quad x_2 = \frac{m_1}{m_1 + m_2}l$$

例 2-13 一质量为 M 的人，手里拿着一个质量为 m 的物体，此人以与地面成 θ 角的速度 v_0 向前跳出，当他到达最高点时，将物体以相对于人的速度 u 水平向后扔出，求由于物体的抛出，人跳的距离增加了多少？

解 选人与物体组成的系统为研究对象，抛物前，人到达最高点时，有

$$v_{水平} = v_0 \cos \theta$$

系统总动量 $(M+m)v_0 \cos \theta$，抛物后，设人的速度为 v，则系统水平方向动量 $Mv + m(v-u)$.由于系统水平方向不受外力，所以水平方向系统动量守恒，即

$$(M+m)v_0 \cos \theta = Mv + m(v-u)$$

抛物后，人的速度为

$$v = \frac{(M+m)v_0 \cos \theta + mu}{M+m}$$

由自由落体公式知，人从最高点下落时间为

$$t = \frac{v_0 \sin \theta}{g}$$

人跳的距离增加为

$$\Delta s = vt - v_0 \cos \theta t = \frac{mu}{M+m} \cdot \frac{v_0 \sin \theta}{g}$$

§2-4 功 动能 动能定理

前面讨论了力的时间累积效应，并定量研究了质点或质点系受合外力冲量作用与其状态变化的关系——动量定理，进一步在系统受合外力为零条件下，导出了系统的动量守恒定律．本节讨论力的空间累积效应，从而引出功和能的概念．

一、功 功率

1. 功

在中学物理中已建立了功的定义．恒力的功是：力与受力物体在力的方向上的位移的乘积，称为力对物体作的功．如图 2-7 所示，物体在恒力 f 作用下位移 Δr，则力 f 对物体所作的功 A 为

$$A = f|\Delta r|\cos \alpha$$

图 2-7 恒力的功

α 为力 f 和位移 Δr 的夹角. 功也可以用力 f 和位移 Δr 的标积来表示,即

$$A = f \cdot \Delta r \qquad (2\text{-}25)$$

计算功应注意表示力的作用点的位移 Δr.

从式(2-25)可知,功 A 为标量,可正、可负也可以为零. 当 $\alpha < \dfrac{\pi}{2}$ 时,$A > 0$,即力对物体作正功;当 $\alpha > \dfrac{\pi}{2}$ 时,$A < 0$,即力对物体作负功,或者说物体反抗外力而作功;当 $\alpha = \dfrac{\pi}{2}$ 时,力和位移相互垂直,力不作功.

在国际单位制中功的单位为焦耳,符号 J. 在电工学中常用 kW・h 作为功的单位. $1\text{ kW}\cdot\text{h} = 3.6 \times 10^6\text{ J}$.

大小或方向变化的力称为**变力**. 如图 2-8 所示,一物体在变力 F 作用下作曲线运动. 我们可将力的作用点所经历的一段有限路程分成许多极小的段,每一小段的路程与相应的位移大小 $|\Delta r_i|$ 近似相等,物体在第 i 段位移 Δr_i 中受力 F_i,与位移夹角为 α_i,则力在 Δr_i 中所作的元功 $\Delta A = F_i \cdot \Delta r_i = F_i |\Delta r_i| \cos \alpha_i$,而力 F 在 ab 上作的总功 A 为所有位移元上所作元功的代数和,即

图 2-8　变力的功

$$A = \sum_i \Delta A_i = \sum_i F_i |\Delta r_i| \cos \alpha_i$$

当 Δr 为无限小,即 $\Delta r \to \mathrm{d}r$ 时,上式用积分表示为

$$A = \int_a^b F \cdot \mathrm{d}r = \int_a^b F \cos \alpha \, |\mathrm{d}r| = \int_a^b F \cos \alpha \, \mathrm{d}s \qquad (2\text{-}26)$$

在直角坐标系中有:

$$F = F_x i + F_y j + F_z k \qquad \mathrm{d}r = \mathrm{d}x i + \mathrm{d}y j + \mathrm{d}z k$$

则由(2-26)式可得

$$A = \int_a^b (F_x i + F_y j + F_z k) \cdot (\mathrm{d}x i + \mathrm{d}y j + \mathrm{d}z k)$$

$$= \int_{x_a}^{x_b} F_x \mathrm{d}x + \int_{y_a}^{y_b} F_y \mathrm{d}y + \int_{z_a}^{z_b} F_z \mathrm{d}z \qquad (2\text{-}27)$$

注意:由于位移与参考系选择有关,所以功也是一个与参考系有关的物理量. 如在加速运动的车厢内,有一物体静止在水平桌面上,在车厢内的观察者认为作用于物体上的摩擦力不作功,但地面上的观察者则认为摩擦力对物体作了功,因为物体与车厢一起相对地面产生了位移.

2. 合力的功

设有 n 个力 F_1、F_2、$\cdots$、F_n 同时作用于一物体上,则物体由位置 a 运动到位置 b 时,合力 $F = F_1 + F_2 + \cdots + F_n$ 对物体所作的功为

$$A = \int F \cdot \mathrm{d}r = \int (F_1 + F_2 + \cdots + F_n) \cdot \mathrm{d}r$$

$$= \int \boldsymbol{F}_1 \cdot \mathrm{d}\boldsymbol{r} + \int \boldsymbol{F}_2 \cdot \mathrm{d}\boldsymbol{r} + \cdots + \int \boldsymbol{F}_n \cdot \mathrm{d}\boldsymbol{r}$$

$$= A_1 + A_2 + \cdots + A_n = \sum_{i=1}^{n} A_i$$

即合力在任一段位移上所作的功等于各分力在这一段位移上所作功的代数和. 式中，$A_1 = \int \boldsymbol{F}_1 \cdot \mathrm{d}\boldsymbol{r}$、$A_2 = \int \boldsymbol{F}_2 \cdot \mathrm{d}\boldsymbol{r}$、$\cdots$、$A_n = \int \boldsymbol{F}_n \cdot \mathrm{d}\boldsymbol{r}$ 分别表示 $\boldsymbol{F}_1$、$\boldsymbol{F}_2$、$\cdots$、$\boldsymbol{F}_n$ 在同一段位移上所作的功.

3. 功率

功率是表征作功快慢的物理量，功率定义为单位时间内所作的功. 设在 Δt 时间内完成 ΔA 的功，则在这段时间内的平均功率为

$$\overline{P} = \frac{\Delta A}{\Delta t}$$

若 $\Delta t \to 0$，则得某时刻的瞬时功率为

$$P = \lim_{\Delta t \to 0} \frac{\Delta A}{\Delta t} = \frac{\mathrm{d}A}{\mathrm{d}t} \tag{2-28}$$

或

$$P = \frac{\boldsymbol{f} \cdot \mathrm{d}\boldsymbol{r}}{\mathrm{d}t} = \boldsymbol{f} \cdot \boldsymbol{v} \tag{2-29}$$

上式说明瞬时功率等于力在速度方向的分量和速度大小的乘积. 功率是标量，在国际单位制中，功率的单位是瓦特（W），$1\ \mathrm{W} = 1\ \mathrm{J} \cdot \mathrm{s}^{-1}$.

二、质点动能定理

前面讨论了力的空间累积作用，引出了功的概念，下面讨论质点受力的空间累积作用与由此引起的状态变化之间的定量关系.

设质点在合外力作用下沿一曲线由 a 点运动到 b 点，在曲线上 a、b 两点的速度分别为 $\boldsymbol{v}_1$ 与 $\boldsymbol{v}_2$. 根据牛顿第二定律可得任意时刻沿切向的运动方程为

$$F_\tau = ma_\tau = m\frac{\mathrm{d}v}{\mathrm{d}t}$$

F_τ 为合外力 $\boldsymbol{F}$ 在切线方向的投影，如图 2-9 所示，$F_\tau = F\cos\alpha$. 又由 $v = \frac{\mathrm{d}s}{\mathrm{d}t}$，得 $\mathrm{d}s = v\mathrm{d}t$. 所以元功为

$$\mathrm{d}A = F\cos\alpha\mathrm{d}s = m\frac{\mathrm{d}v}{\mathrm{d}t}\mathrm{d}s = m\frac{\mathrm{d}v}{\mathrm{d}s}\frac{\mathrm{d}s}{\mathrm{d}t}\mathrm{d}s = mv\mathrm{d}v$$

质点从 a 沿曲线运动到 b，合外力所作的功为

$$A = \int_a^b F\cos\alpha\mathrm{d}s = \int_{v_1}^{v_2} mv\mathrm{d}v = \frac{1}{2}mv_2^2 - \frac{1}{2}mv_1^2 \tag{2-30}$$

图 2-9　合外力在切线方向的投影

式中 $\frac{1}{2}mv^2$ 称为质点的动能，用 E_k 表示

$$E_k = \frac{1}{2}mv^2$$

式(2-30)中 $\frac{1}{2}mv_1^2$ 表示质点的初动能,$\frac{1}{2}mv_2^2$ 表示质点的末动能.式(2-30)表示合外力对质点所作的功等于质点的动能的增量.这一结论称为**质点动能定理**.

从动能定理可以看出,当合外力 F 对质点作正功($A>0$)时,质点的动能增加,这表明质点所增加的动能,是由于合外力对质点作正功所获得的.而当合外力对质点作负功($A<0$)时,质点动能减少,此时质点克服外力作功是以减少自己的动能为代价的.当合外力对质点作功为零($A=0$)时,质点的动能不变.

动能的单位与能量相同,在国际单位制中动能(能量)的单位为焦耳(J).

关于动能、动量还应说明以下几点:

(1)质点动能定理说明了作功与质点动能变化的关系,在某一过程中,合力对质点所作的功在量值上等于质点动能的增量.也就是说,功是动能改变的量度.功与状态的变化过程相联系,反映力的空间累积,是过程量.动能是描述物体运动状态的物理量,是状态的单值函数,运动状态一旦确定,物体就有确定的动能与之对应,所以动能是状态量.

(2)质点动能定理还说明,合力在某一过程中对质点所作的功,只与质点的始、末状态的动能有关,只要知道质点在始、末两状态的动能,就知道了合力在该过程中对质点所作的功.

(3)质点动能定理由牛顿第二定律导出,故它只适用于惯性系.由于位移和速度都与所选取的参考系有关,所以,在应用动能定理时,功和动能必须是相对于同一惯性系的.

(4)动能、动量都是表征物体运动状态的重要物理量.但动量和动能分别联系于不同的物理量——冲量和功.动量是表示物体机械运动的一种量度,在几个物体之间,如果通过力的相互作用而有机械运动的转移时,一定伴有等量的动量转移.即一个物体得到一定动量的同时,一定有其他物体失去等量的动量.但如果考察这一系统的动能方面问题时,并没有"必有等量动能转移"的问题,而是一种能量可以等量转化为其他形式的能量.可以说,动能是表示物体机械运动转化为一定量的其他运动形式的能量的一种量度.

例 2-14 质量为 $m=0.5$ kg 的质点,在 xOy 坐标平面内运动,其运动方程为 $x=5t$,$y=0.5t^2$(SI),求从 $t=2$ s 到 $t=4$ s 这段时间内外力对质点作的功.

解 由运动方程 $x=5t$,$y=0.5t^2$ 可求得

$$v_x=5 \text{ m·s}^{-1}, \quad v_y=t \text{ m·s}^{-1} \quad 及 \quad a_x=0 \text{ m·s}^{-1}, \quad a_y=1 \text{ m·s}^{-1}$$

由牛顿第二定律 $F=ma$,可得

$$F_x=ma_x=0, \quad F_y=ma_y=0.5 \text{ N}$$

而外力对质点作的功为

$$A = \int \boldsymbol{F} \cdot \mathrm{d}\boldsymbol{r} = \int (F_x \mathrm{d}x + F_y \mathrm{d}y) = \int F_y \mathrm{d}y$$

由于 $v_y = \dfrac{\mathrm{d}y}{\mathrm{d}t}$，所以有

$$A = \int F_y v_y \mathrm{d}t = \int_2^4 0.5t \mathrm{d}t = \frac{1}{2} \times 0.5 t^2 \Big|_2^4 = \frac{1}{4}(4^2 - 2^2)\ \mathrm{J} = 3\ \mathrm{J}$$

例 2-15　一粗细均匀的不可伸长的柔软绳子，一部分置于光滑水平桌面上，另一部分自桌边下垂．绳全长为 L，开始时下垂部分长为 b，绳初速度为零．试求：整根绳全部离开桌面时瞬间的速率（例 2-15 图）．

解　用动能定理求解．

建立坐标系如例 2-15 图，设绳总质量为 m，桌面上部分质量为 m_1，由于绳粗细均匀，所以质量密度 $\lambda = \dfrac{m}{L}$，当绳子下垂部分长度为 y 时，绳受垂直方向的力分别为

例 2-15 图

桌面上绳受力

$$m_1 g - N = 0$$

下垂部分绳受力

$$F = \frac{m}{L} yg = \lambda yg$$

当绳下落 $\mathrm{d}y$ 时，力 F 作元功

$$\mathrm{d}A = F\mathrm{d}y = \lambda yg \mathrm{d}y$$

整个绳全部离开桌面时，力 F 作功

$$A = \int \mathrm{d}A = \int_b^L \lambda yg \, \mathrm{d}y = \frac{m}{2L} g (L^2 - b^2)$$

由动能定理知

$$A = \Delta E_k = \frac{1}{2} mv^2 - 0,$$

即

$$\frac{m}{2L} g(L^2 - b^2) = \frac{1}{2} mv^2$$

$$v = \sqrt{\frac{g}{L}(L^2 - b^2)}$$

§2-5　保守力的功　势能

上一节我们介绍了作为机械运动能量之一的动能，动能是由于物体运动而具有的能量．本节将介绍另一种机械能——势能．由相互作用着的物体之间的相对位置决定的能量叫做**势能**．我们将从几种常见的力作功特点出发，引出势能的概念．

一、几种常见的力作功特点

1. 万有引力的功

如图 2-10 所示,设有一质量为 m 的物体,受到另一质量为 M 的静止物体的万有引力作用,m 经历任一路径由点 a 运动到点 b. 以 M 的中心位置为原点,a、b 两点距原点的距离分别为 r_a 和 r_b. 在某一时刻位矢为 r,此时 m 受到的万有引力为

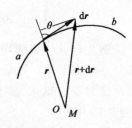

图 2-10　万有引力的功

$$F = -G\frac{Mm}{r^3}r$$

将物体的运动过程分成许多小的位移元,在任意元位移 dr 时,万有引力作的元功为

$$dA = F \cdot dr = -G\frac{Mm}{r^3}r \cdot dr$$

显然

$$r \cdot dr = r|dr|\cos\theta = rdr$$

这样,上式可写成

$$dA = -G\frac{Mm}{r^2}dr$$

物体由点 a 运动到点 b 的过程中,万有引力所作的功为

$$A = \int_a^b dA = \int_{r_a}^{r_b} \left(-G\frac{Mm}{r^2}\right)dr$$

即

$$A = GMm\left(\frac{1}{r_b} - \frac{1}{r_a}\right) \tag{2-31}$$

上式表明,万有引力的功只与质点 m 的始末位置有关,而与经过的路径无关. 这是万有引力作功的一个重要特点.

2. 重力的功

如图 2-11 所示,设质量为 m 的物体在重力作用下,由 a 点沿任一曲线路径 acb 运动到 b 点,点 a 和点 b 距离参考平面的高度分别为 y_a 和 y_b. 我们来计算重力在这段曲线上所作的功.

我们将路径 acb 分成许多元位移. 在元位移 dr 中重力 G 作的元功为

$$dA = G \cdot dr$$

在如图 2-11 的坐标系下

$$G = -mgj$$

$$dr = dxi + dyj$$

于是

$$dA = -mgj \cdot (dxi + dyj) = -mgdy$$

物体在由点 a 移动至点 b 的过程中,重力 G 作的总功

$$A = \int_a^b dA = \int_{y_a}^{y_b} (-mg)dy = mgy_a - mgy_b \tag{2-32}$$

通过上面计算看出,如果物体从点 a 沿任何其他曲线 adb 运动到点 b 所作的功仍然是(2-32)式. 由此可得:重力所作的功只与运动物体的始末位置有关,而与物体的运动路径无关.

我们再来计算一下,物体沿任一闭合路径 $adbca$ 运动一周时重力所作的功. 如图 2-11 所示,将整个闭合路径 $adbca$ 分成两段,即 adb 和 bca,在 adb 段上,重力作功

图 2-11 重力的功

$$A_{adb} = mgy_a - mgy_b$$

在 bca 段上,重力作功就是从点 a 到点 b 作功的负值

$$A_{bca} = -(mgy_a - mgy_b)$$

所以沿整个闭合路径一周,重力作的总功为

$$A = A_{adb} + A_{bca} = (mgy_a - mgy_b) - (mgy_a - mgy_b) = 0$$

因此,重力作功的特点又可以表达为:在重力作用下,物体沿任一闭合路径运动一周,重力作的功为零.

3. 弹性力的功

如图 2-12 所示,设有一倔强系数为 k 的弹簧,质量可以忽略不计,放在一水平光滑桌面上,弹簧一端固定,另一端与一质量为 m 的物体相连. 当弹簧未伸长时,物体不受外力作用,物体位于坐标原点 O(即 $x=0$ 处),此位置叫做平衡位置. 如图 2-12 所示,以平衡位置 O 为坐标原点,向右为 x 轴正向,建立坐标系. 若物体受到沿 Ox 轴正向的外力作用,弹簧将被拉长,当物体处于坐标 x 位置时,弹簧的伸长为 x,受到的弹性力为

图 2-12 弹性力的功

$$\boldsymbol{F} = -kx\boldsymbol{i}$$

弹性力为一变力,在物体由 a 点移动到 b 点的过程中,我们将运动过程细分成许多小的过程,设物体在坐标 x 处附近运动了一个元位移 $d\boldsymbol{r} = dx\boldsymbol{i}$,弹性力可近似看成是不变的,弹性力在该微小过程中作的元功为

$$dA = \boldsymbol{F} \cdot d\boldsymbol{r} = -kx\boldsymbol{i} \cdot dx\boldsymbol{i} = -kx\,dx$$

弹簧的伸长量由 x_a 处变到 x_b 处时,弹性力的功就等于各个元功之和

$$A = \int dA = \int_{x_a}^{x_b} (-kx)dx = \frac{1}{2}kx_a^2 - \frac{1}{2}kx_b^2 \tag{2-33}$$

由此可见,在弹性限度内,弹性力所作的功只与弹簧起始点和终点的位置有关,而与物体的运动路径无关. 这个特点与重力作功和引力作功完全一样.

同样,我们很容易计算物体从 a 点出发运动到 b 点,再回到 a 点,即沿闭合路径运

动一圈,弹力作功为零,即

$$A = \int_{x_a}^{x_b} (-kx)\mathrm{d}x + \int_{x_b}^{x_a} (-kx)\mathrm{d}x = \int_{x_a}^{x_b} (-kx)\mathrm{d}x - \int_{x_a}^{x_b} (-kx)\mathrm{d}x = 0$$

二、保守力与非保守力

通过上面对重力、弹性力和万有引力作功的具体计算,我们看到了它们的共同特点:作功只与物体的初、末位置有关,而与路径无关. 具有这一特性的力叫作**保守力**. 除了我们已经知道的重力、弹性力和万有引力是保守力之外,电荷间相互作用的库仑力也是一种保守力. 保守力作功可以表示为运动过程中某一位置函数的减少量.

我们在上面的计算中还得到了保守力的另一个特性——沿任一闭合路径一周作功为零. 这个特性与保守力作功与路径无关的特性是一致的.

保守力沿任一闭合路径作功为零可表示为

$$A = \oint_l \boldsymbol{F} \cdot \mathrm{d}\boldsymbol{r} = 0 \tag{2-34}$$

物理中一些常见的力,如摩擦力,它所作的功与路径有关,沿不同的路径,摩擦力作功的数值不同. 我们把这类作功与路径有关的力叫做**非保守力**. 对非保守力,物体沿任意闭合路径运动一周,作功不为零. 即

$$\oint_l \boldsymbol{F}_{非保守力} \cdot \mathrm{d}\boldsymbol{r} \neq 0 \tag{2-35}$$

三、势能

当系统内两物体之间的作用力为保守力时,作功只与物体间的相对始、末位置有关. 保守力作功等于一个位置坐标的函数在始点和末点的差值,我们将这个函数值定义为物体在相应位置的势能,分别记为 E_{p1} 和 E_{p2},则与一保守力相对应的势能的减少量等于保守力所作的功,即

$$A = E_{p1} - E_{p2} = -\Delta E_p \tag{2-36}$$

上式定义的是势能的变化量,而不是势能的量值.

对于一个微元过程来说,有

$$\mathrm{d}A = -\mathrm{d}E_p$$

上式表明,保守力在某一过程中对物体作的功,等于该过程中物体势能增量的负值. 也可以表达为保守力作的功等于势能的减小量. 由此结论我们可以给出势能的一般定义式. 我们可任意选定一个参考点 M_0,并令该点处势能为零,则该点称为零势能点. 我们定义:物体在保守力场中某点 M 的势能,在量值上等于物体从该点 M 移动到零势能点 M_0 的过程中,保守力 $\boldsymbol{F}$ 所作的功. 如用 E_p 表示物体在 M 点的势能,则有

$$E_p = \int_M^{M_0} \boldsymbol{F} \cdot \mathrm{d}\boldsymbol{r} \tag{2-37}$$

由于势能值与势能零点选取有关,因此在涉及某点的势能时,应首先指明势能零点.根据势能的概念我们可分别给出引力势能、重力势能和弹性势能的函数形式.

1. 引力势能

两物体的质量分别为 M 和 m,它们之间相互作用力为万有引力,当它们的相对位置由 r_1 变化至 r_2 时,由式(2-31)和(2-36)得万有引力作的功为

$$A = GMm\left(\frac{1}{r_2} - \frac{1}{r_1}\right) = E_{p1} - E_{p2}$$

其中,E_{p1} 和 E_{p2} 分别为物体在始末位置的引力势能,

$$E_{p1} = -G\frac{mM}{r_1}, \quad E_{p2} = -G\frac{mM}{r_2}$$

一般情况下选择 M 和 m 相距无限远时为引力势能零点.这时 M 和 m 相距 r 时的引力势能为

$$E_p = -G\frac{mM}{r} \tag{2-38}$$

2. 重力势能

地球表面附近的物体受重力作用.设物体的质量为 m,当相对地面的高度由 y_1 变化至 y_2 时,由式(2-32)和(2-36)得重力作的功为

$$A = mgy_1 - mgy_2 = E_{p1} - E_{p2}$$

其中,E_{p1} 和 E_{p2} 分别为物体在始末位置的重力势能,

$$E_{p1} = mgy_1, \quad E_{p2} = mgy_2$$

若我们选择 y_2 平面为重力势能零点,则 y_1 平面的重力势能为

$$E_p = mgh \tag{2-39}$$

其中,h 为 y_1 与 y_2 两平面的高度差.

3. 弹性势能

弹簧自由端从位置坐标 x_1 变化至坐标 x_2 时,由式(2-33)和(2-36)得弹性力作功为

$$A = \frac{1}{2}kx_1^2 - \frac{1}{2}kx_2^2 = E_{p1} - E_{p2}$$

其中,E_{p1} 和 E_{p2} 分别为物体在始末位置的弹性势能,

$$E_{p1} = \frac{1}{2}kx_1^2, \quad E_{p2} = \frac{1}{2}kx_2^2$$

由于弹性势能是由于弹簧的形变产生的,一般情况下,我们选弹簧原长处作为弹性势能的零点,所以当伸长量为 x 时,系统弹性势能为

$$E_p = \frac{1}{2}kx^2 \tag{2-40}$$

有关势能的几点讨论:

(1)**势能是相对量**.其值与零势能参考点的选择有关.势能零点可以任意选取,

零势能位置选的不同,物体的势能具有不同的值.所以,势能具有相对意义.但是任意两点间的势能之差是绝对的,与势能的零点选取无关.

(2)**势能是状态的函数**.在保守力的作用下,只要物体的起始点和终止点位置确定了,保守力所作的功也就确定了,而与所经过的路径是无关的.所以说,势能是坐标的函数,亦即是状态的函数,即 $E_p = E_p(x, y, z)$.前面还说过,动能亦是状态的函数,$E_k = E_k(x, y, z)$.

(3)**势能是属于系统的**.势能是由于系统内各物体间具有保守力作用而产生的,因而它是系统的,单独谈单个物体的势能是没有意义的.例如重力势能就是属于地球和物体所组成的系统的.同样,弹性势能和引力势能也是属于弹性力和引力作用的系统的.

(4)**势能大小既与物体之间的相互作用力有关,又与物体之间的相对位置有关**.由于非保守力的功与路径有关,不能用某种位置函数之差来表示.因此,对于非保守力不存在势能的概念.

四、势能曲线

把势能和物体间的相对位置的关系描绘出的曲线称为势能曲线.用势能曲线来讨论物体在保守力作用下的运动将带来很多方便.前面提到的三种势能的曲线分别如图 2-13~图 2-15 所示.

图 2-13 重力势能曲线　　图 2-14 弹性势能曲线　　图 2-15 引力势能曲线

由图可见,重力势能曲线是一条直线;弹性势能曲线是一条通过原点的抛物线,在原点弹性势能最小,为零,是它的平衡位置;万有引力势能曲线是一条双曲线,当 $r \to \infty$ 时,引力势能趋于零,与我们选定无限远处万有引力势能为零一致.

下面我们讨论势能曲线的斜率与保守力的关系.

我们知道,保守力的功等于势能增量的负值,即

$$A = -\Delta E_p$$

改写成微分形式

$$dA = -dE_p$$

当系统内的物体在保守力 $\boldsymbol{F}$ 作用下,沿 x 轴的位移为 dx 时,保守力的功为

$$dA = \boldsymbol{F} \cdot d\boldsymbol{r} = \boldsymbol{F} \cdot dx\boldsymbol{i}$$

式中 $\boldsymbol{F} \cdot \boldsymbol{i} = F_x$，即 $\boldsymbol{F}$ 在 x 轴上的分量．因此上式写成

$$\mathrm{d}A = F_x \mathrm{d}x = -\mathrm{d}E_p$$

由此可得

$$F_x = -\frac{\mathrm{d}E_p}{\mathrm{d}x}$$

因此，保守力沿某坐标轴的分量等于势能对此坐标的导数的负值．导数 $\dfrac{\mathrm{d}E_p}{\mathrm{d}x}$ 是势能曲线在该点的斜率．故由上式可知，从势能曲线的斜率可得保守力的大小和方向．

例 2-16 已知地球的半径为 R，质量为 M，现有一质量为 m 的物体，在离地面高度为 $2R$ 处．以地球和物体为系统，求：

(1)若取无穷远处为引力势能零点时，系统的引力势能为多少？

(2)若取地面为引力势能零点时，则系统的引力势能又为多少？

(G 为万有引力常数)

解 （1）如例 2-16 图所示，设物体在 B 点，取无穷远处为引力势能零点．物体在离地面 $2R$ 高处时，系统的势能为物体从该处移动到无穷远时引力所作的功

$$E_p = \int_{3R}^{\infty} \left(-\frac{GMm}{r^2}\right) \mathrm{d}r = GMm \left.\frac{1}{r}\right|_{3R}^{\infty} = -\frac{GMm}{3R}$$

（2）取地球表面处为势能零点，物体在离地面 $2R$ 高处的势能为

$$E_p = \int_{3R}^{R} \left(-\frac{GMm}{r^2}\right) \mathrm{d}r = GMm \left.\frac{1}{r}\right|_{3R}^{R} = GMm\left(\frac{1}{R} - \frac{1}{3R}\right) = \frac{2GMm}{3R}$$

例 2-16 图

可见，取不同的势能零点，势能的数值不同，甚至有正有负，因此说，势能是相对的．

§2-6 功能原理 机械能守恒定律

一、质点系的动能定理

在实际问题中，往往涉及多个质点组成的质点系，下面把质点动能定量推广到质点系的情况中去．设在质点系中，考虑第 i 个质点，外力对其作功为 $A_{i外}$，内力对其作功为 $A_{i内}$，其初动能为 $\dfrac{1}{2}m_i v_{i0}^2$，末动能为 $\dfrac{1}{2}m_i v_i^2$．由质点动能定理可得

$$A_{i外} + A_{i内} = \frac{1}{2}m_i v_i^2 - \frac{1}{2}m_i v_{i0}^2$$

对质点系中所有质点求和，则有

$$\sum_i A_{i外} + \sum_i A_{i内} = \sum_i \frac{1}{2}m_i v_i^2 - \sum_i \frac{1}{2}m_i v_{i0}^2$$

记 $A_{外} = \sum_i A_{i外}$ 为外力对质点系作的总功；$A_{内} = \sum_i A_{i内}$ 为内力对各质点作的总功；

$E_{k0} = \sum\limits_{i} \dfrac{1}{2} m_i v_{i0}^2$、$E_k = \sum\limits_{i} \dfrac{1}{2} m_i v_i^2$ 为质点系初、末总动能，则有

$$A_{外} + A_{内} = E_k - E_{k0} \tag{2-41}$$

上式表明，质点系总动能的增量等于外力对质点系作的总功与内力对各质点作的总功之和，这一关系称为**质点系的动能定理**.

质点系的动能定理指出，系统动能既可以由外力对系统作功来改变，也可以由内力作功而改变，系统内一对内力作功之和不一定为零. 因此，内力作的功是可能改变系统的总动能的. 在实际中，有许多由于内力作功使质点系总动能发生变化的例子，例如炮弹的爆炸、人体的运动等.

二、质点系的功能原理

将质点系内力作功分成保守内力作功和非保守内力作功两部分

$$A_{内} = A_{内保} + A_{内非}$$

由式(2-40)，系统内保守内力作的功等于势能增量的负值，即

$$A_{内保} = -\Delta E_p = -(E_{p2} - E_{p1})$$

其中，定义 $E_p = \sum\limits_{i=1}^{n} E_{pi}$ 为系统的势能.

将式(2-41)结合以上二式，得

$$A_{外} + A_{内非} = (E_{k2} + E_{p2}) - (E_{k1} + E_{p1})$$

即

$$A_{外} + A_{内非} = E_2 - E_1 \tag{2-42}$$

上式中 $E_2 = E_{k2} + E_{p2}$，$E_1 = E_{k1} + E_{p1}$ 分别称为系统的末态机械能和初态机械能. 机械能等于动能与势能之和.

式(2-42)的物理意义是：系统(质点系)机械能的增量，等于外力与非保守内力对系统(质点系)作功之和，这个原理叫做**质点系的功能原理**.

三、机械能守恒定律

从系统的功能原理式(2-42)可以看出，当 $A_{外} + A_{内非} = 0$ 时

$$E_1 = E_2 \tag{2-43a}$$

即

$$E_{k2} + E_{p2} = E_{k1} + E_{p1} \tag{2-43b}$$

式(2-43a)和式(2-43b)称为**机械能守恒定律**. 它的物理意义是：**如果作用在系统上的外力和非保守内力不作功，或者它们的总功为零，则系统总机械能守恒**.

对式(2-43b)做一变形得

$$E_{k2} - E_{k1} = -(E_{p2} - E_{p1})$$

上式的物理意义是，外力和非保守内力的功都为零时，系统动能的增加等于势能的减

小,动能和势能互相转换,且量值相等.由于势能的减小是保守内力作功的结果,因此,动能和势能之间的转换是保守内力作功产生的.

四、能量守恒定律

在以上的讨论中,我们知道如果外力和非保守内力都不作功,系统内的动能和势能之间是可以相互转换的,其和是守恒的.但是,如果系统内部除重力和弹性力等保守内力作功外,还有摩擦力等非保守内力作功,那么系统的机械能就要与其他形式的能量发生转换.

大量实验证明:对于一个与外界无任何联系的孤立系统来说,系统内各种形式的能量是可以相互转换的.在转换过程中一种形式的能量减少多少,其他形式的能量就增加多少,而能量的总和保持不变,这一结论叫做**能量守恒定律**,它是自然界的基本定律之一.能量是这一守恒定律的不变量或守恒量,在能量守恒定律中,系统的能量是不变的,但能量的各种形式之间却可以相互转化.例如机械能、电能、热能、光能以及分子、原子、核能等能量之间都可以相互转换.应当指出,在能量转换的过程中,能量的变化常用功来量度.在机械运动范围内,功是机械能变化的唯一量度.但是,不能把功与能量等同起来,功是和能量变换过程联系在一起的,而能量则只和系统的状态有关,是系统状态的函数.

例 2-17　墙壁上固定一弹簧,弹簧另一端连接一个物体(例 2-17 图(a)),弹簧的倔强系数为 k,物体 m 与桌面间的摩擦系数为 μ,若以恒力 F 将物体自平衡点向右拉动,试求物体到达最远时系统的势能.

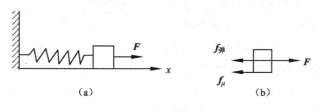

例 2-17 图

解　分析物体水平受力如例 2-17 图(b),其中 $f_{弹}=kx$,$f_{\mu}=\mu mg$,物体到达最远时,$v=0$,设此时位移为 x,由动能定理

$$\int_0^x (F-kx-\mu mg)\,\mathrm{d}x = 0-0$$

$$Fx-\frac{1}{2}kx^2-\mu mgx=0$$

解出

$$x=\frac{2(F-\mu mg)}{k}$$

系统的势能为

$$E_p = \frac{1}{2}kx^2 = \frac{2(F-\mu mg)^2}{k}$$

例 2-18 如例 2-18 图所示,一质量为 M 的车静止在光滑水平面上,车上悬挂摆长为 l、质量为 m 的单摆. 开始时,摆线水平、摆球静止,突然放手,当摆球运动到摆线呈铅直的瞬间,摆球相对地面的速度为多少.

例 2-18 图

解 选摆球与小车及地球组成的物体系为研究对象. 设车 M 及摆球 m 相对于地面速度分别为 v_1 与 v_2,设向右为正向,由于系统水平方向不受外力,则系统水平方向动量守恒.

$$0 = mv_2 - Mv_1 \tag{1}$$

又由于在摆球下摆过程中,只有保守内力重力作功,故系统机械能守恒. 设摆球摆到最低处时重力势能为零. 则有

$$mgl = \frac{1}{2}mv_2^2 + \frac{1}{2}Mv_1^2 \tag{2}$$

联立(1)、(2)两式得

$$v_2 = \sqrt{\frac{2Mgl}{M+m}}$$

例 2-19 传送带以 $v_0 = 2\ \mathrm{m \cdot s^{-1}}$ 的速度把 $m = 20\ \mathrm{kg}$ 的行李包送到坡道的上端,行李包沿光滑的坡道下滑后装到 $M = 40\ \mathrm{kg}$ 的小车上,如例 2-19 图所示. 已知小车与传送带之间的高度差 $h = 0.6\ \mathrm{m}$,行李包与车板间摩擦系数 $\mu = 0.4$,小车与地面间的摩擦忽略不计,取 $g = 10\ \mathrm{m \cdot s^{-2}}$,试求:

例 2-19 图

(1)当行李包相对于小车保持静止时小车的速度;

(2)从行李包被送上小车到它相对小车静止所需的时间;

(3)从行李包被送上小车到它相对小车静止行李包、小车相对于地的位移各为多少?

解 (1)选行李包和地球组成的系统为研究对象,系统受到的外力为坡道对行李包的支持力,但该支持力对系统不作功,故系统的机械能守恒. 设坡道底部为重力势能零点,行李包到达坡道底部与小车相碰前的速度为 v_1,则有

$$mgh + \frac{1}{2}mv_0^2 = \frac{1}{2}mv_1^2$$

解得

$$v_1 = \sqrt{2gh + v_0^2} = \sqrt{2 \times 10 \times 0.6 + 2^2} \text{ m} \cdot \text{s}^{-1} = 4 \text{ m} \cdot \text{s}^{-1}$$

行李包与小车相碰时,由行李包和小车组成的系统在水平方向不受外力,故系统在水平方向动量守恒. 设行李包与小车相碰后共同速度为 v,则有

$$mv_1 = (m+M)v$$

$$v = \frac{mv_1}{m+M} = \frac{20 \times 4}{20+40} \text{ m} \cdot \text{s}^{-1} = \frac{4}{3} \text{ m} \cdot \text{s}^{-1} = 1.33 \text{ m} \cdot \text{s}^{-1}$$

(2)选行李包为研究对象,行李包在小车上滑动时,水平方向只受车板的摩擦阻力作用,摩擦力为 $f = -\mu mg$,根据质点动量定理,有

$$f\Delta t = mv - mv_1$$

即
$$-\mu mg\Delta t = mv - mv_1$$

$$\Delta t = \frac{mv - mv_1}{-\mu mg} = \frac{\frac{4}{3} - 4}{-0.4 \times 10} \text{ s} = 0.67 \text{ s}$$

(3)选小车为研究对象,水平方向,小车受到摩擦阻力作用,但此力对小车作正功. 设小车由静止到具有速度 v 时,相对地位移为 s_1. 则根据动能定理有

$$\mu mg s_1 = \frac{1}{2}Mv^2 - 0$$

$$s_1 = \frac{\frac{1}{2}Mv^2}{\mu mg} = \frac{\frac{1}{2} \times 40 \times \left(\frac{4}{3}\right)^2}{0.4 \times 20 \times 10} \text{ m} = \frac{4}{9} \text{ m}$$

同理,选行李包为研究对象,设其以 v_1 冲上小车到相对小车静止时,相对于地的位移为 s_2,则根据动能定理

$$-\mu mg s_2 = \frac{1}{2}mv^2 - \frac{1}{2}mv_1^2$$

$$s_2 = \frac{\frac{1}{2}v^2 - \frac{1}{2}v_1^2}{-\mu g} = \frac{\frac{1}{2} \times \left[\left(\frac{4}{3}\right)^2 - 4^2\right]}{-0.4 \times 10} \text{ m} = \frac{16}{9} \text{ m}$$

§2-7　碰　　撞

如果两个或多个物体相遇时,物体间的作用力很大,而且相互间的作用仅持续一个极为短暂的时间,则这种相遇称为**碰撞**. 碰撞广泛地存在于生产实践和日常生活中,如冲击、打桩、锻打及分子、原子、原子核等微观粒子之间的相互作用,再如人从车上跳下、子弹击中目标等. 在物体碰撞时,在极短的作用时间内,相互作用的冲力很大,其他的作用力与之相比可以忽略不计,因此,可把相互碰撞的物体当做一个系统,可认为,该系统内只有碰撞物体间的内力作用,因此系统满足动量守恒定律.

根据系统内物体在碰撞前后的能量变化情况,碰撞又可分为弹性碰撞和非弹性碰

撞. 如果碰撞前后系统的机械能守恒,则这种碰撞称为**弹性碰撞**. 严格的说,只有原子、原子核和基本粒子等微观粒子之间的碰撞可看做是真正的弹性碰撞. 宏观物体间的有些碰撞也可以近似看做弹性碰撞,如玻璃弹子之间的碰撞等. 而机械能不守恒的碰撞称为**非弹性碰撞**,宏观物体之间的碰撞总是在一定程度上是非弹性的. 还有一种非弹性碰撞,当两物体发生碰撞时,它们相互压缩以后完全不能恢复原状,两物体碰后结合在一起,以相同的速度运动,这种碰撞称为**完全非弹性碰撞**,如子弹射入木块后停留在木块内. 完全非弹性碰撞不是指系统初始动能完全损失掉,只是说通过碰撞系统的动能损失很大.

碰撞可以分为正碰和斜碰. 两个物体相互碰撞时,如果碰前和碰后的相对运动是沿同一条直线的,这种碰撞就叫**正碰**或**对心碰撞**. 我们仅讨论这种情况.

一、弹性碰撞

设两个弹性小球之间发生碰撞,碰撞时小球间相互作用内力为弹性力,碰撞结束后,由于碰撞产生的形变完全恢复,两个小球构成的系统动量守恒、机械能守恒. 设两小球质量分别为 m_1、m_2,碰前两球速度分别为 v_{10}、v_{20},碰后的速度分别为 v_1、v_2,如图 2-16 所示.

图 2-16　两个小球的碰撞

由动量守恒定律得

$$m_1 \boldsymbol{v}_{10} + m_2 \boldsymbol{v}_{20} = m_1 \boldsymbol{v}_1 + m_2 \boldsymbol{v}_2$$

由机械能守恒定律得

$$\frac{1}{2} m_1 v_{10}^2 + \frac{1}{2} m_2 v_{20}^2 = \frac{1}{2} m_1 v_1^2 + \frac{1}{2} m_2 v_2^2$$

由上两式联立求解得

$$v_1 = \frac{(m_1 - m_2) v_{10} + 2 m_2 v_{20}}{m_1 + m_2}, \quad v_2 = \frac{(m_2 - m_1) v_{20} + 2 m_1 v_{10}}{m_1 + m_2}$$

(1)若两小球质量相等,即 $m_1 = m_2$,则

$$v_1 = v_{20}, \quad v_2 = v_{10}$$

表示在对心碰撞中,质量相等的两小球在碰撞中彼此交换速度.

(2)若小球 m_2 最初静止,即 $v_{20} = 0$,则

$$v_1 = \left(\frac{m_1 - m_2}{m_1 + m_2} \right) v_{10}, \quad v_2 = \left(\frac{2 m_1}{m_1 + m_2} \right) v_{10}$$

若 $m_1 = m_2$，则

$$v_1 = 0, \quad v_2 = v_{10}$$

碰后第一个小球停下来，第二个小球取代第一个小球原来具有的速度.

（3）若 $m_2 \gg m_1$，且 $v_{20} = 0$，则

$$v_1 = -v_{10}, \quad v_2 \approx 0$$

一个质量很小的物体与一个质量很大且静止的物体相碰，质量很小的物体仅改变其运动方向，而质量很大且静止的物体几乎仍保持静止. 如乒乓球撞击墙壁的情况.

反之，若 $m_2 \ll m_1$，且 $v_{20} = 0$，则

$$v_1 = v_{10}, \quad v_2 = 2v_{10}$$

结果表明，质量很大的物体与质量很小的静止物体碰撞后其速度不变.

二、非弹性碰撞

对一般的非弹性碰撞，碰撞过程中物体产生的形变不能完全恢复，内力作功改变了系统的总机械能，导致了一部分动能转变为热能和其他形式的能量，因此，机械能不再守恒. 牛顿总结实验结果，提出了碰撞定律：碰撞后两球的分离速度（$v_2 - v_1$）与碰撞前两球的接近速度（$v_{10} - v_{20}$）成正比

$$e = \frac{v_2 - v_1}{v_{10} - v_{20}} \tag{2-44}$$

式中 e 称为**恢复系数**，由相互碰撞的两球质料决定：

（1）若 $e = 1$，则 $v_2 - v_1 = v_{10} - v_{20}$，为弹性碰撞.

（2）若 $e = 0$，则 $v_2 - v_1 = 0$，即 $v_2 = v_1$，为完全非弹性碰撞.

（3）若 $0 < e < 1$，则为一般非弹性碰撞.

对非弹性碰撞，系统动量守恒，于是对两个质量分别为 m_1、m_2 的小球，如前面讨论

$$m_1 v_{10} + m_2 v_{20} = m_1 v_1 + m_2 v_2$$

与碰撞定律 $e = \dfrac{v_2 - v_1}{v_{10} - v_{20}}$ 联立，可得

$$v_1 = v_{10} - \frac{(1+e)(v_{10} - v_{20})}{m_1 + m_2} m_2$$

$$v_2 = v_{20} + \frac{(1+e)(v_{10} - v_{20})}{m_1 + m_2} m_1 \tag{2-45}$$

特殊情况下，$m_1 \ll m_2$，且碰前第二个小球（m_2）静止，即 $v_{20} = 0$. 对于这种以小质量的球碰撞极大质量的静止球的情形可得

$$v_1 = -e v_{10}, \quad v_2 \approx 0$$

碰后第一个小球反弹回去，但速率变小了，而第二个小球几乎不动. 这个结果与弹性碰撞中以一个质量很小的物体与一个质量很大且静止的物体相碰撞相似.

三、完全非弹性碰撞

系统相互碰撞后具有共同运动速度的情况. 如子弹打入运动的木块中, 人跳上运动着的车辆, 正离子、负离子相碰撞后组成分子等都是完全非弹性碰撞. 这种情况下系统动量守恒, 但机械能不守恒, 于是有

$$m_1 v_{10} + m_2 v_{20} = (m_1 + m_2) v$$

即

$$v_1 = v_2 = v = \frac{m_1 v_{10} + m_2 v_{20}}{m_1 + m_2} \tag{2-46}$$

此结果也可由式(2-45)令 $e = 0$ 得到.

四、碰撞过程中动能的损失

一般情况下, 系统中相互碰撞的物体因碰撞而产生的形变不能完全恢复, 所以系统的一部分动能将转换为对应于永久形变的能量和热运动能量等. 由于碰撞而引起的动能的减少(损失)可由非弹性碰撞得出的结果求得

碰前两小球的总动能为 　　　　$E_{k0} = \frac{1}{2} m_1 v_{10}^2 + \frac{1}{2} m_2 v_{20}^2$

碰后两小球的总动能为 　　　　$E_k = \frac{1}{2} m_1 v_1^2 + \frac{1}{2} m_2 v_2^2$

所以碰撞前后动能的损失为 　　　　$|\Delta E_k| = E_{k0} - E_k$

把式(2-45)中 v_1、v_2 代入上式化简得

$$|\Delta E_k| = \frac{1}{2}(1 - e^2)\frac{m_1 m_2}{m_1 + m_2}(v_{10} - v_{20})^2 \tag{2-47}$$

上式为正碰过程中动能损失的一般结果. 对于弹性正碰, $e = 1$, $|\Delta E_k| = 0$, 动能不损失, 即动能守恒. 对完全非弹性正碰撞, $e = 0$, $|\Delta E_k|$ 最大为

$$|\Delta E_k| = \frac{1}{2}\frac{m_1 m_2}{m_1 + m_2}(v_{10} - v_{20})^2$$

在生产实践中有时要利用这种动能损失, 因此, 希望在完全非弹性碰撞中动能损失越大越好. 如打铁是利用锤的打击使工件产生永久形变, 因此, 应尽可能多地利用锤的动能以转换成工件形变对应的能量. 同样是完全非弹性碰撞, 在另外一些情况下则希望碰后保留尽可能大的动能, 如建筑工人打桩和木匠用锤子钉钉子, 都希望打击以后以较大的速度保证锤和桩或锤与钉子一起运动才能达到目的.

例 2-20 图

例 2-20　如例 2-20 图(a)所示,

两个小球的质量相等 $m_1 = m_2 = m$，开始时，外力使倔强系数为 k 的弹簧压缩某一距离 x，然后释放，将小球 m_1 弹射出去，并与静止的小球 m_2 发生弹性碰撞，碰后 m_2 沿半径为 R 的圆轨道上升．若使 m_2 到达 A 点恰与圆环脱离，则弹簧被压缩的距离 x 应为多少？已知 AO 与竖直方向的夹角 $\theta = 60°$，忽略一切摩擦．

解　先选弹簧与 m_1 为研究对象，由机械能守恒

$$\frac{1}{2}kx^2 = \frac{1}{2}m_1 v_1^2, \quad v_1 = \sqrt{\frac{k}{m_1}}x \tag{1}$$

再选 m_1 与 m_2 组成的物体系为研究对象，由题设，它们之间为弹性碰撞，系统水平方向动量守恒且机械能守恒，有

$$m_1 v_1 = m_2 u_2 - m_1 u_1$$

$$\frac{1}{2}m_1 v_1^2 = \frac{1}{2}m_2 u_2^2 + \frac{1}{2}m_1 u_1^2$$

由 $m_1 = m_2$ 知

$$u_1 = 0, \quad u_2 = v_1 \tag{2}$$

最后选 m_2 与地球组成的物体系为研究对象，由于只有保守内力重力作功，所以系统机械能守恒，选圆轨道底部为重力势能零点，有

$$\frac{1}{2}m_2 u_2^2 = m_2 Rg(1 + \cos\theta) + \frac{1}{2}m_2 v_2^2 \tag{3}$$

由于到达 A 点物体 m_2 恰与圆环脱离，$N = 0$，只有重力分力提供 m_2 做圆周运动向心力，即

$$m_2 g\cos\theta = m_2 \frac{v_2^2}{R} \tag{4}$$

式(1)、(2)、(3)、(4)联立，可解得

$$x = \sqrt{\frac{7}{2k}mgR}$$

思　考　题

2-1　思考下列问题：

(1)物体的运动方向和合外力方向是否一定相同？

(2)物体受到几个力的作用时，是否一定产生加速度？

(3)物体运动的速率不变时，所受的合外力是否为零？

(4)物体的运动速度很大时，所受的合外力是否也很大？

2-2　有人说："马拉车，车前进了，是因为马拉车的力大于车拉马的力．"

这种说法对吗？为什么？

2-3　物体所受摩擦力的方向是否一定和它的运动方向相反？试举例说明．

2-4　用绳子系一物体，在竖直平面内做圆周运动，当物体达到最高点时，

(1)有人说："这时物体受三个力：重力、绳子的拉力以及向心力"；(2)又有人说："因为这三个力

的方向都是向下的,但物体不下落,可见物体还受一个方向向上的离心力和这些力平衡着". 这两种说法对吗?

2-5 一个人躺在地上,身上压一块重石板,另一人用重锤猛击石板,但见石板碎裂,而下面的人毫无损伤. 何故?

2-6 一物体可否只具有机械能而无动量? 一物体可否只有动量而无机械能? 试举例说明.

2-7 两质量不等的物体具有相等的动能,哪个物体的动量较大? 两质量不等的物体具有相等的动量,哪个物体的动能较大?

2-8 一物体沿粗糙斜面下滑. 试问在运动过程中哪些力作正功? 那些力作负功? 哪些力不作功?

2-9 非保守力作功一定是负的,对吗? 举例说明.

2-10 能否利用装在小船上的风扇扇动空气使小船前进?

习　题

2-1 一个质量为 m 的质点,在光滑的固定斜面(倾角为 α)上以初速度 v_0 运动,v_0 的方向与斜面底边的水平线 AB 平行,如题 2-1 图所示,求这个质点的运动轨道.

2-2 质量为 m 的物体被竖直上抛,初速度为 v_0,物体受到的空气阻力数值为 $f = kv$,k 为常数. 求物体升高到最高点所用的时间及上升的最大高度.

2-3 一条质量为 m、长为 l 的匀质链条,放在一光滑的水平桌面上,链条的一端有极小的一段长度被推出桌子边缘,在重力作用下开始下落,试求链条刚刚离开桌面时的速度.

2-4 长度为 l 的绳,一端系一质量为 m 的小球,另一端挂于光滑水平面上的 $h(h<l)$ 高度处,使该小球在水平面上以 $n\ \mathrm{r \cdot s^{-1}}$ 做匀速圆周运动时,水平面上受多少正压力? 为了使小球不离开水平面,求 n 的最大值.

2-5 如题 2-5 图所示,升降机内有两物体,质量分别为 m_1 和 m_2,且 $m_2 = 2m_1$,用细绳连接,跨过滑轮,绳子不可伸长,滑轮质量及一切摩擦都忽略不计. 当升降机以匀加速 $a = \dfrac{1}{2}g$ 上升时,求:(1) m_1 和 m_2 相对升降机的加速度;(2) 在地面上观察 m_1 和 m_2 的加速度各为多少?

题 2-1 图　　　　　　　　　　题 2-5 图

2-6 一做直线运动的物体受到的合外力为 $F = 2t$(SI),试问在第二个 5 s 内和第一个 5 s 内物体所受冲量之比及动量增量之比各为多少?

2-7 一弹性球,质量为 $m = 0.020\ \mathrm{kg}$,速率 $v = 5\ \mathrm{m \cdot s^{-1}}$,与墙壁碰撞后跳回. 设跳回时速率不变,碰撞前后的速度方向和墙的法线夹角都为 $\alpha = 60°$,(1)求碰撞过程中小球受到的冲量;(2)设碰撞时间为 $\Delta t = 0.05\ \mathrm{s}$,求碰撞过程中小球受到的平均冲力大小.

2-8　煤粉以稳定的流量落在水平运行的传送带上，设 t 时刻传送带上煤粉质量为 $m(t)=kt$，其中 k 为常量，求欲保持传送带运行速度恒为 v 所需施加的作用力．

2-9　一颗子弹由枪口射出时速率为 v_0，当子弹在枪筒内被加速时，它所受的合力为 $F=a-bt$（a,b 为常数），其中 t 以 s 为单位：(1)假设子弹运行到枪口处力刚好为零，试计算子弹走完枪筒全长所需的时间；(2)求子弹所受的冲量；(3)求子弹的质量．

2-10　木板 B 静止置于水平台面上，小木块 A 放在 B 板的一端上，如题 2-10 图所示．已知 $m_A=0.25$ kg，$m_B=0.75$ kg，小木块 A 与木板 B 之间的摩擦系数 $\mu_1=0.5$，木板 B 与台面间的摩擦系数 $\mu_2=0.1$．现在给小木块 A 一向右的水平初速度 $v_0=40$ m·s^{-1}，问经过多长时间 A、B 恰好具有相同的速度？（设 B 板足够长）

2-11　一粒子弹水平地穿过并排静止放置在光滑水平面上的木块，如题 2-11 图所示．已知两木块的质量分别为 m_1、m_2，子弹穿过两木块的时间各为 Δt_1、Δt_2，设子弹在木块中所受的阻力为恒力 F，求子弹穿过后，两木块各以多大速度运动．

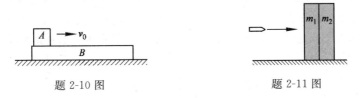

题 2-10 图　　　　　　　　　　题 2-11 图

2-12　一段均匀的软链铅直挂着，链的下端刚好触到桌面．如果把链的上端放开，证明：在链下落的任一时刻，作用于桌面上的压力三倍于已落到桌面上那部分链条的重量．

2-13　一质量为 50 kg 的人站在质量为 100 kg 的停在静水中的小船上，船长为 5 m，求当人从船头走到船尾时，小船移动的距离．

2-14　质量为 M 的木块静止在光滑的水平桌面上，质量为 m、速度为 v_0 的子弹水平地射入木块，并嵌在木块内与木块一起运动．求：

(1)子弹相对木块静止后，木块的速度和动量；

(2)子弹相对木块静止后，子弹的动量；

(3)在这个过程中，子弹施于木块的冲量．

2-15　质量均为 M 的两辆小车沿一直线静止在光滑的地面上，质量为 m 的人自一辆车跳入另一辆车，接着又以相同的速率跳回来．试求两辆车的速率之比．

2-16　搬运工人以 2 m·s^{-1} 的速度沿水平方向将一包 50 kg 的水泥扔上平板车．平板车自身质量为 200 kg，问在下列条件下车得到的速度（不计车与地面的摩擦）.(1)车原来静止；(2)车正沿水泥袋的运动方向以 1 m·s^{-1} 的速率运动；(3)车正以 1 m·s^{-1} 的速率沿水泥袋运动的反方向运动．

2-17　铁路上有一平板车，其质量为 M，设平板车可无摩擦地在水平轨道上运动．现有 N 个人从平板车的后端跳下，每个人的质量均为 m，相对平板车的速度均为 u．问在下述两种情况下，平板车的末速度是多少？(1)N 个人同时跳离；(2)一个人一个人地跳离；所得结果是否相同？

2-18　质量为 10 kg 的物体作直线运动，受力与坐标关系如题 2-18 图所示．若 $x=0$ 时，$v=1$ m·s^{-1}，试求 $x=16$ m 时，$v=?$

2-19　在光滑的水平桌面上，水平放置一固定的半圆形屏障．有一质量为 m 的滑块以初速度 v_0 沿切线方向进入屏障一端，如题 2-19 图所示，设滑块与屏障间的摩擦系数为 μ，试证明：当滑块从屏障另一端滑出时,摩擦力作功为 $W_f = \frac{1}{2}mv_0^2(e^{-2\mu\pi} - 1)$.

2-20 质量为 M 的木块静止于光滑水平面上,一质量为 m、速率为 v 的子弹水平射入木块后嵌在木块内,并与木块一起运动,求:(1)木块施于子弹的力所作的功;(2)子弹施于木块的力所作的功;(3)木块和子弹系统耗散的机械能.

2-21 一质量 $M = 10$ kg 的物体放在光滑的水平桌面上,并与一水平轻弹簧相连,弹簧的倔强系数 $k = 1\,000$ N·m^{-1}. 今有一质量 $m = 1$ kg 的小球以水平速度 $v_0 = 4$ m·s^{-1} 飞来,与物体 M 相撞后以 $v_1 = 2$ m·s^{-1} 的速度弹回,试问:

(1) 弹簧被压缩的长度为多少?

(2)小球 m 和物体 M 的碰撞是完全弹性碰撞吗?

(3)如果小球上涂有黏性物质,相撞后可与 M 粘在一起,则(1)、(2)结果又如何?

2-22 一根倔强系数为 k_1 的轻弹簧 A 的下端,挂一根倔强系数为 k_2 的轻弹簧 B,B 的下端挂一重物 C,C 的质量为 M,如题 2-22 图所示. 求这一系统静止时两弹簧的伸长量之比和弹性势能之比.

2-23 如题 2-23 图所示,一物体质量为 2 kg,以初速度 $v_0 = 3$ m·s^{-1} 从斜面 A 点处下滑,它与斜面的摩擦力为 8 N,到达 B 点后压缩弹簧 20 cm 后停止,然后又被弹回,求弹簧的倔强系数和物体最后能回到的高度.

题 2-18 图   题 2-19 图   题 2-22 图   题 2-23 图

2-24 如题 2-24 图所示,铅直平面内有一光滑的轨道,轨道的 $BCDE$ 部分是半径为 R 的圆. 若物体从 A 处由静止下滑,求 h 应为多大才恰好能使物体沿圆周 $BCDE$ 运动?

2-25 两个质量分别为 m_1 和 m_2 的木块 A 和 B,用一个质量忽略不计、倔强系数为 k 的弹簧连接起来,放置在光滑水平面上,木块 A 紧靠墙壁,如题 2-25 图所示. 用力推木块 B 使弹簧压缩 x_0,然后释放. 已知 $m_1 = m$,$m_2 = 3m$,求:

(1)释放后,A、B 两木块速度相等时的瞬时速度的大小;

(2)释放后,弹簧的最大伸长量.

2-26 两块质量各为 m_1 和 m_2 的木块,用倔强系数为 k 的轻弹簧连在一起,放置在地面上,如题 2-26 图所示. 问至少要用多大的力 F 压缩上面的木块,才能在该力撤去后因上面的木板升高而将下面的木板提起?

2-27 一质量为 m' 的三角形木块放在光滑的水平面上,另一质量为 m 的立方木块由斜面最低处沿斜面向上运动,相对于斜面的初速度为 v_0,如题 2-27 图所示. 如果不考虑木块接触面上的摩擦,问立方木块能沿斜面上滑多高?

题 2-24 图

题 2-25 图

2-28　如题 2-28 图所示,两个形状完全相同、质量都为 M 的弧形导轨 A 和 B 放在地板上,今有一质量为 m 的小物体,从静止状态由 A 的顶端下滑,A 顶端的高度为 h_0,所有接触面均光滑.试求小物体在 B 轨上上升的最大高度(设 A、B 导轨与地面相切).

题 2-26 图　　　　　题 2-27 图　　　　　题 2-28 图

2-29　如题 2-29 图所示,一质量 $m_2 = 200$ g 的砝码盘悬挂在倔强系数 $k = 196$ N·m^{-1} 的弹簧下,现有质量为 $m_1 = 100$ g 的砝码自 $h = 30$ cm 高处落入盘中,求盘向下移动的距离(假设砝码与盘的碰撞是完全非弹性碰撞).

2-30　如题 2-30 图所示,倔强系数为 k 的轻弹簧,一端固定,另一端与桌面上的质量为 m 的小球 B 相接.推动小球,将弹簧压缩一段距离 L 后放开,假定小球所受的滑动摩擦力大小为 F 且恒定不变,滑动摩擦系数与静摩擦系数可视为相等.试求 L 必须满足什么条件时,才能使小球在放开后就开始运动,而且一旦停止下来就一直保持静止状态.

2-31　一绳跨过一轻的定滑轮,两端分别拴有质量为 m 及 M 的物体,如题 2-31 图所示,M 静止在桌面上($M > m$).抬高 m,使绳处于松弛状态,当 m 自由落下 h 距离后,绳才被拉紧,求此时两物体的速度及 M 所能上升的最大高度.

题 2-29 图　　　　　题 2-30 图　　　　　题 2-31 图

科学家简介

牛　顿

　　我不知道在别人看来，我是什么样的人；但在我自己看来，我不过就像是一个在海滨玩耍的小孩，为不时发现比寻常更为光滑的一块卵石或比寻常更为美丽的一片贝壳而沾沾自喜，对于展现在我面前浩瀚的真理的海洋，却全然没有发现.

——牛顿

　　（Isaac Newton，1642—1727）是伟大的英国物理学家和数学家，剑桥大学教授. 1687 年出版了他的划时代著作《自然哲学的数学原理》，在前人成就的基础上，将力学确立为严密统一的科学体系，奠定了经典力学的基础；他还是微积分学的创始人之一；此外，在天文学、光学和数学等方面也作出了卓越的贡献. 由于他的辉煌成就，他获得了终身英国皇家学会会长的最高荣誉. 对于自己的成就他曾说："如果说我比笛卡儿看得远些，那是因为我站在巨人的肩膀上."

生平简介

　　1642 年，牛顿出生于林肯郡伍尔索普的一个农村家庭，恰与伽利略的去世同年. 牛顿是遗腹子，又是早产儿，先天不足，出生时体重只有 3 磅，差点夭折. 他 2 岁时母亲改嫁，靠外祖母抚养. 牛顿小学时期体弱多病，性格腼腆，有些迟钝，学习成绩不佳. 但他意志坚强，有不服输的劲头. 据说，一次班上功课第一的"小霸王"欺侮他，踢了他的肚子一脚. 牛顿被迫鼓起勇气与他较量，同时暗下决心在功课上一定要超过小霸王. 他告诫自己说："无论做什么事情，只要肯努力，是没有不成功的."经过刻苦努力，牛顿超过了小霸王，一跃成为全班第一.

　　牛顿 12 岁进金格斯中学上学. 那时他喜欢自己设计风筝、风车、日规等玩意. 他制作了一架精巧的风车，别出心裁，把一只老鼠放在里面，名曰"老鼠开磨坊"，连大人看了都赞不绝口.

　　1656 年牛顿的继父去世，母亲让牛顿停学务农，但他学习入迷，经常因看书思考而误活. 在舅舅的关怀下，1661 年，他进入剑桥大学三一学院学习，得到著名数学家巴罗的赏识和指导. 他先后钻研了开普勒的《光学》、欧几里得的《几何学原本》等名著. 1665 年大学毕业，成绩平平. 这年夏天，伦敦发生鼠疫，牛顿暂时离开剑桥，回到伍尔索普乡下待了 18 个月. 这 18 个月竟为牛顿一生科学的重大发现奠定了坚实的基础. 1667 年牛顿返回剑桥大学，进三一学院攻读研究生，1668 年获得硕士学位. 次年巴罗教授主动让贤，并推荐牛顿继任"卢卡斯自然科学讲座"的数学教授，时年牛顿 27 岁，从此在剑桥一待 30 年. 1672 年牛顿入选英国皇家学会会员；1689 年当选为英国国会议员；1696 年出任皇家造币厂厂长；1703 年当选为皇家学会会长；1705 年英国女王加封牛顿为艾萨克爵士.

　　1727 年 3 月 31 日，牛顿因肾结石症，医治无效，在伦敦去世，终年 85 岁. 他死后被安葬在威斯敏斯特大教堂之内，与英国的先贤们安葬在一起. 后人为纪念他，将力的单位定名为牛顿. 英国著名诗人 A·波普为他写了一个碑铭，镶嵌在牛顿出生的房屋的墙壁上："道法自然，久藏玄冥；天降牛顿,万物生明."

主要科学贡献

牛顿是 17 世纪最伟大的科学巨匠.他的成就遍及物理学、数学、天体力学的各个领域.牛顿在物理学上最主要的成就是发现了万有引力定律,综合并表述了经典力学的 3 个基本定律——惯性定律、力与加速度成正比的定律、作用力和反作用力定律;引入了质量、动量、力、加速度、向心力等基本概念,从而建立了经典力学的公理体系,完成了物理发展史上的第一次大综合,建立了自然科学发展史上的里程碑.其重要标志是他于 1687 年所发表的《自然哲学的数学原理》这一巨著.在光学上,他做了用棱镜把白光分解为七色光(色散)的实验研究;发现了色差;研究了光的干涉和衍射现象,发现了牛顿环;制造了以凹面反射镜替代透镜的"牛顿望远镜".1704 年出版了他的《光学》专著,阐述了自己的光学研究的成果.在数学上,牛顿与德国莱布尼兹各自独立创建了"微积分学";他还建立了牛顿二项式定理.牛顿在声学、热学、流体力学等方面也有不少研究成果和贡献.

牛顿的一生遇到不少争论和麻烦.例如,关于万有引力发现权等问题,胡克与他争辩不休,差点影响了《原理》的出版;关于微积分发明权的问题,与莱布尼兹以及德英两国科学家争吵不止,给内向的牛顿带来极大的痛苦.40 岁以后,他把兴趣转向政治、化学(碱金属变成黄金)、神学问题,写了近 200 万言的著作,毫无价值.常言道"人无完人,金无足赤",牛顿也是如此.但是牛顿终归是伟大的牛顿,他的科学贡献将永载史册.

阅读材料 B

行星与人造地球卫星

1. 行星

德国天文学家开普勒在前人观测与实验数据的基础上,总结出了行星运动的三条规律,后人称之为开普勒定律.内容如下:

(1)开普勒第一定律　每一行星绕太阳做椭圆轨道运动,太阳是椭圆轨道的一个焦点.

这一定律实际上是哥白尼日心说的高度概括,如图 B-1 给出示意.这一定律也可以由万有引力定律、机械能守恒定律和角动量守恒定律从理论上得以证明.该定律也称为轨道定律.

(2)开普勒第二定律　行星运动过程中,行星相对于太阳的位矢在相等的时间内扫过的面积相等.

这一定律说明了行星在太阳系中运动时遵守角动量守恒定律,也就是说由角动量守恒定律出发,从理论上可推出开普勒第二定律.本定律也称为面积定律,如图 B-2 所示.

图 B-1　开普勒第一定律

图 B-2　开普勒第二定律

（3）开普勒第三定律　行星绕太阳公转时，椭圆轨道半长轴的立方与公转周期的平方成正比，即 $\dfrac{a^3}{T^2}=K$，其中 $K=G\dfrac{M_s}{4\pi^2}$ 称为开普勒常数.

这一定律实际上是对第一和第二两条定律的补充，它给出了行星绕太阳运动的周期与行星和太阳之间距离的关系. 这一定律也称为周期定律.

2. 人造地球卫星

如果某物体绕地球做椭圆运动，且地球为椭圆轨道的焦点，则此物体就称为地球的卫星. 若此物是原来就有的，则称为地球的卫星，月亮就是地球的卫星；若此物是人为制造的，则称为人造地球卫星. 1957 年 10 月 4 日，前苏联成功地发射了世界上第一颗人造地球卫星（人造卫星 1 号）；1958 年 1 月 31 日，美国成功地发射了自己的第一颗人造地球卫星（探险者 1 号）；1962 年 4 月 26 日，英国成功地发射了自己的第一颗人造地球卫星；1962 年 9 月 29 日，加拿大成功地发射了自己的第一颗人造地球卫星；1964 年 12 月 15 日，意大利成功地发射了自己的第一颗人造地球卫星；1965 年 11 月 26 日，法国成功地发射了自己的第一颗人造地球卫星；1967 年 11 月 29 日，澳大利亚成功地发射了自己的第一颗人造地球卫星；1970 年 4 月 24 日，我国成功地发射了我们自己的第一颗人造地球卫星（东方红一号），成为继前苏联、美国、英国、加拿大、意大利、法国、澳大利亚之后第 8 个独立发射卫星的国家. 目前我国在卫星的发射、遥测和返回等技术上已经处于世界领先水平. 迄今全球已发射了 4 000 多颗各类卫星、转发器和航天器，它们分别在通信、气象、导航、勘察和科研等领域发挥着巨大作用. 我国于 2003 年 10 月 15 日成功发射了"神舟五号"载人航天器，并于 2003 年 10 月 16 日执行完任务顺利返回，这标志着我国的航天事业已达到了世界领先水平.

（1）人造地球卫星的发射与返回.

卫星是由运载火箭发射后送入其预定轨道的，人造地球卫星的发射过程就是三级运载火箭的飞行过程，其发射后的大致飞行过程如图 B-3 所示，飞行过程可以分为三个阶段.

第一阶段（即垂直起飞阶段）：由于在地球表面附近，有稠密的大气层，火箭在其中飞行时将受到极大的阻力，为使火箭尽快离开这稠密的大气层，通常采用垂直地面向上发射. 发射后在极短的时间内火箭就被加速到极大的速度，到第一级火箭脱离箭体时，火箭已基本处于稠密大气层之外了，接着第二级火箭点火使箭体继续加速，直到脱离箭体为止.

第二阶段（即转弯飞行阶段）：在第二级火箭脱离箭体时，火箭已具有了足够大的速度. 此时第三级火箭并没有及时点火，而是靠已经获得的巨大速度作惯性飞行；飞行过程中，在地面遥控站的操纵下火箭逐渐转弯，偏离原来的竖直方向，直到与地面平行的水平方向飞行为止.

第三阶段（即进入轨道阶段）：在火箭到达与卫星预定轨道相切的这一特殊位置时，第三子级火箭点火开始加速，使卫星达到在轨道上飞行所需的速度而进入预定轨道，此后火箭完成了运载任务，将与卫星脱离，在稀薄空气阻力作用下与卫星拉开距离；而卫星由于特殊的形状将在预定轨道上单独飞行.

可以看出卫星的发射过程是一个加速上升、使卫星不断获得能量的过程；那么卫星的返回过程无疑将是一个与之相反的逆过程，即一个减速下降、使卫星不断减少其能量的过程，此过程可以依靠卫星上的变轨发动机及大气层的阻力，经过离轨、过渡、再入和着陆四个阶段来完成. 如图 B-4 所示.

图 B-3　三级运载火箭的飞行过程

图 B-4　卫星的返回过程

(2)地球同步卫星.

地球同步卫星这一概念,最早出自于 1945 年英国科学家克拉克的一篇科学幻想小说.他曾设想把卫星发射到 36 000 km 的高空中,使它相对于地面静止.如果在赤道上空每隔 120° 放置一个这样的卫星,有三个这样的卫星就可实现全球 24 小时通信,如图 B-5 所示,这种卫星就是现在我们所说的地球同步卫星.事隔 19 年,这一设想终于实现了.1964 年 8 月 19 日美国成功地发射了一颗定点在赤道上空的同步卫星.我国的同步通讯卫星在 1984 年 4 月 8 日 19 时 20 分发射,在 4 月 16 日 18 时 27 分 57 秒成功地定点于东经 125° 的赤道上空.到目前为止,赤道上空已有很多这样的同步卫星在运行着,全球的电视转播、无线通讯和气象观测全是依靠这些同步卫星来实现的.

同步卫星的发射成功是近代尖端科学技术的伟大成就之一.同步卫星是利用运载火箭发射的.为了节省发射能量,在卫星进入同步轨道前总是使它先经过若干个中间轨道,最后进入同步轨道,其发射过程如图 B-6 所示.

图 B-5　同步卫星

图 B-6　同步卫星发射轨道

首先依次启动运载火箭的第一级和第二级,使火箭加速飞行,到第二级火箭脱落后,第三级火箭带着卫星按惯性转弯,进入一个低高度称为停泊轨道的圆形轨道.在停泊轨道上运行一些时间后,第三级火箭点火,使装有远地点发动机的卫星从停泊轨道转移到椭圆形的转移轨道上运行(转移轨道的远地点和近地点均在赤道平面上,并在远地点与同步轨道相切).在转移轨道上卫星与第三级火箭脱离,卫星靠惯性运行数周后,在经过远地点时,卫星上的远地点发动机点火,改变卫星的航向,同时增大速度,使之达到同步运行速度 $3.07 \times 10^3 \ \mathrm{m \cdot s^{-1}}$.但是由于远地点发动机的各种工程参数的偏差,卫星不能一下子就进入相对于地球静止的同步轨道,而是在同步轨道附近漂移. 此后通过遥控装置进一步对其姿态进行调整,使之进入位于赤道平面内的同步轨道,并定点于赤道上空.

以上主要从物理角度对行星和人造地球卫星进行了介绍,技术上的问题请参阅其他相关资料.

第三章 刚体的转动

在前两章中,我们研究了质点的运动规律,质点是力学中建立起来的第一个理想模型. 若在所研究的问题中,物体的形状和大小不能忽略时,质点模型就不适用了. 这时,可以把物体看做是由许多质点组成的质点系. 一般说来,在外力作用下,质点系的形状和大小是要发生变化的. 但如果在外力的作用下,形状和大小都不发生变化的物体,称作**刚体**. 刚体是特殊的质点系,其上各质点间的相对距离都保持恒定不变,刚体是一种理想化模型.

刚体虽然是一个特殊的质点系统,但是我们仍然可以在质点力学的基础上研究刚体的运动规律,刚体中每一质点的运动都服从质点的运动规律. 本章将着重讲述刚体绕定轴的转动,其主要内容有:角速度和角加速度、转动惯量、力矩、转动动能、角动量等物理量,转动定律和角动量守恒定律.

§3-1 刚体运动的描述

一、刚体运动的基本形式

平动和绕固定轴的转动是刚体运动中最简单而又最基本的两种运动. 刚体的任何运动都可看成是这两种基本运动的合成.

1. 平动

在刚体运动中,如果刚体上任意一条直线在各个时刻的位置都相互平行,则刚体的这种运动叫做**平动**,如图 3-1(a)所示. 电梯的升降,气缸中活塞的运动等都是平动. 显然,刚体做平动时,在任何时刻,刚体上各个质点的速度、加速度都是相同的. 因此,刚体内任何一点的运动都可代表整个刚体的运动,刚体平动时可看成质点.

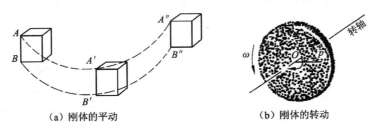

(a) 刚体的平动   (b) 刚体的转动

图 3-1 刚体的运动

2. 转动

刚体运动时,如果其上各点都绕同一直线做圆周运动,则刚体的这种运动称为**转动**,这条直线称为**转轴**. 如地球的自转、机器上齿轮的运动等都是转动. 如果转轴是固定不动的,这种转轴称为**固定转轴**,相应的转动称为**定轴转动**,如图 3-1(b)所示.

刚体的一般运动可以看做是平动和绕某一转轴转动的叠加. 作为基础,本章只讨论刚体的定轴转动.

二、定轴转动的描述

刚体做定轴转动时,刚体内各质点都绕轴做圆周运动,任一垂直于定轴的平面称为**转动平面**,转动平面与定轴的交点称为**转动中心**. 如图 3-2 所示,O 为转轴与某一转动平面的交点,P 为刚体上的一个质点,P 在这一转动平面内绕 O 点做圆周运动,具有一定的角位移、角速度和角加速度. 刚体定轴转动的特点是:刚体中每个质点都在各自的转动平面内绕轴做半径不同的圆周运动,各质点的位移、运动速度和加速度是不尽相等的,但各质点的

图 3-2 转动平面

角位移、角速度和角加速度是相等的. 因此,我们可以借鉴描述圆周运动的方法,用角量来描述刚体的运动.

三、角速度矢量

为了充分反映刚体的转动情况,既要描述转动的快慢,又要说明转轴的方位,常用角速度矢量 $\boldsymbol{\omega}$ 来描述. 角速度具有大小和方向,我们规定角速度矢量的方向是沿转轴的,且和刚体转动方向成右手螺旋,即使右手四指的绕向与刚体转动的方向一致,则大拇指的方向便是角速度矢量的正方向,如图 3-3 所示. 而角速度矢量的大小是 $\left|\dfrac{\mathrm{d}\theta}{\mathrm{d}t}\right|$.

利用角速度矢量,可以用矢量的矢积来表示刚体上任一质点 P 的线速度 $\boldsymbol{v}$ 和角速度 $\boldsymbol{\omega}$ 之间的关系:

$$\boldsymbol{v}=\boldsymbol{\omega}\times\boldsymbol{r}$$

(3-1)

式中 $\boldsymbol{r}$ 表示质点对转轴的矢径,与转轴垂直. 角速度 $\boldsymbol{\omega}$、矢径 $\boldsymbol{r}$ 和线速度 $\boldsymbol{v}$ 组成右手螺旋系,如图 3-4 所示.

作为角速度对时间的变化率,角加速度 $\boldsymbol{\beta}$ 也是矢量,$\boldsymbol{\beta}=\dfrac{\mathrm{d}\boldsymbol{\omega}}{\mathrm{d}t}$. 当刚体转动加快时,$\boldsymbol{\beta}$ 和 $\boldsymbol{\omega}$ 方向相同;当刚体转动减慢时,$\boldsymbol{\beta}$ 和 $\boldsymbol{\omega}$ 方向相反.

图 3-3　角速度矢量的
方向按右手螺旋法则规定

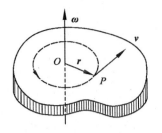

图 3-4　线速度和角速度
之间的矢量关系

§3-2　力矩　转动定律　转动惯量

在这一节中,我们将讨论刚体定轴转动的动力学问题,即研究刚体获得角加速度的原因以及刚体绕定轴转动时所遵守的规律. 为此,我们先引进力矩这个物理量.

一、力矩

1. 力矩

一个具有固定轴的静止刚体,在外力的作用下,有时发生转动,有时不发生转动.研究结果表明,外力对刚体转动的影响不仅与力的大小、方向有关,还决定于力相对于转轴的位置方向. 例如,用同样大小的力推门,当做用点靠近门轴时,不容易把门推开;当做用点远离门轴时,就容易把门推开;当力的作用线通过门轴时,就不能把门推开. 力矩是全面考虑力的三要素的一个重要的物理量.

图 3-5 是一个圆盘,它可绕通过点 O 且垂直于该平面的转轴旋转. 假设作用在刚体上 P 点的力 f 在此平面内. 力 f 的作用线到转轴 O 的垂直距离 d 叫做力对转轴的**力臂**,力的大小 f 和力臂 d 的乘积叫做力 f 对转轴的**力矩**,用 M 表示,即

$$M = fd$$

由图 3-5 可知,r 为由点 O 到力 f 的作用点 P 的位矢,φ 为位矢 r 与力 f 之间的夹角. 由于 $d = r\sin\varphi$,故上式为

$$M = fr\sin\varphi$$

力矩是矢量,不仅有大小,而且有方向. 力矩矢量 M 为位矢 r 和力 f 的矢积,即

$$\boldsymbol{M} = \boldsymbol{r} \times \boldsymbol{f} \tag{3-2}$$

M 的大小为

$$M = fr\sin\varphi$$

M 的方向垂直于 r 与 f 所构成的平面,由如图 3-6 所示的右手法则确定:把右手拇指伸直,其余四指弯曲,弯曲的方向是由位矢 r 通过小于 $180°$ 的角 α 转向力 f 的方向,这时拇指所指的方向就是力矩的方向.

图 3-5   力矩

图 3-6   力矩的方向按照右手螺旋定则确定

假如作用在刚体 P 点上的外力 f 沿任意方向,则把这个外力 f 分解成两个分力:一个是与转轴平行的分力,另一个是与转轴垂直的分力. 在定轴转动中,平行于转轴的外力对转轴的力矩为零,只有垂直于转轴平面内的分力对转轴才有力矩.

2. 合力矩

如图 3-7 所示,如果有几个外力同时作用在一个绕定轴转动的刚体上,则各力对转轴的力矩的矢量和称为合力对该轴的**合力矩**. 对刚体的定轴转动,因为各力矩对定轴来说都位于同一直线上,所以矢量和可简化为代数和,即

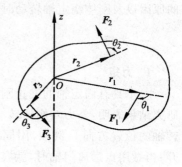

$$M = M_1 + M_2 + \cdots = \sum M_i = \sum F_i r_i \sin \theta_i$$

力矩的正负由右手螺旋法则确定,右手四指握向刚体的转动方向,大拇指指向力矩的方向. 若刚体逆时针转动,$M>0$,则合力矩的方向沿 Oz 轴正向;若刚体顺时针转动,$M<0$,则合力矩方向与 Oz 轴正向相反.

图 3-7   几个力作用在绕定轴转动的刚体上

在国际单位制中,力矩的单位为牛顿米,符号为 N·m.

3. 内力的力矩

设刚体由 n 个质点组成,其中第 1 个质点和第 2 个质点间相互作用力在与转轴 Oz 垂直的平面内的分力各为 F'_{12} 和 F'_{21},它们大小相等、方向相反,且在同一直线上,即 $F'_{12} = -F'_{21}$,如图 3-8 所示. 如取刚体为一系统,那么这两个力属于系统内力. 从图 3-8 中可以看出

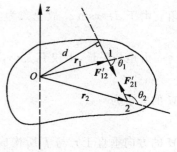

$$r_1 \sin \theta_1 = r_2 \sin \theta_2 = d$$

这两个力对转轴的合内力矩为

$$M = M_{21} - M_{12} = F'_{21} r_2 \sin \theta_2 - F'_{12} r_1 \sin \theta_1 = 0$$

上述结果表明,沿同一作用线的大小相等、方向相反的两个作用力对转轴 Oz 的合力矩为零.

图 3-8   内力对转轴的力矩

由于刚体内质点间的作用力总是成对出现的,并遵守牛顿第三定律,故刚体内各质点间的作用力对转轴的合内力矩亦应为零,即

$$M = \sum M_i = 0$$

二、转动定律

在研究质点运动时,我们知道,在外力的作用下质点会获得加速度,外力和加速度之间的关系由牛顿第二定律给出为 $\boldsymbol{F} = m\boldsymbol{a}$,式中 m 为质点的质量.同理,在外力矩的作用下,绕定轴转动的刚体的角速度也会发生变化,即具有角加速度.下面我们来讨论外力矩和角加速度之间的关系.

如图 3-9 所示,刚体可看成由 n 个质点组成的质点系,当刚体绕固定轴 Oz 转动时,刚体上的每一个质点都在绕 Oz 轴作半径不同的圆周运动.在刚体上取任意质点 i,其质量为 Δm_i,绕 Oz 轴作半径为 r_i 的圆周运动.

设质点 i 受两个力作用,一个是外力 $\boldsymbol{F}_i$,另一个是刚体中其他质点对它的作用内力 $\boldsymbol{f}_i$,我们假设外力 $\boldsymbol{F}_i$ 和内力 $\boldsymbol{f}_i$ 均在转动平面内.由牛顿第二定律,质点 i 的运动方程为

$$\boldsymbol{F}_i + \boldsymbol{f}_i = \Delta m_i \boldsymbol{a}_i$$

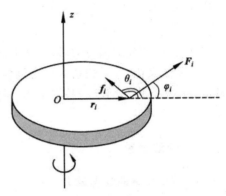

图 3-9 力矩和角加速度的关系

质点 i 的切向方向运动方程为

$$F_i \sin \varphi_i + f_i \sin \theta_i = \Delta m_i a_{i\tau}$$

$a_{i\tau}$ 为质点 i 的切向加速度.由式(1-39)知切向加速度与角加速度 β 之间的关系 $a_\tau = r\beta$,所以上式为

$$F_i \sin \varphi_i + f_i \sin \theta_i = \Delta m_i r_i \beta$$

上式两边各乘以 r_i,得

$$F_i r_i \sin \varphi_i + f_i r_i \sin \theta_i = \Delta m_i r_i^2 \beta \tag{3-3}$$

式中 $F_i r_i \sin \varphi_i$ 是质点 i 所受外力 $\boldsymbol{F}_i$ 对转轴的力矩,$f_i r_i \sin \theta_i$ 是质点 i 所受内力 $\boldsymbol{f}_i$ 对转轴的力矩.

对所有质点求和,可得

$$\sum F_i r_i \sin \varphi_i + \sum f_i r_i \sin \theta_i = \sum (\Delta m_i r_i^2) \beta$$

式中左侧第一项 $\sum F_i r_i \sin \varphi_i$ 为刚体内所有质点所受的外力对转轴的力矩的代数和,即合外力矩,用 M 表示,有 $M = \sum F_i r_i \sin \varphi_i$.第二项 $\sum f_i r_i \sin \theta_i$ 是刚体内各质点间的内力对转轴的力矩的代数和,其结果为零,即

$$\sum f_i r_i \sin \theta_i = 0$$

故上式为

$$\sum F_i r_i \sin \varphi_i = \sum (\Delta m_i r_i^2)\beta$$

而式中的 $\sum (\Delta m_i r_i^2)$ 只与刚体的形状、质量分布以及转轴的位置有关，也就是说，它只与绕定轴转动的刚体本身的性质和转轴的位置有关，我们把它称为**转动惯量**. 对于绕定轴转动的刚体，转动惯量为一恒量，以 I 表示，即

$$I = \sum (\Delta m_i r_i^2) \tag{3-4}$$

这样，我们得到

$$M = I\beta \tag{3-5}$$

上式表明，刚体绕定轴转动时，刚体的角加速度与它所受的合外力矩成正比，与刚体的转动惯量成反比，这一关系式称为**刚体的转动定律**，简称**转动定律**. 如同牛顿第二定律是解决质点运动问题的基本定律一样，转动定律是解决刚体定轴转动问题的基本方程.

三、转动惯量

1. 转动惯量的物理意义

把转动定律与描述质点运动的牛顿第二定律的数学表达式相比较可以看出，它们的形式很相似：外力矩 M 和外力 F 相对应，角加速度 β 与加速度 a 相对应，转动惯量 I 与质量 m 相对应. 我们知道质量 m 是物体做平动时物体惯性的量度，则转动惯量的物理意义可以理解为：转动惯量是刚体在转动中的惯性大小的量度. 当以相同的力矩分别作用于两个绕定轴转动的不同刚体时，转动惯量大的刚体所获得的角加速度小，即角速度改变得慢，也就是保持原有转动状态的惯性大；反之，转动惯量小的刚体所获得的角加速度大，即角速度改变得快，也就是保持原有转动状态的惯性小.

2. 转动惯量的计算

由 $I = \sum (\Delta m_i r_i^2)$ 可以看出，转动惯量 I 等于刚体上各质点的质量与各质点到转轴的距离平方的乘积之和. 如果刚体上的质点是连续分布的，则其转动惯量可以用积分进行计算，即

$$I = \int r^2 \, \mathrm{d}m \tag{3-6}$$

在国际单位制中，转动惯量的单位名称是千克二次方米，符号是 $\mathrm{kg \cdot m^2}$.

表 3-1 中给出了几种几何形状简单、密度均匀的刚体对不同轴的转动惯量.

表 3-1 几种刚体的转动惯量

圆环 转轴通过中心与环面垂直 $I=mr^2$	圆环 转轴沿直径 $I=\dfrac{mr^2}{2}$
薄圆盘 转轴通过中心与盘面垂直 $I=\dfrac{mr^2}{2}$	圆筒 转轴沿几何轴 $I=\dfrac{m}{2}(r_1^2+r_2^2)$
圆柱体 转轴沿几何轴 $I=\dfrac{mr^2}{2}$	圆柱体 转轴通过中心与几何轴垂直 $I=\dfrac{mr^2}{4}+\dfrac{ml^2}{12}$
细棒 转轴通过中心与棒垂直 $I=\dfrac{ml^2}{12}$	细棒 转轴通过端点与棒垂直 $I=\dfrac{ml^2}{3}$
球体 转轴沿直径 $I=\dfrac{2mr^2}{5}$	球壳 转轴沿直径 $I=\dfrac{2mr^2}{3}$

　　一般地说,刚体的转动惯量与三个因素有关:(1)刚体的质量;(2)在质量一定的情况下,质量的分布、刚体的大小、形状及各个部分的体密度;(3)转轴的位置. 除了几何形状简单、质量连续而均匀分布的刚体外,上述积分式是不容易计算的. 转动惯量具有可加性,任何一个几何形状复杂的刚体,可以分割成若干个简单部分,则整个刚体对某一轴的转动惯量等于各个组成部分对同一轴的转动惯量之和. 即

$$I=I_1+I_2+\cdots$$

这一结论在转动惯量的计算中经常用到. 对复杂几何形状刚体的转动惯量通常是用实验方法求得.

　　例 3-1 求质量为 m、长度为 l 的均匀细长棒的转动惯量:(1)对通过棒的中心并

与棒垂直的轴的转动惯量;(2)对通过其一端并与棒垂直的轴的转动惯量.

解 设细棒的线质量密度为 λ,则 $\mathrm{d}x$ 长度内的质量 $\mathrm{d}m=\lambda\mathrm{d}x$,见例 3-1 图所示.该小段对轴的转动惯量为

$$\mathrm{d}I=x^2\lambda\mathrm{d}x$$

(1)当 O 轴通过中心(即质心)并与棒垂直时

$$I=\int_{-\frac{l}{2}}^{\frac{l}{2}}x^2\lambda\mathrm{d}x=\frac{1}{12}\lambda l^3$$

整个细棒的质量 $m=\lambda l$,所以

$$I_0=\frac{1}{12}ml^2$$

例 3-1 图

(2)当 O' 轴通过棒的一端并与棒垂直时

$$I_0'=\int_0^l x^2\lambda\mathrm{d}x=\frac{1}{3}\lambda l^3=\frac{1}{3}ml^2$$

由上述两种情况可以看出,同一刚体的转轴的位置不同时,刚体转动惯量的值是不同的.

以上两种情况的转轴是互相平行的,两轴之间的距离设为 d,可知 I_0 与 I_0' 的关系为

$$I_0'-I_0=\frac{1}{3}ml^2-\frac{1}{12}ml^2=\frac{1}{4}ml^2=m\left(\frac{l}{2}\right)^2=md^2$$

即

$$I_0'=I_0+md^2$$

这一关系叫做**转动惯量的平行轴定理**.

其中,I_0 为绕通过质心的转轴的转动惯量,I_0' 为绕与通过质心的转轴平行的转轴的转动惯量,d 为两平行转轴之间的距离.

例 3-2 如例 3-2 图所示,试求质量为 m、半径为 R 的均匀薄圆环对通过其中心且垂直于环面的转轴的转动惯量.

解 将薄圆环分成许多小片 $\mathrm{d}m$,每一小片与轴的距离都等于 R,所以

$$I=\int R^2\mathrm{d}m=R^2\int\mathrm{d}m=mR^2$$

例 3-2 图

例 3-3 图

例 3-3　如例 3-3 图所示,试求质量为 m、半径为 R 的均匀薄圆盘对于通过中心且与盘面垂直的轴的转动惯量.

解　设圆盘的质量面密度为 σ. 圆盘的总质量 $m = \pi R^2 \sigma$. 计算时可将圆盘分成一系列半径为 r,宽度为 dr 的同心细圆环,细圆环的质量为 $dm = \sigma ds = 2\pi r dr \sigma$,整个圆盘的转动惯量为

$$I = \int r^2 dm = \int_0^R 2\pi \sigma r^3 dr = \frac{1}{2}\pi R^4 \sigma = \frac{1}{2}mR^2$$

四、转动定律的应用举例

例 3-4　两均匀圆盘状定滑轮的质量分别为 m_1 和 m_2,半径分别为 R_1 和 R_2,物体 m 和 M 分别系在一根不可伸长的绳子的两端,绳子跨过两滑轮且与滑轮无相对滑动,设轴处光滑,如例 3-4 图(a)所示. 求 M 的加速度.

解　分别选物体 m 和 M、滑轮 O 及滑轮 O' 为研究对象,受力分析如例 3-4 图(b).

例 3-4 图

应用牛顿第二定律及转动定律,可列如下方程:

$$T_1 - mg = ma_1 \tag{1}$$

$$(T_2 - T_1)R_1 = I_1 \beta_1 \tag{2}$$

$$Mg - T_3 = Ma_2 \tag{3}$$

$$(T_3 - T_2)R_2 = I_2 \beta_2 \tag{4}$$

$$I_1 = \frac{1}{2}m_1 R_1^2 \tag{5}$$

$$I_2 = \frac{1}{2}m_2 R_2^2 \tag{6}$$

由于绳与滑轮无相对滑动,且绳是不可伸长的,故有

$$a_1 = R_1 \beta_1 \tag{7}$$

$$a_2 = R_2 \beta_2 \tag{8}$$

$$a_1 = a_2 = a \tag{9}$$

联立求解可得

$$a = \frac{2(M-m)g}{m_1 + m_2 + 2(M+m)}$$

例 3-5 如例 3-5 图所示,长为 l、质量为 m 的匀质细杆竖直放置,处于非稳定平衡态. 若其受到一微小扰动,它将在重力作用下绕其下端的固定铰链 O 转动. 若铰链处的摩擦可以忽略不计,试计算细杆转到与竖直方向成 θ 角时的角速度.

例 3-5 图

解 取杆为研究对象. 杆受铰链支持力及重力的作用. 重力 mg 作用于杆的中心,方向竖直向下. 因为支持力通过固定轴 O,所以对杆的力矩为零. 故只有重力对杆产生力矩. 当杆与竖直方向成 θ 角时,其力矩大小为

$$M = \frac{1}{2} mgl \sin \theta$$

由转动定律 $M = I\beta$,有

$$\frac{1}{2} mgl \sin \theta = \left(\frac{1}{3} ml^2 \right) \beta$$

求得

$$\beta = \frac{3g}{2l} \sin \theta$$

将

$$\beta = \frac{d\omega}{dt} = \frac{d\omega}{d\theta} \cdot \frac{d\theta}{dt} = \omega \frac{d\omega}{d\theta}$$

代入上式可得

$$\omega d\omega = \frac{3g}{2l} \sin \theta d\theta$$

对上式两端求积分,有

$$\int_0^\omega \omega d\omega = \int_0^\theta \frac{3g}{2l} \sin \theta d\theta$$

结果是

$$\omega = \sqrt{\frac{3g(1 - \cos \theta)}{l}}$$

§3-3 角动量 角动量守恒定律

上一节我们讨论了在外力矩作用下刚体绕定轴转动的转动定律,转动定律反映的是某一瞬时刚体所受到的合外力矩与所产生的角加速度之间的关系. 刚体在力矩的持续作用下,力矩对刚体也要产生累积效应. 这一节将讨论力矩对时间的累积作用,下一节将讨论力矩对空间的累积作用.

我们先讨论质点对给定点的角动量定理.

一、质点的角动量定理

1. 质点的角动量

角动量是描述物体转动状态的物理量. 如图 3-10 所示,设有一个质量为 m 的质

点,该点相对原点 O 的位矢为 r,如果质点的速度为 v(即动量为 $p=mv$).则质点 m 对原点 O 的**角动量**定义为

$$L=r\times p=r\times mv \tag{3-7}$$

即质点对 O 点的角动量为位置矢量与动量的矢量积.

根据矢量积的定义,如果 r 和 p 两矢量之间夹角为 θ,则角动量的数值为

$$L=rp\sin\theta=mvr\sin\theta \tag{3-8}$$

L 的方向垂直于 r 和 p 所构成的平面.其指向可由右手螺旋法则确定,即将右手四指由 r 的正向经小于 $180°$ 的角度转向 p 的正向,则大拇指所指就是 L 的方向(图 3-10).

在国际单位制中,角动量的单位是千克二次方米每秒($kg \cdot m^2 \cdot s^{-1}$).

由以上的定义可看出,质点的角动量不仅取决于它的动量,还取决于它相对于固定点的位矢 r,故质点相对于不同的点,它的角动量是不相同的.因此,在讲质点的角动量时,必须指明是对哪一点的角动量.

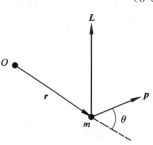

图 3-10 质点的角动量

2. 质点的角动量定理

现在我们来讨论力矩对质点转动的作用,并导出质点的角动量定理.

将角动量 $L=r\times p$ 两端对时间 t 求导,可得

$$\frac{dL}{dt}=\frac{d}{dt}(r\times p)=\frac{dr}{dt}\times p+r\times\frac{dp}{dt}$$

因为 $\frac{dr}{dt}=v$,v 与 p 同方向,于是 $\frac{dr}{dt}\times p=0$,因而上式变为

$$\frac{dL}{dt}=r\times\frac{dp}{dt}=r\times F$$

上式右方即为合外力 F 的力矩 M,于是有

$$M=\frac{dL}{dt} \tag{3-9}$$

上式说明作用在质点上的合外力矩等于质点角动量对时间的变化率,即力矩是改变质点角动量的原因.这就是**质点的角动量定理**.

3. 质点系的角动量定理

设质点系由 N 个质点组成,对选定的某确定参考点 O,第 i 个质点所受的外力矩为 $M_{i外}$,受到的系统内其他质点的内力矩为 $M_{i内}$.则质点 i 的角动量定理表达式为

$$M_{i内}+M_{i外}=\frac{dL_i}{dt}$$

其中,L_i 为质点 i 的角动量.

对所有质点的角动量定理表达式相加可得

$$\sum \boldsymbol{M}_{i内} + \sum \boldsymbol{M}_{i外} = \sum \frac{\mathrm{d}\boldsymbol{L}_i}{\mathrm{d}t}$$

令

$$\boldsymbol{L} = \sum \boldsymbol{L}_i$$

$\boldsymbol{L}$ 表示质点系内各质点对于参考点 O 的角动量矢量和,称为**质点系对 O 点的角动量**.

根据牛顿第三定律,质点系的内力总是成对出现,每对内力的大小相等、方向相反,作用在同一条直线上,于是有 $\sum \boldsymbol{M}_{i内} = 0$,令

$$\boldsymbol{M} = \sum \boldsymbol{M}_{i外}$$

可得

$$\boldsymbol{M} = \frac{\mathrm{d}\boldsymbol{L}}{\mathrm{d}t} \qquad (3\text{-}10)$$

上式说明质点系对参考点 O 的角动量对时间的变化率等于各质点所受外力对该点力矩的矢量和,这就是**质点系对参考点 O 的角动量定理**. 可见,它和质点角动量定理有相同形式的表达式.

二、刚体定轴转动的角动量定理和角动量守恒定律

1. 刚体定轴转动的角动量

由转动定律可知

$$M = I\beta = I\frac{\mathrm{d}\omega}{\mathrm{d}t} = \frac{\mathrm{d}(I\omega)}{\mathrm{d}t}$$

令

$$L = I\omega \qquad (3\text{-}11)$$

则 L 叫做**刚体对转轴的角动量**(又称作**动量矩**),即刚体对转轴的角动量等于转动惯量与角速度的乘积. 它是描述刚体转动状态的物理量.

由于 $I = \sum m_i r_i^2$,所以角动量

$$L = I\omega = (\sum m_i r_i^2)\omega = \sum m_i r_i^2 \omega$$

因为 $v_i = r_i\omega$,代入上式得

$$L = \sum m_i v_i r_i$$

上式表明,刚体的角动量又可以表示为组成刚体的各质点的动量与由转轴到动量方向的垂直距离之乘积的总和.

2. 刚体定轴转动的角动量定理

由以上的讨论可知,转动定律若由角动量表示,则为

$$M = \frac{\mathrm{d}L}{\mathrm{d}t} \qquad (3\text{-}12)$$

上式表示:刚体所受的合外力矩等于刚体的角动量对时间的变化率. 这是刚体转动定

律的另一种表示形式．与 $M = I\beta$ 比较,式(3-12)适用范围更广泛,如同牛顿第二定律

形式 $\boldsymbol{F} = \dfrac{\mathrm{d}\boldsymbol{p}}{\mathrm{d}t}$ 比 $\boldsymbol{F} = m\boldsymbol{a}$ 更为普遍一样．

在转动定律 $M = \dfrac{\mathrm{d}L}{\mathrm{d}t}$ 的等式两边乘以 $\mathrm{d}t$,得到

$$M\mathrm{d}t = \mathrm{d}L$$

对上式积分可得

$$\int_{t_0}^{t} M\mathrm{d}t = \int_{L_0}^{L} \mathrm{d}L = L - L_0 = I\omega - I\omega_0 \tag{3-13}$$

其中 $\displaystyle\int_{t_0}^{t} M\mathrm{d}t$ 称为合外力矩对刚体的**冲量矩**．

式(3-13)表明:作用于刚体的冲量矩等于在作用时间里刚体角动量的增量．这一关系称作**刚体定轴转动的角动量定理**．式(3-13)为刚体定轴转动的角动量定理的数学表达式．显然,式(3-13)是合外力矩对时间的累积效果．

3. 刚体定轴转动的角动量守恒定律

由式(3-12),当 $M = 0$ 时,刚体的角动量

$$L = I\omega = 恒量 \tag{3-14}$$

上式说明:当刚体所受合外力矩为零时,其角动量保持不变．这个结论称作**角动量守恒定律**．

同样,角动量守恒定律也适用于不止一个刚体在转动的情况,同时对非刚性的物体也是成立的,即当物体所受合外力矩为零时,其角动量保持不变．在式(3-13)中,当 $M = 0$ 时,则

$$I_0 \omega_0 = I\omega = 恒量 \tag{3-15}$$

式中,I_0、ω_0 分别为该物体起始时刻的转动惯量和角速度;I、ω 分别为该物体末了时刻的转动惯量和角速度．

当物体绕定轴转动时,如果物体的转动惯量是可变的,那么在没有外力矩作用的条件下,虽然总角动量的大小和方向不变化,但转动角速度是随着转动惯量的改变而改变的．例如在图 3-11 中,人手持轮子站在可以自由转动的凳子上,原来静止,当人拨动手中轮子时,人和转凳同时产生与轮子转动方向相反的转动,以使系统总的角动量保持不变．又如图 3-12 中,开始时人张开双臂并与转凳一起以一定角速度转动,然后把双臂突然收回胸前,由于转动惯量

图 3-11　角动量守恒一　　图 3-12　角动量守恒二

变小,可以看到角速度立即变大,以使角动量保持不变.

用减少转动惯量的手段来增加转动的角速度,在体育技巧表演中常有应用.例如,花样滑冰的表演者,将转动惯量较大的姿势迅速改变为转动惯量较小的姿势,转动的角速度就会显著地增大.

角动量守恒定律是比牛顿运动定律更为普遍的运动定律,既适用于宏观领域,也适用于微观领域.对于微观粒子,牛顿运动定律已不适用,但角动量守恒定律仍然成立.角动量守恒定律与动量守恒定律和能量守恒定律一样,是自然界中物质运动最普遍遵循的基本定律.在工程技术上角动量守恒定律有着广泛的应用.

例 3-6   如例 3-6 图所示,一轻绳绕过一轻滑轮,质量为 M 的人抓住子绳子的一端,而在绳的另一端 B 系了一个与人等重的重物,设人从静止开始上爬,如不计轮轴的摩擦,求:(1)当人相对于绳以匀速 u 上爬时,B 端重物上升的速度等于多少? (2)人与重物哪一个先到达顶端(设开始时二者处于同一高度).

例 3-6 图

解   取重物、人、轻滑轮与轻绳为一系统.重物受到重力对滑轮中心 O 的外力矩作用,其大小为 MgR,人受到重力对 O 点的外力矩大小也为 MgR,显然这两个力矩方向相反,故合外力矩为零,即 $M_{外}=0$,所以系统对 O 点的角动量守恒.

(1)设重物上升的速度为 v,又因开始时系统静止,故系统角动量在任何时刻均为零,则

$$MvR-M(u-v)R=0$$

其中 $(u-v)$ 是人相对于地的速度,由上式解出

$$v=\frac{u}{2}$$

(2)人对地的速度 $v'=u-v=\frac{u}{2}$,即人与物对地的速度均是 $\frac{u}{2}$.又因开始时人与物处于同一高度,所以人与重物应同时到达顶点.

例 3-7   一根细棒,长为 l,总质量为 m,其质量分布与离点 O 的距离成正比.现将细棒放在粗糙的水平桌面上,棒可绕轴 O 转动,如例 3-7 图所示.棒的初角速度为 ω_0,棒与桌面间的摩擦系数为 μ,求:

(1)细棒对轴 O 的转动惯量;

(2)细棒绕轴 O 转动时受到的摩擦力矩;

(3)细棒从角速度 ω_0 到停止转动所经历的时间.

例 3-7 图

解   (1)根据题意,细棒的质量线密度可设为 $\lambda=kr$(k 为比例系数),则总质量 m 为

$$m = \int_0^l \lambda \mathrm{d}r = \int_0^l kr \mathrm{d}r = \frac{1}{2}kl^2$$

由此可得 $k = \dfrac{2m}{l^2}$，所以

$$\lambda = kr = \frac{2m}{l^2}r$$

细棒对轴 O 的转动惯量为

$$I = \int_0^l r^2 \mathrm{d}m = \int_0^l r^2 \lambda \mathrm{d}r = \int_0^l \frac{2m}{l^2}r^3 \mathrm{d}r = \frac{1}{2}ml^2$$

（2）细棒上距 O 为 r 处，长为 $\mathrm{d}r$ 的线元所受摩擦力和摩擦力矩分别为

$$\mathrm{d}f = \mu g \mathrm{d}m = \mu g \lambda \mathrm{d}r = \frac{2m\mu g}{l^2}r \mathrm{d}r$$

$$\mathrm{d}M = -r\mathrm{d}f = -\frac{2m\mu g}{l^2}r^2 \mathrm{d}r$$

整个细棒转动时所受的摩擦力矩为

$$M = \int_0^l \mathrm{d}M = -\int_0^l \frac{2m\mu g}{l^2}r^2 \mathrm{d}r = -\frac{2}{3}m\mu gl$$

（3）设细棒转动所经历的时间为 t，根据角动量定理，有

$$\int_0^t M\mathrm{d}t = 0 - I\omega_0$$

得棒从角速度 ω_0 到停止转动所经历的时间为

$$t = -\frac{I\omega_0}{M} = \frac{3\omega_0 l}{4\mu g}$$

例 3-8　如例 3-8 图所示，A、B 两个飞轮的轴线在同一直线上，两飞轮可通过离合器互相带动．设 A、B 两轮的转动惯量分别为 $I_A = 10 \ \mathrm{kg \cdot m^2}$ 和 $I_B = 20 \ \mathrm{kg \cdot m^2}$，开始时，$A$ 轮的转速为 $600 \ \mathrm{r \cdot min^{-1}}$，$B$ 轮静止，求：

（1）两轮啮合后的共同转速是多少？

（2）两轮各自所受的冲量矩是多少？

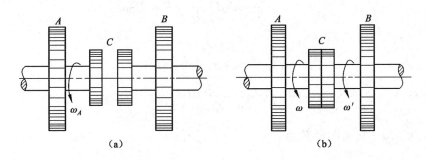

（a）　　　　　　　　　　（b）

例 3-8 图

解　（1）视两轮为一系统，该系统所受外力对转轴的力矩为零，则系统的角动量守

恒,有

$$I_A\omega_A + I_B\omega_B = (I_A + I_B)\omega$$

ω 为两轮啮合后共同转动的角速度,于是

$$\omega = \frac{I_A\omega_A + I_B\omega_B}{I_A + I_B} = \frac{10\times600+0}{10+20}\ \text{r}\cdot\text{min}^{-1} = 200\ \text{r}\cdot\text{min}^{-1} = 20.9\ \text{rad}\cdot\text{s}^{-1}$$

(2)A、B 受的冲量矩分别为

$$\int M_A \mathrm{d}t = I_A(\omega - \omega_A) = 10\times(200-600)\times\frac{2\pi}{60}\ \text{N}\cdot\text{m}\cdot\text{s} = -418.6\ \text{N}\cdot\text{m}\cdot\text{s}$$

$$\int M_B \mathrm{d}t = I_B(\omega - 0) = I_B\omega = 418.6\ \text{N}\cdot\text{m}\cdot\text{s}$$

两轮各自受的冲量矩使 A 减速,使 B 加速.

例 3-9　如例 3-9 图所示,一木杆可绕杆端 O 处水平轴转动,开始时木杆竖直下垂.质量 $m_1 = 50$ g 的小球以 $v_{10} = 30$ m·s^{-1} 的水平速度与木杆的另一端相碰,碰后小球速度反向,大小为 $v_1 = 10$ m·s^{-1}.杆长 $L = 40$ cm,质量 $m_2 = 600$ g.设碰撞时间极短,求碰撞后木杆获得的角速度.

例 3-9 图

解　考虑碰撞过程,因为这一过程时间极短,可以认为过程中杆的位移为零,一直处在竖直位置.对杆及小球组成的系统,外力是两者的重力及轴 O 处轴对杆的支持力,碰撞时这些外力对 O 轴的力矩为零,因此系统对 O 轴的角动量守恒.(但系统的动量不守恒)

把小球的运动看做绕 O 轴的转动,则在碰撞前、后小球相对于 O 轴的角速度的大小分别为 $\omega_{10} = \dfrac{v_{10}}{L}$,$\omega_1 = \dfrac{v_1}{L}$;小球在碰撞时对 O 轴的转动惯量为 m_1L^2.设碰后瞬间,木杆获得的角速度为 ω_2.选逆时针转动的角速度为正,则由系统对 O 轴的角动量守恒,有

$$m_1L^2\frac{v_{10}}{L} = -m_1L^2\frac{v_1}{L} + \frac{1}{3}m_2L^2\omega_2$$

所以

$$m_1v_{10} = -m_1v_1 + \frac{1}{3}m_2L\omega_2$$

$$\omega_2 = \frac{3m_1(v_{10}+v_1)}{m_2L} = \frac{3\times50(30+10)}{600\times0.40}\ \text{rad}\cdot\text{s}^{-1} = 25\ \text{rad}\cdot\text{s}^{-1}$$

结果为正值,即木杆逆时针转动.

§3-4　刚体绕定轴转动的动能定理

质点力学中反映力的空间累积作用的是质点的动能定理．刚体力学中反映力矩的空间累积作用的是刚体转动的动能定理．下面首先说明转动动能和力矩的功的概念，然后进一步导出刚体定轴转动的动能定理．

一、转动动能

刚体定轴转动时，组成刚体的各质元都在运动，各具有一定的动能．设刚体内距转轴半径为 r_i 的第 i 个质元的质量为 Δm_i，在某时刻，当刚体以角速度 ω 绕轴转动时，质元 i 的速率 $v_i = r_i\omega$，则质元 i 的动能为

$$\frac{1}{2}m_iv_i^2 = \frac{1}{2}m_ir_i^2\omega^2$$

在任一时刻，刚体的转动动能等于组成刚体的各质元的动能的总和，若用 E_k 表示整个刚体的转动动能，则有

$$E_k = \sum_i \frac{1}{2}m_iv_i^2 = \sum_i \frac{1}{2}m_ir_i^2\omega^2 = \frac{1}{2}\left(\sum_i m_ir_i^2\right)\omega^2$$

即

$$E_k = \frac{1}{2}I\omega^2 \tag{3-16}$$

把刚体转动动能公式 $E_k = \frac{1}{2}I\omega^2$ 和质点动能公式 $E_k = \frac{1}{2}mv^2$ 相比较，可以看出二者形式上是类似的：角速度 ω 与线速度 v 相对应，转动惯量 I 与质量 m 相对应．

二、力矩的功

当刚体在外力矩的作用下绕定轴转动时，我们就说力矩对刚体作了功．由于刚体中各质点之间的距离不变，彼此间不发生相对位移，所以内力不作功，仅需考虑外力的功．当刚体受到外力的作用时，对于刚体绕定轴转动的情形，只有在垂直于转轴的平面内的分力才能使刚体转动，平行转轴的分力是不作功的．

如图 3-13 所示，设刚体在转动平面内的切向分力 $\boldsymbol{F}_\tau$ 的作用下，力 $\boldsymbol{F}_\tau$ 的作用点移动了微小的圆弧 ds，相应地绕转轴 OO' 的角位移为 $d\theta$，即 $ds = rd\theta$，根据功的定义，力 $\boldsymbol{F}_\tau$ 在这段位移内所作的功为

图 3-13　刚体绕定轴转动

$$dA = F_\tau ds = F_\tau rd\theta$$

由于力 $\boldsymbol{F}_\tau$ 对转轴的力矩为 $M = F_\tau r$，所以

$$dA = Md\theta$$

上式表明,力矩所作的功 dA 等于力矩 M 与角位移 $d\theta$ 的乘积.

当刚体在外力矩的作用下,从角位置 θ_1 转到 θ_2 时,力矩对绕定轴转动的刚体所作的总功为

$$A = \int_{\theta_1}^{\theta_2} dA = \int_{\theta_1}^{\theta_2} M d\theta \tag{3-17}$$

当力矩的大小和方向都不变时,力矩所作的功为

$$A = \int_{\theta_1}^{\theta_2} dA = M \int_{\theta_1}^{\theta_2} d\theta = M(\theta_2 - \theta_1) \tag{3-18}$$

即恒力矩对绕定轴转动的刚体所作的功,等于力矩的大小与转过的角度的乘积.

应当指出,力矩的功实质上就是力所作的功.由于在转动的研究中,使用角量描述比使用线量方便,所以在刚体的转动中,力所作的功可用力对转轴的力矩和刚体转动的角位移的乘积来表示.

我们知道,力对质点作功的快慢是用功率来表示的.同理,我们定义单位时间内力矩对刚体所作的功称为力矩的(瞬时)功率,可用 P 表示为

$$P = \frac{dA}{dt} = \frac{M d\theta}{dt} = M\omega \tag{3-19}$$

即力矩的功率等于力矩和角速度的乘积.

由上可见,刚体转动时力矩的功和功率的表达式与质点运动时力的功和功率的表达式在形式上是类似的,力矩和力相对应,角位移和位移相对应,角速度和速度相对应.

三、刚体绕定轴转动的动能定理

由力矩的元功 $dA = M d\theta$ 和刚体的转动定律 $M = I\beta = I\dfrac{d\omega}{dt}$,可得

$$dA = I \frac{d\omega}{dt} d\theta = I\omega d\omega$$

设在外力矩的作用下,刚体的角速度由 ω_1 变化到 ω_2,则在这个过程中合外力矩所作的功为

$$A = \int dA = \int_{\omega_1}^{\omega_2} I\omega d\omega = \frac{1}{2} I\omega_2^2 - \frac{1}{2} I\omega_1^2 \tag{3-20}$$

即合外力矩对刚体所作的功等于刚体转动动能的增量.这就是**刚体定轴转动的动能定理**.式(3-20)是它的数学表达式.它的表达式和质点的动能定理的表达式 $A = \dfrac{1}{2} m v_2^2 - \dfrac{1}{2} m v_1^2$ 类似.

力的功有正负,力矩的功也有正负.当外力矩方向和刚体转动的方向相同时,外力矩作正功,刚体的转动动能增加;当外力矩方向和刚体转动的方向相反时,外力矩作负功,刚体的转动动能减少.

例 3-10   一根质量为 m、长为 l 的均匀细杆,可绕通过其一端的光滑轴 O 在竖直

例 3-10 图

平面内转动(见例 3-10 图),今使杆从水平位置开始自由下摆,求细杆摆到与水平位置成 θ 角时,杆的中点的速度大小.

解法一 应用刚体定轴转动的动能定理.

以杆为研究对象,它受到两个力作用:重力 $m\boldsymbol{g}$,作用于杆的中心点 C,方向竖直向下;轴对杆的支承力 $\boldsymbol{N}$,它垂直于杆和轴的接触面且通过 O 点,在杆的下摆过程中,其方向、大小是随时变化的.

在杆的下摆过程中,对转轴 O 而言,只有重力矩作功,当其下摆至与水平位置成 θ 角的过程中,重力矩所作的总功为

$$A = \int_0^\theta mg\,\frac{l}{2}\cos\theta\mathrm{d}\theta = mg\,\frac{l}{2}\sin\theta$$

在此过程,杆的动能增量为

$$E_{k2} - E_{k1} = \frac{1}{2}I\omega^2 - 0$$

由刚体定轴转动的动能定理有

$$\frac{1}{2}I\omega^2 = mg\,\frac{l}{2}\sin\theta$$

将 $I = \frac{1}{3}ml^2$ 代入上式,得

$$\omega = \sqrt{\frac{3g}{l}\sin\theta}$$

杆中点的速度为

$$v = \frac{l}{2}\omega = \frac{1}{2}\sqrt{3gl\sin\theta}$$

解法二 应用机械能守恒定律.

取杆和地球为一系统.由于转轴光滑,所以作用于杆的支承力 $\boldsymbol{N}$ 不作功,而重力为保守内力,因此系统的机械能守恒.选择水平位置为杆的势能零点.

在水平位置时,系统的机械能为

$$E_1 = 0$$

在与水平位置成 θ 角时,系统的机械能为

$$E_2 = \frac{1}{2}\left(\frac{1}{3}ml^2\right)\omega^2 - mg\,\frac{l}{2}\sin\theta$$

由机械能守恒

$$E_1 = E_2$$

即

$$\frac{1}{2}\left(\frac{1}{3}ml^2\right)\omega^2 - mg\,\frac{l}{2}\sin\theta = 0$$

解得

$$\omega=\sqrt{\frac{3g}{l}\sin\theta}\ ,\ v=\frac{1}{2}\sqrt{3gl\sin\theta}$$

例 3-11   长为 $l=0.4$ m，质量为 $m_1=1.0$ kg 的棒，如例 3-11 图所示，可以绕通过其上端的固定轴 O 转动．在水平方向上以速度 $v=200$ m·s^{-1} 飞行的质量为 $m_2=10$ g 的子弹射入棒中，射入处离 O 点距离 $r=0.30$ m．求：(1)子弹击中后，棒与子弹一起开始转动时的角速度．(2)转过的角度 θ 是多少？

解   (1)子弹与棒发生碰撞时，以子弹与棒为系统，所受的合外力为重力、轴的支持力，碰撞瞬间这两个外力都通过转轴，力矩为零，角动量守恒．

角动量守恒定律的表达式为

$$I_1\omega_{10}+I_2\omega_{20}=I_1\omega_1+I_2\omega_2$$

按题意

$$I_1=\frac{1}{3}m_1 l^2,\ \omega_{10}=0;$$

$$I_2=m_2 r^2,\ \omega_{10}=\frac{v}{r}$$

设子弹与棒一起开始转动的角速度 $\omega_1=\omega_2=\omega$

$$m_2 vr=\frac{1}{3}m_1 l^2\omega+m_2\omega r^2$$

整理可得

例 3-11 图

$$\omega=\frac{m_2 vr}{\frac{1}{3}m_1 l^2+m_2 r^2}=11.1\ \text{rad}\cdot\text{s}^{-1}$$

(2)碰撞后，设带有子弹的棒转过的角度为 θ．在此过程中，因只受重力作用，棒、子弹与地球所组成的系统机械能守恒．即碰后瞬间的转动动能全部转化为重力势能增量．由图可知，棒的质心升高

$$h=\frac{l}{2}(1-\cos\theta)$$

子弹的质心升高

$$h'=r(1-\cos\theta)$$

所以

$$\frac{1}{2}(I_1+m_2 r^2)\omega^2=m_1 g\frac{l}{2}(1-\cos\theta)+m_2 gr(1-\cos\theta)$$

整理后，得

$$\cos\theta=1-\frac{\frac{1}{2}\left(\frac{1}{3}m_1 l^2+m_2 r^2\right)\omega^2}{m_1 g\frac{l}{2}+m_2 gr}$$

代入已知数值，可得

$$\cos\theta = -0.68$$

故 $$\theta = 132.8°$$

例 3-12 质量 $m = 5$ kg，长度 $l = 1$ m 的细金属棒，可绕垂直于棒的端点的水平轴 O 无摩擦的转动．在细金属棒的另一端固定一个质量为 $m/5$ 的半径可以忽略的小铅球．先把此刚体拉到水平位置，然后由静止状态开始释放，到达最低点时与一个质量 $M = 1$ kg 的钢块发生对心撞击，钢块与一倔强系数 $k = 2 \times 10^3$ N·m^{-1} 的弹簧相连．碰后棒的角速度 $\omega' = 3$ rad·s^{-1}（沿原运动方向），而钢块沿水平光滑地面滑行，致使弹簧压缩（见例 3-12 图），求弹簧的最大压缩量．

例 3-12 图

解 可分成三个物理过程求解．

（1）棒由水平位置摆至竖直位置过程中，机械能守恒，设水平位置时重力势能为零，摆至竖直位置时棒的角速度为 ω，则

$$0 = -\frac{1}{2}mgl - \frac{1}{5}mgl + \frac{1}{2}I\omega^2$$

其中

$$I = \frac{1}{3}ml^2 + \frac{1}{5}ml^2 = \frac{8}{15}ml^2$$

解得

$$\omega = \sqrt{\frac{21g}{8l}} = \sqrt{\frac{21 \times 9.8}{8 \times 1}} \text{ rad·s}^{-1} = 5.07 \text{ rad·s}^{-1}$$

（2）棒与钢块碰撞过程中，棒与钢块组成的系统对 O 轴角动量守恒

$$I\omega = I\omega' + Mvl$$

求得钢块的速度

$$v = \frac{I(\omega - \omega')}{Ml} = \frac{\frac{8}{15}ml^2(\omega - \omega')}{Ml}$$

$$= \frac{\frac{8}{15} \times 5 \times 1^2 \times (5.07 - 3)}{1 \times 1} \text{ m·s}^{-1} = 5.53 \text{ m·s}^{-1}$$

（3）钢块压缩弹簧过程，机械能守恒

$$\frac{1}{2}Mv^2 = \frac{1}{2}kx^2$$

弹簧压缩量

$$x = \sqrt{\frac{M}{k}}v = \sqrt{\frac{1}{2 \times 10^3}} \times 5.53 \text{ m} = 0.124 \text{ m}$$

思　考　题

3-1　平行于 z 轴的力对 z 轴的力矩一定是零,垂直于 z 轴的力对 z 轴的力矩一定不是零.这种说法对吗?

3-2　一个有固定轴的刚体,受到两个力的作用.当这两个力的合力为零时,它们对轴的合力矩也一定为零吗?当这两个力对轴的合力矩为零时,它们的合力也一定为零吗?

3-3　在求刚体所受的合外力矩时,能否先求出刚体所受合外力,再求合外力对转轴的力矩?

3-4　将一个生鸡蛋和一个熟鸡蛋放在桌上分别使其旋转,如何判定哪个是生的,哪个是熟的?为什么?

3-5　刚体定轴转动时,它的动能的增量只决定于外力对它作的功而与内力的作用无关.对于非刚体也是这样吗?为什么?

3-6　一个系统的动量守恒和角动量守恒的条件有何不同?

3-7　两个半径相同的轮子,质量相同,但一个轮子的质量聚集在边缘附近,另一个轮子的质量分布比较均匀,试问:

(1)如果它们的角动量相同,哪个轮子转得快?

(2)如果它们的角速度相同,哪个轮子的角动量大?

3-8　花样滑冰运动员想高速旋转时,她先把一条腿和两臂伸开,并用脚蹬冰使自己转动起来,然后再收拢腿和臂,这时她的转速就明显地加快了.这是利用了什么原理?

3-9　两个质量相同的小孩,分别抓住跨过定滑轮绳子的两端,一个用力往上爬,另一个不动,问哪一个先到达滑轮处?如果小孩质量不相等,情况又将如何?

习　题

3-1　如题 3-1 图示,一轻杆长度为 $2l$,两端各固定一小球,A 球质量为 $2m$,B 球质量为 m,杆可绕过中心的水平轴 O 在铅垂面内自由转动.求杆与竖直方向成 θ 角时的角加速度.

3-2　求题 3-2 图所示系统中物体的加速度.设滑轮为质量均匀分布的圆盘,其质量为 M,半径为 r,在绳与轮边缘的摩擦力作用下旋转,忽略桌面与物体间的摩擦,设 $m_1 = 50 \text{ kg}$,$m_2 = 200 \text{ kg}$,$M = 15 \text{ kg}$,$r = 0.1 \text{ m}$.

3-3　飞轮质量为 60 kg,半径为 0.25 m,当转速为 1 000 r·min^{-1} 时,要在 5 s 内令其制动,求制动力 F.设闸瓦与飞轮间摩擦系数 $\mu = 0.4$,飞轮的转动惯量可按匀质圆盘计算,闸杆尺寸如题 3-3 图所示.

题 3-1 图　　　　　题 3-2 图　　　　　题 3-3 图

3-4 设有一均匀圆盘,质量为 m,半径为 R,可绕过盘中心的光滑竖直轴在水平桌面上转动. 圆盘与桌面间的滑动摩擦系数为 μ,若用外力推动它使其角速度达到 ω_0 时,撤去外力,求:

(1)此后圆盘还能继续转动多长时间;

(2)上述过程中摩擦力矩所作的功.

3-5 如题 3-5 图所示,一匀质细杆质量为 m,长为 l,可绕过一端 O 的水平轴自由转动,杆于水平位置由静止开始摆下. 求:

(1)初始时刻的角加速度;

(2)杆转过 θ 角时的角速度.

3-6 固定在一起的两个同轴均匀圆柱体可绕其光滑的水平对称轴 OO' 转动. 设大小圆柱体的半径分别为 R 和 r,质量分别为 M 和 m. 绕在两柱体上的细绳分别与物体 m_1 和 m_2 相连,m_1 和 m_2 则挂在圆柱体的两侧,如题 3-6 图所示. 设 $R=0.20$ m,$r=0.10$ m,$m=4$ kg,$M=10$ kg,$m_1=m_2=2$ kg,且开始时 m_1、m_2 离地均为 $h=2$ m. 求:

(1)柱体转动时的角加速度;

(2)两侧细绳的张力.

3-7 一风扇转速为 900 r·min^{-1},当马达关闭后,在制动摩擦的作用下,风扇均匀减速,停止转动前它转过了 75 转,在此过程中制动摩擦作的功为 44.4 J,求风扇的转动惯量和摩擦力矩.

3-8 一质量为 M、半径为 r 的圆柱体,在倾斜为 θ 角的粗糙斜面上距地面 h 高处只滚不滑而下,试求圆柱体滚至地面时的瞬时角速度 ω.

3-9 一个轻质弹簧的倔强系数 $k=2.0$ N·m^{-1},它的一端固定,另一端通过一条细绳绕过一个定滑轮和一个质量为 $m=80$ g 的物体相连,如题 3-9 图所示. 定滑轮可看做匀质圆盘,它的质量为 $M=100$ g,半径 $r=0.05$ m. 先用手托住物体 m,使弹簧处于其自然长度,然后松手. 求物体 m 下降 $h=0.5$ m 时的速度为多大?忽略滑轮轴上的摩擦,并认为绳在滑轮边缘上不打滑.

题 3-5 图   题 3-6 图   题 3-9 图

3-10 有一质量为 m_1、长为 l 的均匀细棒,静止平放在滑动摩擦系数为 μ 的水平桌面上,它可绕通过其端点 O 且与桌面垂直的固定光滑轴转动. 另有一水平运动的质量为 m_2 的小滑块,从侧面垂直于棒与棒的另一端 A 相碰撞,设碰撞时间极短. 已知小滑块在碰撞前后的速度分别为 v_1 和 v_2,如题 3-10 图所示,求碰撞后细棒从开始转动到停止转动的过程中所需的时间(已知棒绕 O 点的转动惯量 $I=\frac{1}{3}m_1 l^2$).

3-11 哈雷彗星绕太阳运动的轨道是一个椭圆. 它离太阳最近距离为 $r_1=8.75\times10^{10}$ m 时的速率是 $v_1=5.46\times10^4$ m·s^{-1},它离太阳最远时的速率是 $v_2=9.08\times10^2$ m·s^{-1},这时它离太阳的距离 r_2 为多少?(太阳位于椭圆的一个焦点)

3-12　平板中央开一小孔,质量为 m 的小球用细线系住,细线穿过小孔后挂一质量为 M_1 的重物.小球做匀速圆周运动,当半径为 r_0 时重物达到平衡.今在 M_1 的下方再挂一质量为 M_2 的物体,如题 3-12 图所示.试问这时小球做匀速圆周运动的角速度 ω' 和半径 r' 各为多少?

3-13　如题 3-13 图所示,长为 l 的轻杆,两端各固定质量分别为 m 和 $2m$ 的小球,杆可绕水平光滑轴在竖直平面内转动,转轴 O 距两端的距离分别为 $l/3$ 和 $2l/3$.杆原来静止在竖直位置.今有一质量为 m 的小球,以水平速度 v_0 与杆下端的小球 m 作对心碰撞,碰后以 $v_0/2$ 的速度返回,试求碰撞后轻杆所获得的角速度 ω.

题 3-10 图　　　　题 3-12 图　　　　题 3-13 图

3-14　圆盘形飞轮 A 质量为 m,半径为 r,最初以角速度 ω_0 转动,与 A 共轴的圆盘形飞轮 B 质量为 $4m$,半径为 $2r$,最初静止,如题 3-14 图所示,两飞轮啮合后,以同一速度 ω 转动,求 ω 及啮合过程中机械能的损失.

3-15　如题 3-15 图所示,一匀质圆盘半径为 r,质量为 m_1,可绕过中心的垂直轴 O 转动.初时盘静止,一质量为 m_2 的子弹以速度 v 沿与盘半径成 $\theta_1=60°$ 的方向击中盘边缘后以速度 $v/2$ 沿与半径方向成 $\theta_2=30°$ 的方向反弹,求盘获得的角速度.

3-16　一人站在一匀质圆盘状水平转台的边缘,转台的轴承处的摩擦可忽略不计,人的质量为 m',转台的质量为 $10m'$,半径为 R.最初整个系统是静止的,这时人把一质量为 m 的石子水平地沿转台的边缘的切线方向投出,石子的速率为 v(相对于地面).求石子投出后转台的角速度与人的线速度.

3-17　一人站在转台上的中央处,两臂平举,两手各握一质量 $m=4$ kg 的哑铃,起初哑铃距转台轴的距离为 $r_0=0.8$ m,转台以 $\omega_0=2\pi$ rad·s^{-1} 的角速度转动,然后此人放下两臂,使哑铃与轴间的距离 $r=0.2$ m.设人与转台的转动惯量不变,且 $I=5$ kg·m^2,转台与轴间摩擦忽略不计,求转台角速度变为多大? 整个系统的动能改变了多少?

3-18　如题 3-18 图所示,质量为 M、长为 l 的均匀直棒,可绕垂直于棒一端的水平轴 O 无摩擦地转动,它原来静止在平衡位置上.现有一质量为 m 的弹性小球飞来,正好在棒的下端与棒垂直地相撞,相撞后,使棒从平衡位置处摆动到最大角度 $\theta=30°$ 处.

(1)假设碰撞为弹性碰撞,试计算小球初速 v_0 的值;

(2)相撞时小球受到多大的冲量?

题 3-14 图　　　　题 3-15 图　　　　题 3-18 图

3-19 如题3-19图示,一个转动惯量为I、半径为R的定滑轮上面绕有细绳,并沿水平方向拉着一个质量为M的物体A. 现有一质量为m的子弹在距转轴为$\dfrac{R}{2}$的水平方向以速度v_0射入,并固定在定滑轮的边缘处,使滑轮拖住A在水平面上滑动. 求:(1)子弹射入并固定在滑轮边缘后,滑轮开始转动时的角速度ω;(2)若定滑轮拖着物体A刚好转一圈而停止,求物体A与水平面间的摩擦系数μ(轴上摩擦力忽略不计).

3-20 行星在椭圆轨道上绕太阳运动,太阳质量为m_1,行星质量为m_2,行星在近日点和远日点时离太阳中心的距离分别为r_1和r_2,求行星在轨道上运动的总能量.

3-21 如题3-21图所示,半径为R、质量为m'的匀质圆盘水平放置,可绕通过圆盘中心的竖直轴转动. 圆盘边缘及$R/2$处设置了两条圆形轨道,质量均为m的两个玩具小车分别沿两轨道反向运行,相对于圆盘的线速度值同为v. 若圆盘最初静止,求两小车开始转动后圆盘的角速度.

3-22 如题3-22图所示,一匀质圆盘A作为定滑轮绕有轻绳,绳上挂两物体B和C,轮A的质量为m_1,半径为r,物体B、C的质量分别为m_2、m_3,且$m_2 > m_3$. 忽略轴的摩擦,求物体B由静止下落到时刻t时的速度.

题 3-19 图　　　　　　　题 3-21 图　　　　　　　题 3-22 图

开 普 勒

开普勒(Johannes Kepler,1571—1630)是德国近代著名的天文学家、数学家、物理学家和哲学家. 他以数学的和谐性探索宇宙,在天文学方面做出了巨大的贡献. 开普勒是继哥白尼之后第一个站出来捍卫太阳中心说、并在天文学方面有突破性成就的人物,被后世的科学史家称为"天上的立法者".

生平简介

开普勒出生在德国威尔的一个贫民家庭,是一个早产儿,体质很差. 他在童年时代遭遇了很大的不幸,4岁时患上了天花和猩红热,虽侥幸死里逃生,身体却受到了严重的摧残,视力衰弱,一只手半残. 但开普勒身上有一种顽强的进取精神,他坚持努力学习,成绩一直名列前茅.1587年开普勒进入蒂宾根大学,在学校中遇到秘密宣传哥白尼学说的天文学教授麦斯特林,在他的影响下,开普勒很快成为哥白尼学说的忠实维护者.大学毕业后,开普勒获得了天文学硕士的学位,被聘请到格拉茨新教神学院担任教师.后来,由于学校被天主教会控制,开普勒离开神学院前往布拉格,与卓越的天文观察家第谷一起专心地从事天文观测工作.正是第谷发现了开普勒的才能.在第谷的帮助和指导下,开普勒的学业有了巨大的进步.第谷死后,开普勒接替了他的职位,被聘为皇帝的数学家.然而皇帝对他十分悭吝,给他的薪俸仅仅是第谷的一半,还时常拖欠不给.他的这一点点收入不足以养活年迈的母亲和妻儿,生活非常困苦.但开普勒却从未中断过自己的科学研究,并且在这种艰苦的环境下取得了天文学上的累累成果.1630年11月,因数月未得到薪金,生活难以维持,年迈的开普勒不得不亲自到雷根斯堡索取.不幸的是,他刚刚到那里就抱病不起.1630年11月15日,开普勒在一家客栈里悄悄地离开了世界.他死时,除一些书籍和手稿之外,身上仅剩下了7分尼(1马克等于100分尼).开普勒被葬于拉提斯本圣彼得堡教堂.战争过后,他的坟墓已荡然无存,但他突破性的天文学理论,以及他对宇宙的不懈的探索精神却成了后人铭记他的最好丰碑.

主要科学贡献

开普勒在天文学方面做出了巨大的贡献.1600年,开普勒到布拉格担任第谷·布拉赫的助手.1601年第谷去世后,他继承了第谷的事业,利用第谷多年积累的观测资料,仔细分析研究,发现了行星沿椭圆轨道运行,并且提出行星运动三定律(即开普勒定律),为牛顿发现万有引力定律打下了基础.在第谷的工作基础上,开普勒经过大量的计算,编制成《鲁道夫星表》,表中列出了1 005颗恒星的位置.这个星表比其他星表要精确得多,因此,直到18世纪中叶,《鲁道夫星表》仍然被天文学家和航海家们视为珍宝,它的形式几乎没有改变地保留到今天.在《彗星论》中,开普勒指出彗星的尾巴总是背着太阳,是因为太阳排斥彗头的物质造成的,这是距今半个世纪以前对辐射压力存在的正确预言.开普勒在1629年出版的《稀奇的1631年天象》中预言1631年11月7日水星凌日现象,12月6日金星也将凌日,人们果然如期观测到了水星凌日,而当时在西欧是无法看到金星凌日的.另外,开普勒还进行了大量的天文观测,1604年9月30日在蛇夫座附近出现一颗新星,最亮时比木星还亮,开普勒对这颗新星进行了17个月的观测并发表了观测结果,历史上称它为开普勒新星(这是一颗银河系内的超新星);1607年,他观测了一颗大彗星,就是后来的哈雷彗星.为了纪念开普勒的功绩,国际天文学联合会决定将1134号小行星命名为开普勒小行星.

不仅在天文学上,开普勒在光学领域的贡献也是非常卓越的.他是近代光学的奠基者.他研究了小孔成像,并从几何光学的角度加以解释说明.他指出光的强度和光源的距离的平方成反比.开普勒研究过光的折射问题,认为折射的大小不能单单从物质密度的大小来考虑.例如油的密度比水的密度小,而它的折射率却比水的折射率大.1611年,开普勒发表了《折光学》一书,阐述了光的折射原理,为折射望远镜的发明奠定了基础.他最早提出了光线和光束的表示法,还成功地改进了望远镜.开普勒还对人的视觉进行了研究,以前人们认为视觉是由眼睛发射出的光,开普勒纠正了这种错误观点.他认为人看见物体是因为物体所发出的光通过眼睛的水晶体投射在视网膜上,并且解释了产生近视眼和远视眼的原因.1604年发表《对威蒂略的补充——天文光学说明》.1611年出版《光学》一书,这是一本阐述近代望远镜理论的著作.他把伽利略望远镜的凹透镜目镜改成小凸透镜,这种望远镜被称为开普勒望远镜. 开普勒还发现大气折射的近似定律,用很简单的方法计算大气折射,并且说明在天顶大气折射为零. 他最先认为大气有重量,并且正确地说明月全食时月亮呈红色是由于一部分太阳光被地球大气折射后投射到月亮上而造成的.

晚年的开普勒坚持不懈地同唯心主义的宇宙论作斗争. 1625 年,他写了题为《为第谷·布拉赫申辩》的著作,驳斥了乌尔苏斯对第谷的攻击,因而受到了天主教会的迫害. 天主教会将开普勒的著作列为禁书. 1626 年,一群天主教徒包围了开普勒的住所,扬言要处决他. 后来,开普勒因为曾担任皇帝的数学家而幸免于难. 开普勒所处的年代正值欧洲从封建主义社会向资本主义社会转变的时期. 在科学与神权的斗争中,开普勒坚定地站在了科学的一边,用自己孱弱的身体、艰苦的劳动和伟大的发现来挑战封建传统观念,推动了唯物主义世界观的发展,使人类科学向前跨进了一大步. 马克思高度评价了开普勒的品格,称他是自己所喜爱的英雄.

阅读材料 C

旋进与导航

1. 旋进与回转仪

定轴转动的规律是最简单的转动情形,即外力矩的方向与刚体动量矩的方向相平行的情形. 所以,外力矩实际上只是改变了动量矩的大小,而并没有改变其方向,犹如平动中的直线运动那样.

稍微普遍些的情形是,外力矩只改变了动量矩的方向但不改变其大小,犹如质点曲线运动中匀速圆周运动那样. 此时,外力矩的方向与动量矩的方向相垂直,造成了所谓的旋进(也称进动). 我们先来描述一个实验现象,以便大家对这种转动形式有个初步认识. 如图 C-1(a)所示,若把静止(不转动)的陀螺(其实是个可以转动的圆盘)放到固定的支点 O 上,则由于受到重力矩 M 的作用,陀螺便会倾倒下来,如果让陀螺以很大的角速度 ω 绕其自身的对称轴 OO' 转动,那就不会倾倒(见图 C-1(b)),而且一方面仍高速自旋,另一方面,其对称轴 OO' 还以很小的角速度 ω_0 绕竖直轴 Oz 缓慢地转动. 这种自身对称轴围绕另一轴线的转动,就是旋进. 工程上常称为陀螺的回转效应,并根据此原理制成了回转仪. 图 C-1(c)所示的是一台常平架回转仪装置,它是自动驾驶仪的重要部分. 在支架 1 上面装着可以转动的外环 2,外环里面装着可以相对于外环转动的内环 3,在内环 3 中安装回转仪 4. 3 根转动轴线相互垂直,并相交于回转仪的质心,所有轴承都是非常光滑的,在回转仪转动后,用各种方法转动支架,可以看到回转仪转轴方向始终不变,也就是动量矩 $I\omega$ 的方向保持不变.

2. 回转仪与导航

常平架回转仪保持自转轴方向恒定的特性被用于飞机自动驾驶仪或卫星、火箭及导弹的导航,以回转仪自转轴线方向为标准,可随时纠正飞行的方向和姿态.

导弹偏离正常的飞行方向和姿态可用三个角度来说明,如图 C-2 所示. 图 C-2(a)表示导弹头部的上下摆动,即导弹绕垂直于飞行方向的水平轴(与纸面垂直)的旋转,可用俯仰角说明;图

C-2(b)表示导弹头部左右摆动,即绕铅直轴线的转动,可用偏航角说明;图 C-2(c)表示导弹绕本身纵向轴线的转动,可用侧滚角说明. 测出这三个角度,至少要用两个回转仪. 其中一个回转仪绕铅直轴转动,因为无论导弹怎样运动,其转轴方向不变,故可利用它规定铅直基准线,导弹的侧滚角和俯仰角都可根据铅直基准线测出来;另外一个回转仪绕水平轴转动,利用其转动轴线可规定水平基准线,用它测出偏航角. 将测出的信号送给计算系统,就能够发出信号随时纠正导弹飞行的方向和姿态.

图 C-1　陀螺与常平架回转仪

图 C-2　导弹的飞行方向和姿态

回转仪的进动在实践中还有许多应用. 例如,射出的炮弹如果本身没有高速旋转,便可能在空气阻力的作用下翻转,如图 C-3(a) 所示. 为避免这种现象,枪膛内来复线使子弹或炮弹出膛后高速旋转,由于自转,空气阻力对于质心的力矩仅能使弹丸绕飞行方向进动,使弹头与飞行方向不致有过大的偏离,如图 C-3(b)所示.

图 C-3　子弹的旋进

第二篇 热 学

　　热学是研究物质热运动规律的一门学科.**热运动**是物质世界的一种基本运动形式,是构成宏观物体的大量微观粒子的永不停息的无规则运动.**热现象**是构成宏观物体的大量微观粒子热运动的集体表现.在日常生活中所遇到的有关物质的溶解、蒸发、沸腾、气化、液化、凝结、凝固和化学变化等现象中,人们往往感觉到有一定程度的冷、热的变化,而这种冷热的程度是用温度来表征的.因此,宏观上凡是与温度有关的一切物理现象都称为热现象.

　　本篇主要介绍气体动理论和热力学基础.

　　气体动理论以气体作为研究对象,研究物质热运动的微观理论.它从物质的分子、原子学说和大量分子热运动的特征出发,用统计方法演绎和阐明气体中发生的各种热现象及其微观本质.气体动理论是统计物理学的基础.

　　宏观物体是由大量的微观粒子(分子或原子)组成的.计算表明,在标准状态下(温度 $0℃$,压强 $1.013×10^5$ Pa),$1cm^3$ 气体中含有 $2.69×10^{19}$ 个分子.1 s 内每个分子与其他分子碰撞几十亿次之多.虽然单个分子的运动仍属机械运动,满足力学定律,但由于分子的数目十分巨大,以及因频繁碰撞引起的每个分子的速度又瞬息万变,使得追踪某一个分子的行为既不可能,也无必要.因而对大量分子热运动的研究,采用了与研究机械运动不同的方法.

　　表征系统状态的物理量称为**宏观量**.宏观量是反映大量粒子的集体特征的物理量,可以直接测量,如气体的温度、体积、压强等.描写单个分子特征的物理量称为**微观量**,如分子尺度大小,每个分子的质量、速度、能量等.微观量一般是不能用实验直接测量的.因为系统的宏观现象是大量微观粒子热运动的集体表现,宏观量与微观量之间存在着必然内在的联系.宏观量总与相应微观量的统计平均值相联系.利用统计的方法,可以求出大量分子的一些微观量的统计平均值,找出其与宏观量的关系,从而揭示宏观量的微观本质.统计的方法是物理学的一个重要方法,而且其重要性和应用不只局限于物理学范畴之内,让读者领悟和学习这个方法也是本篇的重要内容之一.

　　热力学是研究物质热现象的宏观理论.它以大量实验事实为基础,从能量的观点出发,分析研究热功转换的关系和条件,以及消耗能量作功等一系列问题,总结出自然界有关热现象的一些基本规律.

气体动理论是微观理论,着重揭示热现象的微观本质,但其可靠性需要实验验证;热力学是宏观理论,着重阐明热现象的宏观规律,以实验为基础,可靠且普遍适用. 两者虽所用方法不同,但对热运动的研究来说,两者相辅相成,缺一不可.

第四章　气体动理论

本章将介绍气体动理论的初级理论,以期对气体动理论的统计学方法有所了解.

§4-1　平衡态　温度　理想气体状态方程

一、平衡态与状态参量

热学研究的对象主要是一些包含有大量微观粒子(如分子、原子)的物体或物体系,这些物体或物体系称为**热力学系统**,简称**系统**. 系统以外的物体称为**外界**或**环境**. 与外界没有任何相互作用的热力学系统称为**孤立系统**,它是一种理想化模型. 当实际热力学系统与外界作用十分微弱,以至于其相互作用能量远小于系统本身的能量时,可近似视其为孤立系统. 与外界没有物质交换但有能量交换的系统称为**封闭系统**,与外界既有物质交换又有能量交换的系统称为**开放系统**.

平衡态　对于一个孤立系,经过足够长的时间后,系统必将达到一个宏观性质不随时间变化的状态,这种状态称为**平衡态**. 需说明的是,即使在平衡态下,组成系统的微观粒子仍处在不停的无规则热运动之中,只是它们的统计平均效果不变,因此,这是一种动态的平衡,又称为**热动平衡**.

状态参量　在平衡态下,热力学系统的宏观性质可以用一些确定的宏观参量来描述,这种描述系统状态的宏观参量称为**状态参量**. 比如对于一定量处于平衡态的气体,可以用体积 V、压强 p、温度 T 三个状态参量来描述系统的宏观状态[注]. 但在这三个状态参量之中只有两个是独立的,第三个与它们之间有一定的函数关系.

事实上,描述平衡态的各宏观量之间一般都存在着一定的内在联系,并不完全都是独立变量. 如果由平衡态确定的其他宏观物理量可以表达为一组独立状态参量的函数,我们称这些物理量为"态函数",比如选取 V、p 为独立参量,则温度便可看成 V、p 的函数,并可称之为态函数. "态函数"的数值由系统状态唯一地确定,与系统如何到达这个状态无关.

体积 V 是气体分子所能到达的空间,即气体容器的容积,在国际单位制(SI)中单位是立方米(m³),有时也用升(L)为单位,$1L = 1dm^3 = 10^{-3} m^3$.

压强 p 是气体作用于容器壁单位面积上的压力,是大量分子对器壁碰撞的宏观表现. 在 SI 单位制中单位是帕斯卡,简称帕(Pa),$1\ Pa = 1\ N \cdot m^{-2}$. 有时压强的单位还

注:体积 V 是几何参量,压强 p 是力学参量,另外还有描述混合气体不同组分含量的化学参量及电磁参量. 严格来讲,温度 T 是态函数,但为了方便起见,有时把 T 也称为状态参量.

用大气压(atm)和毫米汞柱(mmHg)表示,它们与 Pa 的换算关系是

$$1 \text{ atm} = 1.013 \times 10^5 \text{ Pa}, 1 \text{ mm Hg} = \frac{1}{760} \text{ atm} = 1.33 \times 10^2 \text{ Pa}$$

二、温度

通俗的讲,温度是表征物体的冷热程度的物理量.而冷热是人们靠身体感官对物质世界的直接感觉.但是,单凭人的感觉,不但不能定量表示系统的温度,而且有时甚至会得出错误的结论.因此,要定量表示出系统的温度,必须给温度一个严格而科学的定义.

温度概念的建立是以热平衡为基础的.在与外界影响隔绝的条件下,使两个热力学系统互相接触(如在两个系统之间放置一导热板),让它们之间能发生传热,这时会发现热的系统慢慢变冷,冷的系统渐渐变热.经过一段时间后,它们会达到一个共同的平衡状态.我们称这两个系统达到了**热平衡**.达到热平衡的两个系统,宏观性质不再随时间变化,它们一定是同样冷热的.因此,两个处于相互热平衡的系统的温度相同,这就是**温度相同**的定义.

热力学第零定律指出:在与外界影响隔绝的条件下,如果处于确定状态下的物体 C 分别与物体 A、B 达到热平衡,则物体 A、B 也是相互热平衡的.这是关于温度最基本的实验事实.

根据热力学第零定律可知,处于同一热平衡的所有系统应具有某一个共同的宏观性质,我们把表征这一性质的物理量称为**温度**.即温度是决定系统是否与其他系统处于热平衡的物理量.一切处于热平衡的系统都具有相同的温度.

热力学第零定律还为温度计测量系统温度提供了依据,由于一切处于热平衡的系统都具有相同的温度,当温度计与待测系统达到热平衡后,温度计指示的温度即为系统温度.

温度计是测温的基本工具,最早由伽利略发明,之后日趋完善,并建立了若干种温标.温度的数值表示法称为**温标**,物理学中常用的温标有摄氏温标和热力学温标.摄氏温标是我们日常生活中常使用的温标,它所确定的温度称**摄氏温度**,符号是 t,单位是摄氏度(℃).摄氏温标规定,在标准大气压下,冰水混合物的平衡温度为 0℃,水沸腾的温度为 100℃.热力学温标所确定的温度称**热力学温度**,用符号 T 表示,单位是开尔文,简称开(K).开是国际单位制中七个基本单位之一.热力学温度中的 0 K 叫做绝对零度,1 K 定义为水的三相点热力学温度的 1/273.16.热力学温度 T 与摄氏温度 t 的关系是

$$T = t + 273.15 \tag{4-1}$$

即规定热力学温标的 273.15 K 为摄氏温标的零度.

三、理想气体的状态方程

一定量的气体处于平衡态时,描述其状态的三个状态参量 p、V、T 之间存在着一

定的关系. 我们把平衡态下反映气体的 p、V、T 之间关系的函数式叫做**气体的状态方程**. 实验表明,在压强不太大(与大气压相比)和温度不太低(与室温相比)的情况下,各种气体都遵守玻意耳-马略特定律、盖-吕萨克定律和查理定律三条实验定律. 我们把在任何情况下都严格遵从三条实验定律的气体称为**理想气体**. 理想气体是一个重要的理想模型,它反映了各种气体在密度趋近于零时共同的极限性质. 实际气体在压强不太大(与大气压相比)和温度不太低(与室温相比)的情况下可视为理想气体. 一定量的理想气体在平衡状态下的状态参量 (p,V,T) 之间有下面的关系

$$\frac{pV}{T} = 常量$$

阿伏伽德罗定律指出:在相同的温度和压强下,摩尔数相等的各种气体(严格来讲应为理想气体)所占的体积相同. 我们把气体在 $T_0 = 273.15$ K,$p_0 = 1$ atm 下的状态称为标准状态,其相应的体积为 V_0. 实验指出,1 mol 的任何气体在标准状态下所占有的体积都是 $V_{0,mol} = 22.414\ 1 \times 10^{-3}$ m^3. 设气体的质量为 M,每摩尔气体的质量(也称为气体的分子量)为 M_{mol},则气体的摩尔数为 $\nu = M/M_{mol}$,在标准状态下气体占有的体积 $V_0 = (M/M_{mol})V_{0,mol}$,于是上式可写成

$$\frac{pV}{T} = \frac{p_0 V_0}{T_0} = \frac{p_0}{T_0}\frac{M}{M_{mol}}V_{0,mol}$$

其中 $\dfrac{p_0 V_{0,mol}}{T_0}$ 对各种理想气体都是常量,用 R 表示,则 R 称为**普适气体常量**.

$$R = \frac{p_0 V_{0,mol}}{T_0} = \frac{1.013 \times 10^5 \times 22.4 \times 10^{-3}}{273.15}\ \text{J} \cdot \text{mol}^{-1} \cdot \text{K}^{-1} = 8.31\ \text{J} \cdot \text{mol}^{-1} \cdot \text{K}^{-1}$$

如果压强用 atm 作单位,体积用 L 作单位,则

$$R = \frac{1 \times 22.4}{273.15}\ \text{atm} \cdot \text{L} \cdot \text{mol}^{-1} \cdot \text{K}^{-1} = 0.082\ \text{atm} \cdot \text{L} \cdot \text{mol}^{-1} \cdot \text{K}^{-1}$$

这样,可写为

$$pV = \frac{M}{M_{mol}}RT = \nu RT \tag{4-2}$$

上式称为理想气体的**状态方程**(或称为**物态方程**).

例 4-1　容器内装有氧气,质量为 0.10 kg,压强为 10×10^5 Pa,温度为 47℃. 因为容器漏气,经过若干时间后,压强降到原来的 5/8,温度降到 27℃. 问:(1)容器的容积有多大? (2)漏去了多少氧气? (假设氧气可看做理想气体)

解　(1)根据理想气体状态方程,$pV = \dfrac{M}{M_{mol}}RT$,求得容器的容积 V 为

$$V = \frac{MRT}{M_{mol}p} = \frac{0.10 \times 8.31 \times (273+47)}{0.032 \times 10 \times 10^5}\ \text{m}^3 = 8.31 \times 10^{-3}\ \text{m}^3$$

(2)设漏气若干时间之后,压强减小到 p',温度降到 T',容器中剩余氧气的质量为 M',则

$$M' = \frac{M_{mol} p' V}{R T'} = \frac{0.032 \times (5/8) \times 10 \times 10^5 \times 8.31 \times 10^{-3}}{8.31 \times (273 + 27)} \text{ kg}$$

$$= 6.67 \times 10^{-2} \text{ kg}$$

所以漏去的氧气的质量为

$$\Delta M = M - M' = 0.10 - 6.67 \times 10^{-2} = 3.33 \times 10^{-2} \text{ kg}$$

§4-2 理想气体的压强公式

从本节开始,我们将根据气体动理论的基本概念,运用统计的方法,寻找气体宏观量和微观量的统计平均值之间的关系,逐步揭示气体宏观现象的微观本质. 本节首先讨论气体压强与气体分子热运动之间的关系.

一、理想气体的分子模型

液体密度的数量级为 10^3 kg·m^{-3},气体密度的数量级为 1 kg·m^{-3},因此,相同数量的气体分子占有的体积为液体分子体积的 1 000 倍,或者说气态分子之间的平均距离为液态分子之间平均距离的 $\sqrt[3]{1\ 000} = 10$ 倍. 气体中分子间的距离比它们的直径大许多,由于分子之间的相互作用随距离增加很快衰减,其相互作用可忽略,只有在两个分子相遇的瞬间,强大的排斥力才起作用,使分子再度分开,并改变它们原先的运动状态,这便是气体分子间的碰撞过程. 从分子运动和分子相互作用来看,理想气体的分子模型为:

(1)气体分子本身的大小与分子之间的距离相比可以忽略不计,即分子可视为质点.

(2)每个分子都可视为完全弹性的小球,分子之间的碰撞以及分子与器壁的碰撞都是完全弹性碰撞.

(3)除碰撞瞬间外,分子间的相互作用可忽略不计,两次碰撞之间分子做匀速直线运动.

(4)气体分子运动过程中,距地面的高度变化不大,分子重力势能的改变远小于其平动动能,因此,分子受的重力可忽略不计.

对于平衡态下的理想气体,容器中气体的分子数密度处处均匀. 当用统计方法处理理想气体的热运动时,还要作如下统计假设:

气体处于平衡态时,其分子向各个方向运动的概率相等,并且分子速度在各个方向的分量的各种平均值也相等,如 $\overline{v_x} = \overline{v_y} = \overline{v_z}$,$\overline{v_x^2} = \overline{v_y^2} = \overline{v_z^2}$,这称为**等概率假设**. 它的正确性已由大量实验所证实,这种简单而又合理的假设正是统计物理学理论的美妙所在.

二、理想气体压强公式的推导

气体的压强是气体的基本性质之一. 从宏观上来看,气体的压强是器壁单位面积上受到的气体的压力；从气体动理论来看，则是大量气体分子对器壁不断碰撞的平均结果．对于某一个分子来讲，它对器壁的碰撞是不连续的，但对于一定量的气体来讲，由于分子数目非常巨大，对于器壁上任一宏观微小面元，时刻都有大量分子与其碰撞，在宏观上表现出一个持续的压力，这和雨点打在伞面上的情形相似．下面，我们应用上述理想气体分子模型以及统计假设推导理想气体的压强公式．

为计算方便，选取一个边长分别为 l_1、l_2、l_3 的长方形容器，如图 4-1 所示．设器壁光滑，容器内共有 N 个质量为 m 的相同的理想气体分子，它们在容器中做无规则运动，不断与器壁碰撞．下面计算器壁 A_1 面上所受的压力．

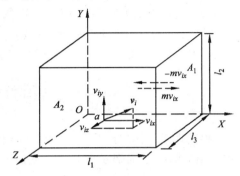

图 4-1　推导气体压强公式用图

首先讨论分子 i 在一次碰撞中对 A_1 面的作用，分子 i 的速度为 $\boldsymbol{v}_i = v_{ix}\boldsymbol{i} + v_{iy}\boldsymbol{j} + v_{iz}\boldsymbol{k}$，当它与 A_1 面进行完全弹性碰撞后，x 方向上的速度分量由 v_{ix} 变为 $-v_{ix}$，而在 y、z 两方向上速度分量不变，一次碰撞 i 分子作用于 A_1 面的冲量为 $I_i = 2m v_{ix}$．

由于 i 分子在与 A_1 面连续两次碰撞之间在 x 方向的行程为 $2l_1$，两次碰撞的时间间隔为 $\Delta t = 2l_1/v_{ix}$，因而单位时间内该分子对 A_1 面的平均作用力为

$$\overline{f}_i = \frac{I_i}{\Delta t} = \frac{2mv_{ix}}{2l_1/v_{ix}} = \frac{mv_{ix}^2}{l_1}$$

这里我们认为分子与器壁碰撞过程的时间忽略不计，$\overline{f}_i$ 是整个飞行过程中的平均效果．

A_1 面受到的平均压力即为单位时间内所有分子对 A_1 面的平均作用力之和，即

$$\overline{F} = \sum_{i=1}^{N} \overline{f}_i = \sum_{i=1}^{N} \frac{mv_{ix}^2}{l_1}$$

根据压强定义得

$$p = \frac{\overline{F}}{l_2 l_3} = \frac{m}{l_1 l_2 l_3} \sum_{i=1}^{N} v_{ix}^2 = \frac{mN}{l_1 l_2 l_3}\left(\frac{v_{1x}^2 + v_{2x}^2 + \cdots + v_{Nx}^2}{N}\right) = nm\,\overline{v_x^2} \tag{4-3}$$

式中，$\dfrac{N}{l_1 l_2 l_3}$ 为单位体积分子数，称为**分子数密度**，用 n 表示，$\overline{v_x^2}$ 为分子沿 x 方向速度分量平方的平均值．由于

$$\overline{v^2} = \overline{v_x^2} + \overline{v_y^2} + \overline{v_z^2} = 3\,\overline{v_x^2}$$

代入(4-3)，得

$$p = \frac{1}{3} nm\,\overline{v^2} = \frac{2}{3} n\,\frac{1}{2} m\,\overline{v^2} = \frac{2}{3} n\,\overline{w} \tag{4-4}$$

这就是**理想气体的压强公式**，式中 $\overline{w} = \dfrac{1}{2} m\,\overline{v^2}$ 称为**分子平均平动动能**．公式表明，气体

作用于器壁上的压强是大量气体分子对器壁不断碰撞的平均效果,压强正比于分子数密度 n 和分子平均平动动能 $\overline{w}$. 分子数密度 n 越大,单位时间与器壁碰撞的分子数就越多;分子平均平动动能 $\overline{w}$ 越大,每次碰撞对器壁的作用力就越大,它们都使压强 p 变大.

由此可以看出,气体压强是一个统计平均值,它是大量分子热运动的集体表现;在气体中,单位体积的分子数 n 也是一个统计平均值. 因而,式(4-4)是表述三个统计平均量 p、n、$\overline{w}$ 相互联系的一个统计规律. 目前世界上实验室中所达到的最高真空度 $p \approx 10^{-13}\,\mathrm{mmHg}$,即 $10^{-7}\,\mathrm{N \cdot cm^{-2}}$,分子数密度 $n \approx 10^{4}\,\mathrm{cm^{-3}}$,上述公式仍然适用.

§4-3　理想气体的温度公式

根据理想气体的压强公式和状态方程,可以导出气体的温度与分子的平均平动动能之间的关系,从而揭示宏观量温度的微观本质.

一、气体温度的统计意义

下面从统计观点来讨论气体温度的微观本质. 令 m 表示每个分子的质量,N 为系统的总分子数,$N_A = 6.022 \times 10^{23}\,\mathrm{mol^{-1}}$($N_A$ 称阿伏伽德罗常数,表示 1 mol 气体的分子数),则分子总质量为 $M = Nm$,摩尔质量 $M_{mol} = N_A m$,代入理想气体状态方程,并消去 m,有

$$p = \frac{NR}{VN_A}T = nkT \tag{4-5}$$

式中,$n = \dfrac{N}{V}$ 为分子数密度,$k = \dfrac{R}{N_A}$ 为一常量,称为**玻耳兹曼常量**,其值为

$$k = 1.38 \times 10^{-23}\,\mathrm{J \cdot K^{-1}} \tag{4-6}$$

式(4-5)是理想气体状态方程的另一种形式,该式说明气体压强与分子数密度 n 及气体的热力学温度 T 成正比.

将式(4-5)与压强公式(4-4)比较,可得

$$\overline{w} = \frac{1}{2}m\overline{v^2} = \frac{3}{2}kT \tag{4-7a}$$

或

$$T = \frac{2}{3k}\overline{w} \tag{4-7b}$$

这就是**理想气体的温度公式**,公式说明宏观量 T——热力学温度与微观量——分子平均平动动能 $\overline{w}$ 成正比. 由于气体分子平均平动动能反映了分子热运动的剧烈程度,因而,**热力学温度 T 可看做大量分子无规则热运动剧烈程度的量度**,这是温度的微观解释. 由于 $\overline{w}$ 是大量分子平动动能的统计平均值,因而温度 T 与压强 p 同样是具有统计意义的量,它们是大量分子热运动的宏观量度,离开大量分子温度便失去了意义. 因而对个别或极少数分子没有温度可言,真空中的温度也是没有意义的.

目前,对世界上科学实验室所能获得的最大真空度 $p \approx 10^{-13}\,\mathrm{mmHg}$,$n \approx 10^{4}\,\mathrm{cm^{-3}}$,

温度的概念是同样存在的.

　　必须指出,当 $T \to 0$ 时,式(4-7)不成立. 因为在此条件下,气体已变成液体或固体. **绝对零度不能达到原理**指出:不可能施行有限的过程把一个物体冷却到绝对零度. 1990 年,采用核绝热退磁方法,使银的核自旋温度达到了 8×10^{-10} K. 现代理论和实验表明,即使在 $T \to 0$ 的条件下,组成固体点阵的粒子还保持某种振动能量,称为**零点能**. 理想气体的温度公式不能解释零点能的存在,这正说明了经典理论的局限性. 用量子理论可得出零点能存在的结论.

　　例 4-2　一容器内贮有气体,温度为 27℃. 问:(1)压强为 1.013×10^5 Pa 时,在 $1 \ \mathrm{m}^3$ 中有多少个分子? (2)在高真空时,压强为 1.33×10^{-5} Pa,在 $1 \ \mathrm{m}^3$ 中有多少个分子?

　　解　按公式 $p = nkT$ 可知,

$$(1) n = \frac{p}{kT} = \frac{1.013 \times 10^5}{1.38 \times 10^{-23} \times 300} \ \mathrm{m}^{-3} = 2.45 \times 10^{25} \ \mathrm{m}^{-3}$$

$$(2) n = \frac{p}{kT} = \frac{1.33 \times 10^{-5}}{1.38 \times 10^{-23} \times 300} \ \mathrm{m}^{-3} = 3.21 \times 10^{15} \ \mathrm{m}^{-3}$$

二、气体分子的方均根速率

　　从气体分子的平均平动动能公式 $\overline{w} = \frac{1}{2} m \overline{v^2} = \frac{3}{2} kT$ 中,我们可以计算在任意温度下的方均根速率 $\sqrt{\overline{v^2}}$,它是气体分子速率的一种平均值.

$$\sqrt{\overline{v^2}} = \sqrt{\frac{3kT}{m}} = \sqrt{\frac{3RT}{M_{\mathrm{mol}}}} \tag{4-8}$$

　　注意:在相同温度时,虽然各种分子的平均平动动能相等,但是它们的方均根速率并不相等.

表 4-1　在 0℃ 时气体分子的方均根速率

气 体 种 类	方均根速率/(m·s^{-1})	摩尔质量/(g·mol^{-1})
O_2	4.61×10^2	32.0
N_2	4.93×10^2	28.0
H_2	1.84×10^3	2.02
CO_2	3.93×10^2	44.0
H_2O	6.15×10^2	18.0

　　例 4-3　试分别求出温度 $t = 1\ 000$℃、0℃、-150℃ 时,氮气分子的平均平动动能和方均根速率.

　　解　在 $t = 1\ 000$℃ 时,

$$\overline{w} = \frac{3}{2} kT = \frac{3}{2} \times 1.38 \times 10^{-23} \times (273 + 1\ 000) \mathrm{J} = 2.63 \times 10^{-20} \ \mathrm{J}$$

$$\sqrt{\overline{v^2}} = \sqrt{\frac{3RT}{M_{\mathrm{mol}}}} = \sqrt{\frac{3 \times 8.31 \times 1\ 273}{28 \times 10^{-3}}} \ \mathrm{m \cdot s^{-1}} = 1.06 \times 10^3 \ \mathrm{m \cdot s^{-1}}$$

同理可以求出,在 $t = 0$℃ 时,$\overline{w} = 5.65 \times 10^{-21} \mathrm{J}$,$\sqrt{\overline{v^2}} = 493 \ \mathrm{m \cdot s^{-1}}$

在 $t = -150$℃ 时,$\overline{w} = 2.55 \times 10^{-21} \mathrm{J}$,$\sqrt{\overline{v^2}} = 331 \ \mathrm{m \cdot s^{-1}}$

§4-4　能量均分定理　理想气体的内能

前面讨论分子的无规则热运动时,将分子视为一个质点,仅考虑了分子的平动. 在讨论分子热运动能量时,应考虑分子各种运动形式的能量. 实际上,除单原子分子(如惰性气体)外,一般分子的运动并不只限于平动,还会有转动和分子内原子之间的振动. 为了计算分子各种运动形式能量的统计规律,需要先介绍物体自由度的概念.

一、自由度

完全确定一个物体的空间位置所需要的独立坐标数目称为此物体的**自由度**.

如果一个质点在空间自由运动,则其位置需由三个独立坐标(如 x、y、z)决定,因此一个自由质点具有 3 个自由度. 如果一质点被限制在平面或曲面上运动,则它的位置只需用 2 个独立坐标决定,因此,它只有两个自由度. 同理,若质点被限制在一直线或曲线上运动,则只有一个自由度.

自由刚体的运动可分解为随质心的平动和绕质心轴的转动,所以刚体的位置可决定如下(见图4-2):(1)用三个独立的坐标 x、y、z 决定质心的位置;(2)用两个独立的坐标,如三个方位角中的两个 α、β,决定转轴的方位(因 $\cos^2 \alpha + \cos^2 \beta + \cos^2 \gamma = 1$,三个方位角中有一个不是独立的,任两个确定之后,第三个不能任意选取);(3)用一个独立的坐标,如 φ,决定刚体绕轴转动的角度. 因此,自由刚体有六个自由度,其中三个是平动的,三个是转动的. 当刚体的运动受到某种限制时,其自由度要

图 4-2　刚体的自由度

相应减少. 如门的转动,转轴位置固定,这时只用一个绕轴转动的角度 φ 即可描述刚体的运动情况,所以在这种情况下,刚体只有一个自由度.

如果组成分子的原子之间无相对位置的变化,这样的分子称为**刚性分子**,否则称为**非刚性分子**. 根据上述概念可确定气体分子的自由度,单原子分子(如氦、氖、氩等)可视为自由运动的质点,有 3 个自由度;双原子分子(如氢、氧、氮、一氧化碳等)如果视为刚性的,则需要 3 个独立坐标决定其质心位置,2 个独立坐标决定其连线的方位,而以连线为轴的转动可以不考虑,因而双原子刚性分子具有 5 个自由度;对于三原子或三个以上原子组成的刚性分子,如水蒸气分子 H_2O,可视为自由刚体,有 3 个平动自由度和 3 个转动自由度,即共有 6 个自由度.

事实上,双原子或多原子气体分子都是非刚性的,分子内原子的相对位置会发生变化. 如双原子分子中两个原子还会沿连线方向作微振动,因而还存在振动自由度,即非刚性的双原子分子还有一个振动自由度,总自由度为 6. 对于非刚性的多原子分子,

设分子由 n 个原子组成,则它最多可以有 $3n$ 个自由度,其中 3 个是平动的,3 个是转动的,其他 $3n-6$ 个是振动自由度.

二、能量按自由度均分定理

由前面我们知道,在平衡状态下气体分子的平均平动动能为

$$\overline{w}=\frac{1}{2}m\overline{v^2}=\frac{3}{2}kT$$

因为上式中 $\overline{v^2}=\overline{v_x^2}+\overline{v_y^2}+\overline{v_z^2}$,此处 $\overline{v_x^2}$、$\overline{v_y^2}$、$\overline{v_z^2}$ 分别表示气体分子沿 x、y、z 三个方向上速度分量的平方的平均值,而 $\overline{v_x^2}=\overline{v_y^2}=\overline{v_z^2}$,也就是说

$$\frac{1}{2}m\overline{v_x^2}=\frac{1}{2}m\overline{v_y^2}=\frac{1}{2}m\overline{v_z^2}=\frac{1}{3}\left(\frac{1}{2}m\overline{v^2}\right)=\frac{1}{2}kT$$

即分子沿 x、y、z 三个坐标轴运动的平均平动动能相等;由于这三个坐标轴对应着三个平动自由度,因此,可以认为气体分子的平均平动动能是按三个平动自由度平分的,每个自由度上的平均平动动能均为 $\frac{1}{2}kT$.

以上结论可以推广到转动和振动的情况中. 这是因为在热运动中,各种运动形式机会相等. 这也是等概率假设.

根据经典统计物理学的原理,可以导出一个定理:**在温度为 T 的热平衡状态下,物质分子的每一个自由度都具有相同的平均动能 $\frac{1}{2}kT$. 此定理称为能量按自由度均分定理,或简称为能量均分定理.**

因此,如果某种气体的分子有 t 个平动自由度,r 个转动自由度,s 个振动自由度,则分子的平均平动、转动、振动动能分别为 $\frac{t}{2}kT$、$\frac{r}{2}kT$、$\frac{s}{2}kT$,分子的平均总动能为 $\frac{1}{2}(t+r+s)kT$.

分子的振动除动能外还有势能,在振幅不大的情况下,分子的振动可看做谐振动,谐振子在一周期内平均振动动能与平均振动势能相等. 所以,分子运动的总能量中还应加上一势能项 $\frac{s}{2}kT$,因而分子的平均总能量是

$$\overline{\varepsilon}=\frac{1}{2}(t+r+2s)kT=\frac{i}{2}kT \qquad (4\text{-}9)$$

式中,$i=t+r+2s$. $\qquad\qquad\qquad\qquad\qquad\qquad\qquad\qquad\qquad\qquad$ (4-10)

实验表明:一般分子在低温下只存在平动,在常温下开始转动,高温时才开始振动,即在常温下,分子的振动自由度的运动被"冻结"了. 因而,通常把气体分子视为刚性分子来处理.

对于单原子分子,$t=3,r=0,s=0$,则 $\overline{\varepsilon}=\frac{3}{2}kT$;

对于双原子分子,$t=3$,$r=2$,$s=0$,则$\bar{\varepsilon}=\dfrac{5}{2}kT$;

对于多原子分子,$t=3$,$r=3$,$s=0$,则$\bar{\varepsilon}=\dfrac{6}{2}kT=3kT$.

从上面的讨论可以看出,理想气体的平均动能仅与自由度及气体温度有关.

能量均分定理是经典力学中的一条重要的统计规律,适用于大量分子组成的系统,包括气体和较高温度下的液体和固体,适用于分子的平动、转动和振动.经典统计物理可给出定理的严格证明.

三、理想气体的内能

气体分子的运动(平动、转动和振动)能量和分子之间的势能构成气体内部的总能量,称为**气体的内能**.

对于理想气体,分子间的相互作用可以忽略,其内能只有式(4-9)中所包含的分子的动能和分子内部势能.在一般情况下,计算理想气体的内能时,常把气体分子视为刚性分子,只计算它们的平动动能和转动动能.

由于每个分子的平均总能量为$\dfrac{i}{2}kT$,1 mol 理想气体中共有 N_A 个分子.因此,1 mol 理想气体的内能是

$$E_0=N_A\left(\frac{i}{2}kT\right)=\frac{i}{2}RT \tag{4-11}$$

则质量为 M、摩尔质量为 M_{mol} 的理想气体,其内能为

$$E=\frac{M}{M_{mol}}\frac{i}{2}RT \tag{4-12}$$

上式表明,对于一定质量的某种理想气体,其内能仅与热力学温度 T 成正比,是温度 T 的单值函数.因而,内能是态函数.对于一个封闭的热力学系统,在其状态变化过程中,只要温度不变,其内能也不变;如果系统的温度变化为 ΔT,则其内能改变量为

$$\Delta E=\frac{M}{M_{mol}}\frac{i}{2}R\Delta T \tag{4-13}$$

例 4-4　当温度为 0℃ 时,分别求氦、氢、氧、氨、氯和二氧化碳等气体的摩尔内能,温度升高 1 K 时,其内能各增加多少?(视为刚性分子)

解　按题意,对单原子分子(氦)按 3 个平动自由度计算分子的平均动能,对双原子分子(氢、氧、氯)按 5 个自由度计算分子平均动能,对三原子或多原子气体(氨、二氧化碳)按 6 个自由度计算分子平均动能.由式(4-11),1 mol 理想气体的内能为

$$E_{mol}=\frac{i}{2}RT$$

可算出 0℃ 即 273 K 时,1 mol 理想气体的内能分别为

单原子气体:$E_{mol}=\dfrac{3}{2}\times8.31\times273$ J $=3.40\times10^3$ J

双原子气体：$E_{\mathrm{mol}} = \dfrac{5}{2} \times 8.31 \times 273$ J $= 5.67 \times 10^3$ J

三原子及以上气体：$E_{\mathrm{mol}} = \dfrac{6}{2} \times 8.31 \times 273$ J $= 6.81 \times 10^3$ J

由式(4-13)可知，当温度从 T 增到 $T + \Delta T$，内能增量为

$$\Delta E_{\mathrm{mol}} = \frac{i}{2} R \Delta T$$

说明温度每升高 1 K 时，1 mol 理想气体的内能增加 $\dfrac{i}{2}R$，因此

单原子气体：$\Delta E_{\mathrm{mol}} = \dfrac{3}{2} \times 8.31$ J $= 12.5$ J

双原子气体：$\Delta E_{\mathrm{mol}} = \dfrac{5}{2} \times 8.31$ J $= 20.8$ J

三原子及以上气体：$\Delta E_{\mathrm{mol}} = \dfrac{6}{2} \times 8.31$ J $= 24.9$ J

§4-5　麦克斯韦气体分子速率分布律

处于平衡状态下的气体，由于热运动，每个分子各以不同的速率沿不同方向运动着. 由于分子间的频繁碰撞，对每一个分子来说，速度的大小和方向瞬息万变，因此单个分子的运动情况完全是偶然的. 然而从大量分子的整体来看，平衡态下的分子速率分布却遵循着一个确定的且必然的统计规律. 本节首先从实验中认识分子的速率分布情况，然后介绍麦克斯韦速率分布律.

一、分子速率分布的实验测定

测定分子速率分布的实验装置如图 4-3 所示. 图中 R 是带有狭缝 S 的转动圆筒，圆筒转动的角速度为 ω，圆筒的直径为 D，G 是贴在圆筒内壁上的弯曲玻璃板，此板可以沉积射到它上面的各种速率的分子. 若在原子炉内装入待测金属使其蒸发成分子蒸气，则从原子炉中泻流出来的分子束将经过狭缝 S 进入圆筒.

当圆筒不转动时，分子束中的分子都射在 G 板的 P 处. 当圆筒以角速度 ω 顺时针转动时，速率为 v 的分子从狭缝 S 落在玻璃板 G 上需经历时间 $t = \dfrac{D}{v}$. 在此时间内，圆筒会转过一个角度 θ

图 4-3　测定分子速率分布的实验装置

$$\theta = \omega t = \omega \frac{D}{v}$$

因此,分子会落在弯曲板 G 的 P' 处. 设弧长 $\overset{\frown}{PP'}$ 为 l,则有

$$l = \frac{1}{2} D\theta = \frac{1}{2} D\left(\omega \frac{D}{v}\right) = \frac{D^2 \omega}{2v}$$

由上式可以看出,当 D、ω 一定时,弧长 l 与分子速率 v 一一对应,且 v 越小 l 就越大,这说明不同的 l 处沉积的分子具有不同的速率. 测量不同弧长 l 处沉积的分子层厚度,即可求得分子束中各种速率附近的分子数占总分子数的比率.

研究分子速率的分布规律时,我们常常需要把分子速率按大小分成若干个相等的区间,分别测出各区间的分子数(ΔN)占总分子数的百分比,以得到分子速率的分布表或分子速率分布图. 如图 4-4(a)所示为温度在 100℃的汞分子束的速率分布的实验结果. 图中,横坐标表示划分的各速率区间,纵坐标表示各速率区间内分子的百分比. 由图可以看出,速率特别大和特别小的分子数比较少,而具有中等速率的分子数百分比却很高,并且在曲线上有一个最大值.

实验表明,任何温度下的任何一种气体都遵循上面的实验规律,说明对于大量气体分子构成的系统,气体分子速率分布确实有着一定的统计分布规律.

二、分子的速率分布函数

图 4-4(a)所示的表示法中,纵坐标百分比与所划分的速率间隔 Δv 有关,Δv 越大,百分比就越大. 为了消除 Δv 的影响,我们以速率 v 为横坐标,$\dfrac{\Delta N}{N \Delta v}$ 为纵坐标,如图 4-4(b)所示,$\dfrac{\Delta N}{N \Delta v}$ 表示单位速率区间内分子的百分比,图中每一个小矩形面积为 $\dfrac{\Delta N}{N \Delta v} \times \Delta v = \dfrac{\Delta N}{N}$.

图 4-4　分子速率分布函数

为精确描述气体分子的速率分布,我们将速率区间取的足够小,当 $\Delta v \to 0$ 时,即取 $\mathrm{d}v$ 为分子速率区间,其相应分子数为 $\mathrm{d}N$,这时纵坐标 $\dfrac{\mathrm{d}N}{N \mathrm{d}v}$,速率 v 为横坐标,所得 $\dfrac{\mathrm{d}N}{N \mathrm{d}v} - v$

速率分布曲线就成为一条平滑的曲线,称为**速率分布曲线**. 速率分布曲线可用函数

$$f(v) = \lim_{\Delta v \to 0} \frac{\Delta N}{N \Delta v} = \frac{\mathrm{d}N}{N \mathrm{d}v} \tag{4-14}$$

表示,$f(v)$ 称为**分子的速率分布函数**,表示速率 v 附近单位速率区间内的分子数占总分子数的百分比. 或表述为任一单个分子在速率 v 附近单位速率区间内出现的概率,因此 $f(v)$ 又称为**概率密度**.

由上可知,速率分布曲线下面的小长条面积 $f(v)\mathrm{d}v = \dfrac{\mathrm{d}N}{N\mathrm{d}v}\mathrm{d}v = \dfrac{\mathrm{d}N}{N}$ 表示速率在 v 附近 $\mathrm{d}v$ 区间内的分子数占总分子数的百分比;$\displaystyle\int_{v_1}^{v_2} f(v)\mathrm{d}v = \frac{\Delta N}{N}$ 则表示速率介于 v_1 与 v_2 之间的分子数占总分子数的比率. 显然,

$$\int_0^\infty f(v)\mathrm{d}v = 1 \tag{4-15}$$

即速率介于零到无穷大的整个区间内的百分比之和应为 1,也就是说分布曲线下的总面积为 1. 式(4-15)就是分布函数所必须满足的**归一化条件**.

三、麦克斯韦速率分布律

实际上,在近代测定气体分子速率的实验获得成功之前,麦克斯韦(J. C. Maxwell)已于 1860 年根据概率论从理论上导出了理想气体分子的速率分布函数

$$f(v) = 4\pi\left(\frac{m}{2\pi kT}\right)^{3/2} \mathrm{e}^{-\frac{mv^2}{2kT}} v^2 \tag{4-16}$$

$f(v)$ 称为**麦克斯韦速率分布函数**. 式中 T 为气体的热力学温度;m 为分子的质量;k 为玻耳兹曼常量. 由式(4-16)可得一个分子在 $v \sim v + \mathrm{d}v$ 区间内的概率为

$$f(v)\mathrm{d}v = \frac{\mathrm{d}N}{N} = 4\pi\left(\frac{m}{2\pi kT}\right)^{3/2} \mathrm{e}^{-\frac{mv^2}{2kT}} v^2 \mathrm{d}v \tag{4-17}$$

上式称为**麦克斯韦速率分布律**. 式(4-17)的分布与实验曲线相符.

四、分子速率的三种统计平均值

麦克斯韦速率分布律揭示了理想气体分子运动的统计规律性,应用它可以方便地得出平衡状态下分子热运动的几种统计速率.

1. 最概然速率 v_{p}

根据式(4-17)所作的速率分布曲线如图 4-5 所示. 由图可见,速率分布曲线从原点出发,经过一极大值后,随速率的增加而渐近于横坐标轴.

与这个极大值对应的速率称为**最概然速率**,常用 v_{p} 表示,它的物理意义是:在一定温度下,速度大小与 v_{p} 相近的气体分子的百分率为最大. 也就是说,对相

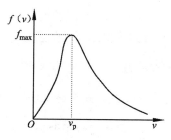

图 4-5 最概然速率

同的速率区间而言,气体分子中速率在 v_p 附近的几率为最大. 由极值条件 $\dfrac{\mathrm{d}f(v)}{\mathrm{d}v}=0$,可求得平衡态下满足麦克斯韦速率分布律的气体分子的最概然速率为

$$v_p=\sqrt{\frac{2kT}{m}}=\sqrt{\frac{2RT}{M_{mol}}}\approx 1.41\sqrt{\frac{RT}{M_{mol}}} \tag{4-18}$$

从最概然速率可以粗略判断热平衡状态下气体分子速率的分布情况.

2. 平均速率 $\bar{v}$

大量分子速率的算术平均值称为**平均速率**,用 $\bar{v}$ 表示,根据求平均值的定义: $\bar{v}=\dfrac{\sum v_i\Delta N_i}{N}$,对于连续分布,上式有

$$\bar{v}=\frac{\int_0^\infty v\mathrm{d}N}{N}=\int_0^\infty v\frac{\mathrm{d}N}{N}=\int_0^\infty vf(v)\mathrm{d}v$$

将麦克斯韦速率分布函数 $f(v)$ 代入,可得理想气体速率从 0 到 ∞ 整个区间内的算术平均速率为

$$\bar{v}=\sqrt{\frac{8kT}{\pi m}}=\sqrt{\frac{8RT}{\pi M_{mol}}}\approx 1.60\sqrt{\frac{RT}{M_{mol}}} \tag{4-19}$$

3. 方均根速率 $\sqrt{\bar{v^2}}$ (或 v_{rms})

同理,我们可以求出大量分子速率的平方的平均值 $\bar{v^2}$ 为

$$\bar{v^2}=\frac{\int_0^\infty v^2\mathrm{d}N}{N}=\int_0^\infty v^2\frac{\mathrm{d}N}{N}=\int_0^\infty v^2f(v)\mathrm{d}v$$

将麦克斯韦速率分布函数 $f(v)$ 代入并开方,就得到方均根速率

$$\sqrt{\bar{v^2}}=\sqrt{\frac{3kT}{m}}=\sqrt{\frac{3RT}{M_{mol}}}\approx 1.73\sqrt{\frac{RT}{M_{mol}}} \tag{4-20}$$

上式也即(4-8)式.

由(4-18)、(4-19)、(4-20)三式确定的最概然速率 v_p、平均速率 $\bar{v}$ 和方均根速率 $\sqrt{\bar{v^2}}$ 都是在统计意义上说明大量分子的运动速率的特征值. 它们都与 $\sqrt{T}$ 成正比,与 $\sqrt{m}$ 成反比,且 $v_p<\bar{v}<\sqrt{\bar{v^2}}$. 三种速率各有不同的含义,也各有不同的用处. 在讨论大量分子的速率分布时,需要用到最概然速率 v_p;在研究气体分子平均自由程及迁移现象等问题时,要用到平均速率 $\bar{v}$;而方均根速率 $\sqrt{\bar{v^2}}$ 用于研究理想气体压强及分子的平均动能等问题.

五、麦克斯韦分布曲线的性质

1. 温度与分子速率

当温度升高时,气体分子的速率普遍增大,速率分布曲线中的最概然速率 v_p 右

移,但由归一化条件知曲线下总面积不变,因此,分布曲线宽度增大,高度降低,整个曲线变得较平坦,如图 4-6 所示.

2. 质量与分子速率

在相同温度下,对不同种类的气体,分子质量大的速率分布曲线中的最概然速率 v_p 左移,因总面积不变,所以分布曲线宽度变窄,高度增大,整个曲线比质量小的显得陡些,即曲线随分子质量变大而左移,如图 4-7 所示.

图 4-6　不同温度下分子速率分布　　　　图 4-7　不同质量的分子速率分布

*六、麦克斯韦速度分布律

上面讨论的分子速率分布没有考虑分子速度方向,要找出分子按速度的分布,就是要找出速度分布在 $v_x \sim v_x + dv_x$, $v_y \sim v_y + dv_y$, $v_z \sim v_z + dv_z$ 区间的分子数占总分子数的百分比. 麦克斯韦推导出了速度分布律

$$\frac{dN}{N} = \left(\frac{m}{2\pi kT}\right)^{3/2} e^{-\frac{m}{2kT}(v_x^2 + v_y^2 + v_z^2)} dv_x \, dv_y \, dv_z \tag{4-21}$$

$F(v_x, v_y, v_z) = \dfrac{dN}{N dv_x \, dv_y \, dv_z}$ 表示在速度空间单位体积元内的分子数占总分子数的比率,即速度概率密度,又称气体分子的速度分布函数. 麦克斯韦速度分布函数为

$$F(v_x, v_y, v_z) = \left(\frac{m}{2\pi kT}\right)^{3/2} e^{-\frac{m}{2kT}(v_x^2 + v_y^2 + v_z^2)}$$

例 4-5　导体中自由电子的运动类似于气体分子的运动. 设导体中共有 N 个自由电子. 电子气中电子最大速率 v_F 叫做费米速率. 电子速率在 $v \sim v + dv$ 之间的概率为

$$\frac{dN}{N} = \begin{cases} \dfrac{4\pi v^2 A dv}{N} & \text{当 } v_F > v > 0 \\ 0 & \text{当 } v > v_F \end{cases}$$

式中 A 为常量.

(1)由归一化条件求 A;

(2)证明电子气中电子的平均动能 $\bar{\varepsilon} = \dfrac{3}{5}\left(\dfrac{1}{2}mv_F^2\right) = \dfrac{3}{5}E_F$,此处 E_F 叫做费米能.

分析　速率分布函数应满足归一化条件,即 $\displaystyle\int_0^\infty f(v)dv = 1$,由此可确定分布函数

中的归一化常数.

解　(1)由归一化条件

$$\int_0^\infty f(v)\mathrm{d}v = \int_0^{v_F} \frac{4\pi v^2 A}{N}\mathrm{d}v = 1$$

得

$$A = \frac{3N}{4\pi v_F^3}$$

(2)电子的平均动能为

$$\bar{\varepsilon} = \frac{1}{2}m\overline{v^2} = \frac{1}{2}m\int_0^\infty v^2 f(v)\mathrm{d}v = \frac{1}{2}m\int_0^{v_F}\frac{4\pi v^4 A}{N}\mathrm{d}v$$

$$= \frac{1}{2}m\left(\frac{4\pi v_F^5 A}{5N}\right) = \frac{3}{5}\left(\frac{1}{2}mv_F^2\right) = \frac{3}{5}E_F$$

*§4-6　玻耳兹曼密度分布

一、等温气压公式

　　麦克斯韦速率分布律讨论的是在无外场(如重力场)作用的条件下,处于平衡态的气体分子按速率分布的规律,这时,气体分子在空间是均匀分布的,气体分子数密度 n 处处相等. 可以想象,如果仅存在气体分子无规则热运动,则地球表面的气体分子将弥散到整个宇宙空间. 但实际上地球表面有一个相当稳定的大气层,这是因为大气分子还受到重力所致,重力作用使气体分子聚集于地球表面. 地球表面稳定的大气层是分子无规则的热运动和地球引力作用的共同结果. 下面我们讨论平衡气体在重力场中密度随高度分布的变化.

　　设平衡气体的压强随高度变化的函数为 $p=p(z)$.如图 4-8 所示,在气体中取一柱体,上下端面水平,面积 $\Delta S=1$(即为单位面积),高度为 $\mathrm{d}z$,此柱体体积为 $\Delta S\mathrm{d}z=\mathrm{d}z$,柱内气体分子质量为 $\rho\mathrm{d}z$,ρ 是气体分子的质量密度,等于分子质量 m 与分子数密度 n 的乘积,即 $\rho=nm$. 柱体上下端面压强分别为 $p+\mathrm{d}p$ 和 p,二者之差由重力 $nmg\mathrm{d}z$ 平衡,即

图 4-8　压强梯度与重力平衡

$$\mathrm{d}p = -nmg\mathrm{d}z$$

由 $p=nkT$,即 $n=p/kT$,得

$$\frac{\mathrm{d}p}{p} = -\frac{mg}{kT}\mathrm{d}z$$

取某个地点(如地面)高度 $z=0$,该处气体压强 $p=p_0$,对上式积分可得

$$p = p_0\mathrm{e}^{-\frac{mg}{kT}z} = p_0\mathrm{e}^{-\frac{M_{mol}g}{RT}z} \tag{4-22}$$

上式称为**等温气压公式**. 在登山运动和航空驾驶中,可以根据测出的压强变化估算出

上升的高度.

以上是根据大气等温模型得出的结果,实际上大气并不等温. 图 4-9(a)给出地面上温度随高度变化的实测情况,图 4-9(b)给出中纬度地区夏季大气压强随高度变化的实测值(实线)与等温模型理论值的比较. 在 30 km 内,由于温度的下降,使得大气压强的实测值小于理论值,这可由式(4-22)定性看出.

图 4-9　实际大气压强随高度的分布

由式(4-22),利用 $p=nkT,p_0=n_0kT$ 还可以得出分子数密度随高度变化的规律

$$n=n_0\mathrm{e}^{-\frac{mg}{kT}z} \tag{4-23}$$

上式最早由皮兰通过对悬浮液中布朗粒子数密度随高度分布的研究所证实. 他还根据该式求得了阿伏伽德罗常数 N_A 的数值:先测得高度分别为 z_1、z_2 两处的粒子数密度 n_1、n_2,并根据上式求出玻耳兹曼常数 k,从而进一步求出阿伏伽德罗常数 N_A. 应注意,由于浮力的作用,悬浮在液体中布朗粒子的有效质量为 $m(1-\rho_粒/\rho_液)$. 皮兰当时测得的结果是 $N_A=(6.5\sim6.8)\times10^{23}\mathrm{mol}^{-1}$.

二、玻耳兹曼分布律

在式(4-23)中,mgz 是气体分子的重力势能,在任意的保守力场中,用相应势能 ε_p 代替 mgz,我们就可以将式(4-23)推广得到任意势场中粒子密度分布规律:

$$n=n_0\mathrm{e}^{-\varepsilon_p/kT} \tag{4-24}$$

上式最早由玻耳兹曼从理论上得出. 他认为由于不考虑外力场对分子的作用,麦克斯韦速度分布律式(4-21)中的指数项只包含分子的平动动能 $\varepsilon_k=\dfrac{1}{2}m(v_x^2+v_y^2+v_z^2)$. 当气体分子处于保守力场中,则必须考虑分子在该保守力场中的势能 ε_p,即以总能量 $\varepsilon=\varepsilon_k+\varepsilon_p$ 代替式中的 ε_k. 他从理论上导出:当系统在外力场中处于平衡状态时,其中位置在 $x\sim x+\mathrm{d}x,y\sim y+\mathrm{d}y,z\sim z+\mathrm{d}z$,同时速度介于区间 $v_x\sim v_x+\mathrm{d}v_x,v_y\sim v_y+\mathrm{d}v_y,v_z\sim v_z+\mathrm{d}v_z$ 内的分子数为

$$\mathrm{d}N=n_0\left(\frac{m}{2\pi kT}\right)^{3/2}\mathrm{e}^{-(\varepsilon_k+\varepsilon_p)/kT}\mathrm{d}v_x\mathrm{d}v_y\mathrm{d}v_z\mathrm{d}x\mathrm{d}y\mathrm{d}z \tag{4-25}$$

式中，n_0 是 ε_p 为零处单位体积内的分子数，这个公式称为**玻耳兹曼分布律**，又称**分子按能量分布定律**．

玻耳兹曼分布律是一个普遍的规律，它对任何物质的微粒（气体、液体、固体的原子和分子、布朗粒子等）在任何保守力场（重力场、电场）中运动的情形都成立．

<h2>§4-7　分子平均碰撞次数和平均自由程</h2>

由前面的讨论可知，气体分子在常温下是以每秒几百米的平均速率运动着的．如此看来，气体中的一切过程都应该进行的很快．但实际情况却是：气体的扩散过程进行得相当缓慢．例如，经验告诉我们，打开香水瓶后，香水味并不是马上就能扩散至整间屋子，而是要经过几秒到几十秒的时间才能传过几米的距离．这是由于分子由一处（如图 4-10 中的 A 点）移至另一处（如 B 点）的过程中，它要不断地与其他分子碰撞，使得分子沿着迂回的折线前进．因此，气体分子的扩散速率较之分子的平均速率小得多．事实上，气体中所发生的许多物理现象和过程，如扩散、热传导和黏滞性等，都与分子间的碰撞密切相关．

气体分子在两次连续的碰撞之间通过的自由路程称为分子的**自由程**．显然，对个别分子来说，自由程时长时短，并没有一定的量值．但在给定的气体状态下，对于大量分子而言，我们可以求出在 1 s 内一个分子和其他分子平均碰撞的次数，称为分子的**平均碰撞次数**，或**平均碰撞频率**，以 $\overline{Z}$ 表示．每两次连续碰撞间一个分子自由运动的平均路程，叫做分子的**平均自由程**，以 $\overline{\lambda}$ 表示．$\overline{Z}$ 和 $\overline{\lambda}$ 的大小反映了分子间碰撞的频繁程度．

现在，我们从计算分子的平均碰撞次数 $\overline{Z}$ 入手，导出平均自由程的公式．

为使计算简单，我们假定每个分子都是直径为 d 的弹性小球，并且假定除某一分子 A 以平均相对速率 $\overline{u}$ 运动外其他分子都静止不动．在分子 A 的运动过程中，分子 A 总是要和其他分子发生碰撞，每碰撞一次，它的速度方向就改变一次，所以分子 A 球心的运动轨迹是一条折线（如图 4-11 所示），并且每秒钟内分子 A 所走折线的总长度可认为等于 $\overline{u}$．设想以分子 A 球心的运动轨迹为轴线，以分子球的直径 d 为半径作一圆柱体（圆柱体的轴线是折线），凡是球心落于该圆柱体内的分子都将和分子 A 发生碰撞，而球心落在圆柱体外的分子不和 A 发生碰撞．

图 4-10　气体分子的碰撞

图 4-11　$\overline{Z}$ 及 $\overline{\lambda}$ 的计算

按照上面的分析,可计算出每秒钟相应的圆柱体体积为 $\pi d^2 \bar{u}$. 设气体的分子数密度(即单位体积内的分子数)为 n,则球心在圆柱体 $\pi d^2 \bar{u}$ 内的静止分子数目为 $\pi d^2 \bar{u} n$. 因中心在圆柱体内的所有静止分子都将与运动分子 A 相碰,所以,我们所求的运动分子 A 在 1 s 内与其他分子碰撞的平均次数 $\bar{Z}$ 就是

$$\bar{Z} = \pi d^2 \bar{u} n$$

又根据麦克斯韦速率分布律,平均相对速率与算术平均速率有关系: $\bar{u} = \sqrt{2} \bar{v}$ (推导从略),代入上式即得分子的平均碰撞次数为

$$\bar{Z} = \sqrt{2} \pi d^2 \bar{v} n \tag{4-26}$$

由于 1 s 内每个分子平均走过的路程为 $\bar{v}$,而 1 s 内每一个分子和其他分子碰撞的平均次数为 $\bar{Z}$,所以分子的平均自由程应为

$$\bar{\lambda} = \frac{\bar{v}}{\bar{Z}} = \frac{1}{\sqrt{2} \pi d^2 n} \tag{4-27}$$

由上式可知,分子的平均自由程 $\bar{\lambda}$ 与分子直径 d 的平方和分子数密度 n 成反比. 表 4-3 列出了标准状态下几种气体的平均自由程和分子直径的数值.

表 4-3 标准状态下几种气体的 $\bar{\lambda}$ 和 d

气体	氢	氮	氧	氦
$\bar{\lambda}/\text{m}$	1.13×10^{-7}	0.599^{-7}	0.648^{-7}	1.793^{-7}
d/m	2.3×10^{-10}	3.1×10^{-10}	2.9×10^{-10}	1.9×10^{-10}

根据 $p = nkT$,我们还可以求出 $\bar{\lambda}$ 和温度 T 及压强 p 的关系为

$$\bar{\lambda} = \frac{kT}{\sqrt{2} \pi d^2 p} \tag{4-28}$$

由此可见,当温度一定时,$\bar{\lambda}$ 与 p 成反比,压强愈小,则平均自由程愈长(参看表 4-4).

表 4-4 0℃时不同压强下空气分子的 $\bar{\lambda}$

压强/(133.3Pa)	760	1	10^{-2}	10^{-4}	10^{-6}
$\bar{\lambda}/\text{m}$	7×10^{-8}	5×10^{-5}	5×10^{-3}	0.5	50

从表 4-3 的数值可以看出,$\bar{\lambda}$ 的数量级为 10^{-7} m,即气体分子每移动 0.1 μm(约为分子直径的几百倍)就碰撞一次,每秒大约要碰撞几十亿次. 可见气体分子运动有着极大的复杂性和无规则性,而频繁的碰撞正是大量分子整体出现统计规律的基础.

应该注意,这里给出的分子直径 d 并不准确表示分子的实际大小. 这是因为分子不是真正的球体,它是一个由电子与原子核组成的复杂系统;分子与分子之间碰撞也不是弹性小球的接触碰撞,而是在分子力作用下相互间的散射过程. 所以,一般把 d 叫做分子的**有效直径**. 实验证明,气体密度一定时,分子的有效直径将随速度的增加而减小,所以当 T 与 p 的比值一定时,$\bar{\lambda}$ 将随温度而略有增加.

例 4-6 求氢在标准状态下,在 1 s 内分子的平均碰撞次数. 已知氢分子的有效直

径为 2×10^{-10} m.

解 气体分子平均速率为

$$\bar{v} = \sqrt{\frac{8RT}{\pi M_{mol}}} = \sqrt{\frac{8 \times 8.31 \times 273}{3.14 \times 2 \times 10^{-3}}} \text{ m} \cdot \text{s}^{-1} = 1.70 \times 10^3 \text{ m} \cdot \text{s}^{-1}$$

按 $p = nkT$ 算得单位体积中分子数为

$$n = \frac{p}{kT} = \frac{1.013 \times 10^5}{1.38 \times 10^{-23} \times 273} \text{ m}^{-3} = 2.69 \times 10^{25} \text{ m}^{-3}$$

因此

$$\bar{\lambda} = \frac{1}{\sqrt{2} \pi d^2 n} = \frac{1}{1.41 \times 3.14 \times (2 \times 10^{-10})^2 \times 2.69 \times 10^{25}} \text{ m}$$

$$= 2.10 \times 10^{-7} \text{ m} \qquad \text{(约为分子直径的 1 000 倍)}$$

$$\bar{Z} = \frac{\bar{v}}{\bar{\lambda}} = \frac{1.70 \times 10^3}{2.10 \times 10^{-7}} \text{ s}^{-1} = 8.10 \times 10^9 \text{ s}^{-1}$$

即在标准状态下,在 1 s 内,一个氢分子的平均碰撞次数约为 80 亿次.

*§4-8 非平衡态下的迁移现象

上面讨论的都是气体处于平衡态的规律. 实际上,由于不可避免的外界影响,气体常处于非平衡态. 气体处于非平衡态时,各部分物理性质是不均匀的,如气体各处的流速、温度、密度等是不相同的,相应地气体内有动量、能量或质量从一处向另一处定量迁移. 由速度梯度引起的内摩擦现象(又称黏性现象)与动量的传递相联系;由温度梯度引起的热传导现象与能量的传递相联系;由密度梯度引起的扩散现象与质量的传递相联系. 下面分别对这三种迁移现象简要作一些讨论.

由于气体各处温度、密度等不同,气体没有统一的温度或密度,因而气体处于非平衡态,气体分子的速率分布也会偏离麦克斯韦分布律. 在非平衡状态下,由于分子间的相互作用(碰撞),使气体各部分的物理性质趋于均匀而过渡到平衡态,这样的过程叫**弛豫**. 在讨论这类过程中我们可以引入局域流速、局域温度、局域密度等概念. 也就是说,在一个小区域中是有温度和密度等概念的.

下面我们仅讨论气体分子流速、温度、密度在一个方向(如 y 方向)存在差异的情况,在垂直于该方向上分子流速、温度、密度都是均匀的. 因而下面讨论的是一维的迁移现象.

一、内摩擦现象

当气体内各气层之间有相对的定向运动,即各气层的流速不同时(流速是指气层中分子群的定向运动速度,而不是指热运动中分子的速度,这种定向运动速度叠加在杂乱的热运动的速度上),在相邻的两个气层之间接触面上,形成一对阻碍两气层相对运动的等值反向的力,称为**内摩擦力**.

如图 4-12 所示,设有一气体,其温度和分子数密度均为恒定值,气体中各气层流速沿 x 方向,但其流速大小沿 y 轴发生变化. 在 y_0 处流速为 u,在 $y_0 + \Delta y$ 处流速为 $u + \Delta u$,则

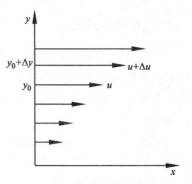

$$\lim_{\Delta y \to 0} \frac{\Delta u}{\Delta y} = \left(\frac{\mathrm{d}u}{\mathrm{d}y}\right)_{y_0} \tag{4-29}$$

称为 y_0 处的**速度梯度**,表示流速的不均匀程度. 速度梯度沿 y 方向. 通过 y_0 取一面元 ΔS 垂直 y 轴,从图 4-12 可以看出,在 ΔS 上边气层的流速要大于下边气层的流速,ΔS 两边气层要受到一对等值反向

图 4-12　牛顿黏性定律

的内摩擦力,其作用使得上层流速变慢,而下层流速变快. 实验表明,两层流体之间单位时间内穿过 $y = y_0$ 平面的动量 $\frac{\Delta p}{\Delta t}$(即内摩擦力 f),正比于速度梯度和面元面积 ΔS,即

$$f(y_0) = \frac{\Delta p}{\Delta t} = -\eta \left(\frac{\mathrm{d}u}{\mathrm{d}y}\right)_{y_0} \Delta S \tag{4-30}$$

式中,负号表示动量沿流速减小的方向,即逆速度梯度的方向流动. 此式称为**牛顿黏性定律**,式中比例系数 η 称为**内摩擦因数**或**黏滞系数**或**黏性系数**,在 SI 单位制中单位为帕秒(Pa·s).

内摩擦因数除了与气体的性质有关外,还比较敏感地依赖于温度的变化,气体的内摩擦因数大体上按正比于 $\sqrt{T}$ 的规律增长. 但液体的内摩擦因数却随温度增加而减小.

表 4-5 给出了几种气体内摩擦因数 η 的实验值.

表 4-5　在标准状态下气体内摩擦因数 η、热传导系数 κ 和扩散系数 D 的实验值

气　　体	$\eta(\mathrm{Pa \cdot s})$	$\kappa(\mathrm{W \cdot m^{-2} \cdot K^{-1}})$	$D(\mathrm{m^2 \cdot s^{-1}})$
Ne	2.97×10^{-5}	4.60×10^{-2}	45.2×10^{-5}
Ar	2.10×10^{-5}	1.63×10^{-2}	1.57×10^{-5}
H_2	0.84×10^{-5}	1.68×10^{-2}	12.8×10^{-5}
N_2	1.66×10^{-5}	2.37×10^{-2}	1.78×10^{-5}
O_2	1.89×10^{-5}	2.42×10^{-2}	1.81×10^{-5}
CO_2	1.39×10^{-5}	1.49×10^{-2}	0.97×10^{-5}
CH_4	1.03×10^{-5}	3.04×10^{-2}	2.06×10^{-5}

从分子运动论的观点来看,对内摩擦现象可作如下解释:气体流动时,除了具有定向运动速度(即流速)外,还具有无规则的热运动. 在同一时间内,ΔS 两边气层交换的分子数相等,由于上层流速大于下层流速,即上层分子的定向动量大于下层分子的定向动量. 这样,交换分子的结果是有定向动量从上层向下层迁移,使得上层气体的定向动量减少而下层气体定向动量增加. 内摩擦现象的微观本质是分子定向动量的迁移,而这种迁移是通过气体分子无规则的热运动和频繁的碰撞来实现的;从宏观上来看,这一效应与上层对下层作用一个沿 x 轴方向的摩擦拉力相似.

二、热传导现象

当气体内各部分的温度不同时,将有热量从温度较高处向温度较低处传递,这一现象称为**热传导现象**. 将铁条一端放在火炉内,用手握着的另一端会感到愈来愈热,这就是一个明显的例子.

如图 4-13 所示,设温度沿 y 轴逐渐变化,在 $y = y_0$ 平面处温度为 T,$y_0 + \Delta y$ 处温度为 $T + \Delta T$,则 y_0 处温度梯度为

图 4-13 傅里叶热传导定律

$$\lim_{\Delta y \to 0} \frac{\Delta T}{\Delta y} = \left(\frac{\mathrm{d}T}{\mathrm{d}y}\right)_{y_0} \tag{4-31}$$

实验表明,单位时间内,通过 $y = y_0$ 平面上 ΔS 面积的热量 $\dfrac{\Delta Q}{\Delta t}$(称为热流或热通量)为

$$\frac{\Delta Q}{\Delta t} = -\kappa \left(\frac{\mathrm{d}T}{\mathrm{d}y}\right)_{y_0} \Delta S \tag{4-32}$$

比例系数 κ 称为**热传导系数**或**导热系数**,由气体的性质和状态决定,在 SI 单位制中单位是 $\mathrm{W \cdot m^{-1} \cdot K^{-1}}$,式中的负号表示热量传递方向与温度梯度的方向相反,即热量由温度较高处传到温度较低处. 上式称为**一维热传导的傅里叶定律**.

气体热传导的微观机制很容易理解. 设在上述 ΔS 面上侧温度较高,分子动能较大;下侧温度较低,分子动能较小. 由于分子热运动,上下侧分子互相碰撞、相互搀和,结果从"热层"到"冷层"有一净热量迁移,实现热量传递.

三、扩散现象

在混合气体内部,当某种成分的气体密度不均匀时,这种气体分子将从密度大的地方移向密度小的地方,此现象叫做**扩散**. 纯扩散过程必须是在温度均匀、压强均匀的条件下进行. 单就一种气体来说,在温度均匀的情况下,密度不均匀将导致压强不均匀,从而产生宏观气流,这种过程中占主导地位的是宏观气流而不是扩散. 对两种分子组成的混合气体来说,只有保持温度和总压强处处均匀的情况下,才可能发生纯扩散过程.

为了简单,我们只讨论分子质量基本相同的两种气体(如 N_2 和 CO,或 CO_2 和 NO_2)组成混合气体的纯扩散过程. 将这两种气体分别放在同一容器中,先用隔板隔开,两边温度和压强都相同,然后把隔板抽掉,让扩散开始. 在此情况下,由于总的密度各处一样,各部分压强是均匀的,故不产生宏观气流;又因温度均匀,两气体分子平均速率也接近. 于是,每种气体将由于本身密度的不均匀而进行纯扩散过程.

设其中一种成分的密度沿 y 轴变化. 在 $y = y_0$ 处,密度为 ρ,在 $y_0 + \Delta y$ 处密度为 $\rho + \Delta \rho$,则 y_0 处密度梯度为

$$\lim_{\Delta y \to 0} \frac{\Delta \rho}{\Delta y} = \left(\frac{\mathrm{d}\rho}{\mathrm{d}y}\right)_{y_0} \tag{4-33}$$

实验表明,单位时间内通过 y_0 处 ΔS 面的质量 $\dfrac{\Delta M}{\Delta t}$(即质量通量或质量流)为

$$\frac{\Delta M}{\Delta t} = -D\left(\frac{\mathrm{d}\rho}{\mathrm{d}y}\right)_{y_0}\Delta S \tag{4-34}$$

D 称为**扩散系数**,在 SI 单位制中单位是 $\mathrm{m^2 \cdot s}$. 式中负号表示质量流动的方向与密度梯度的方向相反,即表示气体质量是向着密度小的方向迁移的.

扩散现象是分子热运动的必然结果,密度较高气层中的气体分子向密度较低气层中运动,同时密度较低气层中的分子向密度较高气层中运动. 前者迁移的分子数较后者多,因而造成质量的迁移.

思　考　题

4-1　气体在平衡态时有何特征? 气体的平衡态与力学中的平衡态有何不同?

4-2　气体动理论的研究对象是什么? 理想气体的宏观模型和微观模型各如何?

4-3　何谓微观量? 何谓宏观量? 它们之间有什么联系?

4-4　气体为什么容易压缩,却又不能无限地压缩?

4-5　对汽车轮胎打气,使之达到所需要的压强. 问夏天与冬天打入轮胎内的空气质量是否相同,为什么?

4-6　尖端固定在一点正在做进动的陀螺有几个自由度?

4-7　地球大气层上层的电离层中,电离气体的温度可达 2 000 K,但每 $\mathrm{cm^3}$ 中的分子数不过 10^5 个. 这温度是什么意思? 一块锡放到该处会不会被熔化?

4-8　速率分布函数 $f(v)$ 的物理意义是什么? 试说明下列各量的物理意义(n 为分子数密度,N 为系统总分子数).

$(1)f(v)\mathrm{d}v$ $\qquad$ $(2)nf(v)\mathrm{d}v$ $\qquad$ $(3)Nf(v)\mathrm{d}v$

$(4)\displaystyle\int_0^v f(v)\mathrm{d}v$ $\qquad$ $(5)\displaystyle\int_0^\infty f(v)\mathrm{d}v$ $\qquad$ $(6)\displaystyle\int_{v_1}^{v_2} Nf(v)\mathrm{d}v$

4-9　最概然速率的物理意义是什么? 方均根速率、最概然速率和平均速率,它们各有何用处?

4-10　一定质量的气体,保持容器的容积不变. 当温度增加时,分子运动更趋激烈,因而平均碰撞次数更多,平均自由程是否也因此而减小呢?

4-11　液体的蒸发过程是不是其表面一层一层地变成蒸气? 为什么蒸发时液体的温度会降低?

习　题

4-1　20 个质点的速率分布如下

质点数	2	3	5	4	3	2	1
速率 v	v_0	$2v_0$	$3v_0$	$4v_0$	$5v_0$	$6v_0$	$7v_0$

试计算:(1)平均速率;(2)方均根速率;(3)最概然速率.

4-2　容积为 10 L 的容器中有 1 mol CO_2 气体,其方均根速率为 1 440 $\mathrm{km \cdot h^{-1}}$,求 CO_2 气体的压强.

4-3　体积为 $10^{-3}\,\mathrm{m^3}$,压强为 $1.013\times10^5\,\mathrm{Pa}$ 的气体,所有分子的平均平动动能的总和是多少?

4-4　求压强为 1.013×10^5 Pa、质量为 2×10^{-3} kg、容积为 1.54×10^{-3} m³ 的氧气的分子平均动能.

4-5　题 4-5 图(a)是氢和氧在同一温度下的两条麦克斯韦速率分布曲线,哪一条代表氢? 题 4-5 图(b)是某种气体在不同温度下的两条麦克斯韦速率分布曲线,哪一条的温度较高?

4-6　一篮球充气后,其中有氮气 8.5 g,温度为 17 ℃,在空气中以 65 km·h⁻¹ 做高速飞行. 求:

(1)一个氮分子(设为刚性分子)的热运动平均平动动能、平均转动动能和平均总动能;

(2)球内氮气的内能;

(3)球内氮气的动能.

题 4-5 图

4-7　质量为 50.0 kg,温度为 18.0℃的氮气装在容积为 10.0 L 的封闭容器内,容器以 $v = 200$ m·s⁻¹ 的速率做匀速直线运动,若容器突然停止,定向运动的动能全部转化为分子热运动的动能,试问平衡后氮气的温度和压强将增大多少?

4-8　试说明下列各量的物理意义.

(1)$\frac{1}{2}kT$ 　　　　(2)$\frac{3}{2}kT$ 　　　　(3)$\frac{i}{2}kT$

(4)$\frac{M}{M_{mol}} \frac{i}{2} RT$ 　　　(5)$\frac{i}{2}RT$ 　　　(6)$\frac{3}{2}RT$

4-9　假定太阳是由氢原子组成的理想气体恒星,且密度是均匀的,压强为 $p = 1.35 \times 10^{14}$ Pa,已知氢原子质量 $m = 1.67 \times 10^{-27}$ kg,太阳质量 $M = 1.99 \times 10^{30}$ kg,太阳半径为 $R = 6.96 \times 10^8$ m,试估算太阳内部的温度.

4-10　一容器被中间的隔板分成相等的两半,一半装有氮气,温度为 250 K;另一半装有氧气,温度为 310 K. 二者压强相等. 求去掉隔板两种气体混合后的温度.

4-11　烟粒悬浮在空气中受空气分子的无规则碰撞而作布朗运动的情况可用普通显微镜观察,它和空气处于同一个平衡态. 一颗烟粒的质量为 1.6×10^{-16} kg,求在 300 K 时它悬浮在空气中的方均根速率. 此烟粒如果是在 300 K 的氢气中悬浮,它的方均根速率与在空气中的相比会有什么不同?

4-12　容器中储有氧气,其压强为 $p = 0.1$ MPa(即 1 atm),温度为 27℃,求

(1)单位体积中的分子数 n;(2)氧分子的质量 m;(3)气体密度 ρ;(4)分子间的平均距离 $\bar{e}$;(5)平均速率 $\bar{v}$;(6)方均根速率 $\sqrt{\overline{v^2}}$;(7)分子的平均动能 $\bar{\varepsilon}$.

4-13　容积 $V = 1$ m³ 的容器内混有 $N_1 = 1.0 \times 10^{25}$ 个氧气分子和 $N_2 = 4.0 \times 10^{25}$ 个氮气分子,混合气体的压强是 2.76×10^5 Pa. 求:(1)分子的平均平动动能;(2)混合气体的温度.

4-14　将 1 kg 氧气和 M kg 氢气混合,平衡后混合气体的内能是 2.45×10^6 J,氧分子平均动能是 6×10^{-21} J,求氢气质量 M.

4-15　某些恒星的温度达到 10^8 K 的数量级,在此温度下原子已不存在,只有质子存在,试求:(1)质子的平均动能是多少电子伏特?(2)质子的方均根速率多大?

4-16　(1)火星的质量为地球质量的 0.108 倍,半径为地球半径的 0.531 倍,火星表面的逃逸速度多大? 以表面温度 240 K 计,火星表面 CO_2 和 H_2 分子的方均根速率多大? 以此说明火星表面有 CO_2 而无 H_2(实际上,火星表面大气中 96% 是 CO_2).

(2)木星的质量为地球的 318 倍,半径为地球的 11.2 倍,木星表面的逃逸速度多大? 以表面温

度 130 K 计,木星表面的 H_2 分子的方均根速率多大?以此说明木星表面有 H_2(实际上,木星表面大气中 78% 的质量是 H_2,其余的是 He,其上盖有冰云,木星内部为液态甚至固态氢).

4-17 一瓶气体由 N 个分子组成.试证:不论分子速率分布函数的形式如何,总有 $\sqrt{\overline{v^2}} \geqslant \bar{v}$.

4-18 设有 N 个粒子的系统,其速率分布如题 4-18 图所示.求:

(1)分布函数 $f(v)$ 的表达式;

(2)a 与 v_0 之间的关系;

(3)速度在 $1.5v_0$ 到 $2.0v_0$ 之间的粒子数;

(4)粒子的平均速率;

(5)$0.5v_0$ 到 v_0 区间内粒子的平均速率.

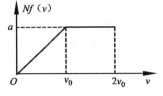

题 4-18 图

4-19 试求氢气在 300 K 时分子速率在 $v_p - 10\ \text{m·s}^{-1}$ 与 $v_p + 10\ \text{m·s}^{-1}$ 之间的分子数所占百分比.

4-20 试由麦克斯韦速率分布律推出相应的平均动能分布律,并求出最概然能量 E_p,它是否就等于 $\dfrac{1}{2}mv_p^2$?

4-21 无线电所用的真空管的真空度为 $1.38 \times 10^{-3}\ \text{Pa}$,试求在 27℃ 时单位体积中的分子数及分子的平均自由程(设分子的有效直径 $d = 3 \times 10^{-10}\ \text{m}$).

4-22 设电子管温度为 300 K,如果要管内分子的平均自由程大于 10 cm 时,则应将它抽到多大压强?设分子的有效直径 $d = 3 \times 10^{-8}\ \text{cm}$.

4-23 设地球大气是等温的,温度为 17℃,海平面上的气压为 $p_0 = 1.0 \times 10^5\ \text{Pa}$. 已知某地的海拔高度为 $h = 2\ 000\ \text{m}$,空气的摩尔质量 $M_{\text{mol}} = 29 \times 10^{-3}\ \text{kg·mol}^{-1}$,求该地的气压值.

4-24 已知大气中分子数密度随高度的变化规律为 $n = n_0\,\mathrm{e}^{-\mu gh/RT}$,设大气温度不随高度变化,$t = 27℃$,求升高多大高度时大气压强减为原来的一半?

4-25 一长为 L、半径 $R_1 = 2\ \text{cm}$ 的蒸汽导管,外面包围一层厚度为 2 cm 的绝热材料(其 $k = 0.1\ \text{W·m}^{-1}\text{·K}^{-1}$).蒸汽的温度为 100℃,绝热套的外表面温度为 20℃.求:(1)单位时间单位长度传出的热量是多少?(2)绝热套外表面的温度梯度?

科学家简介

玻耳兹曼

玻耳兹曼(Ludwig Boltzmann,1844—1906),奥地利物理学家.

生平简介

玻耳兹曼 1844 年 2 月 20 日诞生于维也纳,从小受到良好的家庭教育.他勤奋好学,读中学时一直是班上的优等生.1863 年,他以优异成绩考入著名的维也纳大学,受到 J. 斯忒藩、J. 洛喜密脱等著名学者的赞赏和栽培.1866 年获博士学位后,他在维也纳的物理学研究所任助理教授,此后历任拉茨大学(1869—1873,1876—1889)、维也纳大学(1873—1876,1894—1900,1902—1906)、慕尼黑大学(1880—1894)和莱比锡大学(1900—1902)的教授.1899 年他被选为英国皇家学会会员.他还是维也纳、柏林、斯德哥尔摩、罗马、伦敦、巴黎、彼得堡等科学院院士.玻耳兹曼是个唯物论者,是维护原子论的积极斗士.他一生同马赫的经验主义和奥斯特瓦尔德为首的唯能论者进行了不懈的斗争.他的统计力学的理论受到唯能论者们的猛烈攻击,长期被误解,损害了他的身心健康,玻耳兹曼于 1906 年 9 月 5 日不幸自杀身亡.不过,分子、原子的存在,分子、原子作热运动的真实性以及玻耳兹曼统计理论的正确性,则由爱因斯坦、皮兰对布朗运动的理论和实验研究成果得到了直接的证实.

主要科学贡献

玻耳兹曼主要从事气体动理论、热力学、统计物理学、电磁理论的研究.在这些方面他都作出了重大的贡献.

玻耳兹曼是气体动理论的三个主要奠基人之一(还有克劳修斯和麦克斯韦),由于他们三人的工作使气体动理论最终成为定量的系统理论.1868—1871 年间,玻耳兹曼把麦克斯韦的气体速率分布律推广到有势力场作用的情况,得出了有势力场中处于热平衡态的分子按能量大小分布的规律.在推导过程中,他提出的假说后被称为“各态历经假说”,这样他就得到了经典统计的分布规律-玻耳兹曼分布律,又称麦克斯韦-玻耳兹曼分布律.并进而得出气体分子在重力场中按高度分布的规律,有效地说明了大气的密度和压强随高度的变化的情况.

玻耳兹曼分布律只反映气体平衡态的情况,他并不满足于已经取得的成就,进一步研究了气体从非平衡态过渡到平衡态的过程,于 1872 年建立了著名的玻耳兹曼微积分方程.他引进了由分子分布函数定义的一个函数 H,进一步得出分子相互碰撞下 H 随时间单调地减小的规律,这就是著名的 H 定理,从而把 H 函数和熵函数紧密联系起来.H 定理与熵增加原理相当,都表征着热力学过程由非平衡态向平衡态转化的不可逆性.H 定理从微观粒子的运动上表征了自然过程的不可逆性,为当时科学家们所难于接受.1874 年开尔文首先提出所谓“可逆性佯谬”,即:系统中单个微观粒子运动的可逆性与由大量微观粒子在相互作用中所表现出来的宏观热力学过程的不可逆性相矛盾.由单个粒子运动的可逆性如何会得出宏观过程的不可逆性这样的结论?玻耳兹曼继续潜心研究,1877 年,他圆满地解决了这一佯谬,从而将自己的研究工作推向了一个新的高峰.他建立了熵 S 和系统宏观态所对应的可能的微观态数目(即热力学几率)的联系:$S \propto \ln W$.1900 年普朗克引进了比例系数 k—称为玻耳兹曼常量,写出了玻耳兹曼—普朗克公式:$S = k \ln W$.这表明函数 H 和 S 都是同热力学几率 W 相联系的,从而揭示了宏观态与微观态之间的联系,指出了热力学第二定律的统计本质:H 定理或熵增加原理所表示的孤立系统中热力学过程的方向性,正相应于系统从热力学几率小的状态向热力学几率大的状态过渡,平衡态热力学几率最大,对应于 S 取极大值或 H 取极小值的状态;熵自发地减小或 H 函数自发增加的过程不是绝对不可能的,不过几率非常小而已.

玻耳兹曼的工作是气体动理论成熟和完善的里程碑,同时也为统计力学的建立奠定了坚实的基础,从而导致了热现象理论的长足进展.美国著名理论物理学家吉布斯(Josiah Willard Gibbs,1839—1903)正是在玻耳兹曼和麦克斯韦工作的基础上建起了统计力学大厦.玻耳兹曼开创了非平衡态统计理论的研究,玻耳兹曼微积分方程对非平衡态统计物理起着奠基性的作用,无论从基础理论或实际应用上,都显示出相当重要的作用.因此,人们将公式 $S = k \ln W$ 铭刻在他的墓碑上,以纪念他科学上的不朽功绩.

玻耳兹曼把热力学理论和麦克斯韦电磁场理论相结合,运用于黑体辐射研究.1870 年斯忒藩在总结实验观测的基础上提出热物体发射的总能量同物体绝对温度 T 的 4 次方成正比.1884 年玻耳兹曼从理论上严格证明了空腔辐射的辐射出射度 $M_0(T)$ 和绝对温度 T 的关系：$M_0(T)=\sigma T^4$，式中 σ 是个普适常量，后来称为斯忒藩-玻耳兹曼常量，这个关系被称为斯忒藩-玻耳兹曼定律．它对后来普朗克的黑体辐射理论的发展起到了很大的启示作用．在当时，科学家对麦克斯韦电磁场理论大多持不同看法，而玻耳兹曼最早认识到麦克斯韦电磁理论的重要性．他通过实验研究，测定了许多物质的折射率，用实验证实了麦克斯韦的预言：媒质的光折射率等于其相对介电常数和磁导率乘积的算术平方根，并从实验证明在各向异性媒质中不同方向的光速是不同的．他用《浮士德》中的一句话"写出这些符号的是一个神吗?"来赞美麦克斯韦方程组．这些无疑是对麦克斯韦电磁理论的有力支持．

　　玻耳兹曼是位很好的老师，经常被邀请到国外去讲学．他学识渊博，对学生要求严格而从不以权威自居．他讲课深入浅出、旁征博引、生动有趣，深受学生欢迎．他常常主持以科学最新成就为题的讨论班，带动学生进行研究．他对青年严格要求、热情帮助，培养了一大批物理学者．

阅读材料 D

大气与生物圈

　　21世纪人类面临地球资源缺少、人口剧增、环境污染等严重问题，到目前为止，人类还没有什么好的对策．人类是否有可能向外发展，移民到其他星球上去呢? 火星和月球是离我们最近也是人类了解得最多的天体，这些天体应当是移民首选对象，但这些天体的自然环境与地球有较大的差距．下面我们对地球大气的成分和生物圈的状况进行简单分析．

1. 地球大气成分简单分析

　　当物体与地球的距离趋于无穷远时，地球对物体的引力势能为零．若此时物体相对地球的动能为零，则物体总的机械能 $E=0$，即

$$\frac{1}{2}mv^2 - \frac{GM_\oplus m}{R_\oplus} = 0 \tag{D-1}$$

式中，$M_\oplus$、$R_\oplus$ 分别是地球质量与地球半径，G 为引力常数；m 为物体质量．

　　由上式求出的物体的速度称为第二宇宙速度，又称逃逸速度，这里用 $v_{逃}$ 表示，即

$$v_{逃} = \sqrt{\frac{2GM_\oplus}{R_\oplus}} \tag{D-2}$$

逃逸速度 $v_{逃}$ 与方均根速率之比为

$$K = \frac{v_{逃}}{\sqrt{\overline{v^2}}} = \sqrt{\frac{2GM_\oplus M_{mol}}{3R_\oplus RT}} \tag{D-3}$$

地球大气圈中几种气体的 K 值如表 D-1 所示（这里设大气温度为 290 K）．

表 D-1　地球大气圈中几种气体的 K 值

气体	H_2	He	H_2O	N_2	O_2	Ar	CO_2
K	5.88	8.32	17.65	22.0	23.53	26.31	27.59

当代宇宙学告诉我们,宇宙中原始的化学成分绝大部分是氢(约占 3/4)和氦(约占 1/4),地球形成之初,原始大气中应含大量的氢和氦;但现在地球大气中几乎没有 H_2 和 He,其主要成分为 N_2 和 O_2,为什么呢? 在一个星球上,大气分子的热运动促使其向太空逸散,万有引力阻止它们逃脱. 方均根速率标志着前者动能的大小,逃逸速度标志着后者势能的大小,比值 K 标志着二者抗衡中谁占先的问题. K 值越大,表明引力势能越大,分子不易逃脱. K 值刚刚大过 1,不足以有效阻止气体分子散失,因为此时仅仅具有方均根速率的分子被引力拉住,按麦克斯韦分布律,气体中有大量分子的速率大过、甚至远大过方均根速率,它们仍可以逃脱. 至于地球上 CO_2 相对于 O_2 含量特别少,人们一致认为这是生命过程参与的结果,早期地球表面有一种称为蓝藻的植物,大量吸收 CO_2,放出 O_2,导致地球大气圈中的 CO_2 减少.

2. 星球表面的大气层状况

行星形成之初曾被原始大气层包围,以后的状况会是怎样的呢?

根据表 D-2 中地球、月球、火星的半径和质量数,取温度为 290 K,由式(D-3)算出各星球上 CO_2、O_2、H_2 三种气体分子 K 值如表 D-3 所示.

在对比大量星球的 K 值和大气层状况后得出的经验数据表明,当 $K>10$ 时星球才能将气体留在表面. 由此判别地球上有 CO_2 和 O_2 存于大气层中而几乎没有 H_2;火星上有少量 CO_2 而几乎没有 O_2;月球上没有大气层.

实际上决定气体分子在星球上去留的并不只这两个因素. 按麦氏分布律,气体中还有大量速率大于方均根速率的分子足可能逃脱;再则,星球表面通过各种物理化学过程会释放或吸收某些气体成分,又由于太阳风的作用还会扫走许多大气分子. 虽然各个星球上的实际情况比上面介绍的复杂,但这些因素的综合效果是使得星球大气逐渐散失. 目前已探测到火星表面以 CO_2 为主,压强为 0.14~0.7 kPa,温度为 170~180 K,H_2O 含量是地球大气的几千分之一;月球处于超高真空状态,大气非常稀薄,温度在 190~300 K 之间变化.

表 D-2 地球、月球、火星的半径和质量数

地 球	月球与地球相比	火星与地球相比
半径 $R_e=6.378\times10^6$ m	$R_m/R_e=0.272$	$R_h/R_e=0.531$
质量 $M_e=5.98\times10^{24}$ kg	$M_m/M_e=0.012$	$M_h/M_e=0.108$

表 D-3 地球、火星、月球上三种气体分子 K 值

	M_{mol}	CO_2:44×10^{-3}kg·mol^{-1}	O_2:32×10^{-3}kg·mol^{-1}	H_2:2×10^{-3}kg·mol^{-1}
K 值	地球	27.4	23.4	5.9
	火星	12.3	10.5	2.7
	月球	5.8	4.7	1.2

3. 火星和月球的可利用资源

1965 年 7 月 15 日,美国发射的人造行星 Mariner-4 飞抵火星附近,对火星大气层进行了首次近距离观测. 1971 年 5 月 19 日前苏联发射了人造行星 Mapc-2,后又发射了 Mapc-3. 1975 年美国发射 Viking-1,经过 303 天航行后于次年 6 月 19 日到达环绕火星的轨道,以后又投下着陆舱,使人类对火星的了解程度大大增加. 火星土壤是富含铁(80%)的粘土,还有硅、镁、铝、钙、钛等,这些都是对人类有用的元素. 20 世纪 90 年代后,美国科学家设想在火星表面就地制造返回地球的燃料:先把液氢运到火星,与火星大气中丰富的 CO_2 进行反应,就能得到甲烷和水,分解后得到 O_2.

月球上也有丰富的资源. 月球的岩石和砂中含有丰富的矿物元素. 月壤和月岩中有丰富的

氦-3,是理想的核聚变燃料,几乎无放射性.其次,人类可以在月球表面建造宇宙飞船发射场,由于月球引力小,从这里发射火箭可以大大节省燃料.可以预料,人类往返于地球和太空之间进行各种活动的日子不会太遥远了.目前有许多科学家正致力于解决人类在外星球上的居住问题,如防止由于微重力引起的骨质疏松、预防太阳耀斑的影响、解决地球和火星间的电磁波通信、综合利用能源等等.

4. 生物圈和臭氧层

天体物理理论认为,地球、金星、火星的大气圈形成过程遵循同样的规律,有关计算结果表明地球上应该是 CO_2 特别多而 O_2 很少,从前面 K 值的计算看也应该是 CO_2 最能保留在大气中,但实际上地球的大气组分和理论值相距甚远, O_2 特别多而 CO_2 很少,如何解释这样的现象呢?

研究表明,地球上 O_2 多而 CO_2 少是生命过程造成的,地球早期的大气成分和近邻星球一样,的确主要是 CO_2,不同的是地球表面凝聚了液态水.

30 多亿年前,地球大气中 CO_2 比现在多 10 倍,氧浓度只有现在的千分之一,在这样的环境中生命过程开始了.在无氧的条件下,厌氧生物生活在 10 m 以下的深水里,但不能到水面上来,因为当时太阳辐射的紫外线直达地面不受阻拦.到了距今约 6 亿年时,地球大气中的氧浓度达到现在的百分之一,大气中的臭氧浓度也明显增加,形成了一道吸收紫外线的屏障,生物才得以浮出水面,水面生物通过光合作用有效地吸收二氧化碳,释放氧,使大气中氧浓度随之增长.到距今 4 亿年时,地球大气中的氧浓度已达到现在的十分之一,臭氧层高度上升到 20 km 左右,地表形成了适合生命生存的条件,生物也从海洋登上陆地.此后,陆地上绿色植物的光合作用大量制造氧气,使氧的浓度经过几次小的起伏后,与腐败有机物的氧化达到某种平衡,大气成分稳定在目前的水平上.所以说,生命的出现使地球的演化过程与其他星球不同.实际上,生物圈这个生态系统是一个由生命过程控制的动态系统.

今天,人类的活动成为生态系统进一步演化的重要因素之一.由于人类活动的影响,地球上 CO_2 的含量已从 18 世纪工业革命以前的 2.8×10^{-4} 升高到今天的 3.5×10^{-4}.值得指出的是,20 世纪中期,地球大气中 CO_2 的含量比例仅为 3.2×10^{-4}.造成这种结果的原因是:地球上的原始森林被人类大量砍伐,绿色植物吸收 CO_2 的功能减弱;石油和煤的大量燃烧释放出大量 CO_2. CO_2 对中远红外辐射有强烈的吸收.由于地球表面气温约 288 K,按维恩位移定律,其向外热辐射能量的峰值波长 λ_m 为 10.06 μm.因此,地球表面热辐射能量主要集中在中远红外波段,地球热辐射被大气中 CO_2 强烈吸收,又被 CO_2 辐射回地球,使地球表面热量散发不出去;而 CO_2 对太阳辐射影响可忽略不计.因此,它相当于给地球加上了一个"玻璃"罩,形成所谓温室效应.

温室效应使得地球表面气温逐渐升高,它对人类的危害尚难完全预料.但可以肯定的是,气候变暖将使诸如飓风、暴雨、洪水或干旱等极端气候现象更加猛烈,使得气候更加不稳定.20 世纪 90 年代地球表面平均气温上升了约 1.5 K.计算表明,如果温室效应使地表平均气温升高 5 K,将引起南北极冰层大量融化,海平面将上升 2~5 m,大量沿海地区将被淹没.

地球由大气圈、岩石土壤圈、水圈及生物圈组成,它们互相渗透,互相影响.1990 年,当环保科学家乘宇宙飞船鸟瞰地球时,他们看到的不再是青山绿水的家园,而是千疮百孔、四处狼烟的地球.科学技术的发展,使人类认为可以"征服自然、改造地球",从而为满足当前的需求向地球无限制地索取.今天,地球环境不断恶化,如大气污染、水污染、土壤污染,森林面积锐减,土壤沙漠化,水源短缺、非再生资源枯竭,生物物种大量灭绝,自然灾害频发,潜在核战争,人口急剧膨胀等.这些危机一旦失控,后果将不堪设想. 人类的发展和生存面临着极大的挑战和威胁. 有识之士认识到,人类必须寻找一种新的模式,它既可以满足人类现在的需求,又不致损害子孙后代的生存环境,这种模式即是可持续发展的模式. 可持续发展的内涵不仅包含经济发展与自然环境、自然资源的关系,还包含社会与经济的协调发展,它涉及到人类综合素质的提高、精神文明的发展、人际关系的和谐等一系列重大问题. 它是我国经济发展的战略措施,也是我国教育和科技发展的主题.

第五章　热力学基础

热力学的理论基础是热力学第一定律与热力学第二定律. 热力学第一定律是包括热现象在内的能量转换与守恒定律;热力学第二定律则指明了过程进行的方向性与转换条件.

§5-1　准静态过程　功　热量　内能

一、准静态过程

在第四章中,我们讨论了热力学系统处于平衡状态的某些性质. 一个系统的热平衡态可由宏观参量 p、V、T 来描述,在 p-V 图上可由一个点来表示. 当外界条件变化时,系统的平衡态必被破坏,之后会在新的条件下达到新的平衡. 现在我们来研究热力学系统从一个平衡态到另一个平衡态的转变过程.

当热力学系统受到外界的作用后,其状态随时间发生变化,我们称系统经历了一个**热力学过程**,简称**过程**. 根据热力学过程的中间状态不同,可把热力学过程分为两类:准静态过程和非静态过程. 如果过程进行得足够缓慢,以至系统连续经过的每个中间状态都可近似地看成平衡态的过程称为**准静态过程**(或**平衡过程**). 否则称为**非平衡过程**(或**非平衡过程**). 只有准静态过程才能在相图(p-V 图、p-T 图、T-V 图)上用曲线表示出来. 下面我们举例进行说明.

如图 5-1(a)所示的汽缸-活塞系统,活塞上压有很多重量相等的小砝码. 此时,系统处于平衡态 $1(p_1,V_1)$. 若如图 5-1(a)A 所示,将活塞上的砝码一下子全部去掉,气体的平衡态被破坏. 由于活塞上方的压力突然减少,活塞将迅速向上推移,最后稳定在某一高度. 这样,系统会由初始的平衡态 $1(p_1,V_1)$ 突变到新的平衡态 $2(p_2,V_2)$. 显然,在这个过程中,系统所经历的每一个中间态都是非平衡态,我们无法在 p-V 图上将它们表示出来;若如图 5-1(a)B 所示,每次仅去掉一个质量很小的小砝码,每次都待系统恢复平衡后再去掉下一个小砝码. 这样依次取走所有的小砝码后,系统同样达到平衡态 $2(p_2,V_2)$. 但是,在这个过程中,系统经历的每一个中间态都是平衡态,都可以在 p-V 图上以点表示出来(见图 5-1(b)Ⅱ),连接所有的点,便可在 p-V 图上得到一条连续的曲线(见图 5-(b)Ⅲ),将整个过程描绘出来.

准静态过程是一种理想化过程,是实际过程无限缓慢进行时的极限情况. 这里"无限"一词应从相对意义上理解. 我们把系统从一个平衡态变到相邻平衡态所经过的时间称为系统的**弛豫时间**. 如果系统的外界条件发生一微小变化所经历的时间比系统的弛豫时间长的多,那么在外界条件的变化过程中,系统有充分的时间达到平衡态. 例如,内燃机汽缸中的燃气,在实际过程中经历一次压缩的时间很短,约为 10^{-2} s,但此时间比其弛豫时间(约为 10^{-3} s)长 10 倍,在理论分析时,我们就可把汽缸中燃气经历的变化过程视为准静态过程.

(a) 从非准静态过程向准静态过程逼近

(b) 只有准静态过程才能在相图上用曲线表示出来

图 5-1　理解准静态过程示意图

二、内能

实验证明,系统状态发生变化时,只要初、末状态给定,则不论所经历的过程有何不同,系统与外界交换的能量都是相同的. 由此看来,热力学系统在一定状态下是具有确定的能量的,我们把由系统状态决定的能量称为热力学系统的"**内能**". 这样,系统内能的改变只取决于初、末两个状态,而与所经历的过程无关. 换句话说,**内能是系统状态的单值函数**. 对于理想气体,内能仅由分子的动能所决定,内能是温度的单值函数,即上章所给出的式(4-12), $E = \dfrac{M}{M_{mol}} \cdot \dfrac{i}{2} RT$.

三、准静态过程的功

在力学中,外界对物体作功可使物体的能量发生变化,在热学中也是如此. 作功是热力学系统之间传递能量的一种方式. 用一根棍不停地搅拌一杯水,经过一段时间后,水温将升高. 当外界推动活塞压缩气体,气温有所上升,压强也随之增大. 这都说明作功使系统的内能发生了改变.

下面我们以封闭在汽缸中的气体为例,说明如何计算准静态过程的功. 如图 5-2 所示,设活塞面积为 S,在气体压力 f 的作用下,活塞移动 dl 的距离,则气体对外作元功为

$$dA = f dl = pS dl = p dV \tag{5-1}$$

准静态过程可用 p-V 图上的一条曲线表示,如图 5-3(a)所示,元功 dA 相当于图中

阴影部分的面积,从初态到末态整个过程系统对外作功是 I(p_1,V_1)至 II(p_2,V_2)整个曲线下的面积,即

$$A = \int_{I}^{II} \mathrm{d}A = \int_{V_1}^{V_2} p\mathrm{d}V \tag{5-2}$$

图 5-3(a)与图 5-3(b)虽然都表示气体从同一初态 I(p_1,V_1)到同一末态 II(p_2,V_2),但由于经历的过程不同,气体对外作功也不同. 这说明功是一个与过程有关的过程量.

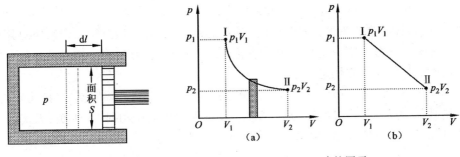

图 5-2 汽缸内气体推动活塞作功   图 5-3 功的图示

四、热量

实验表明,当两个温度不同的物体相互接触一段时间后,高温物体的温度要降低,低温物体的温度要升高,它们的内能都发生了变化. 利用系统与外界存在温差而改变系统内能的方法称为**传热**,其本质是能量的传递,通过微观运动(分子间相互碰撞)来实现. 因此,传热是热力学系统之间传递能量的另一种方式. 传热的三种方式是:导热、对流、热辐射. 此外,相变亦可传热.

传热过程中所传递能量的多少称为**热量**,通常记为 Q,单位是焦耳(J). 以后我们将看到,在相同的始、末状态之间,吸热的多少与过程有关,所以热量也是过程量. 应当指出,热量只是用来衡量在热传递过程中物体内能变化的物理量,而不是用来表示物体内能的多少,说某一个系统在某一个状态下有多少热量是没有意义的.

传热和作功对系统内能的改变具有等效性. 例如,将一杯水从某一温度升高到另一温度,既可以通过加热即传热的方式,也可采用搅拌作功的方式. 虽然方法不同,但两者都使杯中的水温度增高,内能增加,产生状态变化. 所以,从系统内能变化的角度来看,外界对系统作功和向系统传递热量是等效的. 应当指出,作功和传热在本质上存在着差异:作功改变系统的内能,是外界有序运动的能量与系统内分子无序热运动能量之间的转换;传热改变系统的内能,是外界分子无序运动能量与系统内分子无序热运动能量之间的传递.

§5-2 热力学第一定律及其在理想气体等值过程中的应用

一、热力学第一定律

在一般的热力学过程中,系统内能的变化是作功与传热的共同结果. 假设系统从内能为 E_1 的平衡态经某一热力学过程变化到内能为 E_2 的平衡态,在此过程中,外界对系统传热为 Q,同时系统对外作功为 A,根据能量转化和守恒定律,在系统状态变化时,系统能量的改变量等于系统与外界交换的能量. 则有

$$Q = E_2 - E_1 + A \tag{5-3}$$

上式表示:**系统吸收的热量,一部分转化成系统的内能;另一部分转化为系统对外所作的功**. 这就是热力学第一定律的数学表达式. 实质上,热力学第一定律就是包含热现象在内的能量转换与守恒定律.

式(5-3)中的各量均为代数量,其正负号规定为:系统从外界吸热时,Q 为正,向外界放热时,Q 为负;系统对外作功时,A 为正,外界对系统作功时,A 为负;系统的内能增加时,$\Delta E = E_2 - E_1$ 为正,系统的内能减少时,$\Delta E = E_2 - E_1$ 为负.

对于状态的微小变化过程,热力学第一定律的数学表达式为

$$dQ = dE + dA \tag{5-4}$$

在热力学第一定律建立以前,曾有人幻想制造出一种不需要外界提供能量而连续不断对外作功、系统又能复原的机器,这种机器称为**第一类永动机**,经过无数次的尝试,结果都以失败告终. 由热力学第一定律可知,要使系统对外作功,既可以消耗系统的内能,也可以从外界吸收热量,或者两者兼有. 热力学第一定律表明,第一类永动机是不可能制造成功的.

应当指出,热力学第一定律表明,在热力学过程中,热和功可以相互转换. 但这种转换不是直接的,而是通过系统内能的变化来实现的.

对于准静态过程,如果系统对外作功是通过体积变化来实现的,则式(5-4)与式(5-3)可以分别表示为

$$dQ = dE + pdV \tag{5-5}$$

$$Q = \Delta E + \int_{V_1}^{V_2} pdV \tag{5-6}$$

例 5-1 如例 5-1 图所示,系统从 a 态沿过程曲线 abc 变化到 c 态,吸收热量为 500 J,从 c 态沿过程曲线 cda 回到 a 态,向外放热 300 J,外界对系统作功 200 J,求在 abc 过程中系统内能的增量及对外作的功.

解 在 cda 过程中

$$Q = -300 \text{ J}, \quad A = -200 \text{ J}$$

根据热力学第一定律,有

$$E_a - E_c = Q - A = -300 - (-200) \text{ J} = -100 \text{ J}$$

例 5-1 图

$$E_c - E_a = -(E_a - E_c) = 100 \text{ J}$$

对于 abc 过程运用热力学第一定律,有

$$A = Q - (E_c - E_a) = 500 - 100 \text{ J} = 400 \text{ J}$$

所以 abc 过程内能增加 100 J,系统对外作功 400 J.

二、热力学第一定律在理想气体等值过程中的应用

1. 等体过程

设一汽缸内封闭有一定质量的理想气体,保持汽缸内体积不变,将汽缸连续不断地与一系列温差无限小的恒温热源相接触,使气体的温度逐渐上升,压强逐渐增大,但气体体积保持不变,这样,缸内气体就经历了一个准静态的等体过程,如图 5-4 所示.

等体过程的特征是气体的体积保持不变,即 $V =$ 恒量,$dV = 0$. 理想气体的准静态等体过程的过程方程为 $p/T =$ 恒量. 其 p-V 关系曲线如图 5-5 所示,是一条平行于 p 轴的直线段,称为**等体线**.

图 5-4　气体的等体过程

图 5-5　等体过程的 p-V 图

对微小过程,由于 $dV = 0$,所以系统作功 $dA = p\,dV = 0$. 根据热力学第一定律,有

$$dQ_V = dE = \frac{M}{M_{\text{mol}}} \frac{i}{2} R\,dT$$

对一有限过程,则有

$$Q_V = \Delta E = E_2 - E_1 = \frac{M}{M_{\text{mol}}} \frac{i}{2} R(T_2 - T_1) \tag{5-7}$$

上面各式中的脚标 V 表示体积不变.

可见,在等体过程中,外界传给气体的热量全部用来增加气体的内能,系统对外不作功(见图 5-5).

2. 等压过程

设想一封闭汽缸,连续地与一系列有微小温差的恒温热源(热源温度依次较前一个热源高)相接触,但活塞上所加的外力保持不变,使系统经历一个准静态等压过程,如图 5-6 所示.

等压过程的特征是系统的压强保持不变,即 $p =$ 恒量,$dp = 0$. 对理想气体的准静

态等压过程的过程方程为 V/T＝恒量. 在 $p\text{-}V$ 图上,准静态等压过程表示为一条平行于 V 轴的直线段,称为**等压线**,如图 5-7 所示.

图 5-6　气体的等压过程

图 5-7　等压过程的 $p\text{-}V$ 图

在等压过程中,p＝恒量,因此,当气体体积从 V_1 膨胀到 V_2 时,系统对外作功为

$$A_p = \int_{V_1}^{V_2} p\mathrm{d}V = p(V_2 - V_1) \tag{5-8}$$

根据理想气体的状态方程 $pV = \dfrac{M}{M_{\mathrm{mol}}}RT$,可将上式写成

$$A_p = p(V_2 - V_1) = \frac{M}{M_{\mathrm{mol}}}R(T_2 - T_1)$$

系统所吸收的热量为

$$
\begin{aligned}
Q_p &= \Delta E + p(V_2 - V_1) \\
&= \frac{M}{M_{\mathrm{mol}}}\frac{i}{2}R(T_2 - T_1) + \frac{M}{M_{\mathrm{mol}}}R(T_2 - T_1) \\
&= \frac{M}{M_{\mathrm{mol}}}\left(\frac{i}{2} + 1\right)R(T_2 - T_1)
\end{aligned}
\tag{5-9}
$$

上式表明,气体在等压膨胀过程中吸收的热量,一部分用来增加系统的内能,另一部分用来对外作功. 因而,当温度升高相同数值时,系统在等压膨胀中吸收的热量比等体过程所吸收的热量要多.

3. 等温过程

设一无摩擦、无漏气的汽缸,除汽缸底部(图 5-8 中左端)导热外,其四壁和活塞是绝对不导热的. 让导热底部与一恒温热源 T 接触,当活塞上的外界压强无限缓慢地改变时,缸内气体就经历一个准静态等温过程.

等温过程的特征是系统的温度保持不变,即 T＝恒量,$\mathrm{d}T = 0$. 理想气体的准静态等温过程的过程方程为 pV＝常数. 它在 $p\text{-}V$ 图上为双曲线的一支,称为**等温线**,如图 5-9 中 Ⅰ→Ⅱ 曲线所示.

由于理想气体的内能只取决于温度,所以在等温过程中,理想气体的内能保持不变,即 $\Delta E = 0$. 又据热力学第一定律知等温过程中系统吸收的热量等于对外作功,即

$$Q_T = A_T \tag{5-10}$$

图 5-8 等温过程

图 5-9 等温过程的 p-V 曲线

设理想气体在等温过程中,体积由 V_1 膨胀到 V_2 时,气体吸收的热量及对外作功为

$$Q_T = A_T = \int_{V_1}^{V_2} p \mathrm{d}V$$

$$= \frac{M}{M_{\text{mol}}} RT \int_{V_1}^{V_2} \frac{\mathrm{d}V}{V} \qquad (5\text{-}11)$$

$$= \frac{M}{M_{\text{mol}}} RT \ln \frac{V_2}{V_1}$$

由于等温过程 pV＝常量,即 $p_1 V_1 = p_2 V_2$,所以,上式也可以写成

$$Q_T = A_T = \frac{M}{M_{\text{mol}}} RT \ln \frac{p_1}{p_2} \qquad (5\text{-}12)$$

在等温过程中,理想气体所吸收的热量全部用来对外界作功,系统内能保持不变.

例 5-2 一汽缸内盛有 1 mol 温度为 27℃,压强为 1 atm 的氮气(视作刚性双原子分子的理想气体). 先使它等压膨胀到原来体积的两倍,再等体升压使其压强变为 2 atm,最后使它等温膨胀到压强为 1 atm. 求:氮气在全部过程中对外作的功,吸收的热量及其内能的变化.(普适气体常量 $R = 8.31 \text{J} \cdot \text{mol}^{-1} \cdot \text{K}^{-1}$)

解 由于系统所经历的过程都是准静态过程,我们可以把系统状态变化的全过程用 p-V 图表示,该氮气系统经历的全部过程如例 5-2 图所示.

设初态的压强为 p_0、体积为 V_0、温度为 T_0,而终态压强为 p_0、体积为 V、温度为 T. 在全部过程中氮气对外所作的功

$A = A(\text{等压}) + A(\text{等温})$

$A(\text{等压}) = p_0 (2V_0 - V_0) = RT_0$

$A(\text{等温}) = 2p_0 \cdot 2V_0 \ln(2p_0/p_0) = 4p_0 V_0 \ln 2 = 4RT_0 \ln 2$

例 5-2 图

所以 $A = RT_0 + 4RT_0 \ln 2 = RT_0 (1 + 4\ln 2) = 8.31 \times 300 \times (1 + 4\ln 2) \text{ J}$

$= 9.41 \times 10^3 \text{ J}$

氮气为双原子分子,自由度为 $i = 5$,所以内能的改变量为

$$\Delta E = \frac{5}{2}R(T-T_0) = \frac{5}{2}R(4T_0-T_0) = \frac{15}{2} \times 8.31 \times 300 \text{ J} = 1.87 \times 10^4 \text{ J}$$

氮气在全部过程中吸收的热量 $Q = \Delta E + A = 2.81 \times 10^4$ J.

也可以分别求出氮气在等压、等体、等温三个分过程中对外作功、吸热和内能变化,加在一起即得到氮气在全部过程中对外作的功、吸收的热量及其内能的变化,得到的结果相同.

§5-3 气体的摩尔热容

设在某一变化过程中,1 mol 物质温度升高(或降低)dT 时,吸收(或放出)的热量为 $(dQ)_m$,则物体在此过程的**摩尔热容**定义为

$$C_m = \frac{(dQ)_m}{dT} \tag{5-11}$$

即**摩尔热容** C_m 是 1 mol 物质温度升高(或降低)1K 时所吸收(或放出)的热量,单位为 J·mol^{-1}·K^{-1}.

由于热量是过程量,所以摩尔热容也是过程量. 对于理想气体,最常用的是等体过程的摩尔热容和等压过程的摩尔热容.

一、理想气体的等体摩尔热容

1 mol 理想气体,在等体过程中所吸取的热量为 dQ_V,气体的温度由 T 升高到 $T + dT$,则气体的等体摩尔热容为

$$C_V = \frac{dQ_V}{dT} \tag{5-14}$$

由等体过程知 dQ_V = dE,而 1 mol 理想气体 d$E = \frac{i}{2}RdT$,代入上式得理想气体等体摩尔热容为

$$C_V = \frac{i}{2}R \tag{5-15}$$

式中,i 为分子自由度;R 为普适气体常量.

因此,理想气体等体摩尔热容只与分子自由度有关,而与气体的状态(p,T)无关. 对于单原子理想气体,$i=3$,$C_V = \frac{3}{2}R$;对于刚性双原子气体,$i=5$,$C_V = \frac{5}{2}R$;对于刚性多原子气体,$i=6$,$C_V = 3R$.

按式(5-15),理想气体内能表达式又可以写为

$$E = \frac{M}{M_{mol}}C_V T \tag{5-16}$$

二、理想气体的等压摩尔热容

1 mol 理想气体,在等压过程中所吸取的热量为 dQ_p,温度升高 dT,则气体等压摩尔热容为

$$C_p = \frac{dQ_p}{dT}$$

由等压过程知 $dQ_p = dE + pdV$,所以

$$C_p = \frac{dE}{dT} + p\,\frac{dV}{dT}$$

对于 1 mol 理想气体,因 $dE = \frac{i}{2}RdT$,及等压过程 $pdV = RdT$,所以有

$$C_p = \frac{i}{2}R + R = \left(\frac{i+2}{2}\right)R \tag{5-17}$$

对于单原子理想气体,$i=3$,$C_p = \frac{5}{2}R$;对于刚性双原子气体,$i=5$,$C_p = \frac{7}{2}R$;对于刚性多原子气体,$i=6$,$C_p = 4R$.

将式(5-15)与式(5-17)相比较得

$$C_p = C_V + R \tag{5-18}$$

上式叫做**迈耶**(Mayer)**公式**. 从公式中可以看出,理想气体的等压摩尔热容比等体摩尔热容大一个恒量 R(量值大小为 8.31),其物理意义是:1 mol 理想气体,温度升高 1 K 时,在等压过程中要比在等体过程中多吸取 8.31 J 的热量,用于系统对外作功.

三、比热容比

系统的等压摩尔热容 C_p 与等体摩尔热容 C_V 之比称为系统的**比热容比**,工程上称其为**绝热系数**,以 γ 表示,即

$$\gamma = \frac{C_p}{C_V}$$

由于 $C_p > C_V$,所以恒有 $\gamma > 1$.

对于理想气体,$C_p = C_V + R$,$C_V = \frac{i}{2}R$,所以有

$$\gamma = \frac{C_V + R}{C_V} = \frac{\frac{i}{2}R + R}{\frac{i}{2}R} = \frac{i+2}{i} \tag{5-19}$$

上式说明,理想气体的比热容比只与分子的自由度有关而与气体状态无关. 对于单原子气体 $\gamma = \frac{5}{3} = 1.67$;双原子(刚性)气体 $\gamma = \frac{7}{5} = 1.40$;多原子(刚性)气体的 $\gamma = \frac{8}{6} = 1.33$.

　　表 5-1 列举了标准状态下几种气体的摩尔热容的实验数据. 从表中可以看出：(1)各种气体的$(C_p - C_V)$值都接近于 R 值；(2)室温下单原子及双原子气体的 C_p、C_V、γ 的实验数据与理论值相近. 这说明经典热容理论近似地反映了客观事实. 但是从表中还可以看到,分子结构较为复杂的多原子气体的实验值与理论值有较大偏差,与气体的种类有关. 这说明经典热容理论只在一定范围内能近似反映客观事实. 不仅如此,实验还指出,这些量与温度也有关系,如表 5-2 所示. 因而上述理论是个近似理论,只有用量子理论才能较好地解决热容问题.

表 5-1　气体摩尔热容量的实验数据(室温)(C_p、C_V 的单位为 J·mol^{-1}·K^{-1})

原子数	气体种类	C_p	C_V	$C_p - C_V$	$\gamma = \dfrac{C_p}{C_V}$
单原子	氦	20.9	12.5	8.4	1.67
	氩	21.2	12.5	8.7	1.65
双原子	氢	28.8	20.4	8.4	1.41
	氮	28.6	20.4	8.2	1.41
	一氧化碳	29.3	21.2	8.1	1.40
	氧	28.9	21.0	7.9	1.40
多原子	水蒸气	36.2	27.8	8.4	1.31
	甲烷	35.6	27.2	8.4	1.30
	氯仿	72.0	63.7	8.3	1.13
	乙醇	87.5	79.2	8.2	1.11

表 5-2　在不同温度下氢的 C_V/R 实验值

温度/℃	−233	−183	−76	0	500	1000	1500	2000	2500
C_V/R	1.50	1.64	2.20	2.44	2.533	2.761	3.014	3.214	3.366

§5-4　理想气体的绝热过程　*多方过程

一、绝热过程

1. 绝热过程

　　系统与外界始终没有热量交换的过程称为**绝热过程**. 被良好的绝热材料包围的系统(如杜瓦瓶——通常的热水瓶内的气体)所经历的变化过程或由于过程进行得很快,以至系统来不及与外界发生热量交换的过程(如气体在内燃机中的爆炸过程),都可看做是绝热过程. 绝热过程的特征是 $dQ = 0$.

　　如果要实现准静态的绝热过程,系统必须与外界完全绝热,而且过程也应该进行得无限缓慢,如图 5-10 所示. 显然,自然界中理想的绝热过程并不存在,实际进行的都是近似的绝热过程.

　　准静态绝热过程中 $dQ = 0$,热力学第一定律 $dQ =$

图 5-10　气体的绝热过程

$dE + pdV$ 可写成

$$dE + pdV = 0$$

或

$$dA = pdV = -dE$$

即在绝热过程中, 系统所作的功完全来自内能的变化. 则质量为 M 的理想气体由温度为 T_1 的初状态绝热地变到温度为 T_2 的末状态, 气体所作的功为

$$A = -(E_2 - E_1) = -\frac{M}{M_{mol}} C_V (T_2 - T_1) \qquad (5-20a)$$

由 $C_V = \dfrac{R}{\gamma - 1}$ 和理想气体状态方程, 可将上式写为

$$A = \frac{p_1 V_1 - p_2 V_2}{\gamma - 1} \qquad (5-20b)$$

2. 绝热过程方程

在绝热过程中, 理想气体的三个状态参量 p、V、T 是同时变化的. 根据热力学第一定律及绝热过程的特征 ($dQ = 0$), 可得

$$pdV = -\frac{M}{M_{mol}} C_V dT \qquad (*)$$

气体同时又要适合方程 $pV = \dfrac{M}{M_{mol}} RT$. 在绝热过程中, 因 p、V、T 三个量都在改变, 所以对理想气体状态方程取微分, 得

$$pdV + Vdp = \frac{M}{M_{mol}} RdT$$

将上式与 (*) 式比较, 得

$$C_V (pdV + Vdp) = -RpdV$$

又 $\qquad\qquad\qquad\qquad R = C_p - C_V$

所以 $\qquad\qquad C_V (pdV + Vdp) = (C_V - C_p) pdV$

化简得 $\qquad\qquad\qquad C_V Vdp + C_p pdV = 0$

或 $\qquad\qquad\qquad\qquad \dfrac{dp}{p} + \gamma \dfrac{dV}{V} = 0$

式中 $\gamma = \dfrac{C_p}{C_V}$. 将上式积分, 得

$$pV^\gamma = 常量 \qquad (5-21a)$$

这就是绝热过程中 p 与 V 的关系式. 应用 $pV = \dfrac{M}{M_{mol}} RT$ 和上式分别消去 p 或者 V, 即可分别求得 V 与 T 及 p 与 T 之间的关系:

$$V^{\gamma-1} T = 常量 \qquad (5-21b)$$

$$p^{\gamma-1} T^{-\gamma} = 常量 \qquad (5-21c)$$

式(5-21a)、(5-21b)、(5-21c)均称为**绝热过程方程**. 在三个式子中等号右边常量的大小各不相同,与气体的质量及初始状态有关. 在计算时可以根据实际情况,选择一个比较方便的来使用.

3. 绝热线

当气体做绝热变化时,也可在 p-V 图上画出 p 与 V 的关系曲线,称为**绝热线**.

如图 5-11 中的实线表示绝热线,虚线则表示同一气体的等温线,A 点是两线的相交点. 等温线($pV=$常量)和绝热线($pV^\gamma=$常量)在交点 A 处的斜率 $\left(\dfrac{\mathrm{d}p}{\mathrm{d}V}\right)$ 可以分别求出:

等温线的斜率 $\left(\dfrac{\mathrm{d}p}{\mathrm{d}V}\right)_T = -\dfrac{p_A}{V_A}$

绝热线的斜率 $\left(\dfrac{\mathrm{d}p}{\mathrm{d}V}\right)_Q = -\gamma\dfrac{p_A}{V_A}$

由于 $\gamma>1$,所以在两线的交点处,绝热线的斜率的绝对值比等温线的斜率的绝对值大. 这表明同一气体从同一初状态做同样的体积压缩时,压强的变化在

图 5-11　等温线与绝热线的斜率的比较

绝热过程中比在等温过程中要大. 我们也可用物理概念来说明这一结论:假定从交点 A 起,气体的体积压缩了 $\mathrm{d}V$,那么不论过程是等温的还是绝热的,气体的压强总要增加,但是,在等温过程中,温度不变,所以压强的增加仅由体积的减小所致,而在绝热过程中,压强的增加不仅由于体积的减小,而且还由于温度的升高. 因此,在绝热过程中,压强的增量 $(\mathrm{d}p)_Q$ 应比等温过程的 $(\mathrm{d}p)_T$ 大. 所以绝热线在 A 点的斜率的绝对值比等温线的大.

例 5-3　设有 8g 氧气,体积为 $0.41\times10^{-3}\,\mathrm{m}^3$,温度为 300 K. 如氧气做绝热膨胀,膨胀后的体积为 $4.10\times10^{-3}\,\mathrm{m}^3$,问气体作功多少? 如氧气做等温膨胀,膨胀后的体积也是 $4.10\times10^{-3}\,\mathrm{m}^3$,问这时气体作功多少?

解　氧气的质量是 $M=0.008$ kg,摩尔质量 $M_{\mathrm{mol}}=0.032$ kg. 原来温度 $T_1=300$ K. 令 T_2 为氧气绝热膨胀后的温度,则按式(5-20a)

$$A=\frac{M}{M_{\mathrm{mol}}}C_V(T_1-T_2)$$

根据绝热方程中 T 与 V 的关系式,有 $V_1^{\gamma-1}T_1=V_2^{\gamma-1}T_2$

得

$$T_2=T_1\left(\frac{V_1}{V_2}\right)^{\gamma-1}$$

以 $T_1=300$ K,$V_1=0.41\times10^{-3}\,\mathrm{m}^3$,$V_2=4.10\times10^{-3}\,\mathrm{m}^3$ 及 $\gamma=1.40$ 代入上式得

$$T_2=300\times\left(\frac{1}{10}\right)^{1.40-1}\,\mathrm{K}=119\,\mathrm{K}$$

又因氧分子是双原子分子，$i=5$，$C_V=\dfrac{i}{2}R=20.8$ J·mol^{-1}·K^{-1}，于是由式(5-20a)得

$$A=\frac{M}{M_{mol}}C_V(T_1-T_2)=\frac{1}{4}\times20.8\times181 \text{ J}=941 \text{ J}$$

如氧气做等温膨胀，气体所作的功为

$$A_T=\frac{M}{M_{mol}}RT_1\ln\frac{V_2}{V_1}=\frac{1}{4}\times8.31\times300\ln10 \text{ J}=1.44\times10^3 \text{ J}$$

例 5-4 试讨论理想气体的自由膨胀过程是何过程. 如例 5-4 图(a)，当从同样的初态 $A(p_0,V_0)$ 出发到达末态 $B(p_0/2,2V_0)$ 时，比较自由膨胀过程与准静态等温和绝热过程的异同. 怎样才能使系统通过准静态过程达到自由膨胀的末态？

解 理想气体在自由膨胀过程中不作功，$A=0$，与外界无热量的交换，$Q=0$，$\Delta E=0$. 理想气体自由膨胀过程末态压强为 $p_B=p_0/2$，温度为 $T_B=T_0$，体积为 $V_B=2V_0$. 在理想气体的自由膨胀过程中，任一时刻气体都处于非平衡态，即该过程是非准静态的绝热过程. 它在 $p\text{-}V$ 图上只能标出 A、B 两个点(例 5-4 图(b)).

例 5-4 图

通过准静态等温过程达到的末态与自由膨胀过程的末态相同时，内能的变化相同（ΔE 都为零），但作功和吸热的情况不同. 在自由膨胀过程中 $Q=A=0$，而在准静态等温过程中 $Q=A=\dfrac{M}{M_{mol}}RT_0\ln2=p_0V_0\ln2>0$. 在 $p\text{-}V$ 图上等温膨胀可用曲线 AB 表示，见例 5-4 图(b).

通过准静态绝热过程不可能直接使系统从初态 A 到达末态 B. 但我们可以先让系统作绝热膨胀，使系统体积变为 $2V_0$，再通过等体过程使系统到达末态 B.

通过准静态绝热过程 AC 达到中间态 C，其体积为 $V_C=2V_0$，压强为 $p_C=p_0/2^{\gamma}<p_0/2$，温度为 $T_C=T_0/2^{\gamma-1}<T_0$. 见例 5-4 图(b)，要到达自由膨胀的末态 B，需要通过等体过程加热 $Q=\dfrac{M}{M_{mol}}C_VT_0\left(1-\dfrac{1}{2^{\gamma-1}}\right)$，使系统温度从 $\dfrac{T_0}{2^{\gamma-1}}$ 升到 T_0. 在前段绝热过程中系统对外作功 A，由公式(5-20a)计算得

$$A = \frac{M}{M_{\mathrm{mol}}} C_V T_0 \left(1 - \frac{1}{2^{\gamma-1}} \right)$$

可见,在前后相继的两过程(绝热 AC 和等体 CB)中,$Q=A$.

即以上三过程中都有 $Q=A$,内能 E 不变.

*二、多方过程

气体在很多实际过程中可能既不是等温过程,又不是绝热过程,特别是很难做到严格的等温或严格的绝热. 对于理想气体来说,它的过程既不是 $pV=$ 常量,也不是 $pV^\gamma=$ 常量. 在热力学中,常用下述方程表示实际过程中气体的压强和体积的关系

$$pV^n = 常量 \tag{5-22}$$

式中,n 为常数,称为**多方指数**. 满足上式的过程叫做**多方过程**.

式(5-22)中 $n=1$ 的过程是等温过程,$n=\gamma$ 的过程是绝热过程,而 $1<n<\gamma$ 可以表示气体进行的实际过程. 其实多方指数也可不限于 1 和 γ 之间,取 $n=0$ 就是等压过程,$n=\infty$ 就是等体过程(见图 5-12).

图 5-12　多方过程与其他过程的关系

理想气体从状态 Ⅰ(p_1,V_1,T_1)变化到状态 Ⅱ(p_2,V_2,T_2),这时,$p_1 V_1^n = p_2 V_2^n$,在这个过程中,对外所作的功为

$$
\begin{aligned}
A &= \int_{V_1}^{V_2} p\,\mathrm{d}V = \int_{V_1}^{V_2} \frac{p_1 V_1^n}{V^n}\,\mathrm{d}V = p_1 V_1^n \int_{V_1}^{V_2} \frac{\mathrm{d}V}{V^n} \\
&= p_1 V_1^n \left(\frac{1}{1-n} V_2^{1-n} - \frac{1}{1-n} V_1^{1-n} \right) \\
&= \frac{p_1 V_1 - p_2 V_2}{n-1}
\end{aligned}
\tag{5-23}
$$

如将式(5-23)中的 n 换为 γ,即可得到式(5-20b)的绝热过程中功的计算式

$$A = \frac{p_1 V_1 - p_2 V_2}{\gamma - 1} \tag{5-24}$$

多方过程可以在 p-V 图上表示,但并非 p-V 图上任意画出的曲线都是多方过程. 可以证明,气体在多方过程的摩尔热容是依赖于多方指数的一个常量.

现将理想气体准静态过程的各种公式整理成表 5-3,以便查用.

表 5-3　理想气体准静态过程公式

过程	特征	过程方程	吸收热量 Q	对外作功 A	内能增量 ΔE
等体	$V=$ 常量	$\dfrac{p}{T}=$ 常量	$\dfrac{M}{M_{\mathrm{mol}}} C_V (T_2 - T_1)$	0	$\dfrac{M}{M_{\mathrm{mol}}} C_V (T_2 - T_1)$

续上表

过程	特征	过程方程	吸收热量 Q	对外作功 A	内能增量 ΔE
等压	$p=$ 常量	$\dfrac{V}{T}=$ 常量	$\dfrac{M}{M_{mol}}C_p(T_2-T_1)$	$p(V_2-V_1)$ 或 $\dfrac{M}{M_{mol}}R(T_2-T_1)$	$\dfrac{M}{M_{mol}}C_V(T_2-T_1)$
等温	$T=$ 常量	$pV=$ 常量	$\dfrac{M}{M_{mol}}RT\ln\dfrac{V_2}{V_1}$ 或 $\dfrac{M}{M_{mol}}RT\ln\dfrac{p_1}{p_2}$	$\dfrac{M}{M_{mol}}RT\ln\dfrac{V_2}{V_1}$ 或 $\dfrac{M}{M_{mol}}RT\ln\dfrac{p_1}{p_2}$	0
绝热	$dQ=0$	$pV^{\gamma}=$ 常量 $V^{\gamma-1}T=$ 常量 $p^{\gamma-1}T^{-\gamma}=$ 常量	0	$-\dfrac{M}{M_{mol}}C_V(T_2-T_1)$ 或 $\dfrac{p_1V_1-p_2V_2}{\gamma-1}$	$\dfrac{M}{M_{mol}}C_V(T_2-T_1)$
多方		$pV^n=$ 常量	$A+\Delta E$	$\dfrac{p_1V_1-p_2V_2}{n-1}$	$\dfrac{M}{M_{mol}}C_V(T_2-T_1)$

§5-5　循环过程　卡诺循环

在历史上,热力学理论最初是在研究热机的工作过程的基础上发展起来的. 热机是持续不断地将热转换成功的机器,例如蒸汽机、内燃机、汽轮机等都是热机. 在热机中被用来吸收热量并对外作功的物质称为**工作物质**,简称**工质**. 各种热机都是重复地进行着某些过程而不断地吸热作功. 为了从能量转化的角度分析各种热机的性能,我们首先引入循环过程及其效率的概念,然后介绍卡诺循环.

一、循环过程

1. 循环过程的特征

一个系统由某个初始状态出发,经过一系列变化过程后,又回到初始状态的过程称为**循环过程**,简称**循环**. 对循环过程的研究,在工程技术和理论上都有很重要的意义.

因循环过程的始末状态相同,所以工质经历一个循环过程回到初始状态时,内能没有改变,即 $\Delta E=0$,这是循环过程的重要特征. 如果工质所经历的循环过程中各分过程都是准静态过程,则整个过程就是**准静态循环过程**. 在 p-V 图上,准静态循环过程可以用一条闭合曲线来表示. 如果循环沿顺时针方向进行,叫**正循环**,如图 5-13(a)所示;反之为**逆循环**,如图 5-13(b)所示.

由热力学第一定律知,对循环过程,内能改变量为 $\Delta E=0$,故系统吸收的热量等于系统对外作的功.

（a）正循环　　　　　　　　（b）逆循环

图 5-13　循环过程

对图 5-13（a）的正循环过程中，系统膨胀经历 ABC 过程，吸热 Q_1；系统被压缩经历 CDA 过程，向外界放热 Q_2，系统在一个循环中作的净功

$$A = Q_1 - Q_2 > 0$$

也就是说，系统在正循环过程中，将从高温热源中吸收热量 Q_1，将部分热量 Q_2 放到低温热源中，对外作的净功大于零.

相应地在图 5-13（b）中的逆循环过程中，系统经历了膨胀过程从低温热源吸取热量 Q_2，外界对系统作功 A，将热量 Q_1 释放到高温热源中，

$$A = Q_2 - Q_1 < 0$$

系统作净负功，也就是说，这种循环是在消耗外界功的前提下，从低温热源取得热量 Q_2，送到高温热源中去.

2. 热机和热机效率

热机是通过工作物质的正循环过程不断地将热转换为功的，所以正循环又称热机循环.

现以蒸汽机为例来说明热机的工作过程. 图 5-14 表示蒸汽机的工作示意图. 水从锅炉中吸收热量，变成高温高压的蒸汽，通过管道进入气缸，推动活塞对外作功，使蒸汽的温度和压强降低成为废气，进入冷凝器放热凝结为水，再用水泵打入锅炉，然后再开始下一个循环.

从能量转化的角度来看，工作物质（蒸汽）从高温热源（锅炉）吸收热量 Q_1，其内能增加，然后一部分内能通过对外作功 A 转化为机械能，另一部分内能在低温热源（冷凝器）转化为热量，放热 Q_2 而传给外界. 图 5-15 表示热机中发生的能量转化关系，不难看出，它满足

$$Q_1 = Q_2 + A$$

在实际问题中，我们更关心的是，热机把从高温热源吸收来的热量，有多少转化为了有用功. 因此，我们把一次循环中工作物质对外作的净功占它从高温热源吸收热量的比值定义为**热机效率**，用 η 表示

图 5-14　蒸汽机的工作示意图　　　　　　图 5-15　热机中的能量转换

$$\eta = \frac{A}{Q_1} = \frac{Q_1 - Q_2}{Q_1} = 1 - \frac{Q_2}{Q_1} \tag{5-25}$$

式中，A 为整个循环过程中系统对外所作的净功，Q_1 为整个循环过程中吸收热量的总和，Q_2 为放出热量总和的绝对值，即式中 A、Q_1、Q_2 均为绝对值. 显然，当工作物质吸收相同的热量时，对外作的功越多，热机效率就越高.

3. 致冷机和致冷系数

逆循环是致冷机的原理. 所谓致冷机就是通过逆循环过程，利用外界对工作物质作功，使低温热源的热量不断地传递给高温热源的机器.

家用电冰箱就是一种致冷机，它的工作物质为致冷剂，常用的致冷剂有氨、氟里昂等. 图 5-16 表示电冰箱的工作示意图. 液化后的致冷剂从蒸发器（低温热源）吸热蒸发，经压缩机急速压缩为高温高压气体，然后通过冷凝器向大气（高温热源）放热并凝结为液体，经节流阀的小口通道，进一步再进入蒸发器，进行下一个循环.

致冷机的能量转换关系如图 5-17 所示. 工作物质从低温热源吸热 Q_2，向高温热源放热 Q_1，要实现这一点，外界必须对工作物质作功 A'. 由于循环过程中 $\Delta E = 0$，因此热力学第一定律可写成

$$Q_2 - Q_1 = -A'$$

图 5-16　电冰箱的工作示意图　　　　　　图 5-17　致冷机中的能量转换

或 $$Q_1 = Q_2 + A'$$

上式说明,工作物质向高温热源传递的热量来自两部分,一部分是从低温热源吸收的热量 Q_2,另一部分是外界对工作物质作的功 A'. 换句话说,工作物质从低温热源吸收热量传递给高温热源,是以外界对工作物质作功为代价的. 从低温热源吸热越多,外界对工作物质作功越少,则致冷效果越好. 因此定义

$$w = \frac{Q_2}{A'} = \frac{Q_2}{Q_1 - Q_2} \tag{5-26}$$

式中,A'、Q_1、Q_2 均为绝对值. 显然,如果从低温热源处吸取的热量 Q_2 越大,而对工质所作的功 A' 越小,则致冷系数 w 就越大,致冷机的致冷效率就越高.

二、卡诺循环

19 世纪初,蒸汽机的使用已经相当广泛,但效率只有 3%~5%,大部分热量都没有得到利用,人们迫切希望提高热机的效率. 决定热机效率的关键是什么? 1824 年,年轻的法国工程师卡诺(S. Camot)似乎找到了提高热机效率的方向,他从水通过落差产生动力得到启发,认为两个热源的温度差是热机产生机械功的关键因素. 于是他从理论上研究了一种理想热机,这种热机的工作物质只与两个恒温热源交换热量,整个循环由两个等温过程和两个绝热过程组成,这种循环称为**卡诺循环**,相应的热机叫**卡诺热机**. 卡诺热机的工质可以是固体、液体或气体.

图 5-18 表示理想气体的准静态卡诺循环热机的 p-V 图,曲线 1→2 和 3→4 表示温度为 T_1 和 T_2 的两条等温线,曲线 2→3 和 4→1 是两条绝热线. 我们先讨论以状态 1 为始点,沿闭合曲线 1→2→3→4→1 所做的循环过程. 在完成一个正循环后,回到初态气体的内能不变,但气体与外界通过传递热量和作功而有能量的交换. 在 1→2→3 的膨胀过程中,气体对外界所作的功 A_1 是曲线 1→2→3 下面的面积,在 3→4→1 的压缩过程中,外界对气体所作的功 A_2 是曲线 3→4→1 下面的面积,因为 $A_1 > A_2$,所以气体对外所作的净功 $A(=A_1-A_2)$ 就是闭合曲线所围的面积. 热量的交换情况是,气

图 5-18 卡诺正循环

体在等温膨胀过程 1→2 中,从高温热源吸收的热量 Q_1 为

$$Q_1 = \frac{M}{M_{\text{mol}}} R T_1 \ln \frac{V_2}{V_1}$$

气体在等温压缩过程 3→4 中向低温热源放出的热量 Q_2 的绝对值为

$$Q_2 = \frac{M}{M_{\text{mol}}} R T_2 \ln \frac{V_3}{V_4}$$

而 2→3 和 4→1 过程中没有热量交换,但满足绝热过程的过程方程,即

$$T_1 V_2^{\gamma-1} = T_2 V_3^{\gamma-1}$$

$$T_1 V_1^{\gamma-1} = T_2 V_4^{\gamma-1}$$

两式相比得到

$$\frac{V_2}{V_1} = \frac{V_3}{V_4}$$

所以

$$Q_2 = \frac{M}{M_{mol}} R T_2 \ln \frac{V_3}{V_4} = \frac{M}{M_{mol}} R T_2 \ln \frac{V_2}{V_1}$$

取 Q_1 和 Q_2 的比值,可得

$$\frac{Q_1}{T_1} = \frac{Q_2}{T_2}$$

根据热机效率定义,可得以理想气体为工质的卡诺热机的效率

$$\eta_c = \frac{A}{Q_1} = 1 - \frac{Q_2}{Q_1} = 1 - \frac{T_2}{T_1} \tag{5-27}$$

上式说明,卡诺循环的效率只与它所接触的两个热源温度有关,而且高温热源温度越高,低温热源温度越低,效率就越大. 实践指出,提高高温热源的温度比降低低温热源的温度要经济得多.

对于卡诺循环还需指出:要完成一次卡诺循环必须有高低两个热源存在;由于不能实现 $T_1 = \infty$ 或 $T_2 = 0$(热力学第三定律),卡诺循环的效率总是小于 1;由于绝热过程是一个理想过程,而且实际过程不可能进行得非常缓慢,即并非为准静态过程,真实热机的效率只有上式所给出的理论值的 20%~30%.

同样,卡诺致冷机的致冷系数可表示为

$$w_c = \frac{Q_2}{A'} = \frac{Q_2}{Q_1 - Q_2} = \frac{T_2}{T_1 - T_2} \tag{5-28}$$

可见,卡诺致冷机的致冷系数也只与两个热源的温度有关. 但与热机效率不同的是,高温热源温度越高,低温热源温度越低,则致冷系数就越小. 这就意味着要从温度越低的低温热源中吸取相同的热量,就必须要外界作更多的功. 致冷系数可以大于 1,如一台 1.5 kW、12 566 J 的空调,其致冷系数约为 2.3.

例 5-5 一个以氧气为工质的循环由等温、等压及等体三个过程组成,如例 5-5 图所示. 已知 $p_a = 4.052 \times 10^5 \text{Pa}$,$p_b = 1.013 \times 10^5 \text{Pa}$,$V_c = 1.00 \times 10^{-3} \text{m}^3$. 求其效率.

解 由题意知

$$C_V = \frac{5}{2} R = 20.8 \text{ J} \cdot \text{mol}^{-1} \cdot \text{K}^{-1}$$

$$C_p = \frac{7}{2} R = 29.1 \text{ J} \cdot \text{mol}^{-1} \cdot \text{K}^{-1}$$

例 5-5 图

由于 ab 为等温吸热过程,所以 $p_aV_a=p_bV_b$

$$V_b=\frac{p_aV_a}{p_b}=\frac{4.052\times10^5\times1.00\times10^{-3}}{1.013\times10^5}=4.00\times10^{-3}\ \text{m}^3$$

$$Q_T=\frac{M}{M_{\text{mol}}}RT_a\ln\frac{V_b}{V_a}=p_aV_a\ln\frac{V_b}{V_a}$$

$$=4.052\times10^5\times1.00\times10^{-3}\ln\frac{4.00\times10^{-3}}{1.00\times10^{-3}}\ \text{J}$$

$$=5.62\times10^2\ \text{J}$$

因 bc 为等压过程,所以

$$Q_p=\frac{M}{M_{\text{mol}}}C_p(T_c-T_b)=\frac{C_p}{R}p_b(V_c-V_b)$$

$$=\frac{29.1}{8.31}\times1.013\times10^5\times(1.00\times10^{-3}-4.00\times10^{-3})\ \text{J}$$

$$=-1.06\times10^3\ \text{J}$$

负号表示气体向外界放热.

由于 ca 为等体过程,故气体吸收的热量

$$Q_V=\frac{M}{M_{\text{mol}}}C_V(T_a-T_c)=\frac{C_V}{R}V_c(p_b-p_c)$$

$$=\frac{20.8}{8.31}\times1.00\times10^{-3}\times(4.052\times10^5-1.013\times10^5)\ \text{J}$$

$$=7.61\times10^2\ \text{J}$$

于是整个过程的吸热

$$Q_1=Q_T+Q_V=5.62\times10^2+7.61\times10^2\ \text{J}=1.323\times10^3\ \text{J}$$

整个过程的放热

$$Q_2=|Q_p|=1.06\times10^3\ \text{J}$$

将 Q_1、Q_2 代入循环效率公式,得

$$\eta=1-\frac{Q_2}{Q_1}=1-\frac{1.06\times10^3}{1.323\times10^3}=19.9\%$$

例 5-6 广东大亚湾核电站总装机容量为 1.80 GW,效率为 30%.当发电机组全部投入运行时,(1)求每秒钟热机从核锅炉中吸取的热量;(2)若用 10℃的海水冷却冷凝器,而排水温度为 20℃,则每秒需要多少吨海水?(海水的比热 $C=4.18\ \text{kJ}\cdot\text{kg}^{-1}\cdot\text{K}^{-1}$)

解 (1)设每秒钟热机从核锅炉中吸取的热量为 Q_1,由循环效率公式得

$$Q_1=\frac{A}{\eta}=\frac{1.80\times10^9}{0.30}\ \text{J}=6.00\times10^9\ \text{J}$$

(2)设每秒钟向冷凝器放出的热量为 Q_2,则

$$Q_2=Q_1-A=6.00\times10^9-1.80\times10^9\ \text{J}=4.20\times10^9\ \text{J}$$

故每秒所需的海水质量

$$m = \frac{Q_2}{C \Delta T} = \frac{4.20 \times 10^9}{4.18 \times 10^3 \times (20-10)} \text{ kg} = 1.00 \times 10^5 \text{ kg} = 100 \text{ t}$$

例 5-7　一卡诺致冷机从温度为 $-10{}^\circ\text{C}$ 的冷库中吸取热量,释放到温度 $27{}^\circ\text{C}$ 的室外空气中,若致冷机耗费的功率是 1.5 kW,求:(1)每分钟从冷库中吸收的热量;(2)每分钟向室外空气中释放的热量.

解　(1)根据卡诺致冷系数有

$$w_{\text{c}} = \frac{T_2}{T_1 - T_2} = \frac{263}{300 - 263} = 7.1$$

所以,从冷库中吸收的热量为

$$Q_2 = w_{\text{c}} A' = 7.1 \times 1.5 \times 10^3 \times 60 \text{ J} = 6.39 \times 10^5 \text{ J}$$

(2)释放到室外的热量为

$$Q_1 = A' + Q_2 = 1.5 \times 10^3 \times 60 + 6.39 \times 10^5 \text{ J} = 7.29 \times 10^5 \text{ J}$$

根据致冷机的致冷原理制成的供热机叫热泵.在严寒冬天,空调机的冷冻器放在室外,而散热器放在室内,开动空调机,经电力作功,通过冷冻器从室外吸收热量,通过散热器向室内放热达到供热取暖作用.热泵供热获得的热量大于消耗的电功,上例中消耗的电功 $A' = 1.5 \times 10^3 \times 60 \text{ J} = 9.0 \times 10^4 \text{ J}$,提供热量 $Q_1 = 7.29 \times 10^5 \text{ J}$,$Q_1 > A'$,这是最经济的供热方式.在酷热夏天,只需将冷冻器与散热器位置互换,经空调机作功,将吸取室内热量,向室外释放热量,即达到室内降温的目的.可见制冷机可以制冷,也可以供热,供热时即为热泵.

§5-6　热力学第二定律和卡诺定理

热力学第一定律是能量守恒定律在热力学过程中的表述,任何违反能量守恒的过程都是不能实现的.但满足能量守恒的过程是否都能实现呢?人们在研究热机工作原理时发现,满足能量守恒的热力学过程不一定都能进行.自然界中有许多过程的进行都有一定的方向和限度.对这类问题的解释需要一个独立于热力学第一定律的新的自然规律——热力学第二定律.

一、热力学第二定律的两种表述

热力学第二定律有多种表述方式.由于热力学过程的方向性都与热功转换或热传导有关,所以常用热功转换和热传导的方向性来表述热力学第二定律,分别称为热力学第二定律的开尔文表述和克劳修斯表述.

1. 开尔文表述

根据热力学第一定律,效率大于 100% 的循环动作的热机(即第一类永动机)是不可能制成的.但是,制造一个效率等于 100% 的循环动作的热机,有没有可能呢?历史上曾有人企图制造这样一种循环动作的热机,它只从一个单一热源吸取热量,并使之全部转变为功,即 $Q_1 = A$,效率等于 100%,这种热机并不违反热力学第一定律.我们把从一个单一热源吸热,并将热全部转变为功的循环动作的热机,叫做**第二类永动机**.曾有人估算过,如果能制成第二类永动机,使它吸收海水中的热量而作功的话,则只要海水的温度下降 0.01 K,就可获得相当于 10^{12} t 煤完全燃烧所提供的热量!但许多尝试证明,第二类永动机无法制成.

根据这些事实,1851 年开尔文(W. Thomson,Lord Kelvin)总结出热力学第二定律的一种表述:**不可能制成一种循环动作的热机,只从一个单一热源吸取热量,使之完全变为有用功,而不产生其他影响**.这种表述被称为开尔文表述.

开尔文表述反映了热功转换的一种特殊规律.在这一表述中,"单一热源"是指温度均匀且恒定不变的热源."其他影响"是指除单一热源放热和对外作功以外的其他影响,包括对系统本身和外界的影响.我们要特别注意"循环动作"、"单一热源"和"其他影响"这三个关键词,如果少了它们其中任何一个的条件限制,都是有可能发生的.例如理想气体的等温膨胀,显然实现了把吸收的热量完全转变为功,但是它不是循环动作的热机,而且在该过程中系统的体积膨胀了,系统没有还原,对系统和外界产生了其他的影响.

开尔文表述还可以表述为:**第二类永动机无法制成**.

2. 克劳修斯表述

1850 年,克劳修斯(R. J. E. Clausius)在大量事实的基础上提出热力学第二定律的另一种表述:**热量不可能自动地从低温物体传向高温物体**.这种表述被称为热力学第二定律的克劳修斯表述.

在克劳修斯表述中,"自动地"是关键词,从上一节卡诺致冷机的分析中可以看出,要使热量从低温物体传到高温物体,靠自发地进行是不可能的,必须依靠外界作功,克劳修斯的叙述正是反映了热量传递的这种特殊规律.

由此可见,在自然界中,所发生的热力学过程是有方向性的,某些方向的过程可以自动实现,而另一方向的过程则不能.热力学第一定律说明任何热力学过程中必须满足能量守恒,热力学第二定律却说明并非所有能量守恒的过程均能实现.热力学第二定律是反映自然界过程进行的方向性和条件的一个规律,在热力学中,它和第一定律相辅相成,缺一不可.

二、两种表述的等价性

表面看来,热力学第二定律的开尔文表述和克劳修斯表述似乎是各自独立的,毫无联系.但可以证明两者是等价的.即一个说法是正确的,另一个说法也必然是正确的;一个说法不成立,另一个说法也必然不成立.下面,我们用反证法来证明两者的等价性.

先设开尔文表述不成立,即有一部单一热源热机,从高温热源 T_1 吸收热量 Q_1,并把它全部转变为功 A(图 5-19(a)).用此热机带动一部卡诺制冷机(图 5-19(b)),卡诺制冷机接受热机所作的功 $A(=Q_1)$，使它从低温热源 T_2 吸收热量 Q_2，向高温热源放出热量 Q_1+Q_2．将这两部机器看成一部复合致冷机，其总效果是，外界没有对它作功，而它却把热量 Q_2 从低温热源传向了高温热源，而没有引起其他变化（图 5-19（c））．即克劳修斯表述不成立．

图 5-19　违反开氏表述的热机和违反克氏表述的制冷机

　　再设克劳修斯表述不成立，有一部不需外界作功的制冷机，把热量 Q_2 从低温热源 T_2 传向了高温热源 T_1（图 5-20（a）），而没有引起其他变化．再利用一部卡诺热机，从高温热源 T_1 吸收热量 Q_1，向低温热源 T_2 放出热量 Q_2，对外作功 $A=Q_1-Q_2$（图 5-20（b））．将这两部机器看成一部复合机，其总效果是，一部单一热源热机（图 5-20（c）），从单一热源吸收热量 Q_1-Q_2，对外作功 $A=Q_1-Q_2$．即开尔文表述不成立．

图 5-20　违反克氏表述的制冷机和违反开氏表述的热机

三、可逆过程与不可逆过程

　　针对热力学过程具有方向性这一重要特征，我们引入可逆过程与不可逆过程的概念．

　　我们定义：一个系统由某一状态出发，经过一过程达到另一状态，如果存在一个逆过程,它能使系统和外界完全复原(即系统回到原来的状态,同时消除系统对外界引起的一切影响),则原过程称为**可逆过程**;反之,如果用任何方法都不可能使系统和外界完全复原,则原来的过程为**不可逆过程**.

大量观察表明:自然现象大多是不可逆的.破镜不能重圆,覆水不可收回,这样的例子不胜枚举.事实上,自然界中一切与热现象有关的宏观过程都具有不可逆性,例如:

(1)热传导 两个温度不同的物体接触一段时间,热量就会自动地由高温物体传到低温物体,使两者温度逐渐接近.但热量不会自动地从低温物体传到高温物体而加大两者的温差,这说明热传递具有不可逆性.

(2)功热转换 一个小球自由下落与地面碰撞最终静止于地表,其机械能转化为热能、声能耗散出去.但相反的过程不能实现,即小球不会自动吸收热能将其转化为机械能而跳回到原来的高度上.

(3)理想气体的自由膨胀 一隔板将容器分隔为 A、B 两个部分,其中 A 部盛有理想气体,B 部为真空.当隔板打开后,A 部气体便会在没有阻力的情况下迅速膨胀,充满整个容器.在这个过程中,气体既不与外界交换热量,也不对外界作功.但相反的过程是不可能自动实现的,即膨胀后的气体又自动收缩回 A 室,使 B 室为真空.这说明,理想气体的自由膨胀过程是不可逆的.

必须指出:一个过程不可逆,并不是说该过程的逆过程不可能实现.例如,我们可以将自由膨胀的气体压缩回去,但压缩气体外界需要对系统作功;又如,空调可以将热量从室内(低温热源)抽到室外(高温热源),但致冷要消耗电能.上述原过程是自发进行的,而逆过程则要外界付出代价,不能自发地进行.

那么什么样的过程是可逆的? **只有无耗散**(摩擦是耗散的一类)**的准静态过程才是可逆的**.可逆过程是一种理想化的过程,与质点、刚体一样是一种理想化的模型.一切实际的宏观过程都不是准静态的,且不可能完全避免摩擦等耗散因素,所以都是不可逆过程.但许多实际过程都可近似地视为可逆过程.在§5-1叙述的准静态过程中,如果活塞与汽缸壁无摩擦,我们可以设想把这些无限细分的砝码缓慢地加回去,则在图 5-1(b)Ⅲ中的 p-V 图上也可得到一条连续曲线,它由状态 2 指向状态 1,并沿原曲线返回.如果这是一等温过程,在状态 1 变化到状态 2 的等温膨胀过程中,气体对活塞作功 A 等于它从热源吸收的热量 Q,在状态 2 变化到状态 1 的等温压缩过程中,活塞对气体作功 A' 等于气体放给热源的热量 Q',由于无摩擦,膨胀时气体对活塞作的功 A 与压缩时活塞对气体作的功 A' 是相等的,且 $Q=Q'$.可见,正反两个过程的结果不仅使得气体恢复了原状态,也使得外界(活塞、热源)同时复原,因而,这是一个可逆过程.

四、卡诺定理

早在热力学第一定律和第二定律建立之前,卡诺就在 1824 年提出了有关热机效

率的重要定理,其表述如下:

(1)在相同的高温热源 T_1 和相同的低温热源 T_2 之间工作的一切可逆热机(即其循环过程为可逆过程),其效率 $\eta_{可逆}$ 都相等,与工作物质无关,且

$$\eta_{可逆}=1-\frac{T_2}{T_1}$$

(2)在相同高温热源 T_1 和相同低温热源 T_2 之间工作的一切不可逆热机,其效率 $\eta_{不可逆}$ 都小于可逆热机的效率,即

$$\eta_{不可逆}<1-\frac{T_2}{T_1}$$

卡诺定理是在研究如何提高热机效率的过程中发展起来的,它指出了提高热机效率的途径,其一是尽量减少摩擦、漏气等耗散因素,使热机尽可能接近可逆机;其二是尽量提高高温热源的温度,降低低温热源的温度.但实际上由于热机低温热源冷凝器的温度比周围环境温度只略高一些,唯有提高高温热源的温度才是切实可行的.现代热电厂中汽轮机中的工作物质(水蒸气)的温度达 580℃,冷凝器温度约为 30℃,卡诺可逆热机的效率 $\eta=64.5\%$,但由于不可避免的摩擦、散热等因素,实际汽轮机的效率只有 36% 左右.

卡诺定理可用热力学第二定律严格证明,这里从略.

§5-7　热力学第二定律的统计意义　熵

热力学第二定律指出,一切与热现象有关的实际宏观过程都是不可逆的,自然过程具有方向性.实际上,从气体动理论的观点来看,热力学过程的不可逆性是由大量分子的无规则热运动决定的,我们可以从统计意义来解释热力学第二定律.

一、热力学第二定律的统计意义

热现象过程的不可逆性,体现在不可能用任何办法由末态回到初态而不引起其他变化,那么,是不是初、末两态存在着某种性质上的差异而造成了这种不可逆性呢?下面以气体自由膨胀为例进行说明.

如图 5-21 所示,用隔板将容器分成容积相等的 A、B 两室,使 A 室充满气体,B 室保持真空.如果考虑气体中任一个分子,比如分子 a.在隔板抽掉前,它只能在 A 室运动;把隔板抽掉后,它就在整个容器中运动,由于碰撞,它可能一会儿在 A 室,一会儿又跑到 B室.因此,就单个分子看来,它是有可能自动地退回到 A 室的,因为它在 A、B 两室的机会是均等的,所以退回到 A 室的概率是 1/2.如果我们考虑 4 个分子,把隔板抽掉后,它们将在整个容器内运动,如果以 A 室和 B 室来分类,则这 4 个分子在容器中的分布有 $2^4=16$ 种可能.每一种分布状态出现

图 5-21　气体自由膨胀
不可逆性的统计意义

的概率相等,情况见表 5-4.

表 5-4　分子在容器中的分布

容器的部分	分 子 的 分 布																总计
A	—	a	b	c	d	ab	ac	ad	bc	bd	cd	bcd	acd	abd	abc	abcd	
B	abcd	bcd	acd	abd	abc	cd	bd	bc	ad	ac	ab	a	b	c	d	—	
状态数	1	4				6						4				1	16

从表中可以看出:4 个分子同时退回到 A 室的可能性是存在的,其概率为 $\frac{1}{16}=\frac{1}{2^4}$. 同理,如果共有 N 个分子,若以分子处在 A 室或 B 室来分类,则共有 2^N 种可能的分布,而全部 N 个分子都退回到 A 室的概率为 $\frac{1}{2^N}$. 例如,对 1 mol 的气体来说,$N\approx6\times10^{23}$,所以当气体自由膨胀后,所有这些分子全都退回到 A 室的概率是 $\frac{1}{2^{6\times10^{23}}}$,这个概率是如此之小,实际上是不会实现的.

由以上的分析可以看到,如果我们以分子在 A 室或 B 室分布的情况来分类,把每一种可能的分布称为一个微观状态,则 N 个分子共有 2^N 个可能的微观状态. 统计理论认为,孤立系统内各个微观态出现的概率是相等的. 在给定的宏观条件下,各宏观态由于所包含的微观态数不同就会有不同的出现概率. 如 N 个气体分子全部都集中在 A 室这样的宏观状态,只包含一个微观状态,出现的概率为 $1/2^N$,而分子均匀分布的宏观状态却包含了 2^N 个可能的微观状态中的绝大多数,出现的概率也最大. 一个宏观状态,它所包含的微观状态的数目愈多,这个宏观状态出现的概率也就愈大.

由此可见,自由膨胀的不可逆性实质上反映了:**一个孤立系统(与外界既无物质交换,也无能量交换的系统),其内部发生的过程总是由概率小的宏观状态向概率大的宏观状态进行,亦即由包含微观状态数目少的宏观状态向包含微观状态数目多的宏观状态进行,与之相反的过程,没有外界的影响是不可能自动实现的.** 这就是热力学第二定律的统计意义,也是实际过程具有方向性的微观本质.

对于热功转换问题,功转换为热是在外力作用下宏观物体的有规则运动转变为分子无规则运动的过程,这种转化的几率大,反之,热转换为功则是分子的不规则运动转变为宏观物体的有规则运动的过程,这种转换的几率很小. 对于热量的传递,高温物体分子的平均动能比低温物体分子的平均动能大,两物体相接触时,显然是能量从高温物体传到低温物体的几率要比反向传递的几率大得多. 所以,热力学第二定律本质上是统计规律,只适用于大量分子构成的热力学系统.

当然,如果一个孤立系统内进行的是一个理想的可逆过程,则其过程中任意两个宏观状态的概率相同.

二、玻耳兹曼熵

根据上面的分析,我们用 W 表示系统(宏观)状态所包含的微观状态数,或把 W 理解为(宏观)状态出现的概率,称为**热力学概率**或系统的**状态概率**. 热力学概率实际上也是分子运动无序性的一种量度. 由此,玻耳兹曼引入了一个态函数熵 S 来表示系统的无序度,它与热力学概率的关系为

$$S = k\ln W \tag{5-29}$$

由此定义的熵称为**玻耳兹曼熵**,也称为**统计熵**. 式中,k 为玻耳兹曼常数,熵的单位是 $J \cdot K^{-1}$. 对于系统的某一宏观状态,有一个 W 值与之对应,因而也就有一个 S 值与之对应,因此像内能一样,熵是系统状态的函数. 熵的微观意义是:**系统内分子热运动无序性的一种量度**.

因为系统处于某一宏观态的热力学概率 W 等于其各部分(即子系统)的热力学概率 W_i 之积,即 $W = W_1 \cdot W_2 \cdots$,则熵具有可加性,即系统处于某一宏观态的总熵 S 等于其各部分(即子系统)熵 S_i 的总和. 根据式(5-29)有

$$S = k\ln W = k\ln W_1 + k\ln W_2 + \cdots = \sum k\ln W_i = \sum S_i$$

值得说明的是,1865 年克劳修斯从热力学出发也定义了一个态函数熵. 对于一段无限小的可逆过程,熵变为

$$dS = \left(\frac{dQ}{T}\right)_{可逆} \tag{5-30}$$

式中,dQ 为这一微过程中系统吸收的热量,T 为系统的温度. 由式(5-30)定义的熵称为**克劳修斯熵**,又叫热力学熵.

克劳修斯熵和玻耳兹曼熵是从不同角度引入的,但可以证明两熵等价.

三、熵增加原理

若有一孤立系统经历一不可逆过程,从状态 Ⅰ 过渡到状态 Ⅱ,相应的热力学概率分别为 W_1 和 W_2,根据热力学第二定律的统计解释,有 $W_2 > W_1$,则该过程的熵变为

$$\Delta S = k\ln W_2 - k\ln W_1 = k\ln \frac{W_2}{W_1} > 0$$

若孤立系统经历的是可逆过程,则其熵保持不变,有 $\Delta S = 0$.

综合上述分析,可得出结论:**孤立系统内无论进行什么过程,系统的熵永不减少**,即

$$\Delta S \geqslant 0 \tag{5-31}$$

对于不可逆过程 $\Delta S > 0$,对于可逆过程 $\Delta S = 0$,这一规律称为**熵增加原理**.

实际过程总是不可逆过程,因此,在孤立系统中,一切实际过程总是沿着熵增大的方向进行,直到熵达到最大值为止. 熵增加原理与热力学第二定律都是表述热力学过程自发进行的方向性和条件的,所以,熵增加原理是热力学第二定律的数学表示.

顺便指出,伴随着热力学第二定律的确立,"热寂说"几乎一直在困扰着 19 世纪的

一些物理学家. 他们把热力学第二定律推广到整个宇宙,认为宇宙的熵将趋于极大,因此一切宏观的变化都将停止,全宇宙将进入"一个死寂的永恒状态".

"热寂说"描绘了一幅平淡、无差别、死气沉沉的末日宇宙景象,然而就目前而论,完全看不到宇宙有任何"热寂"的迹象. 相反,呈现在我们面前的是一个丰富多彩、千差万别、生机勃勃的宇宙. 批判"热寂说"的一种观点认为,宇宙是一个自引力体系,由于引力的涨落,宇宙远离平衡态并由此导致了新的结构. 对于宇宙的结局,悲观和乐观的观点都可以找到一定的依据,但目前尚难做出很有说服力的判断.

思 考 题

5-1   下列表述是否正确? 为什么? 并将错误更正.

(1)$\Delta Q = \Delta E + \Delta A$ (2)$Q = E + \int p \mathrm{d}V$ (3)$\eta \neq 1 - \dfrac{Q_2}{Q_1}$ (4)$\eta_{不可逆} < 1 - \dfrac{Q_2}{Q_1}$

5-2   内能和热量有什么区别? 下列两种说法是否正确?

(1)物体的温度越高,则热量越多;

(2)物体的温度越高,则内能越大.

5-3   对物体加热而其温度不变,有可能吗? 没有热交换而系统的温度发生变化,有可能吗?

5-4   一定量的理想气体对外作了 500 J 的功,

(1)如果过程是等温的,气体吸了多少热?

(2)如果过程是绝热的,气体的内能改变了多少?

5-5 $p\text{-}V$ 图上封闭曲线所包围的面积表示什么? 如果该面积越大,是否效率越高?

5-6   一定量的理想气体,从 $p\text{-}V$ 图上同一初态 A 开始,分别经历三种不同的过程到达不同的末态,末态的温度相同,如思考题 5-6 图所示. 其中 $A \rightarrow C$ 是绝热过程.

(1)在 $A \rightarrow B$ 过程中气体是吸热还是放热,为什么?

(2)在 $A \rightarrow D$ 过程中气体是吸热还是放热,为什么?

思考题 5-6 图

5-7   说明下列过程中热量、功与内能变化的正负:

(1)用气筒打气;(2)水沸腾变成水蒸气.

5-8   什么情况下,气体的摩尔热容为零? 什么情况下,气体的摩尔热容是无穷大? 什么情况下是正值? 什么情况下是负值?

5-9   一条等温线与一条绝热线能否相交两次,为什么?

5-10   为什么卡诺循环是最简单的循环过程? 任意可逆循环需要多少个不同温度的热源?

5-11   在日常生活中,经常遇到一些单方向的过程,如:(1)桌上热餐变凉;(2)无支持的物体自由下落;(3)木头或其他燃料的燃烧. 它们是否都与热力学第二定律有关? 在这些过程中熵变是否存在? 如果存在,是增大还是减小?

5-12   一杯热水放在空气中,它总是冷却到与周围环境相同的温度,因为处于比周围温度高或低的概率都较小,而与周围同温度的平衡却是最概然状态,但是这杯水的熵却减小了,这与熵增加原理有无矛盾?

习　题

5-1　2 mol 的氢气从标准状态加热到 373 K,如果加热时(1)体积不变;(2)压强不变,问在这两种情况下气体吸热分别是多少? 哪个过程吸热较多? 为什么?

5-2　10 g 氧在 $p=3\times10^5$ Pa 时温度为 $T=283$ K,等压地膨胀到 10 L,求(1)气体在此过程中吸收的热量;(2)内能的变化;(3)系统所作的功.

5-3　1 mol 的理想氢气,经准静态的绝热过程,由温度 $T_1=300$ K,体积 $V_1=8.0$ L 的初态压缩至 $V_2=1.0$ L 的末态,求该过程中气体对外所作的功.

5-4　1 mol 氧气,温度为 300 K 时,体积为 2×10^{-3} m³. 试计算下列两过程中氧气所作的功:

(1)绝热膨胀至 20×10^{-3} m³;

(2)等温膨胀至 20×10^{-3} m³,然后再等体冷却,直到温度等于绝热膨胀后所达到的温度为止;

(3)将上述两过程在 p-V 图上图示出来.

说明这两过程中功的数值的差别.

5-5　一定量单原子理想气体,在等压情况下加热,求吸收的热量中,消耗在气体对外作功上的比例.

5-6　理想气体由初状态(p_1,V_1)经绝热膨胀至末状态(p_2,V_2). 试证明过程中气体所作的功为 $A=\dfrac{p_1V_1-p_2V_2}{\gamma-1}$,式中 γ 为气体的比热容.

5-7　气缸内有单原子理想气体,若绝热压缩使其容积减半,问气体分子的平均速率变为原来速率的几倍? 若为双原子理想气体,又为几倍?

5-8　汽缸内有一种刚性双原子分子的理想气体,若经过准静态绝热膨胀后气体的压强减少了一半,则变化前后气体的内能之比 $E_1:E_2=$?

5-9　双原子分子的理想气体,经历 $p=kV(k$ 为常量)的热力学过程.

(1)求摩尔热容;(2)若 2 mol 的该气体温度从 T_1 升到 T_2,问该过程中气体吸收的热量和对外作功各是多少?

5-10　某理想气体在 p-V 图上等温线与绝热线相交于 A 点,如题 5-10 图所示. 已知 A 点的压强 $p_1=2\times10^5$ Pa,体积 $V_1=0.5\times10^{-3}$ m³,而且 A 点处等温线斜率与绝热线斜率之比为 0.714. 现使气体从 A 点绝热膨胀至 B 点,其体积 $V_2=1\times10^{-3}$ m³,求:

(1)B 点处的压强;

(2)在此过程中气体对外作的功.

5-11　试验用的大炮炮筒长为 3.36 m,内腔直径为 0.152 m,炮弹质量为 45.4 kg. 击发后火药暴燃完全时炮弹已被推行 0.98 m,速度为 311 m·s⁻¹,这时腔内气体压强为 2.43×10^8 Pa. 设此后腔内气体做绝热膨胀,直至炮弹出口. 求:

(1)在这一绝热膨胀过程中气体对炮弹作功多少? 设 $\gamma=1.2$.

(2)炮弹的出口速度(忽略摩擦).

5-12　1 mol 单原子分子的理想气体,经历如题 5-12 图所示的可逆循环,联结 ac 两点的曲线Ⅲ的方程为 $p=p_0V^2/V_0^2$,a 点的温度为 T_0.

(1)试以 T_0、普适气体常量 R 表示Ⅰ、Ⅱ、Ⅲ过程中气体吸收的热量.

(2)求此循环的效率.

5-13 设有一以理想气体为工质的热机循环,如题 5-13 图所示.试证其循环效率为

$$\eta = 1 - \gamma \frac{\dfrac{V_1}{V_2} - 1}{\dfrac{p_1}{p_2} - 1}$$

题 5-10 图

题 5-12 图

题 5-13 图

5-14 1 mol 双原子理想气体,原来压强为 2.026×10^5 Pa,体积为 20 L,首先等压膨胀到原体积的 2 倍,然后等体冷却到原温度,最后等温压缩回到初状态,(1)做出循环的 p-V 图;(2)求工作物质在各过程所作的功;(3)计算循环的效率.

5-15 1 mol 双原子理想气体,原来温度为 300 K,体积为 4 L,首先等压膨胀到 6.3 L,然后绝热膨胀达到原来的温度,最后等温压缩回到原状态.试在 p-V 图上表示此循环,并计算循环的效率.

5-16 一定量的某单原子理想气体,经历如题 5-16 图所示循环,其中 AB 为等温线.已知 $V_A = 3.00$ L,$V_B = 6.00$ L,求热机效率.

5-17 一定量的理想气体氮,经历如题 5-17 图所示循环,求热机效率.

题 5-16 图

题 5-17 图

5-18 一定量的理想气体,经历如题 5-18 图所示的循环过程,AB、CD 是等压过程,BC、DA 是绝热过程.已知 $T_C = 300$ K,$T_B = 400$ K,求热机效率和逆循环时的致冷系数.

5-19 汽油机的工作过程可以近似地看做题 5-19 图所示的理想循环,这个循环叫做奥托循环,其中 AB 为吸入燃料(汽油蒸汽及助燃空气)过程,在此过程中压强为 p_0 不变,体积从 V_2 增加到 V_1;BC 为压缩过程,燃料被绝热压缩,体积从 V_1 压缩到 V_2,压强从 p_0 增加到 p_1;CD 为燃料燃烧过程,在此过程中体积不变,压强从 p_1 增加到 p_2;DE 为膨胀作功过程(绝热膨胀),体积从 V_2 增加到 V_1;EB 为膨胀到极点 E 时排气阀打开过程,在此过程中体积不变,压强下降至 p_0;BA 为排气过程,压强不变,活塞将废气排出气缸.试证明此循环的效率为 $\eta = 1 - \left(\dfrac{V_2}{V_1}\right)^{\gamma - 1}$.(其中 $\dfrac{V_2}{V_1}$ 称压缩比)

5-20 有一卡诺热机,工作在 100℃和 0℃之间,每一循环所作净功为 8 000 J,当该热机工作在 t℃和 0℃之间时,每一循环所作净功为 10 000 J.若低温热源放出的热量与前相同,求:(1)热源温度

t；(2)此时的循环效率.

5-21　一电冰箱的工作可视为卡诺致冷机,当室温为27℃时,用冰箱把1 kg 0℃的水结成冰,问电源至少应给冰箱作多少功? 冰箱从周围是得到热量还是放出热量? (已知冰的溶解热为333.6 J·g^{-1})

题 5-18 图　　　　　　　　　　题 5-19 图

科学家简介

克劳修斯

克劳修斯(Rudolf Julius Emmanuel Clausius,1822—1888)是德国物理学家,热力学和气体分子动理论的奠基者之一.

生平简介

克劳修斯在 1822 年出生于普鲁士的克斯林(今波兰科沙林),1888年 8 月 24 日卒于波恩. 克劳修斯的母亲是一位女教师,家中有多个兄弟姐妹. 他中学毕业后,先考入了哈雷大学,后转入柏林大学学习. 为了抚养弟妹,在上学期间他不得不去做家庭补习教师. 克劳修斯于1850 年发表了关于热的理论的著名论文后,得到了柏林皇家炮兵工程学院的重要教职. 从 1855 年起的 12 年里,他任苏黎世工业大学教授,讲授物理,并在那里结了婚. 1867 年返回德国,任维尔茨堡大学教授,为期两年. 1869 年移居波恩,任波恩大学教授,他在那里一直工作到生命的最后一息. 克劳修斯一生得到过多种荣誉,他被许多科学团体选作名誉成员,并接受过许多奖赏,其中最引人注目的是 1879 年获英国皇家学会的 Coylcy 奖章. 克劳修斯不仅在科研方面取得了重大的成就,他在教学上也取得了良好的效果. 他先后在柏林大学、苏黎世大学、维尔茨堡大学和波恩大学执教长达三十余年,桃李芬芳. 他培养的很多学生后来都成了知名学者,有的甚至是举世闻名的物理学家.

主要科学贡献

1. 对热力学理论的贡献

克劳修斯从卡诺的热动力机理论出发,以机械热力理论为依据,逐渐发现了热力学基本现象,得出了热力学第二定律的克劳修斯陈述. 在《论热的运动力……》一文中,克劳修斯首次提出了热力学第二定律的定义:"热量不能自动地从低温物体传向高温物体." 这与开尔文陈述的热力学第二定律"不可制成一种循环动作的热机,只从一个热源吸取热量,使之完全变为有用的功,而其他物体不发生任何变化"是等价的,它们是热力学的重要理论基础. 同时,他还推导了克劳修斯方程——关于气体的压强、体积、温度和普适气体常量之间的关系,修正了原来的范德瓦尔斯方程.

1854年,克劳修斯最先提出了熵的概念,进一步发展了热力学理论.他将热力学定律表达为:宇宙的能量是不变的,而它的熵则总在增加.由于他引进了熵的概念,因而使热力学第二定律公式化,使它的应用更为广泛.

2. 对分子动理论的贡献

克劳修斯、麦克斯韦(J. C. Maxwell)、玻耳兹曼(L. Boltzmann)是分子动理论和统计物理学的奠基者.克劳修斯的工作直接影响和推动了后两人的工作.

1857年,克劳修斯研究气体动力学理论取得成就,他提出了气体分子绕本身转动的假说.这一年,他发表了《论我们称之为热能的动力类型》一文,在这篇文章中他将气体分子的动能不仅看做是它们的直线运动,而且看做是分子中原子旋转和振荡的运动.这样,他确定了实际气体与理想气体的区别.

1858年,克劳修斯通过细心的研究,推导出了气体分子平均自由程公式,找出了分子平均自由程与分子大小和扩散系数之间的关系.同时,他还提出分子运动自由程分布定律.他的研究也为气体分子运动论的建立做出了杰出的贡献.

1860年,克劳修斯计算出了气体分子运动速度.后来,他确定了气体对于器壁的压力值相当于分子撞击器壁的平均值.运用与概率论相结合的平均值方法,他开辟了物理学一个极为重要的领域,即创建了统计物理学学科.在后来的著作中,克劳修斯推导出能表示受压力影响的物体熔点(凝固点)的方程式,后来被称为克拉佩龙-克劳修斯方程.

3. 其他贡献

克劳修斯的主要工作领域是热力学和气体分子动理论.此外,他还研究了电解质和电介质,重新解释了盐的电解质溶液中分子的运动;建立了固体的电介质理论.他还提出描述分子极性同电介质常数之间关系的方程,同时还提出了电解液分解的假说,这一假说,后来经过阿仑尼乌斯的进一步发展成为电解液理论.他于1870年最先提出了均功理论.

克劳修斯除发表了大量的学术论文外,还出版了一些重要的专著,如《机械热理论》第一卷和第二卷、《势函数和势》等.但在克劳修斯的晚年,他不恰当地把热力学第二定律引用到整个宇宙,认为整个宇宙的温度必将达到均衡而不再有热量的传递,从而成为所谓的热寂状态,这就是克劳修斯首先提出来的"热寂说".热寂说否定了物质不灭性在质上的意义,而且把热力学第二定律的应用范围无限地扩大了.

克劳修斯虽然在晚年错误地提出了"热寂说",但在他的一生的大部分时间里,在科学、教育上做了大量有益的工作.特别是他奠定了热力学理论基础,他的大量学术论文和专著是人类宝贵的财富,他在科学史上的功绩不容否定.他诚挚、勤奋的精神同样值得后人学习.

阅读材料 E

熵与能源　熵与信息

一、熵与能源

1. 熵与能

熵的概念一开始就和能的概念关系密切.例如,汽车轮子与地面摩擦生热的过程是个熵增加的过程,摩擦的机械运动变成分子的热运动,机械能变成热能.虽然能量守恒,但让热能完全自动地变成机械能却不可能.显然,热能的"品质"要比机械能差,热能的不可用程度比机械能高.熵增加意味着系统能量中成为不可用能量的部分在增大,这叫做能量的退化.

从统计意义上看,熵是分子运动混乱程度的量度.熵增加反映自发过程总是从热力学概率小(或微观态数少,亦即混乱度低)的宏观态向热力学概率大(或微观态数多,亦即混乱度高)的宏观态进行.系统的最终状态是对应于热力学概率最大,亦即最混乱的状态——平衡态.

熵增加意味着宏观能量的退化和微观混乱度的增加,这两者是一致的.汽车轮子与地面摩擦生热,把机械能变成热能;与之相应,在微观上,车轮一个自由度上的机械运动变成了地面及轮子分子多个自由度上的热运动,混乱程度增加了.

总之,热力学第一定律反映了能量转化的等值性,而热力学第二定律则反映了能量转化的不可逆性.能量与熵这两个物理量,它们既有密切联系又有本质的不同.

2. 熵与能源

"能源"的本意是指能量的来源.例如,太阳辐射到地球表面上的能量,就是人类使用的能量的主要来源."能源"的另一层意思是指能量资源.例如,存在于自然界中的煤、石油、天然气等化石燃料,铀、钍等核燃料,以及生物体等都属于能源;由这些物质加工而得到的焦炭、煤气、液化气、煤油、电、沼气等也是能源.前者以现存的形式存在于自然界中,为一次能源.后者为从一次能源直接或间接转换而来的人工能源,为二次能源.根据能源本身性质的不同,我们把能量比较集中的含能物质,如化石燃料、核燃料、生物体、地热蒸气、高位水库等称为"含能体能源",而把能量比较集中的物质运动过程,如流水、潮汐、风、地震、太阳能等称为"过程性能源".也可根据能源使用方式的不同,把直接燃烧而释放能量的物质称为"燃料性能源",而把可以直接用来驱动机器作功的能源称为"动力性能源".前者的例子如煤、天然气等,后者的例子如电、高压水、压缩空气等.

能源是人类生活和生产资料的来源,是人类社会和经济发展的物质基础.随着科学的进步,经济的飞速发展,以及人口的急剧增长,人们已经开始认识到能源是有限的,如果不高度重视能源枯竭问题,将会出现不堪设想的后果.

能源问题的物理实质是物质与能量的转化问题,这些转化都为物质守恒定律、能量守恒定律、熵增加原理三条基本规律所支配.

人类利用能量源的过程,实际上是一种能量转化过程,在此过程中,总能量保持不变;但集中在能源中的有用能的数量在不断减少,而均匀分布在环境中的不可用能的数量在不断增加(熵增加原理).另一方面,人类对能源的利用,生成废物排放到环境中,造成环境污染.由此可见,人类开发和利用能源,实现能量与物质的转化,在取得巨大经济效益的同时,也带来了能源枯竭和环境污染两大问题.

二、熵与信息

1. 信息

关于信息有不少试探性的定义.信息论创始人 C. E. Shannon 于 1948 年说信息是"用以消除随机不定性的东西".

在信息论的发展中,许多科学家对它做出了卓越的贡献.狭义信息论是关于通讯技术的理论,它是以数学方法研究通讯技术中关于信息的传输和变换规律的一门科学.广义信息论则超出了通讯技术的范围来研究信息问题,它以各种系统、各门科学中的信息为对象,广泛地研究信息的本质和特点,以及信息的取得、计量、传输、储存、处理、控制和利用的一般规律.显然,广义信息论包括了狭义信息论的内容,但其研究范围却比通讯领域广泛得多,因此,它的规律也更一般化,适用于各个领域,所以它是一门交叉学科.广义信息论也被称为信息科学.

2. 信息熵

获得了信息,就可以使人们对事物认识的不确定性减小.由于不同的信息使对事物认识的不确定性减小的程度不同,因而每个信息都有一个信息量大小的问题,信息的信息量大,认识的不确定性就小.信息的信息量通过事物不确定性的变化来量度.在申农给信息量定名称时,数学家冯·诺依曼建议称为熵,理由是不定性函数在统计力学中已经被称为熵.在热力学中熵是物质系统状态的一个函数,它表示微观粒子之间无规则的排列程度,即表示系统的紊乱度.维纳说:"信息量的概念非常自然地从属于统计学的一个古典概念——熵.正如一个系统中的信息量是它的组织化程度的度量,一个系统的熵就是它的无组织程度的度量;这一个正好是那一个的负数."这说明信息与熵是一个相反的量,信息是负熵.申农(Shannon)把熵的概念引用到信息论中,称为信息熵.

3. 信息熵与生命科学

1943年,物理学家薛定谔在题为"生命是什么"的演讲中发表了自己的观点.这位波动力学理论的创始人以热力学和量子力学理论解释生命的本质,以"非周期性晶体"、"负熵"、"密码"传递、"量子跃进"或突变等概念来说明有机体的物质结构,生命活动的维持和延续,生物的遗传和变异等生命现象,他"力图把介于生物学和物理学之间的基本概念向物理学家和生物学家讲清楚".他提出了"生命的特征在于生命系统能不断地增加负熵".生命依赖于生命系统结构的完整性,这一观点深化了对生命本质的认识,启发了人们从生命系统的遗传信息方面来探索生命的奥秘.还原论和决定论在解决这类"周期性晶体"时取得了令人信服的成就,这次演讲直接启发了上世纪50年代克里克和沃森提出DNA的"双螺旋模型",促进了1961年雅各布和莫诺提出的基因调控的操纵等学说,奠定了分子生物学的理论基础,同时这次演讲也影响了一大批物理学家、化学家进入生物学领域,以物理学和化学方法去研究生命活动的规律.

信息熵的引入不仅解决了信息的定量描述问题,而且为熵概念的进一步泛化奠定了基础.在包括生命科学在内的自然科学乃至社会科学的各个领域,存在着大量不同层次、不同类别随机事件的集合,而每一种集合都对应有相应的不确定性(或称为无序性、混乱度、无规律性等等),所有这些不确定性都可使用信息熵这个统一的概念来描述:即凡是导致事件集合的肯定组织性、法则性、有序性等增加或减少的活动过程,都可用信息熵的改变量这个统一的标尺来度量,从而使该随机事件集合的某种规律性描述实现定量化.其中最引人注目的应用是熵理论在生命科学中的渗透.从薛定谔负熵概念的提出到熵概念用于生命科学的定性研究;从负熵概念在医学临床诊断中的应用到信息熵理论在遗传学中所取得的丰硕成果,熵在生命科学中的应用经历了一个由定性到定量、由简单到深入的过程,正显现出广阔的应用前景.

第三篇 电 磁 学

电磁运动是物质的又一种基本运动形式,电磁作用是物质世界中最普遍的相互作用之一. 这种作用既存在于宏观物体之间,也存在于分子和原子内. 从根本上讲,我们周围发生的大多数现象都是原子和分子之间的电磁作用的结果.

电磁学是研究电荷和电流产生的电场和磁场的规律,电场和磁场的相互联系,电磁场对电荷和电流的作用,电磁场对实物的作用及所引起的各种效应等.

电磁学的研究对人类文明历史的进程具有划时代的意义. 在电磁学研究基础上发展起来的电能的生产和利用,导致人类实现了生产力由机械化向电气化的过渡,对人类物质文明、社会进步起到了不可磨灭的作用. 至今,这些基础的电磁场理论在现代科学技术、生产实践中仍发挥着重要的作用.

第六章　真空中的静电场

相对于观察者静止的电荷称为**静电荷**,静电荷在其周围空间所激发的电场称为**静电场**.静电荷只产生静电场,不产生磁场,因此可以单独研究静电场的性质和规律.本章将研究真空中的静电荷产生的静电场的基本性质和基本规律,并从静电场对置于其中的电荷有力的作用和电荷在场中移动时电场力对它作功这两个性质入手,引入描述静电场的物理量电场强度矢量和电势标量.同时介绍反映静电场基本性质的场强叠加原理、高斯定理和环路定理,并讨论电场强度和电势两者之间的积分关系和微分关系.最后简单介绍电荷在静电场中的受力及其运动情况.

§6-1　电荷　库仑定律

一、电荷

电荷是使物质间发生相互作用的一种属性.物体能产生电磁现象都归因于物体带上了电荷以及这些电荷的运动.通过对电荷(包括静止的和运动的)的各种相互作用和效应的研究,人们认识到电荷的基本性质有以下几方面.

1. 电荷的种类

电荷的分类产生于摩擦起电现象,人们发现经丝绸摩擦过的两根玻璃棒之间的相互作用力表现为斥力,而经毛皮摩擦过的橡胶棒与丝绸摩擦过的玻璃棒之间的作用力却表现为引力.这表明,带电体所带的电荷有两种,而且自然界中也只存在两种电荷.

1733 年,法国物理学家迪费(C. F. Dufy,1698—1739)称玻璃棒被丝绸摩擦所带的电为玻璃电,橡胶棒被毛皮摩擦所带的电为树脂电. 1750 年,美国物理学家富兰克林(Benjamin Franklin)首先以正电荷、负电荷的名称来区分两种电荷,这种命名法一直延续到现在.宏观带电体所带电荷种类的不同根源于组成它们的微观粒子所带电荷种类的不同:电子带负电荷,质子带正电荷,中子不带电荷.人们还认识到同种电荷互相排斥,异种电荷互相吸引.根据带电体之间的相互作用力的强弱,我们能够确定物体所带电荷的多少.表示物体所带电荷多少的物理量称为**电量**,用 q 表示,在国际单位制中,它的单位名称为库仑,符号为 C.正电荷的电量取正值,负电荷取负值.一个带电体所带的总电量为其所带正负电量的代数和.

2. 电荷的量子性

1913 年,美国物理学家密立根(R. A. Millikan,1868—1953)设计了著名的油滴实验,实验结果表明,**自然界中任何带电体所带电量只能是某一基本单元的整数倍,而不能连续变化**,电荷的这一特性叫做**电荷的量子化**.

电荷的基本单元就是一个电子所带电量的绝对值,常以 e 表示,其值为

$$e = 1.602 \times 10^{-19} \text{C}$$

现在已经知道,许多基本粒子都带有正的或负的基元电荷. 例如,一个正电子、一个质子都各带有一个正的基元电荷. 一个反质子、一个负介子则带有一个负的基元电荷. 微观粒子所带的基元电荷数常叫做它们各自的电荷数,都是正整数或负整数. 近代物理从理论上预言基本粒子由若干种夸克或反夸克组成,每一个夸克或反夸克可能带有 $\pm \frac{1}{3} e$ 或 $\pm \frac{2}{3} e$ 的电量. 这一理论预言并不破坏电荷的量子化,然而至今还未在实验中发现单独存在的夸克.

3. 电荷守恒定律

实验证明,**在一个孤立系统中,系统所具有的正负电荷的电量的代数和总保持不变**,这一性质称为**电荷守恒定律**. 电荷守恒定律是物理学中的基本定律之一,对宏观过程和微观领域均能适用. 在微观粒子的反应过程中,反应前后的电荷总数是守恒的. 例如,一个高能光子在原子核附近能转化为一个正电子和一个负电子,即电子偶;反之,电子偶又可湮灭产生两个或三个光子,而在这些反应前后,电量总数保持不变. 对于宏观带电体的起电、中和、感应和极化等现象,其系统所带电量的代数和也总是保持不变.

4. 电荷的相对论不变性

实验证明,一个电荷,其电量与它的运动速度或加速度均无关. 例如,加速器将电子或质子加速时,随着粒子速度的变化,它们质量的变化是很明显的,但电量却没有任何变化的迹象. 这是电荷与质量的不同之处. 电荷的这一性质表明**系统所带电荷量与参考系无关**,即具有相对论不变性.

二、库仑定律与叠加原理

1. 真空中的库仑定律

在发现电现象的 2 000 多年之后,人们才开始对电现象进行定量的研究. 1785 年,法国科学家库仑(Charles Augustin de Coulomb,1736—1806)利用扭秤实验直接测定了两个带电球体之间的相互作用的电力. 库仑在实验的基础上提出了两个点电荷之间相互作用的规律,即**库仑定律**.

点电荷是电学中的一个理想模型,类似于力学中的质点模型. 在具体问题中,当带电体的尺度和形状与带电体间的距离相比可忽略时,就可将它们视为点电荷.

库仑定律的表述如下:**真空中两个静止点电荷之间的作用力(斥力或吸力,统称库仑力)与这两个点电荷所带电量的乘积成正比,与它们之间距离的平方成反比,作用力的方向沿着这两个点电荷的连线,同号电荷相斥,异号电荷相吸**. 这一规律用矢量公式表示为

$$\boldsymbol{F} = k \frac{q_1 q_2}{r^2} \boldsymbol{r}_0 \tag{6-1}$$

式中,q_1 和 q_2 分别表示两个点电荷的电量(带有正、负号),r_0 表示施力电荷指向受力电荷的矢径方向的单位矢量. 如图 6-1 所示,q_1 给 q_2 的库仑力为 $\boldsymbol{F}_{21}$,q_2 给 q_1 的库仑力 $\boldsymbol{F}_{12}=-\boldsymbol{F}_{21}$,这说明两个静止点电荷之间的相互作用力符合牛顿第三定律.

图 6-1　两个点电荷之间的相互作用

在国际单位制中,距离 r 用米(m)作单位,力用牛顿(N)作单位,实验测定比例常量 k 的数值和单位为

$$k=8.988\ 0\times10^9\ \text{N}\cdot\text{m}^2\cdot\text{C}^{-2}\approx9\times10^9\ \text{N}\cdot\text{m}^2\cdot\text{C}^{-2}$$

通常还引入另一常量 ε_0 来代替 k,使

$$k=\frac{1}{4\pi\varepsilon_0}$$

于是,真空中库仑定律的形式就可写成

$$\boldsymbol{F}=\frac{1}{4\pi\varepsilon_0}\frac{q_1q_2}{r^2}\boldsymbol{r}_0 \tag{6-2}$$

这里引入的 ε_0 叫**真空介电常量**(或**真空电容率**),在国际单位制中它的数值和单位是

$$\varepsilon_0=\frac{1}{4\pi k}=8.854\ 187\ 817\times10^{-12}\ \text{C}^2\cdot\text{N}^{-1}\cdot\text{m}^{-2}$$

在库仑定律表示式中引入"4π"因子的做法称为**单位制的有理化**. 这样做虽然使库仑定律的形式变得复杂些,但却使以后经常用到的电磁学规律的表示式不出现"4π"因子而变得简单些.

2. 静电力叠加原理

库仑定律只描述了两个静止的点电荷间的作用力. 当空间存在多个点电荷时,作用于每一个电荷上的总静电力等于什么?是否还可以应用库仑定律?大量实验事实表明:两个静止点电荷之间的相互作用力,并不会因为有第三个静止点电荷的存在而改变;当空间中有两个或两个以上的点电荷($q_1,q_2,\cdots,q_k$)存在时,作用在每一个点电荷(如 q_0)上的总静电力 $\boldsymbol{F}$ 等于其他各个点电荷单独存在时作用于该点电荷上的静电力 $\boldsymbol{F}_i$ 的矢量和,即

$$\boldsymbol{F}=\sum_{i=1}^{k}\boldsymbol{F}_i=\sum_{i=1}^{k}\frac{1}{4\pi\varepsilon_0}\frac{q_0q_i}{r_i^2}\boldsymbol{r}_{0i} \tag{6-3}$$

这个结论称为**静电力的叠加原理**.

库仑定律和静电力叠加原理是关于静止电荷之间相互作用的两个基本实验规律,它们一起构成了静电理论的基础.

3. 几点说明

① 库仑定律的成立条件是静止,即在惯性系中两点电荷相对静止,且相对于观察者静止. 静止条件可以适当放宽,即静止点电荷对运动点电荷的作用力仍遵循式(6-1).

但反之,运动点电荷对静止点电荷的作用力却并不遵循式(6-1),因为此时作用力(或运动点电荷产生的电场)不仅与两者的距离有关,还与运动点电荷的速度有关.

② 库仑定律指出,两静止点电荷间的作用力是有心力,力的大小与两点电荷间的距离服从平方反比律.我们将看到,静电场的基本性质正是由静电力的这两个基本特性决定的.

③ 库仑定律是一条实验定律.在库仑时代,测量仪器的精度较低(即使在现代,直接用库仑的实验方法,所得结果的精度也是不高的),但是库仑定律中静电力对距离的依赖关系,即平方反比律,却有非常高的精度.验证平方反比律的一种方法是假定力按 $1/r^{2+\delta}$ 变化,然后通过实验求出 δ 的数值(当然这些实验并不是用扭秤进行的).1971年的实验结果是 $\delta \leqslant 2 \times 10^{-16}$.

④ 库仑定律给出的平方反比律中,r 值的范围相当大.虽然在库仑的实验中,r 只有若干英寸,但近代物理与地球物理的实验表明,r 值的数量级大到 10^7 m 而小到 10^{-17} m 的时候,平方反比律仍然成立.

三、应用举例

例 6-1　假设一个质子和一个电子相距为 r.试求它们之间的静电力与万有引力之比.

解　由库仑定律知,质子和电子之间的静电力的大小为

$$F_e = \frac{1}{4\pi\varepsilon_0} \frac{e^2}{r^2}$$

由万有引力定律知,它们之间的万有引力的大小为

$$F_g = G \frac{m_p m_e}{r^2}$$

其静电力与万有引力之比为

$$\frac{F_e}{F_g} = \frac{e^2}{4\pi\varepsilon_0 G m_p m_e} = \frac{9 \times 10^9 \times (1.6 \times 10^{-19})^2}{6.7 \times 10^{-11} \times (1.7 \times 10^{-27}) \times (9.1 \times 10^{-31})} \approx 2.22 \times 10^{39}$$

可以看出二力都是与距离的平方成反比的力,所以比值中 r^2 被消去,也就是说,无论二者相隔多大距离,其比值都是一样的.万有引力比起静电力来说是太小了,所以在研究带电粒子的相互作用时,它们之间的万有引力通常是忽略不计的.应该指出的是,当质子和中子结合成原子核时,原子核内质子间的库仑斥力是非常大的.只是由于核内除了这种斥力外还存在着远比斥力强的引力——核力,原子核才得以稳定.

§6-2　静电场　电场强度

一、电场

库仑定律给出了两个静止点电荷之间相互作用力的规律,但没有从本质上说明电荷之间的相互作用力是怎样传递的.关于力的传递问题在物理学史上曾有过两种不同

的看法,早期的电磁理论是超距作用理论,它认为无论电荷相距多远,它们之间的静电力不需要任何中间物质进行传递,也不需要时间,而是从一个电荷立即作用到另一个电荷上,这种作用方式可表示为

电荷 ⟷ 电荷

19世纪30年代英国科学家法拉第在大量实验研究的基础上,提出了近距作用理论,明确提出了电荷周围存在着"电场"的观点,指出两电荷间的相互作用正是通过"电场"这种中介物质以一定速度由此及彼逐步传递的. 这种作用方式可表示为

电荷 ⟷ 电场 ⟷ 电荷

后来麦克斯韦发展了法拉第的学说,提出了完整的普遍的电磁场理论,该理论说明了电磁场在真空中是以有限的速度(光速 c)向前传播的,以后又得到了实验的证实. 于是超距作用的观点再也没有立足之地了.

电磁波传播等事实已证明,电磁场具有质量、动量和能量. 物质存在的形态是多种多样的,电场也是物质的一种形态,其物质性表现在两个方面:把试验电荷置于电场中将受到电场对它力的作用,即电场有"力的属性";在电场中移动电荷 q,该力要做功,这就是说电场还有做功的本领,即电场还有"能的属性".

下面,首先研究静电场"力的属性",我们将引出电场强度的概念来描述电场的这种属性.

二、电场强度

一个被研究对象的物理特性总是通过对象与其他物体的相互作用显示出来. 静电场的一个基本特性是它对于引入电场的任何电荷有力的作用,因此,我们可以利用电场的这一特性,从中找出能反应电场性质的某个物理量来.

1. 试验电荷

为了定量研究静电场各点"力的性质",置于电场中的电荷 q_0 须要满足:q_0 的几何线度须足够小,可以视为点电荷,可以与要研究的各场点相对应;q_0 的电量也须足够小,以至其自身激发的电场不会引起场源电荷的重新分布从而改变待测电场,我们称这样的电荷为**试验电荷**.

2. 实验方法和结果

将试验电荷 q_0 放在场源电荷 Q 所激发的电场中,当 q_0 在场中同一点时,其所受电场力的大小和方向一定,但是,当在不同的场点时,试验电荷 q_0 受的电场力 F 的大小、方向均不相同,如图 6-2 所示.

如果在电场的某一固定点放以电量不等的试验电荷,试验电荷所受 F 的方向不变,但是大小正比于试验电荷的电量大小,然而始终保持力 F 与试验电荷电量 q_0 的比值 F/q_0 为一常矢量,矢量的大小与场

图 6-2　试验电荷在电场中不同位置受电场力的示意图

源电荷 Q 有关,与试验电荷 q_0 的电量无关.选择场中不同的场点,F/q_0 这个矢量也在变化.

3. 电场强度矢量 E 的定义

上述试验电荷在电场中的受力实验表明,电场中某点处的试验电荷所受力 F 与试验电荷的电量 q_0 的比值 F/q_0,完全取决于 q_0 所处电场自身的性质,与试验电荷无关.因此,我们定义 F/q_0 为电场中某点的**电场强度矢量**(简称**场强矢量**),用 E 表示,即

$$E = \frac{F}{q_0} \tag{6-4}$$

由上式可知,电场中某点电场强度矢量 E 的大小等于单位电荷在该点所受的电场力的大小,方向与正电荷在该点所受电场力的方向一致;对于电场中的不同点,场强大小和方向各不相同,因此电场强度矢量 E 是一个空间点函数,即 $E = E(Q, r)$,所以电场是空间矢量场,与是否存在试验电荷无关.在国际单位制中,电场强度的单位为牛顿·库仑$^{-1}$(N·C^{-1}),也可以写成伏特·米$^{-1}$(V·m^{-1}).

三、电场强度矢量 E 的计算　场强的叠加原理

1. 点电荷的电场强度

设真空中有一静止的点电荷 q,在其周围激发电场,P 为场中距离 q 为 r 的一点,在 P 点处放一试验电荷 q_0,如图 6-3 所示.

根据定义式(6-4)和库仑定律可得场点 P 的电场强度矢量

图 6-3　点电荷的场强

$$E = \frac{F}{q_0} = \frac{1}{4\pi\varepsilon_0} \frac{Q}{r^2} r_0 \tag{6-5}$$

式(6-5)称为点电荷产生的场强公式.

由式(6-5)可知,点电荷的电场分布具有球对称性:在以场源电荷为球心的任一球面上,各点的场强大小相等;正点电荷的场强方向沿球面半径指向球面外,负点电荷的场强方向沿球面半径指向球心.通常我们把这种分布的电场称为**球对称电场**.另外,我们还应该注意,式(6-5)不能描述点电荷 q 本身所在点处的场强,因为当 $r=0$ 时,场强 E 将趋于无穷大.这一方面是由于,当 $r\to0$ 时,场源电荷 q 已经不能视为点电荷处理了;另一方面,实际上严格的点电荷是没有的,即使在 $r=0$ 处,电场强度 E 也不会达到无限大.

2. 点电荷系的电场强度

设场源电荷是由 n 个点电荷 $q_1, q_2, q_3, \cdots, q_n$ 构成,如图 6-4 所示,则场点 P 处的电场强度可由定义式(6-4)和静电力叠加原理(6-3)得到

$$E = \frac{F}{q_0} = \sum_{i=1}^{n} \frac{F_i}{q_0} = \sum_{i=1}^{n} E_i \tag{6-6}$$

即点电荷系的电场在某场点的电场强度等于各个点电荷
在该点场强的矢量和,这一结论称为**场强叠加原理**. 场
强叠加原理似乎是静电力叠加原理的推论,但从场的观
点看,遵从叠加原理应属于电场的一个基本性质,正是电
场遵从叠加原理才导致静电力遵从叠加原理.

将点电荷的场强公式(6-5)代入式(6-6),可得点电
荷系统在场点 P 点处的电场强度矢量公式:

$$E = \frac{F}{q_0} = \sum_{i=1}^{n} \frac{F_i}{q_0} = \sum_{i=1}^{n} E_i = \sum_{i=1}^{n} \frac{1}{4\pi\varepsilon_0} \frac{q_i}{r_1^3} r_i \qquad (6\text{-}7)$$

式中 r_i 表示第 i 个点电荷 q_i 指向场点 P 点的位置矢量.

图 6-4   点电荷系的场强

3. 连续带电体的电场强度

对于电荷连续分布的带电体,如线分布的带电细杆、带电圆环,面分布的带电球
壳、带电平板以及体分布的带电球、带电圆柱体等,可以看成是由无限多个很小的电荷
元 dq 组成的,每个电荷元都可以视为点电荷(宏观小微观大的带电体). 这样由场强
叠加原理,整个带电体产生的电场强度,就等于这些无限多个电荷元产生的电场强度
的矢量和.

计算连续分布电荷的电场的电场强度,基本思路是求微积分. 具体步骤是:

(1)取一个电荷元 dq,并把它当做点电荷. 根据电荷的分布情况分为以下三种:

① 当电荷在细线上非均匀分布时,在某点附近取线元 Δl,其带电量为 Δq,定义电
荷线密度为 $\lambda = \lim\limits_{\Delta l \to 0} \frac{\Delta q}{\Delta l} = \frac{dq}{dl}$,则线元 dl 对应的点电荷 $dq = \lambda dl$;

② 当电荷在曲面上非均匀分布时,在某点附近取面元 ΔS,ΔS 带电 Δq,定义面电
荷密度为 $\sigma = \lim\limits_{\Delta s \to 0} \frac{\Delta q}{\Delta s} = \frac{dq}{ds}$,则面元 dS 对应的点电荷 $dq = \sigma dS$;

③ 当电荷在物体体积内非均匀分布时,在带电体中某点附近取体积元 ΔV,其电
荷量为 Δq,定义电荷体密度为 $\rho = \lim\limits_{\Delta V \to 0} \frac{\Delta q}{\Delta V} = \frac{dq}{dV}$,则体积元 dV 对应的点电荷 $dq = \rho dV$.

以上的描述中,$\Delta l \to 0$,$\Delta s \to 0$,$\Delta V \to 0$ 并不是一个严格的数学过程. 因为在物理
学中的无限小泛指宏观观测足够小,但微观上仍包含足够多的基元电荷. 例如,在
10^{-10}m^3 体积内就有 10^9 个带电粒子. 因此,上面定义的各种电荷密度既反映了电荷分
布的宏观不均匀性,又能使点的电荷密度具有确切的意义,从而将电荷作为连续函数
处理.

(2)给出 dq 在空间某点 P 产生的场强 dE,

$$dE = \frac{1}{4\pi\varepsilon_0} \frac{dq}{r^2} r_0 \qquad (6\text{-}8)$$

其中,r_0 表示从点电荷 dq 处指向场点 P 点处的单位矢量.

(3)根据场强叠加原理,整个带电体在给定点 P 所产生的场强 E 就等于每个电荷

元单独存在时在该点产生的场强的矢量和,即

$$E = \int_{带电体} \mathrm{d}E = \int_{带电体} \frac{1}{4\pi\varepsilon_0} \frac{\mathrm{d}q}{r^2} r_0 \tag{6-9}$$

这里需要注意的是,(6-9)式是矢量积分,也就是说,在积分时不仅要考虑其大小,还要考虑其方向. 为此在直角坐标系下的表达式为:$\mathrm{d}E = \mathrm{d}E_x \boldsymbol{i} + \mathrm{d}E_y \boldsymbol{j} + \mathrm{d}E_z \boldsymbol{k}$,其中 $\mathrm{d}E_x$、$\mathrm{d}E_y$、$\mathrm{d}E_z$ 表示 $\mathrm{d}E$ 在对应坐标轴上的投影量. 这样(6-9)式可改写为

$$E = E_x \boldsymbol{i} + E_y \boldsymbol{j} + E_z \boldsymbol{k}$$

$$E_x = \int_{带电体} \mathrm{d}E_x, \quad E_y = \int_{带电体} \mathrm{d}E_y, \quad E_z = \int_{带电体} \mathrm{d}E_z$$

四、电场强度的计算举例

例 6-2 两个大小相等的异号点电荷 $+q$ 和 $-q$ 相距为 l,如果要计算电场强度的各场点相对这一对电荷的距离 r 比 l 大得多($r \gg l$),这样的一对电荷称为**电偶极子**. 定义

$$p = ql$$

为电偶极子的电偶极矩,l 的方向规定为由负电荷指向正电荷,试求电偶极子中垂线上一点 P 的电场强度.

解 设电偶极子轴线的中点 O 到 P 点的距离为 r,如例 6-2 图(a)所示. 根据点电荷的场强公式,$+q$ 和 $-q$ 在 P 点产生的电场强度大小为

$$E_+ = E_- = \frac{1}{4\pi\varepsilon_0} \frac{q}{r^2 + (l/2)^2}$$

方向分别沿着两个电荷与 P 点的连线,如图所示. 显然 P 点的合电场强度与电偶极矩 p 的方向相反. P 点的合电场强度 E 的大小为

$$E = E_+ \cos\alpha + E_- \cos\alpha = 2E_+ \cos\alpha$$

因为 $\cos\alpha = \dfrac{l/2}{[r^2 + (l/2)^2]^{1/2}}$,所以

$$E = \frac{1}{4\pi\varepsilon_0} \frac{ql}{[r^2 + (l/2)^2]^{3/2}}$$

由于 $r \gg l$,故上式可简化为

$$E \approx \frac{1}{4\pi\varepsilon_0} \frac{ql}{r^3} = \frac{1}{4\pi\varepsilon_0} \frac{p}{r^3}$$

考虑到 E 的方向与电偶极子的电偶极矩 p 的方向相反,上式可改写为矢量式

$$E = -\frac{1}{4\pi\varepsilon_0} \frac{p}{r^3}$$

从以上结果可见,电偶极子在其中垂线上一点的电场强度与距离 r 的三次方成反比,而点电荷的电场强度与距离 r 的平方成反比. 相比可见,电偶极子的电场强度大小随距离的变化比点电荷的电场强度大小随距离的变化要快. 例 6-2 图(b)是电偶极子

的电场强度分布的示意图.

电偶极子是一个重要的物理模型. 在研究电介质的极化、电磁波的发射等问题中, 都要用到这个模型. 例如有些电介质的分子, 正、负电荷的中心不重合, 这类分子就可视为电偶极子. 在电磁波的发射中, 一段金属导线中的电子作周期性运动, 使导线两端交替地带正、负电荷, 形成振荡偶极子等.

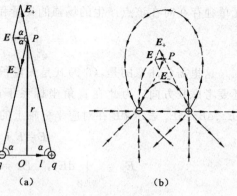

例 6-2 图

例 6-3 半径为 R 的均匀带电细圆环带电量为 q, 如例 6-3(a)图所示. 试计算圆环轴线上任一点 P 的电场强度.

例 6-3 图

解 解本题的思路是, 将圆环分成许多带电线元, 使线元的长度远小于 x, 因而可以看做是点电荷. 利用式(6-8)算出各个线元在 P 点激发的场强, 然后应用叠加原理算出整个圆环激发的合场强.

取坐标轴 Ox 如图所示, 把细圆环分割成许多电荷元, 任取一电荷元 $\mathrm{d}q$, 它在 P 点产生的电场强度为 $\mathrm{d}\boldsymbol{E}$. 设 P 点相对于电荷元 $\mathrm{d}q$ 的位矢为 $\boldsymbol{r}$, 且 $OP=x$, 则

$$\mathrm{d}\boldsymbol{E}=\frac{1}{4\pi\varepsilon_0}\frac{\mathrm{d}q}{r^2}\boldsymbol{r}_0$$

对圆环上所有电荷元在 P 点产生的电场强度求积分, 即得 P 点的电场强度

$$\boldsymbol{E}=\int\mathrm{d}\boldsymbol{E}=\int\frac{1}{4\pi\varepsilon_0}\frac{\mathrm{d}q}{r^2}\boldsymbol{r}_0$$

这是一矢量积分, 将 $\mathrm{d}\boldsymbol{E}$ 向 Ox 轴和垂直于 Ox 轴的平面投影, 得

$$dE_x = dE\cos\theta$$
$$dE_\perp = dE\sin\theta$$

由于圆环上电荷分布关于 x 轴对称,因此,$dE_\perp$ 分量之和为零. 故 P 点的电场强度等于分量 dE_x 之和,即

$$E = E_x = \int dE_x = \frac{1}{4\pi\varepsilon_0}\int\frac{dq}{r^2}\cos\theta = \frac{1}{4\pi\varepsilon_0}\frac{\cos\theta}{r^2}\int dq = \frac{1}{4\pi\varepsilon_0}\frac{q}{r^2}\cos\theta$$

从图中的几何关系可知 $\cos\theta = \dfrac{x}{r}$,$r = (R^2 + x^2)^{1/2}$,代入得

$$E = \frac{1}{4\pi\varepsilon_0}\frac{qx}{(R^2 + x^2)^{3/2}}$$

所以 P 点的电场强度矢量 $\boldsymbol{E} = E_x\boldsymbol{i}$. 若 q 为正电荷,则 $\boldsymbol{E}$ 的方向沿 x 轴正方向;若 q 为负电荷,则 $\boldsymbol{E}$ 的方向沿 x 轴负方向. 例 6-3 图(b)表示 $q = 11.1\times10^{-9}$ C、$R = 0.5$ m 的均匀带电圆环轴线上任一点 P 处场强投影 E_x 与 x 的关系曲线,虚线表示的是位于环心带有与圆环相同电量的一个带电粒子在同一点 P 处的 E_x 与 x 的关系曲线.

讨论

(1)若 $x \gg R$,则 $(x^2 + R^2)^{3/2} \approx x^3$,这时有

$$E \approx \frac{q}{4\pi\varepsilon_0 x^2}$$

此结果说明,远离环心处,其电场可等效于环上电荷全部集中在环心处的点电荷的电场.

(2)若 $x = 0$,则 $E = 0$,即环心上的场强为零.

(3)由 $\dfrac{dE}{dx} = 0$ 可求得电场强度极大处的位置,故有

$$\frac{d}{dx}\left[\frac{1}{4\pi\varepsilon_0}\frac{qx}{(R^2 + x^2)^{3/2}}\right] = 0,\text{得 } x = \pm\frac{\sqrt{2}}{2}R$$

这表明,圆环轴线上位于原点 O 两侧的 $+\dfrac{\sqrt{2}}{2}R$ 和 $-\dfrac{\sqrt{2}}{2}R$ 处电场强度最大. 并可算出该处的 E 值为 $E_{max} = \dfrac{q}{6\sqrt{3}\pi\varepsilon_0 R^2}$.

例 6-4 试计算半径为 R、均匀带电量为 q 的圆形平面板的轴线上任一点的电场强度.

解法一 取如例 6-4(a)图所示的坐标系. 在圆形平板上距圆心 r 到 $r + dr$、圆心角在 θ 到 $\theta + d\theta$ 之间取电荷元,它所带的电量

$$dq = \sigma r dr d\theta$$

其中 $\sigma = \dfrac{q}{\pi R^2}$. 电荷元 dq(视为点电荷)在圆形平板轴线上坐标为 x 处的 P 点产生的电场强

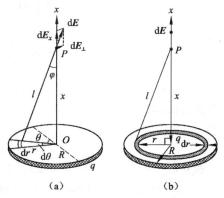

例 6-4 图

度的大小

$$dE = \frac{1}{4\pi\varepsilon_0} \frac{\sigma r \mathrm{d}r \mathrm{d}\theta}{l^2}$$

把 $\mathrm{d}E$ 投影到 x 轴及垂直于 x 轴的平面上．因为圆形平板对 P 点具有对称性，所以 $\mathrm{d}E$ 在垂直于 x 轴平面上的分量相加结果为零，而沿 x 轴方向的分量

$$dE_x = \frac{1}{4\pi\varepsilon_0} \frac{\sigma r \mathrm{d}r \mathrm{d}\theta}{l^2} \cos\varphi = \frac{1}{4\pi\varepsilon_0} \frac{\sigma r \mathrm{d}r \mathrm{d}\theta}{l^2} \frac{x}{l} = \frac{1}{4\pi\varepsilon_0} \frac{x\sigma r \mathrm{d}r \mathrm{d}\theta}{(x^2+r^2)^{3/2}}$$

整个带电平板在 P 点所产生的场强

$$E = \int \mathrm{d}E_x = \frac{x\sigma}{4\pi\varepsilon_0} \int_0^{2\pi} \mathrm{d}\theta \int_0^R \frac{r \mathrm{d}r}{(x^2+r^2)^{3/2}}$$

$$= \frac{\sigma}{2\varepsilon_0} \left[1 - \frac{x}{(R^2+x^2)^{1/2}} \right]$$

$$= \frac{q}{2\pi\varepsilon_0 R^2} \left[1 - \frac{x}{(R^2+x^2)^{1/2}} \right]$$

其方向沿 x 轴，当 q 为正时，E 指向 x 轴的正方向；当 q 为负时，E 指向 x 轴的负方向．

解法二　本题还可以根据例 6-3 的结果直接叠加来计算．

设想把圆形平板分割成无数个半径不同的同心细圆环，每个带电细圆环在轴线上一点产生的电场强度都可以应用上例所得的结果来表示．如图 6-4(b)所示，取半径为 r、宽度为 $\mathrm{d}r$ 的细圆环，其上带电量为

$$\mathrm{d}q = \sigma 2\pi r \mathrm{d}r$$

该细圆环在轴线上一点 P 产生的电场强度大小为

$$\mathrm{d}E = \frac{1}{4\pi\varepsilon_0} \frac{x\mathrm{d}q}{(x^2+r^2)^{3/2}} = \frac{x\sigma}{2\varepsilon_0} \frac{r \mathrm{d}r}{(x^2+r^2)^{3/2}}$$

$\mathrm{d}E$ 的方向沿 x 轴，由于各细圆环在 P 点产生的电场强度方向都相同，所以整个带电圆形平板在 P 点产生的电场强度大小为

$$E = \int \mathrm{d}E = \frac{x\sigma}{2\varepsilon_0} \int_0^R \frac{r \mathrm{d}r}{(r^2+x^2)^{3/2}}$$

$$= \frac{\sigma}{2\varepsilon_0} \left[1 - \frac{x}{(R^2+x^2)^{1/2}} \right]$$

$$= \frac{q}{2\pi\varepsilon_0 R^2} \left[1 - \frac{x}{(R^2+x^2)^{1/2}} \right]$$

考虑到方向，以上结果还可以表示为

$$\boldsymbol{E} = \frac{q}{2\pi\varepsilon_0 R^2} \left[1 - \frac{x}{(R^2+x^2)^{1/2}} \right] \boldsymbol{i}$$

例 6-5　设有一均匀带电直线段，长为 L，带电量为 q．线外一点 P 到直线的垂直距离为 a，P 点与直线段两端连线与 y 轴正方向的夹角分别为 θ_1 和 θ_2，如例 6-5 图所示．试求 P 点的电场强度．

解　取 P 点到直线段的垂足 O 为原点，坐标轴如图．在带电直线段上距原点为 y

处,取线元 dy,其上带电量为 $dq = \lambda dy$,其中 $\lambda = \dfrac{q}{L}$

为电荷线密度.设 dy 到 P 点的距离为 r,则电荷元 dq 在 P 点产生的电场强度 dE 的大小为

$$dE = \frac{1}{4\pi\varepsilon_0}\frac{\lambda dy}{r^2}$$

dE 的方向如例 6-5 图所示,它与 y 轴的夹角为 θ, dE 沿 x、y 轴的分量为

$$dE_x = dE\sin\theta$$

$$dE_y = dE\cos\theta$$

例 6-5 图

由图上的几何关系可知

$$y = a\tan\left(\theta - \frac{\pi}{2}\right) = -a\cot\theta$$

$$dy = a\csc^2\theta d\theta$$

$$r^2 = a^2 + y^2 = a^2\csc^2\theta$$

所以

$$dE_x = \frac{\lambda}{4\pi\varepsilon_0 a}\sin\theta d\theta$$

$$dE_y = \frac{\lambda}{4\pi\varepsilon_0 a}\cos\theta d\theta$$

将以上两式积分得

$$E_x = \int dE_x = \int_{\theta_1}^{\theta_2}\frac{\lambda}{4\pi\varepsilon_0 a}\sin\theta d\theta = \frac{\lambda}{4\pi\varepsilon_0 a}(\cos\theta_1 - \cos\theta_2)$$

$$E_y = \int dE_y = \int_{\theta_1}^{\theta_2}\frac{\lambda}{4\pi\varepsilon_0 a}\cos\theta d\theta = \frac{\lambda}{4\pi\varepsilon_0 a}(\sin\theta_2 - \sin\theta_1)$$

最后由 E_x 和 E_y 来确定 E 的大小和方向.

P 点处的电场强度矢量为

$$\boldsymbol{E} = E_x\boldsymbol{i} + E_y\boldsymbol{j}$$

讨论

(1)若 $a \ll L$,即 P 点极靠近直线,这时带电直线可看做无限长,即可用 $\theta_1 = 0$ 和 $\theta_2 = \pi$ 代入得

$$E_x = \frac{\lambda}{2\pi\varepsilon_0 a}$$

$$E_y = 0$$

如果以带电细直线为轴作半径为 a 的无限长圆柱面,则在此圆柱面上各点的场强大小处处相等,方向沿切面圆的半径方向(此时的 x 轴方向实质上就是切面圆的半径方向),当 $\lambda > 0$ 时,沿半径指向圆柱面外,当 $\lambda < 0$ 时,沿半径指向切面圆圆心.具有这种对称性分布的电场称为**轴对称电场**.

（2）如果这一均匀带电直线是"半无限长"时，即 $\theta_1 = \dfrac{\pi}{2}$，$\theta_2 = \pi$，则

$$E_x = \frac{\lambda}{4\pi\varepsilon_0 a}$$

$$E_y = -\frac{\lambda}{4\pi\varepsilon_0 a}$$

§6-3　电场线　高斯定理

一、电场线

电场看不见、摸不着，为了形象地描绘电场在空间的分布，英国物理学家法拉第（Michael Faraday，1791—1867）引入电场线的概念．所谓**电场线**就是人们按照一定的画法规定在电场中所画出的一簇曲线．为了让电场线能够直观地反映出电场中各点处电场强度的方向和大小，我们规定电场线和电场强度 E 之间具有以下关系：

① 电场线上任一点的切线方向给出了该点电场强度 E 的方向；

② 某点处电场线密度与该点电场强度 E 的大小相等．所谓**电场线密度**是指通过某点附近垂直于场强方向的单位截面上的电场线条数．若穿过垂直截面 $dS_\perp$ 的电场线条数为 dN，则

$$E = \frac{dN}{dS_\perp} \tag{6-10}$$

按照这一规定，电场线密集处电场强度大，电场线稀疏处电场强度小．图 6-5 给出了常见的几种电场的电场线图．

（a）正点电荷　　　　（b）负点电荷　　　　（c）两等量异号点电荷

（d）两等量同号点电荷　　（e）点电荷+2q和-q、-q　　（f）正负带电板

图 6-5　几种常见电场的电场线图

静电场的电场线具有如下性质：

① 电场线起自于正电荷（或来自于无穷远处），终止于负电荷（或延伸到无限远处），不会在没有电荷处中断；

② 电场线不会在没有电荷处相交；

③ 电场线为非闭合曲线.

二、电通量

通量是描述矢量场性质的一个特征量. 对于任何矢量场都可以引入通量的概念. 例如流体速度场 $v(x,y,z)$、电场 $E(x,y,z)$、磁场 $B(x,y,z)$ 等都可以用相应的通量来描述它们的性质. 考察一个矢量场的通量和环量（描述矢量场性质的另一个物理量）是人们总结出来的研究矢量场的基本方法. 通量有其严格的定义，考虑到初学者的可接受性，我们从场线的概念出发，给出通量较为直观的定义. 在电场中穿过任意曲面 S 的电场线的总条数称为通过该面的**电通量**，用 Φ_e 表示.

1. 均匀电场的电通量

设在匀强电场 E 中，取一个与 E 方向垂直的平面 S，如图 6-6(a)所示. 由电场线的规定我们知道，场中某点处电场线密度与该点的电场强度 E 的大小相等. 而对于匀强电场，由于场强处处相等，所以电场线密度也处处相等. 显然通过该面的电通量为

图 6-6 均匀电场的电通量

$$\Phi_e = ES \tag{6-11}$$

如果平面 S 的法线 e_n 和 E 的方向成 θ 角，如图 6-6(b)所示，则通过 S 面的电通量就等于 S 在垂直于 E 方向的投影面积的电通量，即

$$\Phi_e = ES\cos\theta = E \cdot S \tag{6-12}$$

2. 非均匀电场中任意曲面的电通量

对于非均匀电场中任意有限曲面 S，如图 6-7 所示，面上各点场强大小和方向一般是不同的. 按物理学常用的元分析法，这时可以把此曲面分成无限多个面元 dS，由于 dS 足够小，小到可以把它看成平面处理，在 dS 范围内场强 E 可认为是匀强，这样，穿过 dS 的电通量可以写为

$$d\Phi_e = dN = EdS\cos\theta = E \cdot dS$$

注意：由上式计算的通过面积元 dS 的电通量，结果可正可负，完全取决于面元 dS 与 E 间的夹角 θ. 若 $\theta < \pi/2$ 时，$d\Phi_e$ 为正，电场线沿面元法线指向穿过面元. 若 $\theta > \pi/2$，$d\Phi_e$ 为负，电场线逆法线指向穿过面元. 当 $\theta = \pi/2$ 时，$d\Phi_e = 0$，此时无电场线穿过面元. 虽然此时 $d\Phi_e$ 为零，但面元上各点 E 可以不等于零.

因此整个曲面 S 的 E 通量就是所有面元上的 E 通量的代数和，即面积分

$$\Phi_e = \int d\Phi_e = \int_s \boldsymbol{E} \cdot d\boldsymbol{S}$$

如果是闭合曲面,则其 $\boldsymbol{E}$ 通量为

$$\Phi_e = \oint_S \boldsymbol{E} \cdot d\boldsymbol{S} \qquad (6\text{-}13)$$

式中:$\oint_S$ 表示沿整个曲面积分. 这里要注意,一个曲面的法线矢量,有正反两种取法,对于非闭合曲面来说,可取其中任意一种为法线矢量的正方向;但对闭合曲面来说,它把空间划分为内外两部分,其法线矢量的两种取向就有了特定的意义. 通常规定外法线矢量方向为正,这样在 $\boldsymbol{E}$ 指向曲面外的地方,$\boldsymbol{E}$ 和 $\boldsymbol{e}_n$ 的夹角 $\theta < \pi/2$,该处曲面通量为正,如图 6-8 中的 $d\boldsymbol{S}_1$ 面;在 $\boldsymbol{E}$ 指向曲面内的地方,$\theta > \pi/2$,该处曲面的 $\boldsymbol{E}$ 通量为负,如图 6-8 中的 $d\boldsymbol{S}_2$ 面;在 $\boldsymbol{E}$ 和曲面相切的地方,$\theta = \pi/2$,该处曲面 $\boldsymbol{E}$ 通量等于零,如图 6-8 中的 $d\boldsymbol{S}_3$ 面.

图 6-7 非均匀电场中任意曲面的电通量　　　图 6-8 闭合曲面的电通量

三、静电场的高斯定理

上面介绍了 $\boldsymbol{E}$ 通量的概念,现在进一步讨论通过闭合曲面 $\boldsymbol{E}$ 通量和场源电荷之间的关系,从而得出一个表征静电场性质的基本定理——**高斯定理**.

1. 静电场高斯定理

静电场的高斯定理可表述为:**静电场中通过一个任意闭合曲面 S 的电通量等于该曲面所包围的所有电荷电量的代数和 $\sum q_i$ 除以 ε_0,与闭曲面外的电荷无关**. 数学表达式为

$$\Phi_e = \oint_S \boldsymbol{E} \cdot d\boldsymbol{S} = \frac{\sum q_i}{\varepsilon_0} \qquad (6\text{-}14)$$

曲面 S 通常是一个假想的闭合曲面,这个闭合曲面称为**高斯面**,$\sum q_i$ 称为**高斯面内的净电荷**.

2. 静电场高斯定理的验证

下面,我们采用由特殊到一般的方法,分四种情况对静电场高斯定理进行验证.

① 计算以点电荷 q 为球心的任意球面 S 的电通量

以点电荷 q 所在的点为球心,任意半径 r 作一球面 S,以 S 为高斯面,如图 6-9 所示. 在球面上任取一面元 $\mathrm{d}S=e_n\mathrm{d}S$,其外法线方向沿半径向外,即 $e_n=e_r$,该面元 $\mathrm{d}S$ 处的电场强度 $E=\dfrac{q}{4\pi\varepsilon_0 r^2}e_r$,则面元上 E 通量

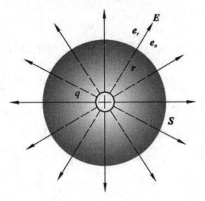

$$\mathrm{d}\Phi_e=E\cdot\mathrm{d}S=\dfrac{q}{4\pi\varepsilon_0 r^2}e_n\cdot e_r\mathrm{d}S=\dfrac{q}{4\pi\varepsilon_0 r^2}\mathrm{d}S$$

整个闭合曲面的 E 通量

$$\Phi_e=\oint_S E\cdot\mathrm{d}S=\oint_S\dfrac{q}{4\pi\varepsilon_0 r^2}\mathrm{d}S$$

$$=\dfrac{q}{4\pi\varepsilon_0 r^2}\oint_S\mathrm{d}S=\dfrac{q}{\varepsilon_0}$$

图 6-9　电荷在球心球面上的电通量

上式说明,以点电荷 q 为球心的任意球面上的 E 通量,与球面半径无关,都等于 q/ε_0. 显然,这一结论与库仑平方反比定律是分不开的.

② 计算包围点电荷 q 的任意形状闭合曲面 S 的电通量

如图 6-10 所示,S' 为任意闭合曲面,S 为一球面并且以 q 为球心,S' 和 S 包围同一个电荷 q. 在空间无其他电荷的前提下,由于电场的连续性,可以肯定通过闭合曲面 S' 和 S 的电通量相等,均为 q/ε_0. 这也表明,穿过该闭合曲面的电通量与曲面的形状、大小无关,换言之,与该点电荷在闭合曲面内的位置无关,只与该闭合曲面包围的电荷 q 有关,都等于 q/ε_0.

③ 计算不包围点电荷 q 的任意闭合曲面 S 的电通量

如图 6-11 所示,点电荷 $+q$ 处于闭合曲面 S 之外,根据电场线的性质,图中所有进入 S 的电场线,必定又从 S 面穿出,所以穿过闭合面 S 的净电通量为零。用公式表示为

$$\Phi_e=\oint_S E\cdot\mathrm{d}S=0$$

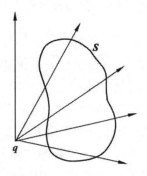

图 6-10　任意闭合曲面包围点电荷的电通量　　图 6-11　不包围电荷的任意闭合曲面的电通量

④ 计算通过包围多个点电荷的闭合曲面的电通量

对于一个由点电荷 $q_1,q_2,\cdots,q_k,q_{k+1},q_{k+2},\cdots,q_n$ 组成的电荷系,在它们的电场中

任意一点,根据场强叠加原理可得

$$E = \sum_{i=1}^{n} E_i$$

这时通过任意闭合曲面 S 的电通量为

$$\Phi_e = \oint_S E \cdot dS = \sum_{i=1}^{n} \oint_S E_i \cdot dS = \Phi_{e1} + \Phi_{e2} + \cdots + \Phi_{en}$$

其中 $\Phi_{e1}, \Phi_{e2}, \cdots, \Phi_{en}$ 为单个点电荷的电场通过闭合曲面的电通量. 由上述单个电荷的结论可知,当 q_i 在封闭面内时,$\Phi_{ei} = q_i/\varepsilon_0$,当 q_i 在封闭面外时,$\Phi_{ei} = 0$. 因此,上式可写成

$$\Phi_e = \sum_{i=1}^{k} \oint_S E_i \cdot dS = \sum_{i=1}^{k} \frac{q_i}{\varepsilon_0}$$

式中 $\sum_{i=1}^{k} q_i$ 表示在封闭曲面内的电荷的代数和. 当把上述点电荷换成连续带电体时,只需要利用场强叠加原理,仍可得到上式.

综合以上验证可知,在任意静电场中,任一闭合曲面上的 E 通量都等于该曲面内的电荷的代数和除以 ε_0,即高斯定理.

另外,在以上验证过程我们还可以看到,高斯定理是由库仑定律和场强叠加原理推出的,是静电场理论中最重要的定理之一. 同时,在对高斯定理的理解上,请读者注意以下几点:

① 静电场中通过任意闭合曲面的总通量只取决于面内电荷的代数和,而与面外电荷无关,也与高斯面内电荷如何分布无关. 需要说明的是,由于高斯面是几何面,因此,在高斯面上不会存在有穷小量的电荷.

② 高斯定理表达式左方的场强 E 是闭合曲面上各点的场强,是由空间所有电荷(既包括曲面内又包括曲面外的电荷)共同产生的合场强. 面外电荷虽然对高斯面上的电通量 Φ_e 没有贡献,但对高斯面上任一点的电场强度 E 却有贡献.

③ 电场强度 E 和电通量 $\oint_S E \cdot dS$ 是两个不同的物理量. 当闭合曲面上各点电场强度为零时,通过闭合曲面的电通量必为零. 但当通过闭合曲面的电通量等于零时,曲面上各点的电场强度却不一定为零.

高斯定理的重要意义在于,它把电场与产生电场的电荷联系了起来,反映了静电场的一个基本性质,即静电场是有源场. 反映静电场电场状态的电场线既有源头,始于正电荷;又有尾闾,止于负电荷. 高斯定理与稍后介绍的静电场中的环路定理结合起来,可以完整地描述静电场. 另外,虽然高斯定理是在库仑定律的基础得出的,但高斯定理的应用范围比库仑定律更广泛. 库仑定律只适用于静电场,而高斯定理不仅适用于静电荷和静电场,也适用于运动电荷和变化的电场,因此,高斯定理是电磁场理论的基本方程之一.

三、高斯定理的应用

一般情况下,根据高斯定理我们并不能确定场和场源电荷的具体分布.但是当电荷分布具有某些特殊对称性,从而使它们产生的电场也具有特殊对称性时,我们可以通过选取适当的高斯面,非常简便地计算场强.下面举例说明.

例 6-6　均匀带电球面的电场.

如例 6-6(a)图所示,一均匀带有正电的球面,总量为 q,半径为 R,试求球面内、外场强的分布.

解:首先分析电场分布的对称性.在带电球面上任选一面元 dS,由于电荷均匀分布具有球对称性,无论场点 P 在球面内还是球面外,对于 OP 连线而言,总有一个与 dS 对称的面元 dS',若选 $dS = dS'$,则它们的合场强必定沿 OP 连线向外,如例 6-6(b)图所示.由于整个球面总可以分解成一对对的成对面元,故 P 点的合场强方向是沿着半径方向的,并且在与带电球面同心的任何球面上各点的场强大小相等.由此可见,当电荷呈球对称分布时,其所激发的电场也具有球对称性分布.

例 6-6 图

其次,根据场强分布的对称性选取合适高斯面,计算高斯面 S 的电通量.以 O 点为中心,取过 P 点,半径为 r 的同心球面为高斯面,由前述对称性分析可知,通过此高斯面的电通量为

$$\Phi_e = \oint_S \boldsymbol{E} \cdot d\boldsymbol{S} = 4\pi r^2 E$$

再次,求出包围在高斯面内的电荷总量,按高斯定理计算场强的大小,并说明其方向.

当 $r < R$ 时,场点位于均匀带电球面内时,高斯面内无电荷,如例 6-6 图(c)所示;当 $r > R$ 时,场点位于均匀带电球面外时,高斯面内电荷量为 q,所以

$$\Phi_e = 4\pi r^2 E = \begin{cases} 0 & (r < R) \\ \dfrac{q}{\varepsilon_0} & (r \geq R) \end{cases}$$

故均匀带电球面的场强大小为

$$E = \begin{cases} 0 & (r < R) \\ \dfrac{q}{4\pi\varepsilon_0 r^2} & (r \geq R) \end{cases}$$

考虑到 $\boldsymbol{E}$ 的方向,其矢量式为

$$\boldsymbol{E} = \boldsymbol{0} \quad (r < R)$$

$$E = \frac{q}{4\pi\varepsilon_0 r^2} e_r \quad (r \geqslant R)$$

上式说明,均匀带电球面内的场强为 0;均匀带电球面外任一点的场强,等于与球面电荷量相等的、位于球心处的点电荷在该处产生的场强,其 $E(r)$ 曲线如例 6-6(d)图所示.

例 6-7 均匀带电球体的电场.

设有一球体,如例 6-7 图所示,均匀带有正电荷 q,半径为 R,求均匀带电球体内、外的场强分布.

解:我们可把球体分割成一系列同心薄球壳. 由上例分析可知,每层均匀带电球壳所产生的电场都具有球对称性,因此,整个球体所产生的电场仍具有球对称性.

在球外,取高斯面为半径 $r > R$ 的同心球面,如例 6-7 图所示. 由高斯定理,有

$$\oint_S E \cdot dS = 4\pi r^2 E = \frac{q}{\varepsilon_0}$$

$$E = \frac{q}{4\pi\varepsilon_0 r^2} \quad (r \geqslant R)$$

考虑到 E 的方向,其矢量式为

$$E = \frac{q}{4\pi\varepsilon_0 r^2} e_r \quad (r \geqslant R) \qquad ①$$

在球内,取高斯面为半径 $r < R$ 的同心球面 S',由高斯定理,有

$$\oint_S E \cdot dS = 4\pi r^2 E = \frac{4\pi r^3 \rho}{3\varepsilon_0}$$

$$E = \frac{\rho}{3\varepsilon_0} r = \frac{q}{4\pi\varepsilon_0} \frac{r}{R^3}$$

式中:$\rho = 3q/4\pi R^3$ 为电荷体密度,考虑到 E 的方向,可得到场强的矢量式

$$E = \frac{q}{4\pi\varepsilon_0} \cdot \frac{r}{R^3} e_r \quad (r \leqslant R) \qquad ②$$

例 6-7 图

①式和②式表示出均匀带电球体在球内的场强 E 和 r 成正比,在球外的场强和电荷全部集中在球心时产生的场强一样,E-r 曲线如例 6-7 图所示.

例 6-8 均匀带正电的无限长细棒的场强.

设有一无限长细棒,其电荷线密度为 $\lambda(\lambda > 0)$,试求其场强分布.

解:如例 6-8 图所示,对于一有限长细棒,当线外任一点 P 位于棒垂直平分线上时,由场强叠加原理可知,该点的场强方向必与棒垂

(a) 对称性分析 (b) 高斯面的取法

例 6-8 图

直,而当 P 位于其他位置时,场强方向就有所偏离.对于无限长细棒,线外的各点处处可看成中点,故在与无限长细棒同轴的圆柱面上,各点的场强方向都垂直于柱面呈辐射状,且各点的场强大小处处相同,这种电场分布称为轴对称分布.

以棒为轴,r 为半径,作一高为 h 的圆柱面为高斯面.由高斯定理,通过圆柱体面的电通量为

$$\Phi_e = \oint_S \boldsymbol{E} \cdot d\boldsymbol{S} = \int_{\text{侧面}} \boldsymbol{E} \cdot d\boldsymbol{S} + \int_{\text{上底}} \boldsymbol{E} \cdot d\boldsymbol{S} + \int_{\text{下底}} \boldsymbol{E} \cdot d\boldsymbol{S}$$

因上、下底面的场强方向与面平行,其 $\boldsymbol{E}$ 通量为零,即式中后两项为零,所以

$$\Phi_e = 2\pi r h E = \frac{\sum q}{\varepsilon_0} = \frac{\lambda h}{\varepsilon_0}$$

$$E = \frac{\lambda}{2\pi r \varepsilon_0}$$

考虑到 $\boldsymbol{E}$ 的方向,可得场强的矢量式为

$$\boldsymbol{E} = \frac{\lambda}{2\pi r \varepsilon_0} \boldsymbol{e}_r$$

例 6-9　无限大均匀带电平面的电场.

设有一无限大平面,电荷面密度为 σ,求距该平面 r 处的某点的电场强度.

解:由于电荷均匀分布在无限大平面上,可知平面两侧的电场是对称的,即与带电平面平行的任意平面上各点的场强大小相等,方向与该平面垂直.与带电平面等距的左右两平行平面上的场强相等,方向相反.

取例 6-9(a)图所示的闭合圆柱面为高斯面,该圆柱面底面积为 S,左、右底面与带电面等距.由于电场强度 $\boldsymbol{E}$ 的方向与圆柱侧面的法线垂直,所以通过圆柱侧面的电通量为零.圆柱面两个底面的法线方向与电场强度 $\boldsymbol{E}$ 的方向平行,并且底面上各点的电场强度大小相等,所以通过底面的电通量为 ES,于是

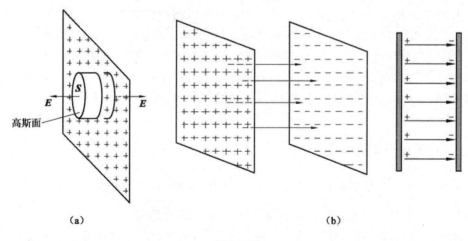

(a)　　　　　　　　　　　(b)

例 6-9 图

$$\Phi_e = \oint_S \boldsymbol{E} \cdot \mathrm{d}\boldsymbol{S} = \int_{左底} \boldsymbol{E} \cdot \mathrm{d}\boldsymbol{S} + \int_{侧} \boldsymbol{E} \cdot \mathrm{d}\boldsymbol{S} + \int_{右底} \boldsymbol{E} \cdot \mathrm{d}\boldsymbol{S} = ES + 0 + ES$$

该高斯面内所包围的电荷量为

$$\sum q_i = \sigma S$$

根据高斯定理有

$$\Phi_e = \oint_S \boldsymbol{E} \cdot \mathrm{d}\boldsymbol{S} = 2ES = \sigma S / \varepsilon_0$$

故

$$E = \frac{\sigma}{2\varepsilon_0}$$

考虑到 $\boldsymbol{E}$ 的方向,可得场强的矢量式

$$\boldsymbol{E} = \frac{\sigma}{2\varepsilon_0} \boldsymbol{e}_n$$

上式表明:无限大均匀带电平面产生的电场为匀强电场,方向与带电平面垂直.

　　利用上面的结论和电场强度叠加原理,可求得两个带等量异号电荷的无限大平行平面的电场分布. 如例 6-9(b)图所示,两板间合场强大小为 $E = \sigma / \varepsilon_0$,两板外部空间合场强为零.

　　从以上所举的几个例子可以看出,由于带电体系具有某种对称性,导致其电场分布也具有相应的对称性. 因此选取合适的高斯面,就可利用高斯定理方便地求出电场强度分布.

§6-4　静电场的环路定理　电势

　　在前几节,我们从电荷在电场中受力这一事实出发,研究了静电场"力的属性",并引入电场强度 $\boldsymbol{E}$ 作为描述电场这一特性的物理量. 而高斯定理是从 $\boldsymbol{E}$ 的角度反映了通过闭合曲面的 $\boldsymbol{E}$ 通量与该面内电荷量的关系,揭示了静电场是一个有源场这一基本特性. 既然电荷在电场中要受到电场力的作用,那么电荷在电场中移动时,电场力一定会对电荷作功. 在这一节中,我们将从静电场力作功的特点入手,从能量的观点来研究静电场"能的属性",导出反映静电场另一个特性的环路定理,并引入一个新的物理量——电势 U.

一、静电场力作功的特性

　　库仑力 $f = k \dfrac{q_1 q_2}{r^2}$ 与万有引力 $f = G \dfrac{m_1 m_2}{r^2}$ 在表达形式上完全相似,而万有引力是保守力,作功与路径无关,那么,静电场力作功是否也与路径无关呢? 结论是肯定的,可以证明,静电场力作功与路径无关. 在上一节中,从库仑定律和电场强度叠加原理出发,我们验证了描述静电场性质的高斯定理,本节是否可按同一思路,来证明静电场力

作功与路径无关,即静电场力是保守力呢? 如果可行,将再一次看到,由库仑定律和电场强度叠加原理可以展开整个静电学. 为此,我们的证明分如下两步进行:

1. 试验电荷 q_0 在点电荷 q 的电场中移动时,电场力的功

设电量为 q_0 的试验电荷在点电荷 q 的电场中,从 a 点沿任意路径移动至 b 点,如图 6-12 所示. 为了求出此过程中电场力的功,可在路径上任一点 c 附近取一位移微元 $\mathrm{d}\boldsymbol{l}$,电场力在这一位移元中对 q_0 所作的元功为

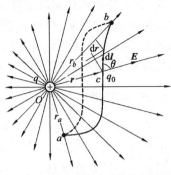

$$\mathrm{d}A = \boldsymbol{F} \cdot \mathrm{d}\boldsymbol{l} = q_0 \boldsymbol{E} \cdot \mathrm{d}\boldsymbol{l}$$

$$= \frac{q_0 q}{4\pi\varepsilon_0 r^2} \cos\theta \mathrm{d}l$$

$$= \frac{q_0 q}{4\pi\varepsilon_0 r^2} \mathrm{d}r$$

图 6-12　电场力所作的功与路径无关

q_0 从 a 点移到 b 点的过程中,电场力所作的总功

$$A_{ab} = \int_a^b \mathrm{d}A = \int_{r_a}^{r_b} \frac{q_0 q}{4\pi\varepsilon_0 r^2} \mathrm{d}r \qquad (6\text{-}17)$$

$$= \frac{q_0 q}{4\pi\varepsilon_0} \left(\frac{1}{r_a} - \frac{1}{r_b} \right)$$

式中,r_a 和 r_b 分别为 a、b 两点相对于场源电荷 q 的位矢的大小. 上式表明,当试验电荷 q_0 在点电荷 q 的电场中移动时,电场力所作的功只取决于始末两点的位置,而与路径无关.

2. 试验电荷 q_0 在任意带电体产生的电场中移动时,电场力的功

任意带电体总可以分割成许多电荷元,每一电荷元都可以看做一个点电荷,根据电场强度的叠加原理,n 个电荷元的电场强度

$$\boldsymbol{E} = \boldsymbol{E}_1 + \boldsymbol{E}_2 + \cdots + \boldsymbol{E}_n = \sum_{i=1}^n \boldsymbol{E}_i$$

将 q_0 从静电场中的 a 点沿任一路径移至 b 点时,电场力的功为

$$A = \int_a^b q_0 \boldsymbol{E} \cdot \mathrm{d}\boldsymbol{l} = q_0 \int_a^b \boldsymbol{E}_1 \cdot \mathrm{d}\boldsymbol{l} + q_0 \int_a^b \boldsymbol{E}_2 \cdot \mathrm{d}\boldsymbol{l} + \cdots + q_0 \int_a^b \boldsymbol{E}_n \cdot \mathrm{d}\boldsymbol{l}$$

由于上式等号右边的每一项都与路径无关,其和必与路径无关. 所以试验电荷 q_0 在任意带电体的电场中移动时,电场力所作的功只与始末位置有关,而与路径无关,这是静电场力作功的显著特性.

二、静电场的环路定理

根据静电场力作功与路径无关的特性,如果在静电场中沿一闭合路径 L 移动 q_0,则

$$A = \oint_L q_0 \boldsymbol{E} \cdot \mathrm{d}\boldsymbol{l} = 0$$

在力学中,我们已经知道,沿任一闭合回路作功为零的力称为保守力. 故静电场力是保守力,静电场是保守力场. 静电场力作功与路径无关这一性质可以表示为

$$\oint_L \boldsymbol{E} \cdot \mathrm{d}\boldsymbol{l} = 0 \qquad\qquad (6\text{-}18)$$

在静电场中,电场强度沿任一闭合路径的线积分(称为电场强度的环流)恒等于零,这就是**静电场的环路定理**. 静电场的环路定理从能量的角度揭示了静电场另一个基本的性质,它表明,静电场是保守力场,没有闭合电场线(请读者思考). 在物理学中,环流为零的场叫做无旋场,静电场是无旋场. 加之静电场还满足高斯定理,两条基本定理各反映了静电场性质的一个侧面,两者结合起来,表明静电场是有源无旋场.

三、电势能

对于保守力场,可以引入势能的概念. 由于静电场是保守力场,在静电场中可以引入电势能的概念. 如同物体在重力场中一定位置处具有一定的重力势能一样,电荷在电场中一定位置处也具有一定的**电势能**.

由于保守力的功等于相关势能增量的负值,所以,试验电荷 q_0 在静电场中从 a 点移至 b 点时,静电场力对 q_0 所作的功等于 a、b 两点处电势能(分别以 W_a 和 W_b 表示)增量的负值. 即

$$A_{ab} = \int_a^b q_0 \boldsymbol{E} \cdot \mathrm{d}\boldsymbol{l} = -(W_b - W_a) \qquad\qquad (6\text{-}19)$$

与其他形式的势能一样,电势能也是一个相对量. 只有选定一个电势能为零的参考点,才能确定电荷在某一点的电势能的绝对大小. 电势能零点可以任意选择,如选择在 b 点的电势能为零,即选定 $W_b = 0$,则由(6-19)式可得 a 点电势能为

$$W_a = A_{ab} = \int_a^b q_0 \boldsymbol{E} \cdot \mathrm{d}\boldsymbol{l} \qquad\qquad (6\text{-}20)$$

一般而言,如果取电场中某点 P_0 为电势能零点,则任一点 a 的电势能为 $W_a = \int_a^{P_0} q_0 \boldsymbol{E} \cdot \mathrm{d}\boldsymbol{l}$,它表明,试验电荷 q_0 在电场中任一点 a 的电势能在数值上等于把 q_0 由该点移到电势能零点 P_0 处时电场力所作的功. 当场源电荷局限在有限大小的空间里时,为了方便,常把电势能零点选在无穷远处,即规定 $W_\infty = 0$,则 q_0 在 a 点的电势能为

$$W_a = \int_a^\infty q_0 \boldsymbol{E} \cdot \mathrm{d}\boldsymbol{l} \qquad\qquad (6\text{-}21)$$

即在规定无穷远处电势能为零时,试验电荷 q_0 在电场中任一点 a 的电势能,在数值上等于把 q_0 由 a 点移到无穷远处时电场力作的功.

应该指出,与重力势能相似,电势能也是属于系统的. 式(6-21)反映了电势能是试验电荷 q_0 与场源电荷所激发的电场之间的相互作用能量,故电势能属于试验电荷 q_0 和电场组成的系统,且与 q_0 的大小成正比. 正因如此,电势能并不能用来描述静电场本身"能的性质". 必须引入一个新的与 q_0 无关的物理量,这就是电势.

四、电势 电势差

由式(6-21)表示的电势能不仅与电场性质及 a 点的位置有关,而且还与引入电场

的外来电荷 q_0 有关,而比值 $\dfrac{W_a}{q_0}$ 却与 q_0 无关,仅与电场性质和 a 点的位置有关.因此,$\dfrac{W_a}{q_0}$ 是描述电场中任一点 a 电场性质的一个基本物理量,称为 a 点的**电势**,用 U 表示,其定义式

$$U_a = \frac{W_a}{q_0} = \frac{A_{a\infty}}{q_0} = \int_a^\infty \boldsymbol{E} \cdot \mathrm{d}\boldsymbol{l} \tag{6-22}$$

式(6-22)表明,**若规定无穷远处为电势零点,则电场中某点 a 的电势在数值上等于把单位正电荷从该点沿任意路径移到无穷远处时电场力所作的功.** 电势是从能量角度来描述电场基本性质的物理量.

电势是标量,在 SI 制中电势的单位是伏特,用符号 V 表示.

静电场中 a、b 两点的电势之差称为 a、b 两点的**电势差**,也称为**电压**,用 U_{ab} 表示.即

$$U_{ab} = U_a - U_b = \int_a^\infty \boldsymbol{E} \cdot \mathrm{d}\boldsymbol{l} - \int_b^\infty \boldsymbol{E} \cdot \mathrm{d}\boldsymbol{l} = \int_a^b \boldsymbol{E} \cdot \mathrm{d}\boldsymbol{l} \tag{6-23}$$

上式表明,静电场中 a、b 两点的电势差等于单位正电荷从 a 点移到 b 点时电场力所作的功.据此,当任一电荷 q_0 从 a 点移到 b 点时,电场力作功为

$$A_{ab} = q_0(U_a - U_b) \tag{6-24}$$

电势零点的选择是任意的.通常在场源电荷分布在有限空间时,取无穷远处为电势零点.但当场源电荷的分布延伸到无穷远处时,不能再取无穷远处为电势零点,因为会遇到积分不收敛的困难而无法确定电势.这时可在电场内另选任一合适的电势零点.在许多实际问题中,也常常选取地球为电势零点.

静电场中引入电场强度和电势两个物理量,一是为了从不同角度描述电场,二是为了方便电荷受力及电场力作功的计算.

五、电势的计算

电势分布的计算是静电场的另一类基本问题,根据已知条件的不同,电势的计算有如下两种不同的方法.

1. 已知电场强度的分布,由电势与电场强度的积分关系来计算

当给定电场强度 $\boldsymbol{E}$ 的空间分布,或者利用高斯定理可以简便地求出电场强度 $\boldsymbol{E}$ 的条件下,则可以根据电势的定义式 $U_a = \displaystyle\int_a^\infty \boldsymbol{E} \cdot \mathrm{d}\boldsymbol{l}$ 通过积分运算来求电势分布.从场点 a 到零势点可取任意路径进行积分,一般情况下,积分路径选取原则是,某些路径尽量与电场线重合或垂直,这样可以简化计算.

2. 已知场源电荷分布,由电势的定义和电势叠加原理来计算电势

对于带电量 q 的点电荷产生的电场

$$\boldsymbol{E} = \frac{q}{4\pi\varepsilon_0 r^2}\boldsymbol{r}_0$$

根据电势的定义式,选无穷远处为电势零点,利用电势的定

义 $U_P = \int_P^{\infty} \boldsymbol{E} \cdot \mathrm{d}\boldsymbol{l}$,即可求出场中的电势. 由于静电场力作

功与路径无关,我们可选一条便于计算的积分路径,取 $\boldsymbol{E}$ 线

作为积分路径,亦即沿场点矢径进行积分,如图 6-13 所示

$$U_P = \int_P^{\infty} \boldsymbol{E} \cdot \mathrm{d}\boldsymbol{l} = \int_{r_P}^{\infty} E\,\mathrm{d}r = \frac{q}{4\pi\varepsilon_0}\int_{r_P}^{\infty}\frac{\mathrm{d}r}{r^2} = \frac{q}{4\pi\varepsilon_0\,r_P}$$

图 6-13　点电荷的分布电势

由于 P 点是任意的, r_P 的下标可以略去. 故点电荷 q 场中电势分布

$$U = \frac{q}{4\pi\varepsilon_0 r} \tag{6-25}$$

式中, r 是场点到点电荷 q 的距离. 当 $q>0$ 时,各点的电势是正的,离点电荷愈远处电势愈低,在无限远处电势为零;当 $q<0$ 时,各点的电势是负的,离点电荷愈远处电势愈高,在无限远处为零值最大.

如果电场是由 n 个点电荷 q_1、q_2、$\cdots$、q_n 所激发,某点 P 处的电势由场强叠加原理可知为

$$
\begin{aligned}
U_P &= \int_P^{\infty} \boldsymbol{E} \cdot \mathrm{d}\boldsymbol{l} \\
&= \int_P^{\infty} (\boldsymbol{E}_1 + \boldsymbol{E}_2 + \cdots + \boldsymbol{E}_n) \cdot \mathrm{d}\boldsymbol{l} \\
&= \int_P^{\infty} \boldsymbol{E}_1 \cdot \mathrm{d}\boldsymbol{l} + \int_P^{\infty} \boldsymbol{E}_2 \cdot \mathrm{d}\boldsymbol{l} + \cdots + \int_P^{\infty} \boldsymbol{E}_n \cdot \mathrm{d}\boldsymbol{l} \\
&= \sum_{i=1}^{n}\int_P^{\infty} \boldsymbol{E}_i \cdot \mathrm{d}\boldsymbol{l} = \sum_{i=1}^{n} U_i = \sum_{i=1}^{n}\frac{q}{4\pi\varepsilon_0 r_i}
\end{aligned}
\tag{6-26}
$$

式中, r_i 是 P 点与点电荷 q_i 的相应距离. 上式表明,**点电荷系电场中某点的电势,是各个点电荷单独存在时在该点所产生的电势的代数和**,这就是**电势叠加原理**.

对于电量为 Q 的连续带电体产生的电场中,可以设想把带电体分割为电荷微元 $\mathrm{d}q$,而每一个电荷元 $\mathrm{d}q$ 都可以当做点电荷看待,故电荷元 $\mathrm{d}q$ 电场中的电势为

$$\mathrm{d}U = \frac{1}{4\pi\varepsilon_0}\frac{\mathrm{d}q}{r}$$

根据电势叠加原理,带电体电场中任意点 P 处的总电势为

$$U = \int \frac{\mathrm{d}q}{4\pi\varepsilon_0 r} \tag{6-27}$$

积分遍及整个场源电荷. 因为电势是标量,这里的积分是标量积分,所以电势的计算比电场强度的计算较为方便.

以下我们举例来说明电场中的电势的计算.

3. 应用举例

例 6-10　计算均匀带电球面电场中的电势分布. 设带电球面的半径为 R,总电荷量为 q. 求场中任一点 P 处的电势,P 点与球心的距离为 r.

　　解　用电势与场强的积分关系式(6-22)求解. 由例 6-6 已知均匀带电球面在空间激发的场强沿半径方向,其大小为

$$E=0 \quad (r<R), E=\frac{q}{4\pi\varepsilon_0 r^2} \quad (r \geqslant R)$$

利用式(6-22),并沿半径方向积分,则 P 点的电势为

$$U_P = \int_P^\infty \boldsymbol{E} \cdot \mathrm{d}\boldsymbol{r} = \int_r^\infty E \mathrm{d}r$$

当 $r>R$ 时,

$$U_P = \frac{q}{4\pi\varepsilon_0} \int_r^\infty \frac{\mathrm{d}r}{r^2} = \frac{q}{4\pi\varepsilon_0 r}$$

当 $r<R$ 时,由于球面内外场强的函数关系不同,积分必须分段进行,即

$$U_P = \int_r^R \boldsymbol{E} \cdot \mathrm{d}\boldsymbol{r} + \int_R^\infty \boldsymbol{E} \cdot \mathrm{d}\boldsymbol{r} = \int_r^R 0 \cdot \mathrm{d}\boldsymbol{r} + \frac{q}{4\pi\varepsilon_0} \int_R^\infty \frac{\mathrm{d}r}{r^2} = \frac{q}{4\pi\varepsilon_0 R}$$

　　由此可见,一个均匀带电球面在球外任一点的电势和把全部电荷看做集中于球心的一个点电荷在该点的电势相同;在球面内任一点的电势与球面上的电势相等. 故均匀带电球面及其内部是一个等势的区域. 电势 U 随距离 r 的关系如例 6-10 图所示.

　　例 6-11　有一半径为 R、带电量为 q 的均匀带电圆环,如例 6-11 图所示. 试求圆环轴线上距环心为 x 处一点 P 的电势.

　　解法一　利用电势叠加原理计算. 把带电圆环分割成许多电荷元 $\mathrm{d}q$(可视为点电荷),$\mathrm{d}q=\lambda\mathrm{d}l$,$\lambda=\dfrac{q}{2\pi R}$ 为圆环带电的线密度. 每个电荷元到 P 点的距离为 $(R^2+x^2)^{1/2}$. 选无限远处为电势零参考点,根据电势叠加原理,整个带电圆环在 P 点产生的电势等于各个电荷元在 P 点产生的元电势 $\mathrm{d}U$ 的积分

$$U_P = \int \mathrm{d}U = \int \frac{1}{4\pi\varepsilon_0} \frac{\mathrm{d}q}{(R^2+x^2)^{1/2}} = \frac{1}{4\pi\varepsilon_0} \frac{q}{(R^2+x^2)^{1/2}}$$

例 6-10 图　　　　　　　　　例 6-11 图

当 $x=0$ 时,即圆环中心 O 处的电势为 $U_O = \dfrac{1}{4\pi\varepsilon_0} \dfrac{q}{R}$

当 $x \gg R$ 时,因为 $(R^2+x^2)^{1/2} \approx x$,所以 $U_P = \dfrac{1}{4\pi\varepsilon_0}\dfrac{q}{x}$

相当于把圆环所带电量集中在环心处的一个点电荷产生的电势.

解法二 利用定义式(6-22)计算电势. 利用例 6-4 题结论,轴线上一点的电场强度公式 $E_x = \dfrac{qx}{4\pi\varepsilon_0(x^2+R^2)^{3/2}}$,由于积分路径可以任意选取,所以选择积分路径从 P 点出发沿 x 轴方向到无穷远处,则

$$U = \int_P^{\infty} \boldsymbol{E} \cdot \mathrm{d}\boldsymbol{l} = \int_x^{\infty} \frac{qx}{4\pi\varepsilon_0(x^2+R^2)^{3/2}}\mathrm{d}x = \frac{q}{4\pi\varepsilon_0(x^2+R^2)^{1/2}}$$

轴线上电势 U 随 x 变化的关系如例 6-11 图所示.

例 6-12 两个带电同心球面,两球面的半径分别为 R_1 和 R_2,内球面带电量为 q_1,外球面带电量为 q_2,如例 6-12 图所示. 求电势分布.

解: 已知均匀带电球面的电势分布为

$$U = \frac{q}{4\pi\varepsilon_0 r} \quad (r \geq R) \qquad U = \frac{q}{4\pi\varepsilon_0 R} \quad (r \leq R)$$

R_1 单独存在时产生的电势,由例 6-10 的结果得

$$U = \frac{q_1}{4\pi\varepsilon_0 R_1} \quad (r \leq R_1) \qquad U = \frac{q_1}{4\pi\varepsilon_0 r} \quad (r \geq R_1)$$

同理,R_2 单独存在时产生的电势

$$U = \frac{q_2}{4\pi\varepsilon_0 R_2} \quad (r \leq R_2) \qquad U = \frac{q_2}{4\pi\varepsilon_0 r} \quad (r \geq R_2)$$

例 6-12 图

利用叠加原理,空间上任一点的电势等于

$$U = \begin{cases} \dfrac{q_1}{4\pi\varepsilon_0 R_1} + \dfrac{q_2}{4\pi\varepsilon_0 R_2} & (r \leq R_1) \\[3mm] \dfrac{q_1}{4\pi\varepsilon_0 r} + \dfrac{q_2}{4\pi\varepsilon_0 R_2} & (R_1 \leq r \leq R_2) \\[3mm] \dfrac{q_1+q_2}{4\pi\varepsilon_0 r} & (r \geq R_2) \end{cases}$$

本题也可根据电势的定义式,由已知的场强分布求出电势分布,但计算要麻烦得多,在计算电势和场强的某些问题中,如能巧妙地运用叠加原理求解,可使计算大大简化.

例 6-13 如例 6-13 图,计算无限长均匀带电直线的电势分布. 设电荷线密度为 λ.

解 对于无限长的均匀带电直线,其电荷分布不是有限分布的,因此,就不能再选取无限远处为电势零点了. 因为,当电荷分布已无限扩展时,就使得无限远为电势零点的条件不再成立. 因此,我

例 6-13 图

们只能先找出电场强度的分布函数,并由式(6-23)确定场某两点间的电势差,然后再合理选取电势零点后,才可求得电势的分布.

如例 6-13 图所示,通过 P_0 点作带电直线的垂线,并在垂线上再选取一定点 P,则 P、P_0 两点之间的电势差为

$$U_P - U_{P_0} = \int_P^{P_0} \boldsymbol{E} \cdot \mathrm{d}\boldsymbol{l} = \int_r^{r_0} E\mathrm{d}r = \int_r^{r_0} \frac{\lambda}{2\pi\varepsilon_0 r}\mathrm{d}r = \frac{\lambda}{2\pi\varepsilon_0}\ln\frac{r_0}{r}$$

不难看出,如果令 $r_0 \rightarrow \infty$,并且仍令无限远处电势为零(即 $U_{P_0}=0$),那么场中任一点 P 的电势 U_P 必趋于 ∞. 这在物理上是没有意义的. 由于理论上零电势参考点可任意选取,为了使电势 U 的表达式具有最简单的形式,可令 $\ln r_0 = 0$,即 $r_0 = 1\text{m}$. 以长直线为轴线,半径 $r_0 = 1\text{m}$ 的柱面上各点,选为零电势参考点,那么距离均匀带电长直导线为 r 的电势,可表示为

$$U = -\frac{\lambda}{2\pi\varepsilon_0}\ln r$$

这就是所求的电势分布函数.

§6-5　等势面　场强与电势的微分关系

同一电场各点的性质,既可用场强矢量 $\boldsymbol{E}$ 描述,也可用标量电势 U 描述,因此两者之间必然存在某种确定的关系.上一节式(6-22)讨论了电场强度和电势之间的积分形式的关系,本节中将推导两者之间关系的微分形式,以便能全面了解电场的性质.为了便于推导出这个关系,首先讨论等势面的概念及其性质.

一、等势面

场强的分布可以用电场线形象地表示,电势的分布可以用等势面形象地表示.在电场中,电势相等的点组成的曲面为**等势面**.如图 6-14 所示,等势面用虚线表示,电场线用实线表示.如点电荷 Q 的电势为 $U=\dfrac{Q}{4\pi\varepsilon_0 r}$,可见点电荷的等势面是一系列以 Q 为球心的球面.

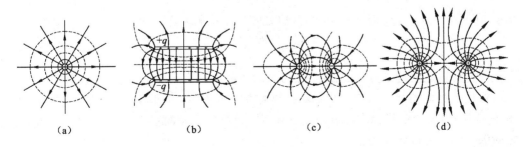

(a)　　　　　　(b)　　　　　　(c)　　　　　　(d)

图 6-14　几种典型带电体的等势面与电场线分布

静电场的等势面具有如下性质：

（1）在等势面上任意两点间移动电荷，电场力不作功．因为在等势面上的任意两点 a、b 的电势相等（$U_a = U_b$），由电场力作功与电势差的关系得 $A_{ab} = q_0(U_a - U_b) = 0$．

（2）等势面与电场线处处正交，且电场线的方向，也就是电场强度的方向，指向电势降落的方向．若将检验电荷沿等势面移动一微小位移元 $\mathrm{d}\boldsymbol{l}$，则电场力作功 $\mathrm{d}A = q_0 \boldsymbol{E} \cdot \mathrm{d}\boldsymbol{l} = q_0 E \cdot \mathrm{d}l \cdot \cos\theta$，其中 θ 为场强 $\boldsymbol{E}$ 与位移元 $\mathrm{d}\boldsymbol{l}$ 之间的夹角．由性质（1）可知电荷沿等势面移动时有 $\mathrm{d}A = 0$，因此在场强不为零的情况下有 $\cos\theta = 0$，即场强 $\boldsymbol{E}$ 与位移元 $\mathrm{d}\boldsymbol{l}$ 垂直，所以等势面上任意一点的场强垂直于等势面．

（3）两个等势面不相交，否则在交点处电势将有两个不相等的数值．

若规定电场中任意两个相邻等势面之间的电势差相等，还可用等势面的疏密程度来描述电场的强弱．等势面越密的地方场强越强．

二、场强与电势的微分关系

如图 6-15 所示，设想在静电场中有两个靠得很近的等势面Ⅰ和Ⅱ，它们的电势分别为 U 和 $U + \mathrm{d}U$，且 $\mathrm{d}U > 0$．过Ⅰ面上的任意点 a 作等势面Ⅰ的法线 $\boldsymbol{n}$，与等势面Ⅱ交于 b 点，这里规定法线 $\boldsymbol{n}$ 的方向为指向电势增加的方向，并设两等势面间过 a 点的法线距离为 $\mathrm{d}n$．

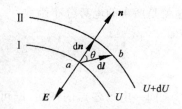

图 6-15　场强与电势的微分关系

在数学中，对于任何标量场，可定义其梯度，它是矢量，大小等于该标量函数沿其等值面的法线方向的方向导数，方向沿等值面的法线方向，并用符号 grad 表示．根据梯度的定义可将图 6-15 中 a 点处的电势梯度表示为

$$\operatorname{grad} U = \frac{\mathrm{d}U}{\mathrm{d}n}\boldsymbol{n} \tag{6-28}$$

电势梯度的方向也可以理解为电势增加最快的方向，这一点也可以通过计算任意方向的电势增加率来证明．如图 6-15 所示，a 点到Ⅱ面上任意点 c 的距离为 $\mathrm{d}l$，由于 $\mathrm{d}l$ 恒大于法线距离 $\mathrm{d}n$，因此沿 $\mathrm{d}l$ 方向的电势增加率 $\dfrac{\mathrm{d}U}{\mathrm{d}l}$ 恒小于电势梯度的大小 $\dfrac{\mathrm{d}U}{\mathrm{d}n}$．如果如图取 $\mathrm{d}l$ 与法线 $\boldsymbol{n}$ 之间的夹角为 θ，则它们之间的关系还可表示为

$$\frac{\mathrm{d}U}{\mathrm{d}l} = \frac{\mathrm{d}U}{\mathrm{d}n}\cos\theta$$

上式关系可以理解为电势梯度在 $\mathrm{d}l$ 方向上的分量．

根据等势面的性质可知，电场强度 $\boldsymbol{E}$ 垂直于等势面并且指向电势降落的方向，如图 6-15 所示，这与电势梯度的方向刚好相反．根据电势差的定义，图 6-15 中 a、b 两点之间的电势差可以计算为

$$U_a - U_b = U - (U + \mathrm{d}U) = \int_a^b \boldsymbol{E} \cdot \mathrm{d}\boldsymbol{r} = E \cdot \mathrm{d}n$$

$$E = -\frac{\mathrm{d}U}{\mathrm{d}n} \tag{6-29}$$

上式说明电场强度的大小等于电势梯度的大小;式中负号则表明,当$\frac{\mathrm{d}U}{\mathrm{d}n} > 0$ 时,$E < 0$,电场强度的方向与等势面的法线方向相反,即 $\boldsymbol{E}$ 的方向与电势梯度的方向相反. 因此,电场强度与电势梯度的关系可用矢量式表示为

$$\boldsymbol{E} = -\mathrm{grad}U \tag{6-30}$$

即电场中任何一点的电场强度的大小在数值上等于该点电势梯度的大小,方向与电势梯度方向相反,指向电势降低的方向。

在直角坐标系中,场强 $\boldsymbol{E}$ 可用该坐标系中的各分量来表示,即

$$E_x = -\frac{\partial U}{\partial x}; \quad E_y = -\frac{\partial U}{\partial y}; \quad E_z = -\frac{\partial U}{\partial z} \tag{6-31}$$

矢量表达式为

$$\boldsymbol{E} = -\left(\frac{\partial U}{\partial x}\boldsymbol{i} + \frac{\partial U}{\partial y}\boldsymbol{j} + \frac{\partial U}{\partial z}\boldsymbol{k}\right) \tag{6-32}$$

从以上各式所表述的电场强度与电势的关系可以看到,在电势不变的空间内,由于电势梯度恒为零,所以电场强度必为零. 但也要明确,在电势为零处,电场强度不一定为零;反之,在电场强度为零处,电势也不一定为零. 这是因为电势为零处,电势梯度不一定为零,而电势梯度为零处,也并不意味着电势为零.

式(6-32)为我们提供了又一个计算电场强度的途径. 一般来说,由于计算电势分布函数只是标量运算,比较方便,故可先从电荷分布求得电势,然后由式(6-32)求得电场强度.

例 6-14　一均匀带电圆板,半径为 R,其电荷面密度为 $\sigma(\sigma > 0)$,试求该圆板轴线上任一点的电势和场强的分布.

解　如例 6-14 图所示,把圆板分成许多小圆环,取一个半径为 ρ,宽度为 $\mathrm{d}\rho$ 的圆环,圆环上带电量

例 6-14 图

$$\mathrm{d}q = \sigma \cdot 2\pi\rho\mathrm{d}\rho$$

整个圆环在 p 点产生的电势为

$$U = \int \mathrm{d}U = \int_0^R \frac{\sigma\rho\mathrm{d}\rho}{2\varepsilon_0(\rho^2 + x^2)^{1/2}} = \frac{\sigma}{2\varepsilon_0}\left[(R^2 + x^2)^{1/2} - x\right]$$

由于轴对称性,场强只沿轴线方向,其大小为

$$E = E_x = -\frac{\partial U}{\partial x} = -\frac{\partial}{\partial x}\left[\frac{\sigma}{2\varepsilon_0}(R^2 + x^2)^{1/2} - x\right) = \frac{\sigma}{2\varepsilon_0}\left[1 - \frac{x}{(R^2 + x^2)^{1/2}}\right]$$

写成矢量式:

$$E = E_x i = \frac{\sigma}{2\varepsilon_0}\left[1 - \frac{x}{(R^2 + x^2)^{1/2}}\right]i$$

这一结果与例题 6-4 中用积分方法算出的结果完全相同.

§6-6　静电场中的电偶极子

在研究物质结构及电介质极化机理等问题时,经常会遇到电场和电偶极子的相互作用问题,本节就讨论这方面的内容.

一、外电场对电偶极子的力矩和取向作用

1. 电偶极子在均匀外电场中所受的作用

如图 6-16 所示,在电场强度为 E 的匀强电场中,放置一电偶极矩为 $p_e = ql$ 的电偶极子. 电偶极子的电偶极矩方向与场强方向间的夹角为 θ,在匀强电场中,组成刚性电偶极子的两个电荷受到的电场力大小相等,方向相反,所以合力为零. 但这两个力组成一力偶,根据力矩的定义,电偶极子所受力矩为

$$M = qlE\sin\theta = p_e E\sin\theta$$

写成矢量形式为

图 6-16　均匀电场中的电偶极子

$$M = p_e \times E \tag{6-33}$$

力矩 M 的方向垂直于 p_e 和 E 组成的平面,其指向可由 p_e 转向 E 的右手螺旋法则确定. 当 p_e 与 E 之间夹角为 $\theta = 90°$ 时,受到的力偶矩最大;当 p_e 与 E 同向时,力偶矩为零,这时电偶极子处于稳定平衡;当 p_e 与 E 反向时,力偶矩也为零,但这时电偶极子是处于不稳定平衡的,如果电偶极子稍受扰动偏离这个位置,力偶矩的作用将使电偶极子 p_e 的方向转到和 E 一致为止.

2. 电偶极子在不均匀外电场中所受的作用

如果把电偶极子放在不均匀外电场中,其受力的情况如图 6-17 所示,由于此时 $+q$ 和 $-q$ 所在处的场强不同,因此 F_+ 与 F_- 不仅方向不同,大小也不同($F_+ > F_-$)。如果我们将 F_+ 分解成 F_+' 与 F_+'',使得 F_+' 和 F_- 大小相等,方向相反,则 F_+' 与 F_- 构成一对力偶,产生的力偶矩使电偶极子转向沿着外电场的方向. 同时,电偶极子在 F_+'' 力的作用下,促使它向电场较强的地方移动. 因此,电偶极子在非均匀电场中将受到两种作用:一是转向作用,使电偶极子极矩方向趋向于与外电场方向一致;

图 6-17　在不均匀外电场中的电偶极子

另一是吸引作用,将电偶极子吸向电场较强的地方,这也就是带电物体之所以能吸引

细小物体的原因.

二、电偶极子在电场中的电势能和平衡位置

设 $+q$ 和 $-q$ 所在处的电势分别为 U_+ 和 U_-,则它们的电势能(以电场中某点为电势零点)分别为

$$W_+ = qU_+, \quad W_- = qU_-$$

则电偶极子在外场中的电势能为

$$W_p = W_+ + W_- = q(U_+ - U_-) = -qlE\cos\theta = -p_e E\cos\theta$$

将上式写成矢量形式

$$W_p = -\boldsymbol{p}_e \cdot \boldsymbol{E} \tag{6-34}$$

上式表明,当电偶极矩与所在处电场的场强一致时,电势能最低;当与场强方向相反时,电势能最高;当与场强垂直时,电势能为零. 从能量的观点来看,能量越低,系统状态越稳定. 由此可见,电偶极子电势能最低的位置,即为稳定平衡位置.

综观全章内容,我们可以看到,库仑定律和叠加原理是研究静电场的基础和出发点. 从库仑力的平方反比律性质,加上叠加原理,可以导出高斯定理,加上叠加原理,可以导出环路定理;根据场强和电势的定义,由库仑定律出发,可以求得点电荷的场强和电势,加上叠加原理,可以求得任意带电体的场强和电势. 总之,描述静电场性质的两个概念——场强和电势,反映了静电场规律的两个定理——高斯定理和环路定理,以及计算场强和电势的几种方法,无不来源于库仑定律和叠加原理. 物理学是自然科学中比较成熟的学科,而电磁学又是物理学中最成熟的学科之一. 成熟的标志之一就是它的公理化. 所谓公理化,就是它可以从实验室得到的为数不多的几个公理出发,定义为数不多的概念,借助演绎推理的方法,导出一定范围内的所有结果. 库仑定律和叠加原理就是这样的公理. 了解和掌握公理化的方法,对于我们学习物理学是大有益处的.

思　考　题

6-1　点电荷产生电场的场强公式为

$$E = \frac{1}{4\pi\varepsilon_0}\frac{Q}{r^2}\boldsymbol{r}_0$$

从形式上看,当所考察的点与点电荷的距离 $r \to 0$ 时,场强 $E \to \infty$. 这是没有物理意义的,如何解释?

6-2　试说明静电力叠加原理暗含了库仑定律的下述内容:两个静止点电荷之间的作用力与两个电荷的电量成正比.

6-3　$E = \frac{F}{q_0}$ 与 $E = \frac{1}{4\pi\varepsilon_0}\frac{Q}{r^2}\boldsymbol{r}_0$ 两公式有什么区别和联系? 对前一个公式中的 q_0 有何要求?

6-4　电场线、电通量和电场强度的关系如何? 电通量的正、负分别表示什么意义?

6-5　三个相等的电荷放在等边三角形的三个顶点上,问是否可以以三角形中心为球心作一个

球面,利用高斯定理求出它们所产生的场强. 对此球面高斯定理是否成立?

6-6 如果通过闭合曲面 S 的电通量 Φ_e 为零,是否能肯定面 S 上每一点的场强都等于零?

6-7 如果在封闭面 S 上,E 处处为零,能否肯定此封闭面一定没有包围净电荷?

6-8 电场线能否在无电荷处中断? 为什么?

6-9 高斯定理和库仑定律的关系如何?

6-10 试利用电场强度与电势的关系回答下列问题:

(1)在电势不变的空间内,电场强度是否为零?

(2)在电势为零处,电场强度是否一定为零?

(3)电场强度为零处,电势是否一定为零?

6-11 电荷在电势高的点的静电势能是否一定比在电势低的点的静电势能大?

6-12 已知在地球表面以上的电场强度方向是指向地面向下的,试分析在地面以上的电势随高度是增加还是减小?

习 题

6-1 在正方形的两个相对的角上各放置一点电荷 Q,在其他两个相对角上各置一点电荷 q. 如果作用在 Q 上的力为零,求 Q 与 q 的关系.

6-2 三个点电荷 q_1、q_2 和 q_3 放在正方形的三个顶点上,已知 $q_1=10\times10^{-9}$ C,$q_2=28\times10^{-9}$ C,在正方形的第四个顶点上场强 E 的方向沿水平方向向右,如题 6-2 图所示. 求

(1)q_3 等于多少?

(2)第四个顶点上场强的大小.

6-3 长 $l=15.0$ cm 的直导线 AB 上均匀地分布着线密度 $\lambda=5.0\times10^{-9}$ C·m^{-1} 的电荷(如题 6-3 图). 求:(1)在导线延长线上与导线 B 端相距 $d=5$ cm 处 P 点的场强;(2)在导线的垂直平分线上与导线中点相距 $d=5$ cm 处 Q 点的场强.

6-4 一个半径为 R 的均匀带电半圆环,电荷线密度为 λ,求环心处 O 点的场强.

6-5 一半径为 r 的均匀带电半球面,电荷面密度为 σ. 求球心处的电场强度.

6-6 用直接积分法求一半径为 R、电荷面密度为 σ 的均匀带电球面球内外任一点的电场强度.

6-7 一均匀带电的细线弯成边长为 l 的正方形,总电量为 q. 求这正方形轴线上离中心为 r 处的场强 E.

6-8 如题 6-8 图所示,在点电荷 q 的电场中取一半径为 R 的圆平面,设 q 在垂直于平面并通过圆心 O 的轴线上 A 点处,A 点与圆心 O 点的距离为 d. 试计算通过此圆平面的电通量.

题 6-2 图　　　　题 6-3 图　　　　题 6-8 图

6-9 在半径分别为 10 cm 和 20 cm 的两层假想同心球面中间,均匀分布着电荷体密度为 $\rho=10^{-9}$ C·m^{-3} 的正电荷. 求离球心 5 cm,15 cm 及 50 cm 的各点的场强.

6-10 一半径为 R 的带电球体,其电荷体密度为 $\rho=kr$,k 是常量,r 为距球心的距离. 求带电体的电场分布规律,并画出 E 对 r 的关系曲线.

6-11 半径为 R_1 和 $R_2(R_2>R_1)$ 的两无限长同轴圆柱面,单位长度上分别带有电量 λ 和 $-\lambda$,试求:(1)$r<R_1$;(2)$R_1<r<R_2$;(3)$r>R_2$ 处各点的场强.

6-12 两个平行的无限大均匀带电平面,电荷的面密度分别为 σ_1 和 σ_2,试求空间各处场强.

题 6-13 图

6-13 半径为 R 的均匀带电球体内的电荷体密度为 ρ,若在球内挖去一块半径为 $r<R$ 的小球体,如题 6-13 图所示. 试求:两球心 O 与 O' 点的场强,并证明小球空腔内的电场是均匀的.

6-14 已知空气的击穿场强为 2×10^6 V·m^{-1},测得某次闪电的火花长 100 m,求发生这次闪电时,火花两端的电势差.

6-15 一"无限大"平面,中部有一半径为 R 的圆孔,设平面上均匀带电,电荷面密度为 σ. 试求过小孔中心 O 并与平面垂直的直线上各点的电场强度和电势(选 O 点的电势为零).

6-16 一边长为 a 的正三角形,其三个顶点上各放置 q、$-q$ 和 $-2q$ 的点电荷,求此三角形重心的电势. 将一电量为 $+Q$ 的点电荷由无限远处移到重心上时,外力要作多少功?

6-17 如题 6-17 图所示,在 A、B 两点处分别放有电量为 $+q$、$-q$ 的点电荷,AB 间的距离为 $2R$,现将另一正试验点电荷 q_0 从 O 点经过半圆弧移到 C 点,求移动过程中电场力作的功.

6-18 如题 6-18 图所示的绝缘细线上均匀分布着线密度为 λ 的正电荷,两段直导线的长度和半圆环的半径都等于 R. 试求环中心处 O 点的场强和电势.

6-19 一均匀带电细杆,长为 $l=15.0$ cm,电荷线密度 $\lambda=2.0\times10^{-7}$ C·m^{-1},求:

(1)细杆延长线上与杆的一端相距 $a=5.0$ cm 处的电势;

(2)细杆中垂线上与细杆相距 $b=5.0$ cm 处的电势.

6-20 静电场的电场线是非闭合曲线,试证明之.

6-21 试证明:在静电场中,凡是电场线是平行直线的地方,电场强度必定处处相等.

6-22 如题 6-22 图所示,一个内、外半径分别为 R_1 和 R_2 的圆环状均匀带电薄板,其面电荷密度为 $+\sigma$,该圆环固定于水平桌面上.

题 6-17 图   题 6-18 图   题 6-22 图

(1)试求圆环轴线上到环心的距离为 x 的 P 点处的电势;

(2)一质量为 m、带电量为 $-q$ 的小球从 P 点由静止状态开始下落,小球到达环心 O 点的速度是多大?

6-23 一细直杆沿 z 轴由 $z=-a$ 延伸到 $z=a$,杆上均匀带电,其电荷线密度为 λ,试计算 x 轴上 $x>0$ 各点的电势,并由电势梯度求场强.

科学家简介

库　仑

生平简介

库仑(Charles-Augustin de Coulomb，1736—1806)，法国工程师、物理学家．1736 年 6 月 14 日生于法国昂古莱姆．他在美西也尔工程学校读书，离开学校后，进入皇家军事工程队当工程师．他在西印狄兹工作了 9 年，因病而回到法国．

法国大革命时期，库仑辞去一切职务，到布卢瓦致力于科学研究．法皇执政统治时期，他回到巴黎，成为新建的研究院成员．

1773 年库仑发表有关材料强度的论文，1777 年库仑开始研究静电和磁力问题．1779 年他分析摩擦力，还提出有关润滑剂的科学理论．他还设计出水下作业法，类似现代的沉箱．1785～1789 年，库仑用扭秤测量静电力和磁力，导出有名的库仑定律．1806 年 8 月 23 日库仑在巴黎逝世．

科学成就

1. 在应用力学方面的成就

他在结构力学、梁的断裂、砖石建筑、土力学、摩擦理论、扭力等方面做了许多工作，他也是测量人在不同工作条件下做的功(人类工程学)的第一个尝试者．他提出使各种物体经受应力和应变直到它们的折断点，然后根据这些资料就能计算出物体上应力和应变的分布情况．这种方法沿用到现在，是结构工程的理论基础．他还做了一系列摩擦的实验，建立了库仑摩擦定律：摩擦力和作用在物体表面上的正压力成正比；并证明了摩擦因数和物体的材料有关．由于这些卓越成就，他被认为是 18 世纪欧洲伟大的工程师之一．

2. 最主要的贡献是建立了著名的库仑定律

当时，法国科学院悬赏征求改良航海指南针中的磁针问题．库仑认为磁针支架在轴上，必然会带来摩擦，要改良磁针的工作必须从这一根本问题着手，他提出用细头发丝或丝线悬挂磁针．他又发现线扭转时的扭力和针转过的角度成比例关系，从而可利用这种装置算出静电力或磁力的大小．这导致他发明扭秤．扭秤能以极高的精度测出非常小的力．

库仑定律是库仑通过扭秤实验总结出来的．库仑扭秤在细金属丝的下端悬挂一根秤杆，它的一端有一个小球 A，另一端有一平衡体 P，在 A 旁放置一个同它一样大小的固定小球 B．为了研究带电体间的作用力，先使 A 和 B 都带一定电荷，这时秤因 A 端受力而偏转．扭转悬丝上端的旋钮，使小球 A 回到原来的位置，平衡时悬丝的扭力矩等于电力施在 A 上的力矩．如果悬丝的扭转力矩同扭角间的关系已知，并测得秤杆的长度，就可以求出在此距离下 AB 之间的作用力．

实验中，库仑使两小球均带同种等量的电荷，互相排斥．他作了三次数据记录：第一次，令两小球相距 36 个刻度；第二次，令小球相距 18 个刻度；第三次，令小球相距 8.5 个刻度．大体上按缩短一半的比例来观测．观测结果为第一次扭丝转 $36°$；第二次扭丝转 $144°$；第三次扭丝转 $575.5°$．库仑分析出间距之比约为 $1:1/2:1/4$，而转角之比为 $1:4:16$．最后一个数据有点出入,那是因为漏电的缘故. 库仑还作了一系列的实验,最后总结出库仑定律. 库仑扭秤实验在电学发展史上有重要的地位,它是人们对电现象的研究从定性阶段进入定量阶段的转折点.

另外,库仑定律可以说是一个实验定律,也可以说是牛顿引力定律在电学和磁学中的"推论". 如果说它是一个实验定律,库仑扭称实验起到了重要作用,而电摆实验则起了决定作用;即便是这样,库仑仍然借鉴了引力理论,模仿万有引力的大小与两物体的质量成正比的关系,认为两电荷之间的作用力与两电荷的电量也成正比关系. 从库仑定律的建立过程中可以发现,类比方法在科学研究中有重要作用. 但是一些类比往往带着暂时的过渡性质,它们在物理学的发展中只是充当"药引子"或者"催化剂"的作用. 因此,物理学家借助于类比而引进新概念或建立新定律后,不应当局限于原先的类比,不能把类比所得到的一切推论都看成是绝对正确的东西,因为类比、假设不过是物理学家在建筑物理学的宏伟大厦时的脚手架而已,大厦一旦建成,脚手架也就应该拆除了.

阅读材料 F

电子的发现和电子电荷量的测定

1. 电子的发现

远在公元前 600 年,人类就发现了摩擦起电现象,但是什么是电却一直没搞清楚. 直到 19 世纪初叶,许多观测表明原子具有有电特性的内部结构,同时法拉第(M. Faraday)在研究液体中电的传导时(1833 年),提出了著名的电解定律. 电解定律定量表述如下:

电解 1 mol 的任何单价物质,所需的电荷量都相同,约为 96 500 C,此数称为法拉第常数,用 F 表示,$F=96\ 500$ C·mol^{-1}.

也就是说,在 NaCl 溶液中析出 23 g Na$^+$ 和 35 g Cl$^-$ 离子时,通过的电荷量为 96 500 C. 而在 CuSO$_4$ 溶液中析出 63.6 g Cu^{2+} 和 64 g SO$_4^{2-}$ 离子,通过的电荷量为 2×96 500 C. 因为 1 mol 离子数刚好等于阿伏加德罗常数 N_A,所以

$$F=N_A e$$

这便是法拉第定律的表示式. 通过的电荷量可以精确地测定,所以 N_A 与 e 两者若能知其一,便可求出另一个,但在那时却无法测定其中任何一个量. 1874 年,斯托尼(G. J. Stoney)利用分子运动论对 N_A 的估计值,算出 e 值约为 10^{-10} C. 1880 年,汤森德(J. S. E. Townsend)指出,e 显然是一个不可再分割的电荷量的最小单元,最先明确地表明了电荷的量子性概念. 1891 年,斯托尼曾提议用"电子"来命名电荷量的最小单元.

1896 年,塞曼(P. Zeeman)观察到原子所发的光在强磁场内的分裂现象. 经典理论认为原子的光谱是由原子中的带电粒子振荡产生的,当该原子处在磁场中时,每一条谱线将分裂为三条谱线,裂距的大小由振荡粒子的比荷而定,这是原子粒子具有确定比荷 e/m 的最早证据. 塞曼还根据谱线的偏折推断出振荡粒子带的是负电.

19 世纪末,由于寻找新型光源,促进了真空技术的发展,当时有许多科学家从事稀薄气体放电现象的研究.

在一个能抽空的玻璃管内,封装一个阴极和阳极,两极间加高压,随着管内气压降低,管内发生放电现象. 当管内真空度达到某一程度,在管内出现一种看不见的射线,称为阴极射线. 这种射线是什么,当时有两个看法:一是认为这种射线与光线相似;二是认为它是带电的粒子流. 几年以后,佩兰(J. B. Perrin)于 1895 年成功地把这些射线收集到一架静电计上,断定它们是带负电的. 汤姆逊(J. J. Thomson)于 1897 年又在前人工作的基础上,改进实验装置,并利用磁场对带电粒子的偏转,再次证明射线是带负电的,还测得其比荷为

$$\frac{e}{m} \approx 1.7 \times 10^{11} \text{ C} \cdot \text{kg}^{-1}$$

其后,汤姆逊又用各种不同气体充入管内,并用多种金属作为阴极重复该实验,在实验精确度内,总是获得相同的比荷 e/m. 这证实了从阴极发射出来的粒子对一切金属都是相同的,并确定它是组成一切元素原子的基本部分. 汤姆逊称这些微粒为电子,它带有一单位的电荷量 e,其质量约比氢原子小 2 000 倍. 汤姆逊首先从实验上获得电子特性的信息,电子是 20 世纪发现的第一个基本粒子. 然而,1906 年汤姆逊获得诺贝尔物理学奖,只是表彰他在气体导电理论和比荷测定方面的成就,并没有提到他对发现电子所作的贡献.

2. 密立根(R. M. Millikan)油滴实验

汤姆逊测定了电子的比荷 e/m 后,紧接着便要进行电荷量 e 值的测量. 这些实验首先由汤森德在 1897 年完成,他所用的方法后来由汤姆逊和威尔逊作了改进,但因所用方法中一些不确定因素的限制,测量结果的精确度不高,但他们巧妙的实验构思,可以说是密立根油滴实验的先导.

图 F-1 是密立根油滴实验装置的原理图,一圆板状平行板电容器,上板中间开一小孔,由喷雾器向小孔注射油滴,利用 X 射线或其他放射源使两板间的空气电离,当油滴与空气离子相接触时,其上便可带有正电或负电. 油滴的大小(线度)约为 10^{-7} m.

当极板不带电时,板间无电场,油滴受向下的重力 mg 及向上的黏滞力 F 的作用. 黏滞力由斯托克斯(St. kes)定律给出为 $F = 6\pi\eta rv$,式中 r 为油滴半径,η 为流体的黏度,v 为下降速度. 当两力平衡时,油滴以终极速度 v_t 匀速下降,即

$$mg = 6\pi\eta rv_t$$

图 F-1 密立根油滴实验装置原理图

当极板带电时,油滴还要受到一向上的电场力 qE,三力平衡时

$$qE - mg = 6\pi\eta rv_E$$

式中 v_E 是板间有电场时油滴的终极速度. 油滴的质量 $m = \frac{4}{3}\pi r^3 \rho$($\rho$ 是油滴的密度,并假定油滴中无空气),电场强度 $E = \frac{U}{d}$(U 为两极板上的电压),将以上两式中的 r 消去得

$$q = \frac{4\pi}{3}\left(\frac{9\eta}{2}\right)\left(\frac{v_t}{\rho}\right)(v_E + v_t)\frac{U}{d}$$

密立根测定了几千个油滴所带的电荷量,发现它们所带的电荷量恒定为某基本电荷量 e 的整数倍,也就是说,电荷不可以无限地分割,它只能以 e 的大小为单位存在于自然界中——电荷的量子性,这就是电子的电荷量. 1923 年密立根由此获得诺贝尔物理学奖. 密立根测得的 e 值为

$$e = (1.600 \pm 0.002) \times 10^{-19} \text{ C}$$

这和其他实验所测结果相符. 目前公认值为

$$e = 1.602 \times 10^{-19}\ \text{C} \approx 1.6 \times 10^{-19}\ \text{C}$$

$$m = 9.109 \times 10^{-31}\ \text{kg} \approx 9.1 \times 10^{-31}\ \text{kg}$$

近年来,人们又在重做油滴实验,企图寻找分数电荷值.

第七章 静电场中的导体和电介质

上一章我们研究了真空中的静电场的一般规律,现在将这些一般规律应用于讨论静电场与物质的相互作用.电场与电荷在相互作用下达到平衡分布的具体过程是非常复杂的.本章不去讨论这种复杂过程的具体细节,而是假定这种平衡已达到,从平衡条件出发,应用静电场的普遍规律(如高斯定理、环路定理等)来讨论静电场与物质相互作用的规律.

§7-1 静电场中的导体

本章的讨论只限于各向同性的均匀金属导体.当金属导体放入静电场中时,将会出现一系列的静电现象,这些现象是金属导体本身固有特性及其与静电场相互作用的综合表现.本节我们将介绍导体的静电平衡条件、静电平衡特性及其有关应用.

一、导体的静电平衡条件

当导体内部和表面处于没有电荷运动的状态时,电场分布不随时间变化,我们说该导体达到了**静电平衡**.金属导体的特征是它具有大量的自由电荷,这些自由电荷即使受到非常小的电场力作用,它们也会在导体中发生移动,从而改变电荷的分布,而电荷分布的改变又会反过来影响原电场的分布.这种电场与电荷的相互作用将一直持续到导体达到静电平衡状态为止.

金属导体由带正电的分布在晶格点阵上的原子实(核和内层电子对价电子的共同作用效果)和可在导体中移动的自由电子组成.在无外场时,金属中的自由电子只做无规则的热运动,导体内正、负电荷宏观来说均匀分布,导体每一部分都是呈电中性的.若将金属导体置于外场 E_0 中,如图 7-1 所示,则导体中自由电子将在 E_0 作用下发生宏观定向移动,结果使原来电中性的导体出现某些部位带正电、另一些部位带负电的情况,这就是**静电感应现象**.导体由于静电感应而带的电荷称**感应电荷**,同时这些感应电荷会产生一个附加电场 E',空间的电场 $E = E' + E_0$.在导体内部 E' 与 E_0 方向相反,是阻碍自由电子定向移动的,而且随着感应电荷的积累,E' 不断增大,在导体内达到 $E' + E_0 = 0$ 时,自由电荷便不再移动,导体上电量分布不再变化,导体内、外的电场分布也不再改变,从而达到静电

图 7-1 导体与电场的相互作用与静电平衡

平衡. 这一过程是十分短暂的,只需约 $10^{-14} \sim 10^{-13}\,\text{s}$ 的时间. 下面我们来看导体达到静电平衡时所满足的条件.

1. 从场强角度看,导体静电平衡的条件为:

(1)导体内部的场强处处为零;

(2)导体表面附近的场强处处与导体表面垂直.

对于条件(1),若导体内某处 $\boldsymbol{E} \neq 0$,则该处自由电子将会在电场力的作用下定向运动,导体就没有达到静电平衡. 这个结论反过来也是成立的,即若导体内部场强处处为零,则导体处于静电平衡状态. 对于条件(2),只有导体表面的场强处处与导体表面垂直时,场强在导体表面上的投影分量才处处为零,导体表面才不会有电荷移动. 上述结论表明,导体静电平衡时,导体内部没有电场线,在导体表面电场线处处垂直于导体表面.

2. 从电势角度看,导体的静电平衡条件相应地表述为:

(1)导体是个等势体;

(2)导体表面为等势面.

事实上,导体内部若存在电势梯度,则 $\boldsymbol{E} \neq 0$;若导体表面有电势差,自由电子就会沿导体表面移动. 可见,静电平衡时,导体内所有各点的电势是相等的,导体是个等势体,其表面为等势面.

二、静电平衡导体上的电荷分布

处于静电平衡条件下的带电导体上的电荷分布有以下规律:

(1)处于静电平衡的导体,其内部各处净电荷为零,净电荷只能分布在导体表面上.

证明:用反证法. 如图 7-2 所示,假设导体内某处有净电荷 q,则在导体内取高斯面 S 包围 q,应用高斯定理:

图 7-2　导体内无净电荷

$$\oint_{S} \boldsymbol{E} \cdot \mathrm{d}\boldsymbol{S} = \frac{q}{\varepsilon_0} \neq 0$$

另一方面,由于导体内部任一点场强 $\boldsymbol{E} = 0$,则对于同一个高斯面 S 有

$$\oint_{S} \boldsymbol{E} \cdot \mathrm{d}\boldsymbol{S} = 0$$

这与假设发生矛盾,故静电平衡时,导体内部不会有净电荷,净电荷只能分布在表面.

(2)导体表面附近的电场强度的大小正比于导体表面在该处的电荷面密度.

这一规律也可以用高斯定理证明. 假定一导体带正电,电荷面密度为 σ,一般来讲,有 $\sigma = \sigma(x, y, z)$. 如图 7-3 所示,在导体表面某处附近,作一圆柱形的高斯曲面,使它的两底分别位于导体内外两侧并与导体表面平行,面积都是 ΔS,侧面与导体表面垂直,柱体的高 Δh 很小. 把高斯定理用于这一封闭曲面,注意到在导体表面附近非常靠

近表面处的电场可认为是均匀的,得

$$\oint_S \boldsymbol{E} \cdot \mathrm{d}\boldsymbol{S} = \int_{外} \boldsymbol{E} \cdot \mathrm{d}\boldsymbol{S} + \int_{内} \boldsymbol{E} \cdot \mathrm{d}\boldsymbol{S} + \int_{侧} \boldsymbol{E} \cdot \mathrm{d}\boldsymbol{S} = E\Delta S = \frac{1}{\varepsilon_0}\sigma\Delta S$$

因为导体内部场强为零,故右边第二个积分为零;由于导体表面的场强与表面垂直,圆柱面的侧面与场强方向平行,所以第三个积分亦为零. 由此得

$$E = \frac{1}{\varepsilon_0}\sigma \tag{7-1}$$

可见电荷面密度越大的地方电场强度也越大,反之亦然.

值得注意的是,电荷面密度为 σ 的无限大带电平面的电场,与电荷面密度为 σ 的无限大带电导体表面附近的电场是不同的.

在一般情况下,导体表面上任一小面元 ΔS 附近的场强是由 ΔS 面上的电荷和所有其他电荷共同产生的. 当考察点无限接近 ΔS 面元时,面元 ΔS 可以看成是无限大的均匀带电平面. 若用 $\boldsymbol{E}_S$ 表示 ΔS 面元上的电荷单独产生的电场,则在 ΔS 附近,$\boldsymbol{E}_S$ 的分布如图 7-4 中的虚线所示. 由例 6-9 得

$$E_S = \frac{1}{2\varepsilon_0}\sigma$$

图 7-3　用高斯定理计算导体表面的场强　　　图 7-4　导体表面附近的场

在导体内外两侧,$\boldsymbol{E}_S$ 的方向相反. 若用实线表示其他电荷单独产生的电场 $\boldsymbol{E}_e$,则根据静电平衡条件,在导体内部 $\boldsymbol{E}_e$ 与 $\boldsymbol{E}_S$ 必须大小相等、方向相反,以保证合场强为零. 在导体外部,$\boldsymbol{E}_e$ 与 $\boldsymbol{E}_S$ 方向相同,两者叠加,得到导体表面附近的场强为 σ/ε_0.

(3)孤立导体表面各处的面电荷密度与各处表面曲率有关,曲率越大的地方,面电荷密度也越大.

当一个导体周围不存在其他导体,或者其他导体或带电体的影响可以忽略不计时,这样的导体称为**孤立导体**. 如图 7-5 所示,一般说来,孤立导体表面曲率越大,表面尖而凸出,则该处表面电荷面密度也越大;曲率较小,表面比较平坦,则该处表面所带电荷的面密度较小;曲率为负,表面凹进去,则该处电荷面密度最小.

对于有尖端的带电导体,尖端处电荷面密度很大,由 $E = \dfrac{1}{\varepsilon_0}\sigma$ 知导体表面附近处的场强也很大,当场强超过空气的击穿场强时,就会产生空气被电离的放电现象,称为尖端放电. 如图 7-6 所示,把金属针接在静电起电机的一极上,使针带正电,由于针尖表

面的电荷面密度非常大,附近空间强大的电场使空气中残存的离子做加速运动,并与空气分子产生碰撞电离,不断产生大量的正负带电粒子. 与针尖上电荷同号的带电粒子受到强大的电场排斥力,迅速远离针尖而形成一股"电风",足以将蜡烛的火焰吹向一边.

图 7-5　孤立导体上电荷密度分布

避雷针能保护建筑物避免雷击就是利用这一原理制造的.

高压设备及零部件的表面均十分圆滑并接近球形,就是为防止尖端放电引起的危险和漏电造成的能量损耗.

例 7-1　设有两个半径分别为 R_1 和 R_2 的金属球,它们周围无其他带电体或导体,它们之间相距非常远.今用一根细导线把它们相连,给它们带上一定的电量,求它们表面的电荷面密度之比.

图 7-6　尖端放电——电风　　　　　　　例 7-1 图

解　设两个金属球表面上分别带有电量 q_1 和 q_2,因为它们相距很远,相互影响可忽略不计,所以每个金属球面上电荷分布都可认为是均匀的,则两球表面的电荷面密度分别为

$$\sigma_1 = \frac{q_1}{4\pi R_1^2}, \quad \sigma_2 = \frac{q_2}{4\pi R_2^2}$$

所以,两个金属球面上电荷密度之比为

$$\frac{\sigma_1}{\sigma_2} = \frac{R_2^2}{R_1^2}\frac{q_1}{q_2}$$

另一方面,两个金属球由细导线相连成为一个导体,它们的电势必定相等,即 $U_1 = U_2$,又因为它们周围无其他带电体或导体,它们之间又相距很远,所以每个金属球的电势可以按孤立带电球面情况处理,分别为

$$U_1 = \frac{q_1}{4\pi\varepsilon_0 R_1}, \quad U_2 = \frac{q_2}{4\pi\varepsilon_0 R_2}$$

由 $U_1 = U_2$ 可得

$$\frac{q_1}{q_2} = \frac{R_1}{R_2}$$

由此可得

$$\frac{\sigma_1}{\sigma_2} = \frac{R_2}{R_1}$$

由此可见,用细导线相连的两个金属球表面的电荷面密度与球面半径成反比. 因为球面的曲率等于球面半径的倒数,所以本例的结果表明,两球上电荷面密度与球体表面的曲率成正比.

三、导体空腔与静电屏蔽

1. 空腔内无带电体的导体空腔

封闭导体壳空腔内无其他带电体时,在静电平衡状态下,导体壳内表面上电荷面密度处处为零;空腔内场强处处为零,或者说,空腔内的电势处处相等.

为证明上述结论,在导体壳内、外表面之间取一闭合曲面 S,S 把整个空腔包围起来,如图 7-7(a)所示. 由于导体内场强 $E = 0$,根据高斯定理,则

(a) 空腔内无带电体　　(b) 空腔内有带电体

图 7-7　导体壳

$$\oint_S \boldsymbol{E} \cdot \mathrm{d}\boldsymbol{S} = 0 = \frac{1}{\varepsilon_0} \sum_{(内)} q_i$$

由于空腔内无其他电荷,所以 $\sum\limits_{(内)} q_i$ 等于空腔内表面上的电荷的代数和. 即 $\sum\limits_{(内)} q_i = 0$.

下面用反证法证明内表面上电荷面密度处处为零. 若内表面上某处 P 点 $\sigma \neq 0$(为了方便,设 $\sigma > 0$),则内表面上必有 $\sigma < 0$ 的点,设为 Q 点. 根据电场线在无电荷处不中断,则空腔中必有从 P 点出发终止于 Q 点的电场线,于是,P、Q 两点的电势差

$$U_P - U_Q = \int_P^Q \boldsymbol{E} \cdot \mathrm{d}\boldsymbol{l} > 0$$

这与静电平衡时导体是等势体的前提相矛盾,所以,内表面上电荷面密度处处为零.

由于空腔内无带电体,空腔内任何一点都不可能成为电场线的端点,而电场线又不是闭合曲线,所以空腔内不可能有任何电场线,所以,空腔内电场强度处处为零,即空腔内电势处处相等.

上述性质在工程技术中被广泛应用,例如高压带电作业人员穿的均压服. 均压服是用金属丝网制成的衣、帽、手套和鞋子,它们连为一体. 穿上均压服的作业人员,利用绝缘软梯等在与地面绝缘的条件下进入强电场区,这时高压线与人体间有很大的电压,当手(套)与高压线接触时会发生火花放电,接触后人和高压线为等电势,人体中没

有电流流过,人可以安全地进行作业.因为对人体造成伤害的是电流,只要人体各部分之间无电压,即人体各部分等电势,则人体中就不会有电流.不管电势高低,只要等势,就不会对人体造成伤害.在接触高压线的过程中,均压服有两个作用:第一,保证人体内场强处处为零,使人体中各部分始终没有电流流过;第二,起分流作用,作业人员经过电势不同的区域时,特别在手(套)接触高压线时,要承受一个幅值较大的电流脉冲,由于金属均压服的电阻远小于人体的电阻,所以几乎所有的脉冲电流流经均压服,这就保证了人的安全.

2. 空腔内有带电体的导体空腔

当导体壳空腔内有其他带电体时,在静电平衡状态下,导体壳的内表面上所带电荷的代数和与空腔内电荷的代数和等值反号,如图 7-7(b)所示.因为在静电平衡状态下,导体内的闭合曲面 S 上的 E 通量

$$\oint_S \boldsymbol{E} \cdot \mathrm{d}\boldsymbol{S} = 0 = \frac{1}{\varepsilon_0}\left(\sum_{\text{内表面}} q_i + \sum_{\text{腔内}} q_i\right)$$

所以,空腔内表面上电荷的代数和与空腔内电荷的代数和等值反号.即

$$\sum_{\text{内表面}} q_i = -\sum_{\text{腔内}} q_i$$

3. 静电屏蔽

在静电平衡状态下,空腔内无其他带电体的导体壳,其内部没有电场,只要达到静电平衡,不管导体壳本身是否带电,或是否处于外电场中,这一结论总是对的.这样导体壳外表面就"保护"了它所包围的区域,使之不受导体壳外表面以外的电荷和外界电场的影响.另外,接地良好的导体壳,还可以把其内部带电体对外界的影响全部消除,如图 7-8 所示.总之,导体壳不论接地与否,其内部电场不受外界电场的影响;接地导体壳外部电场不受内部电荷的影响.这种现象称为**静电屏蔽**.严格解释静电屏蔽问题,需要应用静电学边值问题的唯一性定理.

(a) 外壳不接地　　**(b) 外壳接地**

图 7-8　静电屏蔽

静电屏蔽现象在工程技术中有广泛应用.例如,为了使精密电磁测量仪器不受外界杂散电场的干扰,通常在仪器外面加上金属外壳或金属网.为了使高压设备不影响其他仪器正常工作,通常把它的金属外壳接地.

四、有导体时静电场的分析与计算

处理有导体时的静电场问题,首先碰到的问题往往是场源电荷的分布未知,这就给求解过程带来一定的困难.我们可以利用静电平衡条件和电荷守恒定律来确定导体上电荷的分布,然后再根据我们所学的一些基本规律求解.

例 7-2 真空中有两块面积很大、间距很小的金属平行板 A、B,已知两板面积均为 S,A 板带有电荷 Q_A,B 板带有电荷 Q_B.试求 A、B 两板上电荷的分布及空间场强分

布. 如果 B 板接地, 情况又如何?

解　见例 7-2 图, 静电平衡时电荷只分布在板的表面上. 忽略边缘效应, 可以认为四个平行的表面上电荷是均匀分布的. 设四个面上的电荷密度分别为 σ_1、σ_2、σ_3 和 σ_4. 由电荷守恒定律可得

例 7-2 图　平行带电导体板

$$\sigma_1 S + \sigma_2 S = Q_A$$

$$\sigma_3 S + \sigma_4 S = Q_B$$

作如图所示的圆柱形高斯面 S', 高斯面的两底面分别在两金属板内, 侧面垂直于板面. 由于金属板内的电场强度为零, 两板间的电场垂直于板面, 所以通过高斯面的电通量 $\oint_{S'} \boldsymbol{E} \cdot \mathrm{d}\boldsymbol{S} = 0$, 由此可知

$$\sigma_2 + \sigma_3 = 0$$

另外, 由场强叠加原理可知, 在金属板内任一点 P 的场强应是四个表面上电荷在该点产生的场强的叠加, 而且 P 点总场强为零, 所以

$$\frac{\sigma_1}{2\varepsilon_0} + \frac{\sigma_2}{2\varepsilon_0} + \frac{\sigma_3}{2\varepsilon_0} - \frac{\sigma_4}{2\varepsilon_0} = 0$$

联立求解以上四式可得

$$\sigma_1 = \sigma_4 = \frac{Q_A + Q_B}{2S}$$

$$\sigma_2 = -\sigma_3 = \frac{Q_A - Q_B}{2S}$$

根据场强叠加原理, 可求得各区域场强为

A 板左侧 $E_1 = \dfrac{\sigma_1}{2\varepsilon_0} + \dfrac{\sigma_4}{2\varepsilon_0} = \dfrac{Q_A + Q_B}{2\varepsilon_0 S}$, 当 $Q_A + Q_B > 0$ 时, $\boldsymbol{E}_1$ 向左; 当 $Q_A + Q_B < 0$ 时, $\boldsymbol{E}_1$ 向右.

两板之间 $E_2 = \dfrac{\sigma_2}{2\varepsilon_0} - \dfrac{\sigma_3}{2\varepsilon_0} = \dfrac{Q_A - Q_B}{2\varepsilon_0 S}$, 当 $Q_A - Q_B > 0$ 时, $\boldsymbol{E}_2$ 向右; 当 $Q_A - Q_B < 0$ 时, $\boldsymbol{E}_2$ 向左.

B 板右侧 $E_3 = \dfrac{\sigma_1}{2\varepsilon_0} + \dfrac{\sigma_4}{2\varepsilon_0} = \dfrac{Q_A + Q_B}{2\varepsilon_0 S}$, 当 $Q_A + Q_B > 0$ 时, $\boldsymbol{E}_3$ 向右; 当 $Q_A + Q_B < 0$ 时, $\boldsymbol{E}_3$ 向左.

以上结果适用于 Q_A、Q_B 为任何极性、任意大小的带电情况.

设 σ'_1、σ'_2、σ'_3 和 σ'_4 分别表示在 B 板接地情况下 A、B 两板的四个表面上的面电荷密度. 当金属板 B 接地时, $U_B = 0$. 因为由 B 板沿垂直于 B 板方向至无穷远处场强 $\boldsymbol{E}$ 的线积分为零, 且在无电荷处电场是连续的, 所以在 B 板的右侧区间场强 $\boldsymbol{E} = 0$. 即有

$$\frac{1}{2\varepsilon_0}(\sigma'_1+\sigma'_2+\sigma'_3+\sigma'_4)=0$$

A 板上电荷守恒,有

$$\sigma'_1S+\sigma'_2S=Q_A$$

由高斯定理仍可得

$$\sigma'_2+\sigma'_3=0$$

由 B 板内部任一点 P 场强为零仍可得

$$\frac{1}{2\varepsilon_0}(\sigma'_1+\sigma'_2+\sigma'_3-\sigma'_4)=0$$

由以上四个方程解得

$$\sigma'_1=\sigma'_4=0$$

$$\sigma'_2=-\sigma'_3=\frac{Q_A}{S}$$

由此结论不难得出,两板间场强为

$E'_2=\dfrac{Q_A}{\varepsilon_0 S}$,$Q_A>0$ 时,$\boldsymbol{E}'_2$ 向右;$Q_A<0$ 时,$\boldsymbol{E}'_2$ 向左. 两板外侧的场强

$$E'_1=E'_3=0$$

注意:当 B 板通过接地线与地相连时,B 板的电荷不再守恒,地球与 B 板之间产生了电荷的传递. 而电荷重新分布的结果满足了 A、B 两金属板内部场强为零的静电平衡条件.

例 7-3 半径为 R_1 的金属球带电量为 q,在它外面同心地罩一金属球壳,其内外半径分别为 R_2 和 R_3,壳上带电量为 Q,如例 7-3 图所示.

(1)试求金属球与金属球壳的电势及它们的电势差.

(2)用导线把金属球与金属球壳连接起来后结果如何?

(3)若不连接球与球壳,而将外球壳接地,则球与球壳的电势以及它们的电势差将有何变化?

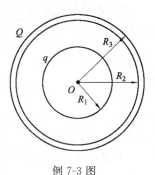

例 7-3 图

解 由于球与球壳均为导体,故内球的电荷 q 均匀分布在其表面上,由于静电感应球壳的内表面出现了等量异号电荷 $-q$,则球壳的外表面所带电量为 $Q+q$. 由于对称性,$-q$、$Q+q$ 分别均匀地分布在球壳的内外表面上. 电场强度的分布亦具有球对称性,利用高斯定理可求得电场强度的分布为

当 $r<R_1$ 时,$E_1=0$;

当 $R_1<r<R_2$ 时,$E_2=\dfrac{q}{4\pi\varepsilon_0 r^2}$;

当 $R_2<r<R_3$ 时,$E_3=0$;

当 $r > R_3$ 时，$E_4 = \dfrac{Q+q}{4\pi\varepsilon_0 r^2}$.

电场强度的方向均沿径向.

(1)设金属球的电势为 U_1，金属球壳的电势为 U_2，取无限远处为电势零点，则

$$U_1 = \int_r^\infty \boldsymbol{E} \cdot \mathrm{d}\boldsymbol{l} = \int_r^{R_1} E_1 \mathrm{d}r + \int_{R_1}^{R_2} E_2 \mathrm{d}r + \int_{R_2}^{R_3} E_3 \mathrm{d}r + \int_{R_3}^\infty E_4 \mathrm{d}r$$

$$= \int_{R_1}^{R_2} \frac{q}{4\pi\varepsilon_0 r^2} \mathrm{d}r + \int_{R_3}^\infty \frac{Q+q}{4\pi\varepsilon_0 r^2} \mathrm{d}r = \frac{q}{4\pi\varepsilon_0}\left(\frac{1}{R_1} - \frac{1}{R_2}\right) + \frac{Q+q}{4\pi\varepsilon_0 R_3}$$

$$U_2 = \int_r^\infty \boldsymbol{E} \cdot \mathrm{d}\boldsymbol{l} = \int_r^{R_3} E_3 \mathrm{d}r + \int_{R_3}^\infty E_4 \mathrm{d}r$$

$$= \int_{R_3}^\infty \frac{Q+q}{4\pi\varepsilon_0 r^2} \mathrm{d}r = \frac{Q+q}{4\pi\varepsilon_0 R_3}$$

金属球与金属球壳的电势差

$$U_1 - U_2 = \int_{R_1}^{R_2} \boldsymbol{E} \cdot \mathrm{d}\boldsymbol{l} = \int_{R_1}^{R_2} E_2 \mathrm{d}r = \frac{q}{4\pi\varepsilon_0}\left(\frac{1}{R_1} - \frac{1}{R_2}\right)$$

(2)当用导线将金属球与金属球壳连接时，电荷将重新分布，达到新的静电平衡. 此时，电荷全部分布在球壳的外表面，整个带电体系成为一个导体，则有

$$U_1 = U_2, \quad U_1 - U_2 = 0$$

由于此时电荷只分布于金属球壳表面，电场只分布在 $r > R_3$ 的空间. 故

$$U_1 = U_2 = \int_{R_3}^\infty \boldsymbol{E} \cdot \mathrm{d}\boldsymbol{l} = \int_{R_3}^\infty \frac{Q+q}{4\pi\varepsilon_0 r^2} \mathrm{d}r = \frac{Q+q}{4\pi\varepsilon_0 R_3}$$

(3)若外球壳接地，则球壳外表面上的电荷消失，电场只分布于 $R_1 < r < R_2$ 的空间内，则

$$U_2 = 0$$

$$U_1 = \int_{R_1}^{R_2} E_2 \mathrm{d}r = \frac{q}{4\pi\varepsilon_0}\left(\frac{1}{R_1} - \frac{1}{R_2}\right)$$

$$U_1 - U_2 = \int_{R_1}^{R_2} E_2 \mathrm{d}r = \frac{q}{4\pi\varepsilon_0}\left(\frac{1}{R_1} - \frac{1}{R_2}\right)$$

由以上计算结果可以看出，不论外球壳接地与否，金属球与金属球壳的电势差保持不变.

§7-2 电介质的极化

电介质通常是指不导电的绝缘介质. 在电介质中，电荷被束缚在原子或分子中，几乎不存在可以自由宏观移动的电荷——自由电荷. 当电介质处于电场中时，无论是其原子中的电子，还是分子中的离子，在电场的作用下都会在原子大小的范围内移动，当

达到静电平衡时,在电介质表面层或体内会出现极化电荷. 在本节中,我们将讨论电场和电介质之间的相互作用,从而说明电介质的静电特性.

一、极化的微观机制

1. 电介质分子的电结构

一般情况下,电介质分子中的正、负电荷都不集中在一点. 若将分子中的全部正、负电荷用等效的正、负点电荷(称为正、负电荷的等效中心或"重心")代替,则可将电介质的分子看做是等量异号电荷构成的电偶极子(称为**分子等效电偶极子**). 于是,电介质就是大量分子电偶极子的集合.

当无外加电场时,分子电偶极子的空间取向混乱,电介质宏观上处处呈电中性;但是,在外电场作用下,分子电偶极子在电场力作用下趋于整齐排列,电介质内的正、负电荷作微观的相对移动. 结果,电介质内部或表面出现带电现象. 这种电介质在外电场作用下出现的带电现象称为**电介质的极化**. 电介质极化所出现的电荷称为**极化电荷**. 电介质上所出现的极化电荷不同于导体中的自由电荷,它被束缚在电介质分子的尺度范围内,不能在介质内部自由运动,更不可能脱离电介质而转移到其他带电体上去,所以极化电荷也叫**束缚电荷**.

我们把分子电偶极子的电偶极矩表示为

$$p_{\text{分子}} = q\boldsymbol{l}$$

式中,q 是分子正、负电荷中心的电量,$\boldsymbol{l}$ 是正负电荷中心之间的距离,$\boldsymbol{l}$ 和 $p_{\text{分子}}$ 的方向是由负电荷的中心指向正电荷的中心. 按 $p_{\text{分子}}$ 是否为零,可将电介质分子分为**有极分子**和**无极分子**两类. 无极分子的正、负电荷中心重合,$l=0$,固有电偶极矩 $p_{\text{分子}}=0$;有极分子的正、负电荷中心不重合,$l \neq 0$,固有电偶极矩 $p_{\text{分子}} \neq 0$.

例如,所有惰性气体及氢气、甲烷、石蜡、聚苯乙烯等分子都是无极分子. 如图 7-9 所示,甲烷的四个正电荷中心和四个负电荷中心重合于分子的质心.

例如,盐酸(HCl)、水(H_2O)、有机玻璃等,正、负电荷的中心错开一小段距离,都是有极分子. 以水为例,如图 7-10 所示,它的两个正电荷的中心和两个负电荷的中心不重合,所以水分子的静电结构相当于一个电偶极子.

图 7-9　甲烷分子,其正、
负电荷中心重合

图 7-10　水分子,其正、负电荷
中心不重合,相当于一个电偶极子

2. 极化的微观机制

① **无极分子的位移极化**：对于无极分子构成的电介质，无外电场时 $p_{分子}=0$，宏观上处处呈电中性. 当有外电场 E_0 时，分子中的正、负电荷中心在电场力作用下将发生相对位移，形成电偶极子，其电偶极矩的方向与外电场 E_0 的方向一致. 这样，在均匀电介质内部，相邻两电偶极子的正、负电荷相互靠近，各处仍然是电中性. 但在电介质表面将出现正负极化电荷. 如图 7-11 所示. 无极分子的极化是由于正、负电荷中心发生相对位移产生的，故称为**位移极化**.

② **有极分子的取向极化**：对于有极分子构成的电介质，分子固有电偶极矩 $p_{分子}\neq0$，无外电场时，由于电介质分子作无规则热运动，使各个分子的电偶极矩 $p_{分子}$ 取向随机，杂乱无章，所以在电介质中，固有电偶极矩矢量和为零，宏观上处于电中性. 加外电场 E_0 后，每个分子电偶极子受到力矩的作用，使电偶极矩有转向外电场方向的趋势，趋向于整齐排列，外电场越强，排列越整齐，因此在电介质表面将出现正负极化电荷. 结果如图 7-12 所示. 有极分子的极化是由于分子的电偶极矩的取向作用，故称**取向极化**.

图 7-11　无极分子介质的极化

(a)正、负电荷中心重合的无极分子；(b)在外电场中，正、负电荷中心发生相对位移；(c)在外电场中的无极分子等效为一个电偶极子；(d)无极分子的电偶极矩趋于外电场方向；(e)电介质表面出现极化电荷

图 7-12　有极分子介质的极化

(a)有极分子的无序；(b)在外电场中，有极分子受到使它转到与外电场平行的电力矩作用；(c)在外电场中，有极分子趋于沿外电场方向排列；(d)电介质表面出现极化电荷

应该指出，在无极分子电介质中只有位移极化，而在有极分子电介质中两种极化机制是并存的，但取向极化占主导地位. 然而，在高频电场的作用下，由于分子的惯性较大，取向极化跟不上外电场的变化，只有惯性很小的电子才能紧跟高频电场的变化而产生位移极化，所以，在高频电场中，无论哪一种电介质，都只有电子位移所形成的位移极化在起作用.

这两类电介质极化的微观机制不同,但宏观结果是一样的,所以在作宏观描述时不必加以区别.

二、极化状态的描述——电极化强度矢量

1. 电极化强度矢量的定义

无论是有极分子电介质还是无极分子电介质,在未被极化时,其内部任一宏观小体积元 ΔV 内,各分子电偶极矩的矢量和必定为零,即 $\sum \boldsymbol{p}_{分子} = 0$. 当电介质处于极化状态时,小体积元 ΔV 内各分子电偶极矩的矢量和不再为零,即 $\sum \boldsymbol{p}_{分子} \neq 0$,极化程度越高,分子的电偶极矩的矢量和也就越大. 为了定量地宏观地描述电介质的极化程度,我们定义:电介质内某点附近单位体积内分子电偶极矩的矢量和为该点的**电极化强度**,用 $\boldsymbol{P}$ 表示,即

$$\boldsymbol{P} = \frac{\sum \boldsymbol{p}_{分子}}{\Delta V} \tag{7-2}$$

电极化强度是描述电介质极化状态的物理量,它是一个宏观的矢量点函数,不同点处的电极化强度一般是不相同的. 如果电介质中各点的电极化强度矢量都相同,则称该介质是均匀极化的. 注意,均匀极化是电介质均匀并且外加电场也均匀的结果.

在国际单位制中,电极化强度的单位是库仑·米$^{-2}$(C·m^{-2}).

2. 电极化强度和极化电荷分布之间的关系

电极化强度是定量描述电介质极化程度的物理量,而极化电荷是电介质极化时所产生的,两者之间必存在着定量的关系.

(1)电极化强度矢量 $\boldsymbol{P}$ 和极化电荷 q' 的关系为

$$\oint_S \boldsymbol{P} \cdot \mathrm{d}\boldsymbol{S} = -\sum_{S内} q' \tag{7-3}$$

即在电介质中,**穿过任意闭合曲面的电极化强度通量等于该闭合面内极化电荷总量的负值**.

(2)电极化强度矢量 $\boldsymbol{P}$ 与极化电荷面密度 σ' 的关系为

$$\sigma' = \boldsymbol{P} \cdot \boldsymbol{n} = P_n \tag{7-4}$$

式中,$\boldsymbol{n}$ 是电介质表面外法线方向的单位矢量. 上式表明,**电介质极化时产生的极化电荷的面密度等于电极化强度矢量沿外法线方向的分量**.

(3)电极化强度矢量 $\boldsymbol{P}$ 与电介质内电场强度的关系

电介质的极化是电场和电介质分子相互作用的过程,外电场引起电介质的极化,而电介质极化后出现的极化电荷也要激发电场并改变电场的分布,重新分布后的电场反过来再影响电介质的极化,直到静电平衡时,电介质便处于一定的极化状态. 所以,电介质中任一点的电极化强度矢量 $\boldsymbol{P}$ 与该点的合场强 $\boldsymbol{E}$ 有关. 对于不同的电介质,$\boldsymbol{P}$ 与 $\boldsymbol{E}$ 的关系不同. 实验证明,对于各向同性的电介质,$\boldsymbol{P}$ 和电介质内该点处的合场强 $\boldsymbol{E}$

方向相同,且大小成正比,即

$$P = \chi_e \varepsilon_0 E$$

式中χ_e是与介质性质有关的比例系数,称为**电极化率**. 它是一个无单位的纯数,不同的介质中有不同的值,可由实验测得列表供查.

三、电介质中的电场强度 E

当电介质受到外电场作用而极化时,电介质表面出现极化电荷,极化电荷和自由电荷一样也要产生电场,所以电介质中的总电场 E 等于没有电介质时自由电荷产生的电场 E_0 与极化电荷产生的附加电场 E' 的矢量和. 即

$$E = E_0 + E'$$

由于附加场强 E' 总是比原场强 E_0 小,并反向. 故介质中的场强

$$E = E_0 + E' \neq 0$$

上式表明:外场 E_0 在电介质中只是被削弱了,而不是像在导体中被全部抵消.

为了定量地了解电介质内部场强被削弱的情况,我们以充满各向同性均匀电介质的平行板电容器为例,来说明求电介质内部场强的方法,如图 7-13 所示.

设平行板电容器极板上自由电荷面密度分别为$+\sigma_0$ 和$-\sigma_0$,电介质表面极化电荷密度分别为$+\sigma'$ 和$-\sigma'$,自由电荷产生场强的大小为

图 7-13 均匀电介质电容器

$$E_0 = \frac{\sigma_0}{\varepsilon_0}$$

极化电荷产生附加场强的大小为

$$E' = \frac{\sigma'}{\varepsilon_0}$$

因为在电介质中,附加场强 E' 的方向与 E_0 的方向相反,因此极板间电介质中的合场强 E 的大小为

$$E = E_0 - E' = \frac{\sigma_0}{\varepsilon_0} - \frac{\sigma'}{\varepsilon_0}$$

由关系

$$\sigma' = P$$

$$P = \chi_e \varepsilon_0 E$$

联立可得 $E = E_0 - \dfrac{P}{\varepsilon_0} = E_0 - \dfrac{\chi_e \varepsilon_0}{\varepsilon_0} E$,即$(1 + \chi_e) E = E_0$. 令 $\varepsilon_r = 1 + \chi_e$,则得

$$E = \frac{E_0}{\varepsilon_r}$$

式中 ε_r 称为**相对介电常数**或**相对电容率**. 上式反映了加入外电场 E_0 后,介质中的场强 E 只是外场 E_0 的 $1/\varepsilon_r$,这正是由于极化电荷产生的附加场 E' 削弱了自由电荷产生

场强的缘故.

由以上各式还可得到

$$\sigma' = \left(1 - \frac{1}{\varepsilon_r}\right)\sigma_0 = \frac{\varepsilon - \varepsilon_0}{\varepsilon}\sigma_0$$

上式给出了电介质表面极化电荷面密度 σ' 与电容器极板上自由电荷面密度 σ_0 之间的定量关系.

最后指出,$E = \dfrac{E_0}{\varepsilon_r}$ 这一结论并不是普遍成立的,而是有适用条件的,只有在电场的全部空间中充满同一种各向同性均匀电介质,且自由电荷分布不变时,此式才成立.

§7-3 有电介质时的高斯定理

一、电位移矢量 有电介质时的高斯定理

在第六章,我们已讨论了真空中的高斯定理,现在来讨论有电介质时的高斯定理.

真空中的高斯定理为

$$\oint_S \boldsymbol{E} \cdot \mathrm{d}\boldsymbol{S} = \frac{1}{\varepsilon_0} \sum_{(S内)} q_i$$

式中,$\displaystyle\sum_{(S内)} q_i$ 是 S 面内的自由电荷的代数和. 若存在电介质,还应考虑极化电荷,故高斯面内包围的电荷应包括自由电荷 q_i 和极化电荷 q_i' 两部分,于是有电介质时的高斯定理应为

$$\oint_S \boldsymbol{E} \cdot \mathrm{d}\boldsymbol{S} = \frac{1}{\varepsilon_0} \sum_{(S内)} (q_i + q_i') \tag{7-5}$$

至此,问题并没有结束,由于通常上式中的极化电荷 q_i' 难以测量,使得上式应用起来比较复杂,所以必须想办法用直接可测量的量来代替极化电荷 q_i'.

由式(7-3),闭合曲面 S 内的极化电荷为

$$\oint_S \boldsymbol{P} \cdot \mathrm{d}\boldsymbol{S} = -\sum_{(S内)} q_i' \tag{7-6}$$

代入式(7-5)有

$$\oint_S \boldsymbol{E} \cdot \mathrm{d}\boldsymbol{S} = \frac{1}{\varepsilon_0}\left(\sum_{(S内)} q_i - \oint_S \boldsymbol{P} \cdot \mathrm{d}\boldsymbol{S}\right)$$

$$\oint_S (\varepsilon_0 \boldsymbol{E} + \boldsymbol{P}) \cdot \mathrm{d}\boldsymbol{S} = \sum_{(S内)} q_i \tag{7-7}$$

定义

$$\boldsymbol{D} = \varepsilon_0 \boldsymbol{E} + \boldsymbol{P} \tag{7-8}$$

式中 $\boldsymbol{D}$ 称为**电位移矢量**,是一个辅助矢量,本身没有实际的物理意义. 在国际单位制中,$\boldsymbol{D}$ 的单位为 $C \cdot m^{-2}$.

定义了电位移 D 后,式(7-7)可写为

$$\oint_S D \cdot dS = \sum_{(S内)} q_i \tag{7-9}$$

上式称为**有电介质时的高斯定理**.其意义为:**电位移矢量对任意一个闭合曲面的通量等于该闭合曲面内所包围的自由电荷的代数和**.

在真空中,$P=0$,则 $D=\varepsilon_0 E$,式(7-9)可写为

$$\oint_S E \cdot dS = \frac{1}{\varepsilon_0} \sum_{(S内)} q_i$$

显然,真空中静电场的高斯定理是有电介质时的高斯定理的特例.

二、电介质的性质方程

对于各向同性电介质,极化强度 P 与场强 E 成正比,即

$$P = \chi_e \varepsilon_0 E$$

代入 D 的定义式,

$$D = \varepsilon_0 E + \chi_e \varepsilon_0 E = \varepsilon_0 (1 + \chi_e) E$$

因为

$$\varepsilon_r = 1 + \chi_e$$

所以

$$D = \varepsilon_0 \varepsilon_r E = \varepsilon E \tag{7-10}$$

上式称为**电介质的性质方程**.其中 $\varepsilon = \varepsilon_0 \varepsilon_r$ 称为电介质的**介电常数**或**电容率**.

在各向同性均匀电介质中,各点 D 和 E 是一一对应的,D 一旦确定了,E 也随之确定.所以有电介质存在时,可由已知自由电荷的分布,根据高斯定理先求出电位移 D 的分布,然后再由 $D = \varepsilon E$ 的关系确定 E 的分布.

例 7-4　设半径为 R,带电量为 q 的金属球放在相对电容率为 ε_r 的均匀无限大电介质中.求(1)电介质中 D 和 E 的分布;(2)电介质与金属的分界面上极化电荷面密度.

解　(1)由题意知,自由电荷面密度 σ_0 和极化电荷面密度 σ' 的分布皆具有球对称性,所以 D 和 E 也应具有球对称性.在电介质中任取一半径为 r 的同心球面 S 如例7-4图所示,则 S 上各点 D 的大小相等,D 的方向沿径向向外.于是 S 上的电位移通量为

$$\oint_S D \cdot dS = \oint_S D \, dS = 4\pi r^2 D$$

曲面 S 所包围的自由电荷为 q,根据有介质时的高斯定理可得

$$4\pi r^2 D = q$$

$$D = \frac{q}{4\pi r^2}$$

例 7-4 图

写成矢量式为

$$D = \frac{q}{4\pi r^2} \boldsymbol{r}_0$$

由电介质的性质方程可得

$$E = \frac{D}{\varepsilon_0 \varepsilon_r} = \frac{q}{4\pi\varepsilon_0 \varepsilon_r r^2} \boldsymbol{r}_0$$

若金属球外为真空,而金属球所带电量仍为 q,则金属球外的电场强度为

$$E_0 = \frac{q}{4\pi\varepsilon_0 r^2} \boldsymbol{r}_0$$

两式比较,可得

$$E = \frac{E_0}{\varepsilon_r}$$

结果表明:带电金属球周围充满均匀无限大电介质后,其场强减弱至真空时的 $1/\varepsilon_r$.

(2)根据式(7-4),在电介质与金属球分界面上的极化电荷面密度为

$$\sigma' = P_n$$

对于各向同性介质,有 $P_n = D_n - \varepsilon_0 E_n = \varepsilon_0 (\varepsilon_r - 1) E_n$,由于分界面处电介质的外法线方向为 $-\boldsymbol{r}_0$ 方向,故

$$E_n = -\frac{q}{4\pi\varepsilon_0 \varepsilon_r R^2} = -\frac{\sigma}{\varepsilon_0 \varepsilon_r}$$

由此可得

$$\sigma' = \varepsilon_0 (\varepsilon_r - 1) E_n = -\frac{\varepsilon_r - 1}{\varepsilon_r} \sigma$$

式中,σ 为金属球表面自由电荷的面密度,因为 $\varepsilon_r > 1$,结果表明 σ' 与 σ 反号.

因此,在交界面处自由电荷和极化电荷的总电荷量为

$$q_0 - \frac{\varepsilon_r - 1}{\varepsilon_r} q_0 = \frac{q_0}{\varepsilon_r}$$

总电荷量减小为自由电荷量的 $\frac{1}{\varepsilon_r}$,这是离球心 r 处场强减小为真空时 $\frac{1}{\varepsilon_r}$ 的原因.

§7-4　电容　电容器

一、孤立导体的电容

理论研究和实验事实表明,孤立导体所带的电量 Q 与它的电势 U 成正比,即 $Q = CU$. 式中的比例系数

$$C = \frac{Q}{U} \tag{7-11}$$

C 表示孤立导体具有单位电势时所能容纳的电量,它表征了孤立导体储存电荷的能力,故称之为**孤立导体的电容**. 电容与导体是否带电无关,它是导体本身固有的一种

性质,只由导体的形状和大小来决定,例如半径为 R 的孤立导体球的电容 $C=\dfrac{Q}{U}=4\pi\varepsilon_0 R$. 在 SI 制中,电容的单位是 $C\cdot V^{-1}$(库仑每伏特),它的法定名称叫做法拉,以 F 表示,即

$$1F=1C\cdot V^{-1}$$

实用中,法拉这个单位太大了,地球的电容仅为

$$C=\frac{Q}{U}=4\pi\varepsilon_0 R=4\times3.14\times8.85\times10^{-12}\times6.4\times10^6\ F=7.1\times10^{-4}\ F$$

电容常用的较小的单位是 μF(微法)和 pF(皮法).

$$1\mu F=10^{-6}F$$
$$1pF=10^{-12}F$$

二、电容器

孤立导体实际上是不存在的. 当导体 A 附近有其他导体存在时,该导体的电势不仅与它本身所带的电量 q_A 有关,而且还与其他导体的大小、形状和位置有关,所以不可能再用一个恒量 $C=\dfrac{q_A}{U_A}$ 来反映 U_A 和 q_A 之间的关系. 那么,如何获得不受外界影响的稳定电容呢?利用静电屏蔽原理即可解决这一问题.

如图 7-14 所示,A 是一个导体,B 是一个封闭的导体壳将 A 屏蔽起来. 如果使导体 A 带电量为 q,则导体壳 B 内表面上的带电量为 $-q$,A、B 之间有电势差 U_A-U_B. 如果把 A 上的电量增加到 n 倍为 nq,则导体壳 B 内表面上的带电量变为 $-nq$,A、B 之间电势差也增加为 $n(U_A-U_B)$. 这表明,A、B 之间的电势差与导体 A 所带的电量成正比. 由于导体壳的静电屏蔽作用,A、B 之间电势差不受 B 外其他带电

图 7-14 导体 A、B 间的电势差与外部导体无关

导体的影响. 因而比值 $\dfrac{q}{U_A-U_B}$ 是一个与其他导体无关的恒量. 因此,**电势差与电量成正比且不受其他导体影响的两个导体组成的系统称为电容器**. 每个导体称为**电容器的极板**,比值 $\dfrac{q}{U_A-U_B}$ 叫做**电容器的电容**,用符号 C 表示,即

$$C=\frac{q}{U_A-U_B} \tag{7-12}$$

C 只与导体 A、B 的形状、尺寸以及两极板间的电介质的性质和分布有关,与电量 q 和电势差 U_A-U_B 无关. 式(7-12)表明电容器的电容在数值上等于两极板上的电势差每升高一个单位时所需的电量,电容器电容的单位与孤立导体的电容的单位相同.

在实际应用中,并不需要图 7-14 所示的严格的静电屏蔽.只要求其他导体对两极板之间的电场分布的影响可以忽略不计即可.下面我们来推导几种常用的电容器的电容公式,由此将可以看出,电容器电容的大小是由电容器本身的性质所决定的.

1. 平行板电容器

平行板电容器由两块彼此靠得很近且相互平行的金属板组成.设两极板的面积均为 S,两极板间距离为 d($d \ll$ 极板线度),两板间充满相对介电常数为 ε_r 的均匀电介质,如图 7-15 所示.

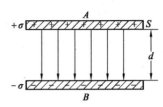

图 7-15 平行板电容器

设两极板 A 和 B 分别带有电荷 $+q$ 和 $-q$,极板上的电荷面密度分别为 $+\sigma$ 和 $-\sigma$.忽略边缘效应,则两板间的电场强度大小为

$$E = E_A + E_B = \frac{\sigma}{\varepsilon_0 \varepsilon_r}$$

两板间的电势差

$$U_A - U_B = Ed = \frac{\sigma d}{\varepsilon_0 \varepsilon_r}$$

根据电容器的定义式(7-12),可得平行板电容器的电容

$$C = \frac{q}{U_A - U_B} = \frac{\varepsilon_0 \varepsilon_r S}{d} \qquad (7\text{-}13)$$

可见,C 仅与电容器的结构有关,而与其是否带电无关.从式(7-13)可以看出,平行板电容器的电容与极板面积成正比,与极板间的距离成反比,即增加极板面积或减小极板间的距离,以及在极板间填充电介质,可增大平行板电容器的电容.

2. 圆柱形电容器

如图 7-16 所示,圆柱形电容器由两个同轴圆柱形导体 A、B 组成,其半径分别为 R_A 和 R_B($R_A < R_B$),长度为 l,其间填充相对电容率为 ε_r 的均匀电介质.

图 7-16 圆柱形电容器

设两极板带电量分别为 q 和 $-q$,则正、负电荷均匀分布在内、外极板上,单位长度的电量为 λ 和 $-\lambda$,$\lambda = \dfrac{q}{l}$,忽略边缘效应,它们产生的电场集中在两极板之间.由高斯定理可知,在两柱面之间,距轴线为 r 处的电场强度大小为

$$E = \frac{\lambda}{2\pi\varepsilon_0 \varepsilon_r r}$$

方向垂直于中心轴沿径向向外.于是两极板间的电势差为

$$U_{AB} = \int_A^B \boldsymbol{E} \cdot \mathrm{d}\boldsymbol{l} = \int_{R_A}^{R_B} \frac{1}{2\pi\varepsilon_0 \varepsilon_r} \frac{\lambda}{r} \mathrm{d}r = \frac{\lambda}{2\pi\varepsilon_0 \varepsilon_r} \ln \frac{R_B}{R_A} = \frac{q}{2\pi\varepsilon_0 \varepsilon_r l} \ln \frac{R_B}{R_A}$$

所以圆柱形电容器的电容

$$C = \frac{q}{U_A - U_B} = \frac{2\pi\varepsilon_0\varepsilon_r l}{\ln\dfrac{R_B}{R_A}} \qquad (7\text{-}14)$$

3. 球形电容器

球形电容器是由半径为 R_A 的导体球和与它同心的、内半径为 R_B 的导体球壳组成,如 7-17 图所示. 若其间填充电容率为 ε 的电介质,容易求得(求解过程请读者自己完成),球形电容器的电容为

$$C = \frac{4\pi\varepsilon R_A R_B}{R_B - R_A} \qquad (7\text{-}15)$$

图 7-17　球形电容器

三、电容器的联接

实际工作中,经常会遇到单独一个电容器的电容量不合适或耐压不够的问题,这时可以把几个电容器连接起来使用,连接的基本方法有并联和串联两种.

1. 并联

并联可以增大电容量. 如图 7-18 所示,把每一个电容器的一个极板接到一个共同点 A,而另一个极板接到另一个共同点 B,称这些电容器为**并联**. 其特点是:**加在各并联电容器上的电压相同**. 设各电容器上的电压为 U,则各电容器上的电量为

图 7-18　电容器并联

$$q_1 = C_1 U, q_2 = C_2 U, \cdots, q_n = C_n U$$

所以

$$q_1 : q_2 : \cdots : q_n = C_1 : C_2 : \cdots : C_n$$

上式表明:并联时各电容器上的电量之比等于它们的电容之比. 所有并联电容器上的总电量

$$q = \sum_{i=1}^{n} q_i = U \sum_{i=1}^{n} C_i$$

于是,总电容

$$C = \frac{q}{U} = \sum_{i=1}^{n} C_i \qquad (7\text{-}16)$$

即并联电容器的总电容等于各电容器电容之和.

2. 串联

串联可以增加耐压能力. 如图 7-19 所示,每一个电容器的一个极板与另一个电容器的极板顺次联接,称为电容器的**串联**. 当给串联电容器两端的两个极板上加上总电压 U 时,则各个电容器两极板上的电压之和等于总电压 U;由静电感应和电荷守恒定

律可知,每个电容器极板上都带有相同的电量 q,每个电
容器上的电压分别为

$$U_1 = \frac{q}{C_1}, U_2 = \frac{q}{C_2}, \cdots, U_n = \frac{q}{C_n}$$

于是

图 7-19　电容器的串联

$$U_1 : U_2 : \cdots : U_n = \frac{1}{C_1} : \frac{1}{C_2} : \cdots : \frac{1}{C_n}$$

即**串联时各电容器上电压之比等于各电容器电容倒数之比**. 总电压

$$U = \sum_{i=1}^{n} U_i = q \sum_{i=1}^{n} \frac{1}{C_i}$$

所以,总电容 C 满足

$$\frac{1}{C} = \frac{U}{q} = \sum_{i=1}^{n} \frac{1}{C_i} \tag{7-17}$$

即串联电容器总电容的倒数等于各电容器电容倒数之和.

由此可见,电容器串联时,电容减小,但耐压提高,所以要承受较高电压时,可以把
几个电容器串联起来使用;电容器并联时,电容增大,所以需要大电容时,可以把几个
电容器并联起来使用. 不管是串联还是并联,除了考虑合适的电容量外,还要注意使每
个电容器上的电压都不能超出它的耐压能力.

例 7-5　球形电容器如例 7-5 图所示,已知外球面半径 $R_2 =$
5.0×10^{-2} m,内球面半径 R_1 取值任意,两球面间填充了相对电
容率为 ε_r 的各向同性均匀电介质,已知该电介质的击穿场强
$E_b = 2.0 \times 10^7$ V·m^{-1}. 试求该电容器所能承受的最大电压.

解　设内外球面分别带有电荷 $+q$ 和 $-q$,由高斯定理可求
得两球面间的电场强度为

例 7-5 图

$$E = \frac{q}{4\pi\varepsilon_0 \varepsilon_r r^2}, R_1 < r < R_2$$

故两极板 A、B 之间的电势差为

$$U_{AB} = \int_A^B \boldsymbol{E} \cdot \mathrm{d}\boldsymbol{l} = \int_{R_1}^{R_2} \frac{q}{4\pi\varepsilon_0\varepsilon_r} \frac{\mathrm{d}r}{r^2}$$

即

$$U_{AB} = \frac{q}{4\pi\varepsilon_0\varepsilon_r}\left(\frac{1}{R_1} - \frac{1}{R_2}\right)$$

由于 R_2 恒定,R_1 可以根据需要自由选择,也就是说,U_{AB} 是变量 R_1 的函数,同时 U_{AB}
也与极板上所带电量 q 有关,而电介质的击穿场强 E_b 也制约了 q 的最大取值,由 $E =$
$\frac{q}{4\pi\varepsilon_0\varepsilon_r r^2}$,可知

$$q_{max} = 4\pi\varepsilon_0\varepsilon_r R_1^2 E_b$$

所以

$$U_{AB} = \frac{q}{4\pi\varepsilon_0\varepsilon_r}\left(\frac{1}{R_1} - \frac{1}{R_2}\right) = \frac{4\pi\varepsilon_0\varepsilon_r R_1{}^2 E_b}{4\pi\varepsilon_0\varepsilon_r}\left(\frac{1}{R_1} - \frac{1}{R_2}\right)$$

化简得

$$U_{AB} = E_b\left(R_1 - \frac{R_1{}^2}{R_2}\right)$$

显然，只要 R_1 取适当值，就可以使 U_{AB} 具有最大值. 由

$$\frac{\mathrm{d}U_{AB}}{\mathrm{d}R_1} = \frac{\mathrm{d}}{\mathrm{d}R_1}\left[E_b\left(R_1 - \frac{R_1{}^2}{R_2}\right)\right] = 0$$

可得

$$R_1 = \frac{R_2}{2}$$

所以该电容器所能承受的最大电压

$$U_{AB(\max)} = E_b\left(R_1 - \frac{R_1{}^2}{R_2}\right) = E_b\left(\frac{R_2}{2} - \frac{R_2{}^2/4}{R_2}\right) = \frac{1}{4}E_b R_2$$

将 $E_b = 2.0\times10^7\ \mathrm{V\cdot m^{-1}}, R_2 = 5.0\times10^{-2}\ \mathrm{m}$ 代入得

$$U_{AB(\max)} = \frac{1}{4}\times2.0\times10^7\times5.0\times10^{-2}\ \mathrm{V} = 2.5\times10^5\ \mathrm{V}$$

例 7-6　自由电荷面密度为 $\pm\sigma_0$ 的带电平行板电容器极板间充满两层各向同性均匀电介质，见例 7-6 图. 电介质的界面都平行于电容器的极板，两层电介质的相对电容率各为 ε_{r_1} 和 ε_{r_2}，厚度各为 d_1 和 d_2. 试求：(1)各电介质层中的电场强度；(2)电容器两极板间的电势差；(3)电容器的电容.

解　(1)由于两层电介质皆为均匀的，极板又可认为是无限大的，因此两层介质中的电场都是均匀的. 设两层介质中的电场强度分别为 E_1 和 E_2，两层电介质中的电位移分别为 $\boldsymbol{D}_1$ 和 $\boldsymbol{D}_2$. 作两底面积为 ΔS_1 的封闭圆柱形高斯面，其轴线与极板垂直，其两底面与极板平行，且上底面在 A 板外侧，下底面在电介质 ε_{r_1} 中，如例 7-6 图所示. 由于电场只限于两极板间，且电场方向垂

例 7-6 图

直极板由 A 指向 B，所以通过极板 A 外侧上底面的 $\boldsymbol{D}$ 通量和圆柱侧面的 $\boldsymbol{D}$ 通量皆为零，因此，通过圆柱形高斯面的 $\boldsymbol{D}$ 通量就等于通过圆柱形下底面 $\boldsymbol{D}_1$ 的通量. 根据高斯定理有

$$\oint_S \boldsymbol{D}\cdot\mathrm{d}\boldsymbol{S} = \int_{\Delta S_1}\boldsymbol{D}_1\cdot\mathrm{d}\boldsymbol{S} = D_1\Delta S_1 = \sigma_0\Delta S_1$$

故有

$$D_1 = \sigma_0$$

由 $\boldsymbol{D} = \varepsilon\boldsymbol{E}$，有

$$E_1 = \frac{D_1}{\varepsilon_1} = \frac{\sigma_0}{\varepsilon_0 \varepsilon_{r_1}}$$

同理,通过电介质 2 作高斯面如例 7-6 图所示. 应用高斯定理可得

$$D_2 = \sigma_0$$

$$E_2 = \frac{D_2}{\varepsilon_2} = \frac{\sigma_0}{\varepsilon_0 \varepsilon_{r_2}}$$

可见两层电介质中的电位移矢量相等,但电场强度不等.

其实我们也可以用另一种方法求解:由于两层电介质皆为均匀的,且电介质分界面是等势面,自由电荷的分布保持不变,因此各层电介质内部的电场强度 $E_1 = \frac{E_0}{\varepsilon_{r_1}}$,

$E_2 = \frac{E_0}{\varepsilon_{r_2}}$,其中 $E_0 = \frac{\sigma_0}{\varepsilon_0}$ 为两极板上自由面电荷在真空中产生的电场强度大小. 所以

$$E_1 = \frac{\sigma_0}{\varepsilon_0 \varepsilon_{r_1}}, \quad E_2 = \frac{\sigma_0}{\varepsilon_0 \varepsilon_{r_2}}$$

由 $\boldsymbol{D} = \varepsilon \boldsymbol{E}$,可得

$$D_1 = \varepsilon_0 \varepsilon_{r_1} E_1 = \sigma_0 \quad D_2 = \varepsilon_0 \varepsilon_{r_2} E_2 = \sigma_0$$

(2)根据电势差的定义,可求出电容器两极板间的电势差为

$$U_A - U_B = \int_A^B \boldsymbol{E} \cdot \mathrm{d}\boldsymbol{l} = E_1 d_1 + E_2 d_2 = \frac{\sigma_0}{\varepsilon_0 \varepsilon_{r_1}} d_1 + \frac{\sigma_0}{\varepsilon_0 \varepsilon_{r_2}} d_2$$

$$= \frac{\sigma_0}{\varepsilon_0} \left(\frac{d_1}{\varepsilon_{r_1}} + \frac{d_2}{\varepsilon_{r_2}} \right)$$

(3)根据电容器电容的定义,该电容器的电容为

$$C = \frac{Q}{U_A - U_B} = \frac{\sigma_0 S}{\frac{\sigma_0}{\varepsilon_0} \left(\frac{d_1}{\varepsilon_{r_1}} + \frac{d_2}{\varepsilon_{r_2}} \right)} = \frac{\varepsilon_0 S}{d_1/\varepsilon_{r_1} + d_2/\varepsilon_{r_2}}$$

读者自己可以证明,这实际上相当于两个介质电容器的串联.

§7-5　静电场的能量

一个电中性的物体周围没有静电场. 当把电中性物体中的正、负电荷分开时,外力作了功,同时在该物体周围建立了静电场. 可见,电场的能量是通过外力作功把其他形式的能量转变为电能,并储存在电场中的. 本节以平行板电容器充电为例,讨论通过外力作功把其他形式的能量转变为电能,进而导出电场能量的公式.

一、电容器的能量

现在我们来计算电容器带有电量 Q,相应的电压为 U 时所具有的能量. 这个能量可以根据电容器在充电过程中电场力对电荷作功来计算. 设在充电过程中,某时刻电

容器两极板上的电量为 q，以 C 表示电容，则这时两板间的电压为 $u=q/C$，此时若继续把 $\mathrm{d}q$ 电荷从负极板移至正极板，如图 7-20 所示，则外力克服静电力需作的功为

$$\mathrm{d}A=u\mathrm{d}q=\frac{q}{C}\mathrm{d}q$$

当电容器两极板分别带有 $+Q$ 和 $-Q$ 电量时，外力所作的总功为

$$A=\int\mathrm{d}A=\int_0^Q\frac{q}{C}\mathrm{d}q=\frac{1}{2}\frac{Q^2}{C}$$

图 7-20　带电电容器
的能量

根据能量守恒和转化定律，这功将使电容器的能量增加，由于电容器未充电时能量为零，所以这功就是电容器充电至电量 Q 时所具有的能量 W_e，即

$$W_\mathrm{e}=\frac{1}{2}\cdot\frac{Q^2}{C}=\frac{1}{2}CU^2=\frac{1}{2}QU \tag{7-18}$$

这就是**电容器的储能公式**，它对于各种结构的电容器均适用.

二、电场的能量

如上所述，充电电容器中存储了电能，我们知道，任何带电体系的形成过程也是电场的建立过程，所以电容器储存的能量也就是电场的能量. 那么一个带电体的电能究竟是储存在什么地方呢？在静电学领域，电荷和电场总是同时并存的，我们无法分辨究竟是电荷携带能量还是电场储存了能量. 但是以后我们将会看到，随时间变化的电场和磁场将以电磁波的形式在空间传播. 在电磁波中，电场可以脱离电荷而传播到远处. 电磁波携带能量已经是近代无线电技术中人所共知的事实了，这就是说，**电能存储于电场之中**.

我们以平行板电容器为例，把电容器中储存的电场能量用表征电场性质的物理量 E 表示出来.

设平行板电容器两极板的面积为 S，两极板之间的距离为 d，极板间的均匀电介质的电容率为 ε. 于是

$$C=\frac{\varepsilon S}{d}$$

当两极板间的电势差为 U 时，电容器的储能为

$$W_\mathrm{e}=\frac{1}{2}CU^2=\frac{1}{2}\frac{\varepsilon S}{d}U^2$$

$$=\frac{1}{2}\varepsilon\left(\frac{U}{d}\right)^2Sd=\frac{1}{2}\varepsilon E^2V$$

或

$$W_\mathrm{e}=\frac{1}{2}DEV \tag{7-19}$$

上式中 D、E 分别为电介质的电位移矢量和场强矢量的大小. $V=Sd$ 是平行板电容器内电场所占空间的体积. 并且在这个体积中电场的分布是均匀的,所以所储存的电场能量也是均匀分布的,这样可得单位体积的电场能量为

$$w_e = \frac{W_e}{V}$$

即

$$w_e = \frac{1}{2} \boldsymbol{D} \cdot \boldsymbol{E} = \frac{1}{2} \varepsilon E^2 \qquad (7-20)$$

上式称为**电场的能量密度公式**. 它虽然是由平行板电容器这个特例导出的,但可以证明式(7-20)是一个普遍成立的公式,不仅适用于静电场,而且还适用于随时间变化的电场,无论电场是均匀的或非均匀的,式(7-20)都是正确的.

对于非均匀电场,能量密度 w_e 是随空间各点而变化的,若要计算某一体积 V 中的能量,必须把整个体积分成许多体积元 dV,使得 dV 体积元内各点的电场是均匀的,则在 dV 内电场所储存的能量为

$$dW_e = w_e dV \qquad (7-21)$$

整个电场中储存的能量等于 w_e 在场强不为零的空间 V 中的体积分,即

$$W_e = \int_V w_e dV = \int_V \frac{1}{2} \boldsymbol{D} \cdot \boldsymbol{E} dV \qquad (7-22)$$

积分遍及电场所占的整个空间.

例 7-7　如例 7-7 图所示,球形电容器的内、外球面半径分别为 R_1 和 R_2,且分别均匀带电量为 $+Q$ 和 $-Q$,若在两球壳间充以电容率为 ε 的电介质,计算此电容器储存的电场能量.

例 7-7 图

解　由于球形电容器的电场被限制在内、外两极板之间,所以我们只需考虑这部分空间所储存的电场能量. 由于球壳间电场是对称分布的,由高斯定理可得球壳间的电场强度

$$E = \frac{Q}{4\pi\varepsilon r^2}$$

故球壳内的电场能量密度为

$$w_e = \frac{1}{2}\varepsilon E^2 = \frac{Q^2}{32\pi^2\varepsilon r^4}$$

取半径为 r、厚为 dr 的球壳,其体积元为

$$dV = 4\pi r^2 dr$$

所以,体积元 dV 中电场能量为

$$dW_e = w_e dV = \frac{Q^2}{8\pi\varepsilon r^2} dr$$

电场总能量为

$$W_e = \int w_e \mathrm{d}V = \frac{Q^2}{8\pi\varepsilon} \int_{R_1}^{R_2} \frac{\mathrm{d}r}{r^2} = \frac{Q^2}{8\pi\varepsilon}\left(\frac{1}{R_1}-\frac{1}{R_2}\right) = \frac{1}{2}\frac{Q^2}{4\pi\varepsilon\frac{R_1R_2}{R_2-R_1}}$$

而由式 7-15 知,球形电容器的电容 $C = 4\pi\varepsilon\dfrac{R_1R_2}{R_2-R_1}$,所以

由电容器储能公式 $W_e = \dfrac{1}{2}\cdot\dfrac{Q^2}{C}$ 也能直接得到以上结果.

例 7-8 空气平行板电容器的极板面积为 S,极板间的距离为 d,其中插入一块厚度为 d' 的平行铜板,如例 7-8 图所示. 现将电容器充电到电势差为 U 后电源断开,再将铜板从电容器中抽出. 试求抽出铜板外力所需作的功.

解 用两种方法求解此题.

例 7-8 图

(1)按照能量的观点,所求外力作的功等于抽出铜板前后该电容器电能的增量. 由于切断了电源,所以在整个抽板过程中,极板上的电荷 Q 是保持不变的,但电容 C 却要改变.

求出抽出铜板前电容器的电容:设电荷面密度为 σ,由于铜板内 $E=0$,而极板间空气中 $E = \dfrac{\sigma}{\varepsilon_0}$,故知两极板之间的电势差为 $U = \dfrac{d-d'}{\varepsilon_0}\sigma$,从而求得电容为

$$C_1 = \frac{\varepsilon_0 S}{d-d'}$$

可见,在此情形中电容只与铜板的厚度有关,而与其在电容器中的位置无关. 当然,C_1 也可视为两个串联电容器的等效电容,读者可自行计算之.

由此可知,极板上自由电荷为

$$Q = C_1 U = \frac{\varepsilon_0 SU}{d-d'}$$

电容器中所储能量为

$$W_1 = \frac{1}{2C_1}Q^2 = \frac{1}{2}\frac{\varepsilon_0 S}{d-d'}U^2$$

抽出铜板后,电容变为 $C_2 = \dfrac{\varepsilon_0 S}{d}$,极板上的电荷仍为 Q,电容器中所储能量为

$$W_2 = \frac{1}{2C_2}Q^2 = \frac{1}{2}\frac{\varepsilon_0 Sd}{(d-d')^2}U^2$$

能量的增量 $\Delta W = W_2 - W_1$ 应等于外力所需作的功,即

$$A = W_2 - W_1 = \frac{1}{2}\frac{\varepsilon_0 Sd'}{(d-d')^2}U^2$$

(2)按照电场是能量携带者的观点,在铜板抽出前后,空气中的均匀电场强度不变,即能量密度不变. 但电场存在的空间体积是变化的,从而引起总能量的变化,即由式(7-22)电场能量公式得

$$A = W_2 - W_1 = w_e(V_2 - V_1) = \frac{1}{2}\varepsilon_0 E^2[d - (d - d')]S$$

$$= \frac{1}{2}\frac{\varepsilon_0 S d'}{(d - d')^2}U^2$$

可见,这种解法比较方便.

思　考　题

7-1　各种形状的带电导体中是否只有球形导体内部场强为零?为什么?

7-2　使一孤立导体球带正电荷,这孤立导体球的质量是增加、减少还是不变?

7-3　两个同心的导体球壳,带有不同的电量,若取无限远为电势零点,这时内球壳电势 U_1,外球壳电势 U_2,用导线把球壳连接后,则系统的电势是多少?

7-4　在点电荷 q 的电场中放入一导体球,q 距导体球心距离为 r,此导体球的电势为多大?

7-5　在一孤立导体球壳的中心放一点电荷,球壳内、外表面上的电荷分布是否均匀?如果点电荷偏离球心,情况如何?

7-6　把一个带电体移近一个导体壳,带电体单独在导体壳的腔内产生的电场是否为零?静电屏蔽效应是如何发生的?

7-7　通过计算可知地球的电容约为 $700\ \mu\mathrm{F}$,为什么实验室有的电容器的电容(如 $1\,000\ \mu\mathrm{F}$)比地球的还要大?

7-8　平行板电容器的电容公式表示,当两极板间距 $d \to 0$ 时,电容 $C \to \infty$,在实际中我们为什么不能用尽量减小 d 的办法来制造大的电容器?

7-9　如果在平行板电容器的一个极板上放上比另一个极板更多的电荷,这额外的电荷将会怎样?

7-10　如果考虑平行板电容器的边缘场,那么其电容器比不考虑边缘场时的电容是大还是小?

习　题

7-1　若取无限远为电势零点,半径为 R 的导体球体带电后电势为 U_0,则球外距球心为 r 的一点的电场强度 E 是多少?

7-2　三个平行金属板 A、B 和 C 的面积都是 $200\ \mathrm{cm}^2$,A 和 B 相距 $4.0\ \mathrm{mm}$,A 与 C 相距 $2.0\ \mathrm{mm}$,B、C 都接地,如题 7-2 图所示. 如果使 A 板带正电 $3.0 \times 10^{-7}\mathrm{C}$,略去边缘效应,问 B 和 C 板上的感应电荷各是多少?以地的电势为零,则 A 板的电势是多少?

7-3　两个半径分别为 R_1 和 $R_2(R_1 < R_2)$ 的同心薄金属球壳,现给内球壳带电 $+q$,试计算:

(1)外球壳上的电荷分布及电势大小;

(2)先把外球壳接地,然后断开接地线重新绝缘,此时外球壳的电荷分布及电势;

(3)再使内球壳接地,此时内球壳上的电荷以及外球壳上的电势的改变量.

题 7-2 图

7-4　半径为 R 的金属球离地面很远,并用导线与地相连,在与球心相距为 $d=3R$ 处有一点电荷 $+q$,试求:金属球上的感应电荷的电量.

7-5　有三个大小相同的金属小球,其中小球 1、2 带有等量同号电荷,相距甚远,其间的库仑力为 F_0. 试求:

(1)用带绝缘柄的不带电小球 3 先后接触小球 1、2 后移去,小球 1、2 之间的库仑力;

(2)小球 3 依次交替接触小球 1、2 很多次后移去,小球 1、2 之间的库仑力.

7-6　如题 7-6 图所示,一平行板电容器两极板面积都是 S,两极板 A 与 B 相距为 d,分别维持电势 $U_A=U$,$U_B=0$ 不变. 现把一块带有电量为 q 的导体薄片 C 平行地放在两极板的正中间,薄片的面积也是 S,片的厚度略去不计. 求导体薄片 C 的电势.

题 7-6 图

7-7　在半径为 R_1 的金属球之外包有一层外半径为 R_2 的均匀电介质球壳,介质相对介电常数为 ε_r,金属球带电 Q. 试求:

(1)电介质内、外的场强;

(2)电介质层内、外的电势;

(3)金属球的电势.

7-8　如题 7-8 图所示,在平行板电容器的一半容积内充入相对介电常数为 ε_r 的电介质. 试求:在有电介质部分和无电介质部分极板上自由电荷面密度的比值.

7-9　金属球壳 A 和 B 的中心相距为 r,A 和 B 原来都不带电. 现在 A 的中心放一点电荷 q_1,在 B 的中心放一点电荷 q_2,如题 7-9 图所示. 试求:

(1)q_1 对 q_2 作用的库仑力,此时 q_2 有无加速度?

(2)去掉金属壳 B,求 q_1 作用在 q_2 上的库仑力,此时 q_2 有无加速度?

题 7-8 图

题 7-9 图

7-10　半径为 $R_1=2.0$ cm 的导体球,外套有一同心导体球壳,壳的内、外半径分别为 $R_2=4.0$ cm,$R_3=5.0$ cm,当导体球带电量 $Q=3.0\times10^{-8}$ C 时,求:

(1)整个电场储存的能量;

(2)如果将导体壳接地,计算储存的能量;

(3)此电容器的电容值.

科学家简介

欧　姆

欧姆(Georg Simon Ohm,1787—1854),德国物理学家.

生平简介

欧姆于 1787 年 3 月 16 日出生于德国埃尔兰根. 欧姆的父亲是一位熟练的锁匠,家里共有七个孩子,欧姆是长子,他爱好哲学和数学,从小就在父亲的教育下学习数学,这对欧姆以后的发展起到了重要作用.

欧姆曾在埃尔兰根大学求学,由于经济困难,于 1806 年中途辍学,当了几年家庭教师. 1811 年他重新回到埃尔兰根,并最终取得博士学位. 毕业后,欧姆在埃尔兰根教了三个学期的数学,因收入菲薄,不得不去班堡中等学校教书. 1817 年,欧姆出版了他的第一本著作《几何教科书》,他被聘为科隆耶稣会学院的数学物理教师,那里实验室设备良好,为欧姆研究电学提供了有利条件.

1825 年欧姆发表了有关伽伐尼电路的论文,但其中的公式是错误的. 第二年他改正了这个错误,得出了著名的欧姆定律.

欧姆定律刚发表时,并没有被大学所接受,连柏林学会也没有注意到它的重要性. 欧姆非常失望,他辞去了在科隆的职务,又去当了几年私人教师. 随着研究电路工作的进展,人们逐渐认识到欧姆定律的重要性,欧姆本人的声誉也大大提高. 1833 年他被聘为纽伦堡工艺学校物理教授. 1841 年伦敦皇家学会授予他勋章. 1849 年他当上了慕尼黑大学物理教授. 他在晚年还写了光学方面的教科书. 1854 年 7 月 6 日,欧姆在德国曼纳希逝世.

主要科学贡献

欧姆在物理学中的主要贡献是发现了欧姆定律.

奥斯特发现电流磁效应之后,欧姆开始研究导线中电流本身遵循什么规律. 他受到热流规律(一根导热杆中两点间的热流大小正比于这两点的温度差)的启发,推想导线中两点之间的电流大小也许正比于这两点之间的某种驱动力. 欧姆把这种未知的驱动力称作“验电力”,也就是现在所说的电势差或电压. 欧姆在这个设想的基础上,作了一系列实验,实验中遇到了不少困难. 起初,欧姆采用伏打电堆作电源,效果不理想. 后来采用刚发明不久的温差电池作电源,才获得了稳定的电流. 第二个困难是电流大小的测量. 欧姆原来利用电流的热效应,通过热胀冷缩方法来测量电流的大小,但是没有取得理想的效果. 后来他巧妙地利用电流的磁效应,设计了一个电流扭秤,才有效地解决了这个问题. 欧姆用一根扭丝悬挂一根水平放置的磁针,待测的通电导线放在磁针的下面,并和磁针平行,用铋-铜温差电池作为电源. 欧姆反复作了多次实验,得到了如下关系:

$$X = a/(b+x)$$

式中 a、b 是常数,分别和电源的电动势和内电阻相对应;X 是磁针偏转角,和导线中电流强度相对应;x 是导线长度,和外电路的电阻相对应. 这是欧姆定律的最早形式,发表在 1826 年德国《化学和物理学杂志》上,论文的题目是《金属导电定律的测定》. 拿这个公式与今天的全电路欧姆定律公式 $I=\varepsilon/(R+r)$ 相比,X 和 I 相对应,x 和外电路总电阻 R 相对应,a 和电源电动势 ε 相对应,b 和电源内电阻 r 相对应,这个公式相当于今天的全电路欧姆定律公式.

1827 年出版了他最著名的著作《伽伐尼电路的数学论述》,文中列出了公式 $S=A/L$,明确指出伽伐尼电路中电流的大小与总电压成正比,与电路的总电阻成反比,式中S为导体中的电流强度(I),A为导体两端的电压(U),L为导体的电阻(R),可见,这就是今天的部分电路欧姆定律公式.

另外,欧姆还发现了电阻与导线的长度及横截面的关系.

此外,欧姆对声学也有过研究,1843年他发现人耳只能分辨作为纯音的正弦声波,并能自动地把任何一种周期性声波分解成各种谐音加以吸收.1852年他还对单轴晶体中的光的干涉现象进行了研究.

趣闻轶事

1. 灵巧的手艺是从事科学实验之本

欧姆的家境十分困难,但他从小受到良好的熏陶,父亲是个技术熟练的锁匠,还爱好数学和哲学.父亲对他的技术启蒙,使欧姆养成了动手的好习惯,他心灵手巧,做什么都像样.物理是一门实验科学,如果只会动脑不会动手,那么就好像是用一条腿走路,走不快也走不远.欧姆要不是有一手好手艺,木工、车工、钳工样样都能干,他是不可能获得如此成就的.

在进行电流随电压变化的实验中,正是欧姆巧妙地利用电流的磁效应,自己动手制成了电流扭秤,用它来测量电流强度,才取得了较精确的结果.

2. 乌云和尘埃遮不住科学真理之光

1827年,欧姆发表《伽伐尼电路的数学论述》,从理论上论证了欧姆定律.欧姆满以为研究成果一定会受到学术界的承认,也会请他去教课.可是他想错了.书的出版招来不少讽刺和诋毁,大学教授们看不起他这个中学教师.德国人鲍尔攻击他说:"以虔诚的眼光看待世界的人不要去读这本书,因为它纯然是不可置信的欺骗,它的唯一目的是要亵渎自然的尊严."这一切使欧姆十分伤心,他在给朋友的信中写道:"伽伐尼电路的诞生已经给我带来了巨大的痛苦,我真抱怨它生不逢时."

当然也有不少人为欧姆抱不平,发表欧姆论文的《化学和物理杂志》主编施韦格(即电流计发明者)写信给欧姆说:"请您相信,乌云和尘埃后面的真理之光最终会透射出来,并含笑驱散它们."直到七八年之后,随着电路研究工作的进展,人们逐渐认识到欧姆定律的重要性,1841年英国皇家学会授予他科普利奖章,1842年他被聘为国外会员,1845年被接纳为巴伐利亚科学院院士.为纪念他,电阻的单位"欧姆"以他的姓氏命名.

阅读材料G

新型智能材料——电流变液

在电影《终结者Ⅱ》中有这样一个场面:一场震耳欲聋的激烈枪战中,机器人T-1000被打得粉身碎骨,然而,仅仅一眨眼时间,那些碎片忽而变成了液滴,状如水银泻地一般,让人无法捉摸.更神奇的是,不一会,这些液滴又会聚集一起,或变为铺地砖的地板伪装起来,或长成人形,令他的对手措手不及……当然这是利用电影特技制作的科技神话和幻想.

但是,这些神话和幻想,如今真的变成了现实.如图G-1所示,烧杯中装有一种黄乎乎的糊状液体,加上电场,液体竟成了固体,接着把电场撤去,固体又立即变成液体,再加电场,又变成固体……. 这不是魔术表演，显然也不是电影特技，而是近几年来正在迅速发展的一门现代技术——电流变技术，相应的这种材料称为电流变液(即 ER 流体).

图 G-1　电流变液

我们知道，通常的流体如水、油等它们的状态变异往往取决于温度，超过沸点温度时，液态水变为水蒸气，达到冰点温度时，液态水变为固态冰. 而电流变液是指某种对电场具有敏感反应而发生状态变异的流体. 它不是一般的水、油，而是由高介电常数的微小颗粒和低介电常数的油液组成的均匀悬浮状液体. 当外加电场强度大大低于某个临界值 E_e(通常是几千伏毫米$^{-1}$，电流密度为 $10^{-5}\sim 10^{-7}\,\mathrm{A\cdot cm^{-2}}$)时，电流变液呈液态. 若增大电场并大大超过该临界值，则它就变成固态. 两者之间转变的时间在毫秒的量级，而且这种转变是连续可逆的，即将外电场强度减少至临界值以下时，它又立即变为液态. 在临界场附近，可以有效地用外加电场来控制这种悬浮体的黏滞性.

电流变液的本质就是电场导致固体介质颗粒的极化. 电相互作用和热运动之间的竞争决定了电流变液系统的状态，低电场下热运动为主，系统为液态；当电场上升使得电相互作用克服了热运动而占主导地位时，介电颗粒被极化的程度增加，突然开始沿电场方向排列，黏稠度也逐渐增加，在两极板间形成链状结构，随着电场的进一步增强，悬浮颗粒更有规则地排列起来，形成了有一定粗细、并相隔一定距离的圆形链柱近程有序结构，从而由液态进入固态.

这种新型材料从 20 世纪 80 年代后期开始出现，目前这种新型材料已显示出十分广阔的应用前景. 例如，用它制作液体阀门，制作电压控制的无级可调离合器等. 这些新装置一旦投入使用，将会使若干工业技术领域如自动化设备、计算机、机械工业、油压工业、交通、建筑、防震、航空航天等出现革命性的变革.

人们由电流变液还联想到磁流变液以及电磁流变液，这些研究领域正方兴未艾，受到各国科技界的重视.

第八章 电流与磁场

静止电荷在其周围激发静电场,如果电荷在运动,那么在它的周围不仅有电场,而且还存在磁场. 当电荷运动形成稳恒电流时,在其周围所产生的磁场也是稳恒的,称为**稳恒磁场**(也称为**静磁场**). 本章主要研究真空中的稳恒磁场的性质及规律.

§8-1 电流 电源电动势

一、电流 电流密度

电荷在空间有规则地定向运动就形成电流. 我们常把导体中形成电流的带电粒子统称为**载流子**. 金属导体中的载流子是自由电子,电解质溶(熔)液中的载流子是正、负离子,电离气体中是正、负离子和自由电子,在半导体中是自由电子和空穴.

电流的强弱用**电流强度 I**(简称**电流**)来描述,定义为单位时间内通过导体任一截面的电荷量. 如果在 dt 时间内通过导体某截面的电量为 dq,则通过该截面的电流为

$$I = \frac{dq}{dt} \tag{8-1}$$

在国际单位制中,电流强度的单位是安培,符号为 A,安培是 SI 单位制中的一个基本单位.

电流强度 I 只能从整体上反映导体截面的电流特征,并不能描述载流子在截面各点的分布情况. 如果电流通过粗细不均匀的导体,在不同截面上载流子的分布和流向显然不同,因此仅有电流的概念是不够的,还必须引入能够描述电流分布的物理量——**电流密度矢量 j**. 导体中任意一点的电流密度矢量 j 的方向定义为该点正电荷的运动方向,其大小等于通过该点并与电流方向垂直的单位面积上的电流强度. 若导体中某点处取一个与电流方向垂直的小面元 $dS_\perp$,如图 8-1 所示,设通过 $dS_\perp$ 的电流为 dI,则该点处电流密度矢量 j 的大小为

$$j = \frac{dI}{dS_\perp} \tag{8-2}$$

如图 8-2 所示,若小面元 dS 的单位法向矢量 e_n 与电流方向成倾斜角 θ,用 $dS_\perp$ 表示面元 dS 在与电流方向垂直的平面上的投影,因通过 $dS_\perp$ 和 dS 的电流均为 dI,则由 (8-2)式可得

$$dI = j\,dS_\perp = j\,dS\cos\theta$$

或写成矢量的标积形式

$$dI = \boldsymbol{j} \cdot d\boldsymbol{S} \tag{8-3}$$

那么通过截面 S 的电流强度 I 可以计算为

$$I = \int_s \boldsymbol{j} \cdot d\boldsymbol{S} = \int_s j\,dS\cos\theta \tag{8-4}$$

上式说明,通过某一截面 S 的电流强度 I 就是此截面上电流密度矢量 $\boldsymbol{j}$ 的通量.

图 8-1   图 8-2

二、电流的连续性方程

设想在导体内任取一闭合曲面 S,并规定曲面的外法线方向为正,根据式(8-4),通过闭合曲面 S 上的 $\boldsymbol{j}$ 通量为

$$I = \oint_s \boldsymbol{j} \cdot d\boldsymbol{S} = \frac{dq_{\text{出}}}{dt} \tag{8-5}$$

即单位时间内从闭合曲面 S 内向外流出的净电荷量. 根据电荷守恒定律,单位时间内通过闭合曲面 S 向外流出的电量必等于单位时间内曲面 S 内减少的电量,即

$$\oint_s \boldsymbol{j} \cdot d\boldsymbol{S} = -\frac{dq}{dt} \tag{8-6}$$

上式称为**电流的连续性方程**,它是电荷守恒定律在电流场中的数学表述.

如果闭合曲面 S 内的电荷不随时间变化,即 $\dfrac{dq}{dt} = 0$,则由式(8-4)可表示为

$$\oint_s \boldsymbol{j} \cdot d\boldsymbol{S} = 0 \tag{8-7}$$

这就是说,流入闭合曲面 S 内的电量,恒等于流出闭合曲面 S 的电量,也即在闭合曲面内没有电荷被积累起来,说明通过闭合曲面的电流是恒定的,称为**稳恒电流**. 因此,式(8-7)又称为**稳恒电流条件**.

三、电源电动势

要在导体中维持稳恒电流,必须在导体两端维持有恒定的电势差,怎样才能满足这一条件呢?

我们先来观察如图 8-3(a)所示的带电电容器的放电实验. 当用导线把电容器的两

极连接时,在电场力的作用下,自由电子从极板 B 通过导线流向极板 A,形成从 A 流向
B 的电流. 与此同时,极板 B 上的自由电子不断减少,极板 A 上的正电荷则不断地和
由极板 B 运动过来的负电荷中和,使两极板间的电势差很快降低到零,导线中的电流
也随之很快降为零. 由此可见,只有静电力的作用是不能在导体中维持稳恒电流的.
由于静电力的作用,正电荷只能从高电势向低电势运动,因此必须依靠非静电起源的
力——**非静电力**,才能把正电荷逆着静电场的方向,由低电势处移动到高电势处. 这种
能提供非静电力的装置称为**电源**.

在不同类型的电源中,非静电力的起源不同. 化学电源中的非静电力起源于物质
的物理化学作用,发电机中的非静电力起源于磁场对运动电荷的作用,温差电池中的
非静电力起源于自由电子的扩散作用.

电源的两个极中,电势高的叫**正极**,电势低的叫**负极**. 用导体连接两极就形成一个
闭合回路. 在外电路上(电源外部导体),正电荷在稳恒静电力的作用下,从正极流向负
极;在内电路上(电源内部),正电荷在非静电力的作用下,从负极流向正极.

如图 8-3(b)所示,电源内部非静电力 F' 将正电荷由负极移到正极需要克服静电力
F 作功,从而使其他形式的能量(如机械能、化学能、太阳能、热能等)转化为电势能. 为
了表征电源转化能量的能力,人们引入了电动势这一物理量,其定义为:把单位正电荷
从电源负极经过电源内部移到电源正极时非静电力所作的功,称为电源的**电动势**. 如
以 W 表示非静电力对电荷 q 所作的功,ε 表示电源的电动势,则有

图 8-3　电源内的非静电力把正电荷从负极板移到正极板

$$\varepsilon = \frac{W}{q} = \oint_L \frac{F'}{q} \cdot \mathrm{d}l = \oint_L E_k \cdot \mathrm{d}l \tag{8-8}$$

式中

$$E_k = \frac{F'}{q} \tag{8-9}$$

表示单位正电荷所受的非静电力,称为**非静电场强**. 考虑到如图 8-3(a)所示的闭合电
路中,外电路的导线中没有非静电场,非静电场强 E_k 只存在于电源的内部,故在外电

路上有

$$\int_{外} \boldsymbol{E}_k \cdot \mathrm{d}\boldsymbol{l} = 0 \tag{8-10}$$

这样,式(8-8)可改写为

$$\varepsilon = \oint_L \boldsymbol{E}_k \cdot \mathrm{d}\boldsymbol{l} = \int_{内} \boldsymbol{E}_k \cdot \mathrm{d}\boldsymbol{l} \tag{8-11}$$

上式表示电源电动势的大小等于把单位正电荷从负极经电源内部移到正极时非静电力所作的功. 由电动势的定义可知,电动势的单位和电势相同,也是焦耳/库仑,即伏特(V),但是它们是两个完全不同的物理量. 电动势是与非静电力的功联系在一起的,而电势是与静电力的功联系在一起的.

电动势是标量,我们规定非静电场强的方向为电动势的方向,在电源内部由负极指向正极.

§8-2　电流的磁场

早在公元前 3 世纪,我国就有磁石吸铁的记载,东汉"司南勺"被公认为最早的磁性指南器具,后发展成为指南针,于 12 世纪用于航海.

19 世纪以前,磁学和静电学是各自独立地发展着,直到 1820 年以后,才由奥斯特和安培通过实验将电和磁的联系揭示出来.

一、磁起源于电流

1. 奥斯特实验

奥斯特是哥本哈根大学的教授,自 1812 年他的脑海中就盘旋着一个问题:"电是否以其隐蔽的方式对磁体有类似的作用?"1820 年 4 月,奥斯特在一次讲课时,偶然发现一根通电导线平行置于磁针上方时,引起了磁针的偏转(见图 8-4),随后他做了数月的研究工作,于 1820 年 7 月发表了他的研究结果,这便是历史上著名的奥斯特实验. 结果表明,当电流从 A 流向 B 时,俯视则看到磁针作逆时针方向的偏转;当电流反向时,则磁针的偏转方向变为顺时针. 这表明,电流的附近存在磁场. 正是这种磁场导致了小磁针的偏转,从而揭示了电流与磁场的联系.

奥斯特的新发现,使其他物理学家得到了开拓性的启发,纷纷沿着这个方向开展了大量的研究工作,从而揭开了电磁现象研究的新篇章. 从 1820 年起,法国物理学家安培、阿拉果、毕奥和萨伐尔以及奥斯特本人相继发现:载流导线附近的磁场与电流的流向服从**右手螺旋定则**,即用右手握住直导线,使大拇指伸直指向电流方向,其他四指弯曲方向就是磁场方向. 而对圆电流,则用大拇指指示磁场方向,把四指弯曲方向表示电流流向. 图 8-5 分别表示了载流直导线和载流螺线管的磁场与电流的方向关系.

图 8-4 奥斯特实验

图 8-5 磁场与电流方向关系

同年,安培发现放在磁铁附近的载流导线或载流线圈,也会受到磁力的作用而运动(见图 8-6 和图 8-7),即磁铁也会对电流施加作用. 如果导线或线框中的电流反向,则它们的运动方向也反向. 随后安培又发现载流导线之间也存在相互作用力,当两根平行直导线中的电流方向相同时,它们相互吸引,当电流方向相反时,它们相互排斥(见图 8-8).

图 8-6 磁场对载流　　图 8-7 磁场对载流　　图 8-8 两条平行载流导线
　　　　导线的作用　　　　　　　线圈的作用　　　　　　　间的相互作用

1820 年秋,安培在巴黎科学院会议上介绍了他的实验结果,指出了载流线框、螺线管或载流导线的行为就像一块磁铁的行为一样,它们也可以相互吸引或相互排斥. 这使人们进一步确认磁现象与电荷的运动是密切相关的.

2. 安培分子环流假设

但是,人们马上联想到,磁铁中并没有传导电流,可它却有很强的磁性,能在周围激发很强的磁场,那么,它的场源又是什么呢?

安培在大量实验的启发下,确信一切磁现象的根源是电流. 为了说明磁铁磁性的本质,安培在尚不知道原子结构的情况下,大胆提出了分子电流的假设:物质中的每一个分子都存在着回路电流,称为**分子电流**(见图 8-9(a)),如果这些分子电流作定向排列,则在宏观上就会显现出磁性来(见图 8-9(b)). 近代物理的研究结果表明,安培的假设是符合实际的. 原子是由带正电的原子核和绕核旋转的电子组成的. 电子不仅绕核旋转,而且还要自转,也称为自旋,原子、分子等微观粒子内电子的这些运动形成了

"分子电流",这便是物质磁性的基本来源.

这样看起来,物质磁性的本源是电流,而电流又是电荷的定向运动. 因此,一切磁现象都可以归结为运动电荷(即电流)之间的相互作用,这种相互作用是通过磁场来传递的,可表示为

图 8-9 分子电流

$$运动电荷 \longleftrightarrow \boxed{磁场} \longleftrightarrow 运动电荷$$

同电场一样,磁场也具有能量、质量、动量等物质的基本属性,它也是物质存在的一种形式,下面的问题是如何描述磁场.

二、磁感应强度

对于电场,我们从力的角度出发,引入了描述电场性质的物理量电场强度 E. 类似地,为了描述磁场的性质,人们引入磁感应强度这个物理量,它也是一个矢量,常用 B 表示.

在电场中,我们曾用电场对试验电荷的作用来定义电场强度. 与此类同,我们也用磁场对运动电荷的作用来定义磁感应强度.

将一个速度为 v、电量为 q 的运动试验电荷引入磁场,实验发现:

① 运动电荷所受磁力 F 的方向总与该电荷的运动方向垂直,即 $F \perp v$;

② 运动电荷所受磁力 F 的大小与该电荷的电量 q 和速率 v 的乘积成正比,即 $F \propto qv$,此外,F 的大小还与电荷在磁场中的运动方向有关;

③ 磁场中的每一点都存在着一个与运动电荷无关的特征方向,这反映出磁场本身的一个性质. 当试验电荷 q 沿该方向运动时,所受磁力为零($F = 0$),当 q 垂直于该方向运动时,所受磁力最大($F = F_{max}$).

根据运动试验电荷在磁场中所受磁力的特性,我们对描述磁场性质的基本物理量——磁感应强度定义如下:

对于磁场中的任一点,运动电荷不受磁力作用的特征方向即为该点的磁感应强度 B 的方向(其指向与该点处小磁针 N 极的指向相同).

运动电荷在磁场中某点所受最大磁力 F_{max} 与 qv 的比值与运动电荷无关,只取决于该点磁场本身的性质,故我们定义运动电荷在磁场中某点所受最大磁力 F_{max} 与 qv 的比值为该点磁感应强度 B 的大小,即

$$B = \frac{F_{max}}{qv} \tag{8-12}$$

它表示具有单位速度、单位电量的运动电荷在该点所受的最大磁力.

在 SI 制中,磁感应强度的单位为特斯拉(T,$\text{N} \cdot \text{A}^{-1} \cdot \text{m}^{-1}$). 对于弱磁场,习惯于以高斯(G)为单位,它与特斯拉的换算关系为

$$1\text{T} = 10^4 \text{G}$$

表 8-1 列出了一些地方的磁感应强度的数量级.

表 8-1　一些地方的磁感应强度

核表面	约 10^{12} T	太阳光线中	约 3×10^{-6} T
脉冲星表面	约 10^{8} T	无线电波中	约 10^{-9} T
太阳表面	约 10^{-2} T	人体磁场	约 3×10^{-10} T
地球表面	约 5×10^{-5} T	在磁屏蔽的抗磁质盒中	约 2×10^{-14} T

三、毕奥-萨伐尔定律

在静电场中，任意带电体所产生的电场强度 E，可以看成是由无限多个电荷元 dq 所产生的电场强度 dE 的叠加. 类似地，对于任意形状的载流导线，要确定其在空间任一点产生的磁感应强度 B，可把载流导线分割成无限多的电流元，电流元常用矢量 Idl 表示（dl 表示载流导线沿电流方向取的线元矢量，I 为导线中的电流）. 这样，载流导线在磁场中任一点产生的磁感应强度 B，就是由其上所有电流元在该点产生的 dB 的叠加，即 $B=\displaystyle\int_L dB$. 那么，电流元 Idl 产生的磁感应强度 dB 是怎样的呢？

1820 年，法国科学家毕奥（J. B. Biot，1774—1862）和萨伐尔（F. Savart，1791—1841）二人研究并分析了大量的实验资料，经数学家拉普拉斯（Pierre-Simon Laplace，1749—1827）进行科学抽象归纳，最后总结出一条电流元产生磁场的规律称为**毕奥-萨伐尔定律**，其内容如下：

载流导体中任一电流元 Idl 在空间某点 P 产生的磁感应强度 dB 的大小，与电流元 Idl 的大小成正比，与电流元 Idl 和矢径 r（即由电流元指向场点 P 的矢量，如图 8-10 所示）之间的夹角 θ 的正弦成正比，与矢径大小 r 的平方成反比，即

$$dB=\frac{\mu_0}{4\pi}\frac{Idl\sin\theta}{r^2} \tag{8-13}$$

式中 μ_0 为真空中的磁导率，$\mu_0=4\pi\times10^{-7}$ T·m·A^{-1}.

dB 的方向垂直于 Idl 与 r 组成的平面，沿 $Idl\times r$ 的方向. 用右手螺旋法则来判定：使右手四指指向 Idl 的方向，然后经小于 $180°$ 的角转向 r 的方向，则伸直的大拇指所指的方向就是 P 点 dB 的方向（如图 8-10 所示）.

图 8-10

写成矢量式有

$$d\boldsymbol{B} = \frac{\mu_0}{4\pi}\frac{I d\boldsymbol{l} \times \boldsymbol{r}}{r^3} = \frac{\mu_0}{4\pi}\frac{I d\boldsymbol{l} \times \boldsymbol{r}_0}{r^2} \tag{8-14}$$

式中，$r_0 = \dfrac{\boldsymbol{r}}{r}$ 为矢径 $\boldsymbol{r}$ 的单位矢量.

四、磁场叠加原理 毕奥-萨伐尔定律的应用

1. 磁场的叠加原理

能够产生磁场的电流、电流元、运动电荷等统称为**磁场源**. 如果有 n 个磁场源，设第 i 个磁场源在点 P 产生的磁感应强度为 $\boldsymbol{B}_i$. 实验表明，n 个磁场源同时存在时，在空间某点 P 产生的磁感应强度 $\boldsymbol{B}$，等于各个磁场源单独存在时在该点所产生的磁感应强度的矢量和，即

$$\boldsymbol{B} = \sum_{i=1}^{n} \boldsymbol{B}_i \tag{8-15}$$

这一结论叫**磁场的叠加原理**.

2. 毕奥-萨伐尔定律的应用

利用毕奥-萨伐尔定律和磁场的叠加原理，可以求出任意形状的载流导线在空间的磁感应强度为

$$\boldsymbol{B} = \int_L d\boldsymbol{B} = \frac{\mu_0}{4\pi}\int_L \frac{I d\boldsymbol{l} \times \boldsymbol{r}_0}{r^2} \tag{8-16}$$

注意该式为矢量积分. 具体计算时，首先在载流导线上取电流元 $I d\boldsymbol{l}$，然后根据毕奥-萨伐尔定律，确定电流元 $I d\boldsymbol{l}$ 在给定场点产生的磁感应强度 $d\boldsymbol{B}$，并由电流元 $I d\boldsymbol{l}$ 和位矢 $\boldsymbol{r}$ 的矢积确定 $d\boldsymbol{B}$ 的方向. 如果各电流元的 $d\boldsymbol{B}$ 方向相同，则可直接用 $B = \displaystyle\int_L dB$ 计算 $\boldsymbol{B}$ 的大小. 如果各电流元的 $d\boldsymbol{B}$ 方向不同，则应根据题意选取适当的坐标系，确定 $d\boldsymbol{B}$ 沿各坐标轴的分量，通过积分求出 $\boldsymbol{B}$ 的各分量值. 最后根据 $\boldsymbol{B} = B_x\boldsymbol{i} + B_y\boldsymbol{j} + B_z\boldsymbol{k}$，确定载流导线产生的磁感应强度 $\boldsymbol{B}$ 的大小和方向.

下面我们举例来说明毕奥-萨伐尔定律的应用.

例 8-1 试求长为 L 的载流直导线附近任一点 P 的磁感应强度 $\boldsymbol{B}$. 设已知电流为 I，θ_1、θ_2 分别为这段载流直导线两端的电流元与其到场点 P 的矢径间的夹角.

解 在直导线上任取电流元 $I d\boldsymbol{l}$，如例 8-1 图所示，按毕奥-萨伐尔定律，电流元在给定点 P 的磁感应强度 $d\boldsymbol{B}$ 为

$$d\boldsymbol{B} = \frac{\mu_0}{4\pi}\frac{I d\boldsymbol{l} \times \boldsymbol{r}_0}{r^2}$$

$d\boldsymbol{B}$ 的方向按 $I d\boldsymbol{l} \times \boldsymbol{r}_0$ 来确定，即垂直纸面向内，在图中用

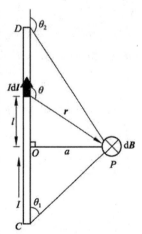

例 8-1 图

⊗表示. 由于长直导线 L 上的每一个电流元在点 P 的磁感应强度 dB 的方向都是一致的（垂直纸面向内），则

$$B = \int_C^D \mathrm{d}B = \int_C^D \frac{\mu_0}{4\pi} \frac{I\mathrm{d}l \sin\theta}{r^2}$$

式中 l, r, θ 都是变量，必须统一到同一变量才能积分. 由例 8-1 图可得

$$l = -a\cot\theta$$

$$\mathrm{d}l = \frac{a\mathrm{d}\theta}{\sin^2\theta} \qquad r = \frac{a}{\sin\theta}$$

从而

$$B = \frac{\mu_0}{4\pi} \int_{\theta_1}^{\theta_2} \frac{I\sin\theta\mathrm{d}\theta}{a} = \frac{\mu_0 I}{4\pi a}(\cos\theta_1 - \cos\theta_2) \tag{8-17}$$

如果载流导线为无限长时，$\theta_1 = 0, \theta_2 = \pi$，则任一点 P 的磁感应强度为

$$B = \frac{\mu_0 I}{2\pi a} \tag{8-18}$$

在这种情况下，B 与场点到载流导线的垂直距离 a 成反比，磁场分布具有轴对称性，即在以导线为轴且半径相同的圆柱面上各点 B 的大小相同. 实用中，只要场点离导线足够近，又不靠近导线端点，即使有限长的载流直导线，上式也近似成立.

例 8-2 求载流圆线圈轴线上任一点 P 的磁感应强度. 已知圆线圈半径为 R，通有电流 I.

解 如例 8-2 图所示，取圆线圈轴线为 x 轴，坐标原点在圆心上. 在圆线圈上任取一电流元 $I\mathrm{d}l$，它在 P 点的磁感应强度大小为

$$\mathrm{d}B = \frac{\mu_0}{4\pi} \frac{I\mathrm{d}l}{r^2}$$

方向如例 8-2 图所示，由于圆线圈上任一电

例 8-2 图

流元都与该电流元到 P 点的矢量 r 垂直，各电流元在 P 点的磁感应强度大小相等，方向各不相同. 由对称关系可知，垂直于轴线方向上的各 d$B_\perp$ 互相抵消，而沿轴线方向 d$B_{//}$ 互相加强，所以 P 点的磁感应强度为

$$\boldsymbol{B} = \int\mathrm{d}\boldsymbol{B} = \boldsymbol{i}\int\mathrm{d}B_{//} = \boldsymbol{i}\int\mathrm{d}B\sin\theta$$

式中，θ 为 r 与轴线的夹角. 将 dB 代入得

$$\boldsymbol{B} = \frac{\mu_0\boldsymbol{i}}{4\pi} \int \frac{I\mathrm{d}l}{r^2}\sin\theta$$

因为

$$r^2 = R^2 + x^2, \sin\theta = \frac{R}{r} = \frac{R}{(R^2 + x^2)^{1/2}}$$

代入上式并对 dl 积分，取积分限为 $0 \sim 2\pi R$，则

$$B = \frac{\mu_0 IR^2}{2(R^2+x^2)^{3/2}}\boldsymbol{i} = \frac{\mu_0}{2\pi}\frac{IS}{(R^2+x^2)^{3/2}}\boldsymbol{i} = \frac{\mu_0}{2\pi}\frac{\boldsymbol{P}_m}{(R^2+x^2)^{3/2}} \tag{8-19}$$

式中，$\boldsymbol{P}_m = IS\boldsymbol{n}_0$ 为线圈的磁矩，其大小为 IS，方向为线圈平面正法线方向，以 $\boldsymbol{n}_0$ 表示，即垂直于线圈的平面，用右手四指弯曲方向代表电流流向，则大拇指指向就是 $\boldsymbol{n}_0$ 的方向. 如果载流线圈共有 N 匝，则线圈的总磁矩 $\boldsymbol{P}_m = NIS\boldsymbol{n}_0$. 线圈的磁矩是描述载流线圈性质的物理量.

在远离线圈处，$x \gg R$，轴线上任一点的磁感应强度为

$$B = \frac{\mu_0}{2\pi}\frac{\boldsymbol{P}_m}{x^3} \tag{8-20}$$

在圆心处，$x = 0$，所以磁感应强度 $\boldsymbol{B}_0$ 为

$$\boldsymbol{B}_0 = \frac{\mu_0 I}{2R}\boldsymbol{i} \tag{8-21}$$

例 8-3　求长直载流螺线管轴线上任一点 P 的磁感应强度 $\boldsymbol{B}$. 设电流为 I.

解　直螺线管就是绕在直圆柱面上的螺旋形线圈（见例 8-3 图(a)）. 螺线管上的各匝线圈一般绕得很紧密，每匝线圈相当于一个圆形线圈. 载流直螺线管在某点所产生的磁感应强度等于各匝线圈在该点所产生的磁感应强度之总和.

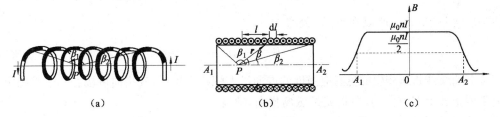

例 8-3 图
(a)直螺线管；(b)直螺线管轴上各点磁感应强度之计算用图；
(c)直螺线管轴线上的磁场分布

设螺线管的半径为 R，电流为 I，每单位长度有线圈 n 匝，在螺线管上任取一小段 $\mathrm{d}l$，这小段上有线圈 $n\mathrm{d}l$ 匝. 由于管中线圈绕得很紧密，这小段上的线圈相当于电流为 $In\mathrm{d}l$ 的一个圆形电流，由式(8-19)，知它在轴线上某点 P 所产生的磁感应强度为

$$\mathrm{d}B = \frac{\mu_0}{2}\frac{R^2 In\mathrm{d}l}{(R^2+l^2)^{3/2}}$$

式中，l 是点 P 离 $\mathrm{d}l$ 这一小段螺线管线圈的距离，磁感应强度的方向沿轴线向右，因为螺线管的各小段在点 P 所产生的磁感应强度方向都相同，因此，整个螺线管所产生的总磁感应强度为

$$B = \int_L \mathrm{d}B = \int_L \frac{\mu_0}{2}\frac{R^2 In\mathrm{d}l}{(R^2+l^2)^{3/2}}$$

为了便于积分，我们引入参变量 β 角，这就是螺线管的轴线与从点 P 到 $\mathrm{d}l$ 处小段线圈上任一点的位矢 $\boldsymbol{r}$ 之间的夹角，于是从例图 8-3(b)中可以看出

$$l = R\cot\beta$$

微分上式,得

$$dl = -R\csc^2\beta d\beta$$

又

$$R^2 + l^2 = R^2\csc^2\beta$$

所以

$$B = \int\left(-\frac{\mu_0}{2}nI\sin\beta\right)d\beta$$

β 的上下限分别为 β_1 和 β_2,代入上式后得

$$B = \frac{\mu_0}{2}nI\int_{\beta_1}^{\beta_2}(-\sin\beta)d\beta = \frac{\mu_0}{2}nI(\cos\beta_2 - \cos\beta_1) \tag{8-22}$$

下面对上式作如下讨论:

(1)如果螺线管为"无限长",亦即螺线管的长度较其直径大得很多时,$\beta_1 \to \pi$,$\beta_2 \to 0$,所以

$$B = \mu_0 nI \tag{8-23}$$

这一结果说明,任何绕得很紧密的长直螺线管内部轴线上磁感应强度是个常矢量. 此外,理论和实验证明:对于管内的任一点上述结论均成立,即"无限长"螺线管内部的磁场是匀强磁场.

(2)长直螺线管的端点处的磁感应强度恰好是内部磁感应强度的一半. 例如,在点 A_1,$\beta_1 \to \frac{\pi}{2}$,$\beta_2 \to 0$,所以在点 A_1 处有

$$B = \frac{1}{2}\mu_0 nI \tag{8-24}$$

长直螺线管所产生的磁感应强度的方向沿着螺线管轴线,其指向可按右手法则确定,右手四指表示电流方向,拇指就是磁场指向,轴线上各处 B 的量值变化情况如例8-3(c)图所示.

例 8-4 已知半径为 R 的均匀带电圆盘,带电量为 $+q$,圆盘以匀角速度 ω 绕通过圆心垂直于圆盘的轴转动,如例 8-4 图所示. 试求:

(1)带电圆盘轴线上任意一点 P 的磁感应强度 $\boldsymbol{B}$;

(2)旋转带电圆盘的磁矩 $\boldsymbol{P}_m$.

例 8-4 图

解 (1)如例 8-4 图所示,在距圆心为 r 处取一宽度为 dr 的圆环,当带电圆盘绕轴旋转时,圆环上的电荷做圆周运动,相当于一个载流线圈,其电流为

$$dI = \frac{\omega}{2\pi}\sigma 2\pi r dr = \omega\sigma r dr$$

式中,$\sigma = q/\pi R^2$ 为圆盘上的电荷面密度. 应用例 8-2 中式(8-19)的结果,可得圆环在 P 点产生的磁感应强度大小为

$$dB = \frac{\mu_0 r^2 dI}{2(r^2 + x^2)^{3/2}} = \frac{\mu_0 \sigma\omega r^3 dr}{2(r^2 + x^2)^{3/2}}$$

由于各载流圆线圈在轴线上产生的磁感应强度方向相同,故磁感应强度 $\boldsymbol{B}$ 的大小为

$$B = \frac{\mu_0 \sigma \omega}{2} \int_0^R \frac{r^3 \, \mathrm{d}r}{(r^2 + x^2)^{3/2}}$$

$$= \frac{\mu_0 \sigma \omega}{2} \left(\frac{R^2 + 2x^2}{\sqrt{R^2 + x^2}} - 2x \right) = \frac{\mu_0 q \omega}{2\pi R^2} \left(\frac{R^2 + 2x^2}{\sqrt{R^2 + x^2}} - 2x \right)$$

绕轴旋转的带电圆盘产生的磁感应强度 $\boldsymbol{B}$ 的方向沿 x 轴正向.

当 $x = 0$ 时,即旋转带电圆盘圆心处,磁感应强度的大小为

$$B = \frac{\mu_0 \sigma \omega}{2} R = \frac{\mu_0 q \omega}{2\pi R}$$

(2)该带电圆盘的磁矩是各载流圆线圈磁矩的叠加. 每一个载流 $\mathrm{d}I$ 的圆线圈磁矩为

$$\mathrm{d}\boldsymbol{P}_m = \pi r^2 \, \mathrm{d}I \boldsymbol{n}_0 = \pi r^3 \omega \sigma \mathrm{d}r \boldsymbol{n}_0$$

由于所有 $\mathrm{d}\boldsymbol{P}_m$ 都具有相同方向,所以,绕轴旋转带电圆盘的磁矩 $\boldsymbol{P}_m$ 大小为

$$P_m = \int \mathrm{d}P_m = \int_0^R \pi r^3 \omega \sigma \, \mathrm{d}r = \frac{\pi \omega \sigma R^4}{4} = \frac{\omega q R^2}{4}$$

方向沿 x 轴正向.

五、运动电荷的磁场

电流是电荷的定向运动,电流的磁场实为大量定向运动电荷产生磁场的叠加. 由此可见,运动电荷所产生的磁感应强度可以由毕奥-萨伐尔定律求得.

如图 8-11 所示,一电流元 $I\mathrm{d}\boldsymbol{l}$,截面积为 S. 设其单位体积内有 n 个做定向运动的电荷,每个电荷的电量为 q,且均以速度 $\boldsymbol{v}$ 沿电流元的方向做匀速运动. 由毕奥-萨伐尔定律,考察点 P 的磁感应强度为

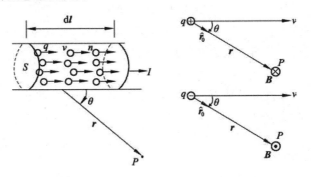

图 8-11

$$\mathrm{d}\boldsymbol{B} = \frac{\mu_0}{4\pi} \frac{I\mathrm{d}\boldsymbol{l} \times \boldsymbol{r}}{r^3}$$

在这段电流元中总的自由电荷数

$$\mathrm{d}N = nS\mathrm{d}l$$

设这些电荷在 $\mathrm{d}t$ 时间内通过横截面,则

$$I = \frac{dQ}{dt} = \frac{q\,dN}{dt} = nSqv$$

若每个定向运动的电荷的贡献相同,则一个运动电荷在点 P 处所产生的磁感应强度为

$$\boldsymbol{B} = \frac{d\boldsymbol{B}}{dN} = \frac{\mu_0}{4\pi}\frac{q\boldsymbol{v}\times\boldsymbol{r}_0}{r^2} \tag{8-25}$$

上式给出了一个运动的载流子在其周围空间产生磁场的公式,该公式的适用范围是电荷的运动速度 v 远小于真空中的光速,即 $v\ll c$. 当带电粒子的速度 v 接近光速时,它不再成立.

例 8-5　氢原子中的电子,以 $v=2.2\times10^6\,\mathrm{m\cdot s^{-1}}$ 的速度沿半径 $r=5.3\times10^{-11}\,\mathrm{m}$ 的圆轨道运动,求电子在轨道中心产生的磁感应强度 $\boldsymbol{B}$ 和它的轨道磁矩 $\boldsymbol{P}_\mathrm{m}$.

解　按式(8-25),氢原子中电子沿轨道运动在轨道中心产生的磁感应强度大小

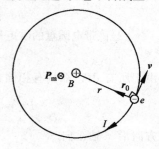

例 8-5 图

$$B = \frac{\mu_0}{4\pi}\frac{ev}{r^2} = 10^{-7}\times\frac{1.6\times10^{-19}\times2.2\times10^6}{(5.3\times10^{-11})^2}\,\mathrm{T} = 13\,\mathrm{T}$$

方向垂直纸面向里.

电子轨道运动形成的圆电流的电流强度

$$I = \frac{dq}{dt} = \frac{e}{T} = \frac{e}{2\pi r/v}$$

式中,T 为电子回转周期. 轨道所围面积 $S=\pi r^2$,电子轨道磁矩

$$P_\mathrm{m} = IS = \frac{ev}{2\pi r}\pi r^2 = \frac{evr}{2}$$

$$= 9.3\times10^{-24}\,\mathrm{A\cdot m^2} \tag{1}$$

方向垂直纸面向里.

按角动量的定义,电子轨道运动的角动量 $\boldsymbol{L}$ 的大小为

$$L = mvr \tag{2}$$

方向垂直纸面向外,与轨道磁矩 $\boldsymbol{P}_\mathrm{m}$ 的方向相反. 联立(1)(2)两式,可得电子的轨道磁矩 $\boldsymbol{P}_\mathrm{m}$ 与轨道角动量 $\boldsymbol{L}$ 的关系为

$$\boldsymbol{P}_\mathrm{m} = -\frac{e}{2m}\boldsymbol{L} \tag{8-26}$$

§8-3　磁场的性质

一、磁感应线

至此,当已知电流分布时,原则上可计算出描述磁场的 $\boldsymbol{B}$ 函数. 模仿用电场线描述电场的方法,可用磁感应线(或 $\boldsymbol{B}$ 线)形象地描述磁场. 规定磁感应线和磁感应强度 $\boldsymbol{B}$ 之间具有以下关系:

① 磁感应线上任一点的切线方向和该点处磁感应强度 **B** 的方向一致.

② 某点处磁感应线密度与该点磁感应强度 **B** 的大小相等. 若穿过某点处与 **B** 矢量垂直的截面 $dS_\perp$ 的磁感应线条数为 dN,则有

$$B = \frac{dN}{dS_\perp} \tag{8-27}$$

几种不同形状的载流导线所产生的磁场的磁感应线如图 8-12 所示.

（a）直电流　　　　（b）圆电流　　　　（c）螺线管电流

图 8-12　电流磁场中的磁感应线

磁感应线具有如下特性:

(1)任意两条磁感应线不会相交;

(2)磁感应线是环绕电流的闭合曲线,无始无终;

(3)磁感应线与电流相互环绕时,它们之间服从右手螺旋定则. 环绕方向与电流方向之间的关系,如图 8-13 所示.

（a）　　　　　　（b）

图 8-13　**B** 环绕方向与电流方向之间的关系

磁感应线的这些特点当然也反映出磁场的一般性质,这些性质如果抽象为数学表述,我们就可得到磁场的高斯定理和环路定理,它们准确地描述了磁场作为矢量场的基本性质:**无源有旋**.

二、磁通量　磁场的高斯定理

1. 磁通量

通过磁场中某一曲面的磁感应线的条数叫做通过此曲面的**磁通量**,用符号 Φ_m 表示. 根据上面对磁感应线密度的规定,我们可以计算通过任意曲面的磁通量.

由式(8-27)可得,穿过 $dS_\perp$ 面的磁通量 $d\Phi_m$ 为

$$d\Phi_m = dN = B dS_\perp \tag{8-28}$$

若磁感应线与面元 dS 的面法线方向 n_0 的夹角为 θ,如图 8-14所示,则通过该面元的磁

通量为

$$d\Phi_m = B\cos\theta dS = \boldsymbol{B} \cdot d\boldsymbol{S}$$

通过任一曲面的磁通量

$$\Phi_m = \int_S B\cos\theta dS = \int_S \boldsymbol{B} \cdot d\boldsymbol{S} \qquad (8\text{-}29)$$

图 8-14　磁通量

在国际单位制中，磁通量的单位是韦伯，符号为 Wb. 有

$$1\text{Wb} = 1\text{T} \times 1\text{m}^2$$

反过来，　　　　　　　　　　　　$1\text{T} = 1\text{Wb} \cdot \text{m}^{-2}$

由此可见，磁感应强度的大小还可看成是单位面积上的磁通量，故又称为磁通密度.

对于闭合曲面来说，我们规定正法线矢量 $\boldsymbol{n}_0$ 的方向垂直于曲面向外，这样规定后，由闭合曲面穿出的磁通量为正，进入闭合曲面的磁通量为负. 因此，闭合曲面 S 的总磁感应通量

$$\Phi_m = \oint_S \boldsymbol{B} \cdot d\boldsymbol{S}$$

它等于自闭合曲面 S 内部穿出的磁感应线数目减去由外部穿入 S 面内的磁感应线数目所得之差.

2. 磁场的高斯定理

由于磁感应线是闭合的，因此对任一闭合曲面 S 来说，穿入闭合曲面的磁感应线数目一定等于穿出该闭合曲面的磁感应线数目. 也就是说，**通过任意闭合曲面的磁通量必等于零**. 即

$$\oint_S \boldsymbol{B} \cdot d\boldsymbol{S} = 0 \qquad (8\text{-}30)$$

这就是**磁场的高斯定理**，它是电磁场的一条基本规律. 大量的实验证明，这一结论对于变化的磁场仍然成立.

将磁场的高斯定理 $\oint_S \boldsymbol{B} \cdot d\boldsymbol{S} = 0$ 与静电场的高斯定理 $\oint_S \boldsymbol{E} \cdot d\boldsymbol{S} = \dfrac{1}{\varepsilon_0} \sum_{S内} q_i$ 比较，就可以看出静电场与磁场本质上的区别. 静电场是有源场，其场源是自然界可以单独存在的正、负电荷. 而**磁场是一个无源场**，即迄今人们还没有发现自然界存在与电荷相对应的"磁荷"，即磁单极（单独的 N 或 S 极）. 所以静电场中闭合曲面的电通量可以不为零，说明电场线起于正电荷，止于负电荷，无电荷处不中断. 磁场中任何闭合曲面的磁通量一定等于零，说明磁感应线是无头无尾的闭合曲线.

关于磁单极还要说明一点，1931 年狄拉克就从理论上预言磁单极的存在，但至今还没有得到实验证实. 如果实验中找到了磁单极，磁场的高斯定理乃至整个电磁场理论就要做重大的修改. 因此，寻找磁单极的实验研究具有重要的理论意义.

三、安培环路定理

在静电场中，电场强度沿任何闭合环路的线积分恒为零，即 $\oint_L \boldsymbol{E} \cdot d\boldsymbol{l} = 0$，它说明

静电场是无旋场,是保守力场,可以引入电势来描述静电场.在磁场中,由于磁感应线是闭合曲线,若沿磁感应线取积分回路 L,则因 $\boldsymbol{B}$ 与 $\mathrm{d}\boldsymbol{l}$ 的夹角 $\theta=0$,故在磁感应线上 $\boldsymbol{B}\cdot\mathrm{d}\boldsymbol{l}>0$,从而 $\oint_L \boldsymbol{B}\cdot\mathrm{d}\boldsymbol{l}\neq 0$,这说明磁场的基本属性与静电场有显著的区别.那么,在恒定磁场中,$\boldsymbol{B}$ 的环流 $\oint_L \boldsymbol{B}\cdot\mathrm{d}\boldsymbol{l}$ 又服从什么规律?

下面,我们以无限长载流直导线的磁场为例,分析三种情况下磁感应强度 $\boldsymbol{B}$ 沿任意闭合环路的线积分,以归纳得出安培环路定理.

(1)回路仅包围一条长直载流导线.

设闭合曲线 L 在垂直于无限长载流直导线的平面内,电流 I 穿过 L,如图 8-15 所示.自 L 上任一点 P 出发,沿图示方向积分一周.

点 P 到导线的距离为 r,点 P 处的磁感应强度为

$$B=\frac{\mu_0 I}{2\pi r}$$

所以

$$\oint_L \boldsymbol{B}\cdot\mathrm{d}\boldsymbol{l}=\oint_L B\cos\theta\,\mathrm{d}l$$

由图 8-15 可知,$\cos\theta\,\mathrm{d}l=r\,\mathrm{d}\varphi$,所以

$$\oint_L B\cos\theta\,\mathrm{d}l=\oint_L \frac{\mu_0 I}{2\pi r}r\,\mathrm{d}\varphi=\frac{\mu_0 I}{2\pi}\int_0^{2\pi}\mathrm{d}\varphi=\mu_0 I$$

如果上述积分按相反的方向沿 L 积分一周,则 $\boldsymbol{B}$ 与 $\mathrm{d}\boldsymbol{l}$ 的夹角 θ' 与 θ 互补(如图 8-15 所示),积分值为负,即

$$\oint_L B\cos\theta'\,\mathrm{d}l=\oint_L B\cos(\pi-\theta)\,\mathrm{d}l=-\mu_0 I$$

(2)回路不包围长直载流导线.

如图 8-16 所示,将回路 L 从 M、N 两点分成 l_1、l_2 两段,它们对 O 点的张角分别为 φ_1 和 φ_2,故

图 8-15　回路 L 包围长直载流导线　　　　图 8-16　回路 L 不包围长直载流导线

$$\oint_L \boldsymbol{B} \cdot \mathrm{d}\boldsymbol{l} = \int_{l_1} \boldsymbol{B} \cdot \mathrm{d}\boldsymbol{l} + \int_{l_2} \boldsymbol{B} \cdot \mathrm{d}\boldsymbol{l}$$

$$= \frac{\mu_0 I}{2\pi} \int_0^{\varphi_1} \mathrm{d}\varphi + \frac{\mu_0 I}{2\pi} \int_0^{\varphi_2} \mathrm{d}\varphi = \frac{\mu_0 I}{2\pi}(\varphi_1 + \varphi_2) = 0$$

这说明沿不包围电流的闭合回路对 $\boldsymbol{B}$ 的线积分为零.

(3)闭合回路包围多根长直载流导线.

设有 n 条无限长载流直导线,其中 I_1、I_2、$\cdots$、I_k 被闭合曲线 L 所包围,而 I_{k+1}、I_{k+2}、$\cdots$、I_n 未被 L 所包围,根据磁场叠加原理,总磁感应强度 $\boldsymbol{B}$ 沿 L 的环流应为

$$\oint_L \boldsymbol{B} \cdot \mathrm{d}\boldsymbol{l} = \oint_L (\boldsymbol{B}_1 + \boldsymbol{B}_2 + \cdots + \boldsymbol{B}_k + \boldsymbol{B}_{k+1} + \cdots + \boldsymbol{B}_n) \cdot \mathrm{d}\boldsymbol{l}$$

$$= \left(\oint_L \boldsymbol{B}_1 \cdot \mathrm{d}\boldsymbol{l} + \cdots + \oint_L \boldsymbol{B}_k \cdot \mathrm{d}\boldsymbol{l} \right) + \left(\oint_L \boldsymbol{B}_{k+1} \cdot \mathrm{d}\boldsymbol{l} + \cdots + \oint_L \boldsymbol{B}_n \cdot \mathrm{d}\boldsymbol{l} \right)$$

$$= \mu_0 (I_1 + I_2 + \cdots + I_k) = \mu_0 \sum_{i=1}^k I_i$$

即

$$\oint_L \boldsymbol{B} \cdot \mathrm{d}\boldsymbol{l} = \mu_0 \sum_{L内} I_i \qquad\qquad (8\text{-}31)$$

此结果表明,在恒定磁场中,磁感应强度 $\boldsymbol{B}$ 沿任一闭合路径的线积分等于穿过该环路的所有电流的代数和的 μ_0 倍,这就是**安培环路定理**. 它表明**磁力是非保守力,磁场是有旋场,是非保守场**. 这也是对磁场起源于电流的一种表达.

以上虽然只是从无限长直线电流这一特例导出了安培环路定理,但可以证明式(8-31)对任意形状的载流回路以及任意形状的闭合路径都是成立的,它是一个普遍的结论. 对此定理还需说明的是:

(1) $\sum_{L内} I_i$ 为安培环路 L 所包围的电流的代数和,I_i 作为代数量来处理. 式中电流 I 的正负规定:当穿过环路 L 的电流方向与环路 L 的环绕方向服从右手螺旋法则时,式中 I 取正值;反之取负值.

(2)式(8-31)中的 $\boldsymbol{B}$ 是 L 上各点的 $\boldsymbol{B}$,它是 L 内、外所有电流共同激发的总磁场. 但是,只有被 L 包围的电流才对 $\boldsymbol{B}$ 沿 L 的环流有贡献.

(3)L 包围的电流是指穿过以 L 为边界的任意曲面的电流.

(4)安培环路定理仅适用于闭合的稳恒电流回路,对于一段电流及非恒定磁场的情况不适用.

安培环路定理除了反映磁场的非保守性外,也可以用来简便地计算某些对称场或均匀场的磁感应强度. 这一点与静电场的高斯定理非常相似. 计算的一般步骤:

(1)首先分析磁场分布的对称性.

(2)根据磁场分布对称性的特点,选取适当的积分回路 L,并规定回路的绕行方

向. 所取积分回路 L 必须满足：①回路必须通过拟考察的场点；②整个回路或部分回路上各点 $\boldsymbol{B}$ 的大小相等，而 $\boldsymbol{B}$ 的方向与 $\mathrm{d}\boldsymbol{l}$ 平行或垂直；③回路应取规则几何形状，以便计算.

（3）根据安培环路定理列方程求解.

下面举例说明这种计算磁感应强度的简便方法.

例 8-6 求载流长直螺线管内外的磁场分布. 设载流长直导线电流为 I，单位长度上的匝数为 n.

解 本例中电流分布具有轴对称性，可用安培环路定理求解.

例 8-6 图

① 求管内任一点的磁场分布. 过管内任一点 P 做矩形 $abcda$ 为积分回路 L，其绕行方向如例 8-6 图所示,该闭合回路不包围电流,bc 在轴线上,且 $\overline{bc}=\overline{da}=l$. 利用安培环路定理得

$$\oint_L \boldsymbol{B} \cdot \mathrm{d}\boldsymbol{l} = \int_a^b \boldsymbol{B} \cdot \mathrm{d}\boldsymbol{l} + \int_b^c \boldsymbol{B} \cdot \mathrm{d}\boldsymbol{l} + \int_c^d \boldsymbol{B} \cdot \mathrm{d}\boldsymbol{l} + \int_d^a \boldsymbol{B} \cdot \mathrm{d}\boldsymbol{l} = 0$$

在 ab 和 cd 段,由于 $\boldsymbol{B}$ 与 $\mathrm{d}\boldsymbol{l}$ 垂直,则

$$\int_a^b \boldsymbol{B} \cdot \mathrm{d}\boldsymbol{l} = \int_c^d \boldsymbol{B} \cdot \mathrm{d}\boldsymbol{l} = 0$$

由于螺线管无限长,在 bc 段上各点 $\boldsymbol{B}$ 相同,da 段上各点 $\boldsymbol{B}$ 也相同,$B_{bc}=\mu_0 nI$（参见式（8-23）),所以有

$$\oint_L \boldsymbol{B} \cdot \mathrm{d}\boldsymbol{l} = \int_d^a \boldsymbol{B} \cdot \mathrm{d}\boldsymbol{l} + \int_b^c \boldsymbol{B} \cdot \mathrm{d}\boldsymbol{l} = (B_{da} - B_{bc})l = 0$$

$$B_{da} = B_{bc} = \mu_0 nI$$

由此可知

$$B_{内} = \mu_0 nI$$

可见,载流长直螺线管内为均匀磁场,各点 $\boldsymbol{B}$ 的大小为 $\mu_0 nI$.

② 求管外任一点的磁场分布.

若载流无限长螺线管外存在磁场,则磁感应强度 $\boldsymbol{B}$ 的方向平行于轴线向右. 过管外一点做矩形闭合回路 $bcfeb$ 为积分回路 L,如例 8-6 图所示,该回路 L 包围的电流为 $-nIl$,根据安培环路定理

$$\oint_L \boldsymbol{B} \cdot \mathrm{d}\boldsymbol{l} = \int_b^c \boldsymbol{B} \cdot \mathrm{d}\boldsymbol{l} + \int_c^f \boldsymbol{B} \cdot \mathrm{d}\boldsymbol{l} + \int_f^e \boldsymbol{B} \cdot \mathrm{d}\boldsymbol{l} + \int_e^b \boldsymbol{B} \cdot \mathrm{d}\boldsymbol{l} = -\mu_0 nIl$$

其中

$$\int_c^f \boldsymbol{B} \cdot \mathrm{d}\boldsymbol{l} = \int_e^b \boldsymbol{B} \cdot \mathrm{d}\boldsymbol{l} = 0$$

故

$$\oint_L \boldsymbol{B} \cdot \mathrm{d}\boldsymbol{l} = \int_b^c \boldsymbol{B} \cdot \mathrm{d}\boldsymbol{l} + \int_f^e \boldsymbol{B} \cdot \mathrm{d}\boldsymbol{l} = -B_{bc}l - B_{fe}l = -\mu_0 nIl$$

由此得

$$B_{bc} + B_{fe} = \mu_0 nI$$

由于

$$B_{bc} = \mu_0 nI$$

故

$$B_{外} = B_{fe} = 0$$

结果表明,载流长直螺线管外靠近管壁区域的磁感应强度 $B_{外} = 0$.

综上所述,载流长直螺线管内各点磁感应强度的大小 $B = \mu_0 nI$,方向均平行于轴线与电流 I 成右手螺旋关系. 管外的磁感应强度 $B_{外} = 0$. 在实际应用中常用载流长直螺线管获得匀强磁场.

例 8-7　求均匀载流无限大平面的磁场.

设垂直于电流方向上单位宽度的平面所通的电流为 j_s,称之为面电流密度,试求周围空间的磁场分布.

解　均匀载流无限大平面可视为由大量无限长载流直导线组成. 对无限大平面外的任一点 P 来说,电流总可以看做是对该点对称分布的,如例 8-7 图(图(b)是图(a)的俯视图)所示. 根据毕奥-萨伐尔定律,可以判断出 P 点的磁感应强度 B 的方向一定在垂直于载流平面的平面内,且与载流平面平行. 在载流平面的两侧,与平面距离等远的两点 B 的大小一定相等,而方向反向平行.

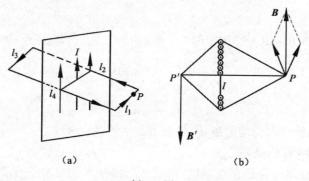

例 8-7 图

因此,过 P 点取一矩形闭合回路 L,该回路平面垂直于载流平面,其中 $l_1 = l_3 = l$,距离平面等远且平行,l_2、l_4 则垂直于载流平面,回路的绕行方向如图所示. 根据安培环路定理

$$\oint_L \boldsymbol{B} \cdot \mathrm{d}\boldsymbol{l} = \int_{l_1} \boldsymbol{B}_1 \cdot \mathrm{d}\boldsymbol{l} + \int_{l_2} \boldsymbol{B}_2 \cdot \mathrm{d}\boldsymbol{l} + \int_{l_3} \boldsymbol{B}_3 \cdot \mathrm{d}\boldsymbol{l} + \int_{l_4} \boldsymbol{B}_4 \cdot \mathrm{d}\boldsymbol{l} = \mu_0 j_s l$$

根据前面的分析,在 l_2、l_4 上各点磁感应强度的方向与 $\mathrm{d}\boldsymbol{l}$ 垂直,于是有

$$\int_{l_2} \boldsymbol{B}_2 \cdot \mathrm{d}\boldsymbol{l} = \int_{l_4} \boldsymbol{B}_4 \cdot \mathrm{d}\boldsymbol{l} = 0$$

而 l_1 上各点 B_1 的大小相等,l_3 上各点 B_3 的大小也相等,且 $B_1 = B_3 = B$,于是

$$\oint_L \boldsymbol{B} \cdot \mathrm{d}\boldsymbol{l} = \int_{l_1} \boldsymbol{B}_1 \cdot \mathrm{d}\boldsymbol{l} + \int_{l_3} \boldsymbol{B}_3 \cdot \mathrm{d}\boldsymbol{l} = B_1 l_1 + B_3 l_3 = 2Bl = \mu_0 j_s l$$

由此得

$$B = \frac{\mu_0 j_s}{2} \tag{8-32}$$

结果表明,均匀载流无限大平面两侧的磁场是一均匀磁场,磁场的分布与场点的位置无关.

例 8-8 均匀载流无限长圆柱导体内外的磁场.

设无限长圆柱导体的横截面半径为 R,电流 I 沿轴线方向流动,且沿导体横截面均匀分布. 试计算均匀载流无限长圆柱导体内外的磁感应强度 $\boldsymbol{B}$.

解 根据电流分布的轴对称性,可分析得磁场分布也具有轴对称性:在与圆柱垂直的平面内,磁感应强度 $\boldsymbol{B}$ 的方向沿圆心在轴线上的同心圆的切向,与电流方向成右手螺旋关系;同一圆上各点 $\boldsymbol{B}$ 的大小相等(请读者参看例 8-8 图(a)自行思考).

以上结果对导线内外都适用,现在利用例 8-8 图(b)计算.

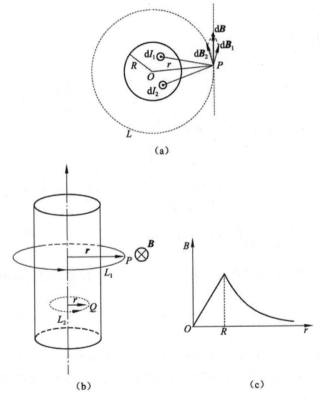

例 8-8 图

柱外:过 P 点做半径为 r 的同轴圆周作为积分回路. 取逆时针方向为回路 L 的绕

行方向.

因为全部电流 I 都穿过积分回路,则由安培环路定理可知

$$\oint_L \boldsymbol{B} \cdot \mathrm{d}\boldsymbol{l} = \mu_0 I$$

由于 $\boldsymbol{B}$ 与 $\mathrm{d}\boldsymbol{l}$ 夹角为零,且在同一圆周上各点 $\boldsymbol{B}$ 的大小相等,则有

$$B2\pi r = \mu_0 I$$

故

$$B = \frac{\mu_0 I}{2\pi r}, \qquad r > R \tag{8-33}$$

可见,在无限长均匀载流圆柱导体外部,磁场分布与全部电流 I 集中在圆柱轴线上的一根无限长载流直导线所产生的磁场相同. $\boldsymbol{B}$ 的大小与该点到轴线的距离 r 成反比.

柱内:设柱内任一点 Q 到轴线距离为 r,则 $r < R$. 在垂直于轴线的平面内,过 Q 点作半径为 r 的积分环路,绕行方向如例 8-8 图(b)所示. 回路所包围的电流 I' 只是导体中电流 I 的一部分,由于导体中的电流密度为

$$j = \frac{I}{\pi R^2}$$

所以回路 L 所包围的电流为

$$I' = j\pi r^2 = \frac{Ir^2}{R^2}$$

由安培环路定理得

$$\oint_L \boldsymbol{B} \cdot \mathrm{d}\boldsymbol{l} = \mu_0 I'$$

$$B2\pi r = \mu_0 \frac{Ir^2}{R^2}$$

$$B = \frac{\mu_0 I}{2\pi R^2} r, \quad r < R \tag{8-34}$$

结果表明,在无限长均匀载流圆柱导体内部,磁感应强度 $\boldsymbol{B}$ 的大小与该点到轴线的距离 r 成正比.

无限长均匀载流圆柱导体内外的磁感应强度 B 与 r 的关系曲线如例 8-8 图(c)所示.

思 考 题

8-1 在电子仪器中,为了减弱与电源相连的两条导线的磁场,通常总是把它们扭在一起,为什么?

8-2 两根通有同样电流 I 的长直导线十字交叉放在一起,交叉点相互绝缘. 试判断何处的合磁场为零.

8-3 当一个闭合的面包围磁铁棒的一个磁极时,通过该闭合面的磁通量是多少?

8-4 磁场是不是保守场?

8-5 在无电流的空间区域内,如果磁感应线是平行直线,那么磁场一定是均匀场. 试证明之.

8-6 用安培环路定理能否求出有限长的一段载流直导线周围的磁场?

8-7 长直螺线管中部的磁感应强度是 $\mu_0 nI$, 边缘部分轴线上是 $\dfrac{\mu_0 nI}{2}$, 这是不是说明螺线管中部的磁感应线比边缘部分的磁感应线多? 或者是在螺线管内部某处有 $\dfrac{1}{2}$ 的磁感应线突然中断了?

习　题

8-1 一条很长的直输电线,载有 100 A 的电流,在离它 0.5 m 远的地方,它产生的磁感强度 B 有多大?

8-2 四条平行的无限长载流直导线,垂直地通过一边长为 a 的正方形顶点,每根导线中的电流都是 I,方向如题 8-2 图所示.

(1)求正方形中心处的磁感应强度 B;

(2)当 $a = 20$ cm, $I = 20$ A 时,求 B.

8-3 求如题 8-3 图中 P 点的磁感应强度 B 的大小和方向.

题 8-2 图

(a)　　　　　(b)　　　　　(c)

题 8-3 图

8-4 高压输电线在地面上空 25 m 处,通过电流为 1.8×10^3 A,求:

(1)在地面上由此电流所产生的磁感应强度为多大?

(2)在上述地区,地磁场为 0.6×10^{-4} T,问输电线产生的磁场与地磁场相比如何?

8-5 在闪电中电流可高达 2×10^4 A,求距闪电电流为 1.0 m 处的磁感应强度. 可把闪电电流视作长直电流.

8-6 一内半径为 a、外半径为 b 的均匀带电圆环,绕过环心 O 且与环平面垂直的轴线以角速度 ω 逆时针方向旋转,如题 8-6 图. 环上所带电量为 $+Q$,求环心 O 处的磁感应强度.

8-7 闭合载流导线弯成如题 8-7 图所示的形状,载有电流 I,试求:半圆圆心 O 处的磁感应强度.

题 8-6 图

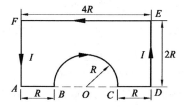

题 8-7 图

8-8　一边长为 $l=0.15$ m 的立方体如题 8-8 图放置,有一均匀磁场 $\boldsymbol{B}=(6\boldsymbol{i}+3\boldsymbol{j}+1.5\boldsymbol{k})$ T 通过立方体区域,计算:

(1)通过立方体上阴影面的磁通量;

(2)通过立方体六个面的总磁通量.

8-9　已知磁感应强度 $B=2.0$ Wb·m^{-2} 的均匀磁场,方向沿轴的正方向,如题 8-9 图所示.试求:

(1)通过图中 $abcd$ 面的磁通量;

(2)通过图中 $befc$ 面的磁通量;

(3)通过图中 $aefd$ 面的磁通量.

8-10　如题 8-10 图所示,两根长直导线互相平行地放置在真空中,其中通以同向的电流 $I_1=I_2$ $=10$ A. 试求 P 点的磁感应强度. 已知 $PI_1=PI_2=0.5$ m,$PI_1\perp PI_2$.

题 8-8 图　　　　　　　　　题 8-9 图　　　　　　　　　题 8-10 图

8-11　在真空中,有两根互相平行的无限长直导线 L_1 和 L_2,相距 0.10 m,通有方向相反的电流,$L_1=20$ A,$I_2=10$ A,如题 8-11 图所示,A、B 两点与导线在同一平面内. 这两点与导线 L_2 距离均为 5.0 cm. 试求:A、B 两点处的磁感应强度,以及磁感应强度为零的点的位置.

8-12　如题 8-12 图所示,两根长直导线沿半径方向接到铁环上的 A、B 两点,并与很远处的电源相连,求环中心 O 的磁感应强度.

8-13　在半径 $R=1$ cm 的"无限长"半圆柱形金属薄片中,有电流 $I=5$ A 自下而上地流过,如题 8-13 图所示. 试求圆柱轴线上一点 P 的磁感应强度.

题 8-11 图　　　　　　　题 8-12 图　　　　　　　题 8-13 图

8-14　半径为 R 的木球上绕有细导线,线圈紧密环绕,相邻的线圈彼此平行地靠着,以单层盖住半个球面共有 N 匝,如题 8-14 图所示. 设导线中通有电流 I,求球心 O 处的感应强度.

8-15　两平行长直导线相距 $d=40$ cm,每根导线载有电流 $I_1=I_2=20$ A,方向相反,如题 8-15 图所示. 求:

(1)两导线所在平面内与该两导线等距的一点 A 处的磁感应强度;

(2)通过图中斜线所示面积的磁通量($r_1 = r_3 = 10$ cm,$l = 25$ cm).

8-16　10 A 的电流均匀地流过一根长直圆柱形铜导线.在导线内部作一平面 S,一边为轴线,另一边在导线外壁上,长度为 1 m,如题 8-16 图所示.试计算通过此平面的磁通量(铜材料本身对磁场分布无影响).

题 8-14 图　　　　　　　题 8-15 图　　　　　　　题 8-16 图

8-17　如题 8-17 图所示,一宽为 b 的薄金属板,其电流为 I,试求在薄板的平面上,距板的一边为 r 处的点 P 磁感应强度.

8-18　半径为 R 的无限长直圆筒上有一层均匀分布的面电流,电流都绕着轴线流动并与轴线垂直(如题 8-18 图示),面电流密度(即通过垂直方向单位长度上的电流)为 i,求轴线上的磁感应强度.

8-19　题 8-19 图中所示的空心柱形导体,内、外半径分别为 R_1 和 R_2,导体内载有 I,设电流 I 均匀分布在导体的横截面上.求证:导体内部各点($R_1 < r < R_2$)的磁感应强度 B 由下式给出:

$$B = \frac{\mu_0 I}{2\pi(R_2{}^2 - R_1{}^2)} \cdot \frac{r^2 - R_1{}^2}{r}$$

题 8-17 图　　　　　　　题 8-18 图　　　　　　　题 8-19 图

8-20　一同轴电缆由一圆柱形导体和一同轴圆筒状导体组成,圆柱的半径为 R_1,圆筒的内外半径分别为 R_2 和 R_3,如题 8-20 图所示.在这两个导体中,载有大小相等而方向相反的电流 I,电流均匀分布在各导体的截面上.求:(1)圆柱导体内各点($r < R_1$);(2)两导体之间($R_1 < r < R_2$);(3)外圆筒导体内各点($R_2 < r < R_3$);(4)电缆外各点($r > R_3$)的磁感应强度 $\boldsymbol{B}$.

8-21　如题 8-21 图所示,N 匝线圈均匀密绕在截面为矩形的中空骨架上,求通入电流 I 后,环内外的磁场分布.

8-22　如题 8-22 图所示,在半径为 R 的长直圆柱形导体内开一个半径为 r 的圆柱形空洞,空洞的轴线与导体的轴线平行,相距为 d,在导体中沿轴线方向通有均匀分布的电流,其电流密度为 j.

(1)求 O、O' 处的磁感应强度;

(2)证明空腔内的磁场是均匀场.

题 8-20 图	题 8-21 图	题 8-22 图

科学家简介

奥 斯 特

奥斯特（Hans Christian Oersted，1777—1851），丹麦物理学家、化学家.

生平简介

奥斯特 1777 年 8 月 14 日生于丹麦的路克宾. 1794 年他进入哥本哈根大学学习医学和自然科学，1799 年获得博士学位. 1801—1803 年他游学德国、法国等地，于 1804 年回国. 1806 年被聘为哥本哈根大学物理、化学教授，研究电流和声等课题. 1824 年倡议成立丹麦自然科学促进会，1829 年出任哥本哈根理工学院院长，直到 1851 年 3 月 9 日在哥本哈根逝世，终年 74 岁.

主要科学贡献

(1)1820 年，自从库仑提出电和磁有本质上的区别以来，很少有人再会去考虑它们之间的联系. 而安培和毕奥等物理学家认为电和磁不会有任何联系. 可是奥斯特一直相信电、磁、光、热等现象相互存在内在的联系，尤其是富兰克林曾经发现莱顿瓶放电能使钢针磁化，更坚定了他的观点. 当时，有些人做过实验，寻求电和磁的联系，结果都失败了. 奥斯特分析这些实验后认为：在电流方向上去找效应，看来是不可能的，那么磁效应的作用会不会是横向的？沿着这一新的方向探索，他终于取得重大的突破.

在 1820 年 4 月，有一次晚上讲座，奥斯特演示了电流磁效应的实验. 当伽伐尼电池与铂丝相连时，靠近铂丝的小磁针摆动了. 这一不显眼的现象没有引起听众的注意，而奥斯特非常兴奋，他接连三个月深入地研究，在 1820 年 7 月 21 日，他宣布了实验情况. 奥斯特将导线的一端和伽伐尼电池正极连接，导线沿南北方向平行地放在小磁针的上方，当导线另一端连到负极时，磁针立即指向东西方向. 把玻璃板、木片、石块等非磁性物体插在导线和磁针之间，甚至把小磁针浸在盛水的铜盒子里，磁针照样偏转.

奥斯特认为在通电导线的周围，发生一种"电流冲击". 这种冲击只能作用在磁性粒子上，对非磁性物体是可以穿过的. 磁性物质或磁性粒子受到这些冲击时，阻碍它穿过，于是就被带动，发生了偏转.

导线放在磁针的下面,小磁针就向相反方向偏转;如果导线水平地沿东西方向放置,这时不论将导线放在磁针的上面还是下面,磁针始终保持静止.他认为电流冲击是沿着以导线为轴线的螺旋线方向传播,螺纹方向与轴线保持垂直.这就是形象的横向效应的描述.奥斯特对磁效应的解释,虽然不完全正确,但并不影响这一实验的重大意义,它证明了电和磁能相互转化,为电磁学的发展打下基础.奥斯特的发现使整个科学界大为震动,人们长期以来所信奉的电和磁没有内在联系的信条崩溃了.这个发现开启了一扇通向新的研究领域的大门,导致了进一步探索的激流.正如法拉第所说:"猛然打开科学黑暗领域的一扇大门."

(2)其他方面的成就.

奥斯特曾经对化学亲合力等作了研究.1822年他精密地测定了水的压缩系数值,论证了水的可压缩性.1823年他还对温差电作出了成功的研究.他对库仑扭秤也作了一些重要的改进.

奥斯特在1825年最早提炼出铝,但纯度不高,以致这项成就在冶金史上归属于德国化学家F·维勒(1827).他最后一项研究是19世纪40年代末期对抗磁体的研究,试图用反极性的反感应效应来解释物质的抗磁性.同一时期M·法拉第在这方面的成就超过了奥斯特及其法国的同辈.法拉第证明不存在所谓的反磁极,并用磁导率和磁力线的概念统一解释了磁性和抗磁性.不过,奥斯特研究抗磁体的方法仍具有很深的影响.

(3)出版了《奥斯特科学论文》集.

他的重要论文在1920年整理出版,书名是《奥斯特科学论文》.

趣闻轶事

磁针的跳动,使他激动得摔了一跤.

奥斯特受康德哲学思想的影响,一直坚信电和磁之间一定有某种关系,电一定可以转化为磁.当务之急是怎样找到实现这种转化的条件.奥斯特仔细地审查了库仑的论断,发现库仑研究的对象全是静电和静磁,确实不可能转化.他猜测,非静电、非静磁可能是转化的条件,应该把注意力集中到电流和磁体有没有相互作用的课题上去.他决心用实验来进行探索.1819年上半年到1820年下半年,奥斯特一面担任电、磁学讲座的主讲,一面继续研究电、磁关系.1820年4月,在一次讲演快结束的时候,奥斯特抱着试试看的心情又做了一次实验.他把一条非常细的铂导线放在一根用玻璃罩罩着的小磁针上方,接通电源的瞬间,发现磁针跳动了一下.这一跳,使有心的奥斯特喜出望外,竟激动得在讲台上摔了一跤.但是因为偏转角度很小,而且不很规则,这一跳并没有引起听众注意.以后,奥斯特花了三个月,作了许多次实验,发现磁针在电流周围都会偏转.在导线的上方和导线的下方,磁针偏转方向相反.在导体和磁针之间放置非磁性物质,比如木头、玻璃、水、松香等,不会影响磁针的偏转.1820年7月21日,奥斯特写成《论磁针的电流撞击实验》的论文,正式向学术界宣告发现了电流磁效应.

第九章　磁场对电流的作用

我们知道,电流(或运动电荷)在其周围空间会激发磁场.如果在一已知的磁场中,放入另外的载流导体、载流线圈或运动电荷,那么这些载流体将会受到磁场的作用,本章就来研究磁场对电流的作用规律.

§9-1　磁场对载流导线的作用

一、磁场对载流导线的作用力　安培定律

载流导线在磁场中会受到磁场力的作用,安培通过分析大量的实验结果,总结出了载流导线上一段电流元在磁场中受力的基本规律,这就是安培定律:位于磁场中某点的电流元 $I\mathrm{d}l$ 要受到磁场的作用力 $\mathrm{d}F$. $\mathrm{d}F$ 的大小与电流元所在处的磁感强度 B 的大小、电流元 $I\mathrm{d}l$ 的大小以及 $I\mathrm{d}l$ 与 B 的夹角(小于 $180°$)的正弦均成正比,即

$$\mathrm{d}F=kBI\mathrm{d}l\sin(\widehat{I\mathrm{d}\boldsymbol{l},\boldsymbol{B}})$$

$\mathrm{d}F$ 的方向垂直于 $I\mathrm{d}l$ 与 B 所组成的平面,其指向满足右手螺旋法则,如图 9-1 所示.式中的 k 为比例系数,决定于各个物理量所用的单位,在国际单位制中, $k=1$,则上式写为

$$\mathrm{d}F=BI\mathrm{d}l\sin(\widehat{I\mathrm{d}\boldsymbol{l},\boldsymbol{B}})$$

写成矢量式为

$$\mathrm{d}\boldsymbol{F}=I\mathrm{d}\boldsymbol{l}\times\boldsymbol{B} \tag{9-1}$$

对于任意形状的载流导线,可认为是由无限多个连续的电流元所组成的,将各个电流元所受的磁场力进行矢量叠加,便可得到载流导线的受力,即

$$\boldsymbol{F}=\int_{L}\mathrm{d}\boldsymbol{F}=\int_{L}I\mathrm{d}\boldsymbol{l}\times\boldsymbol{B} \tag{9-2}$$

载流导线所受的磁场力通常也称为**安培力**.

图 9-1　电流元在磁场中的受力

需要注意的是,式(9-2)为矢量积分,不可直接计算.一般需要将矢量积分化为标量积分,分别求得 F_x、F_y、F_z,最后进行矢量合成.但如果各电流元所受安培力的方向都相同,则矢量积分可直接变为标量积分.

例 9-1 在磁感强度为 **B** 的均匀磁场中，放一段长为 l 的载流直导线，电流强度为 I，导线与 **B** 的夹角为 θ，如例 9-1 图所示．求这段载流直导线所受的安培力．

例 9-1 图

解 在载流直导线上任取一段电流元 $I\mathrm{d}l$，按安培定律，它所受安培力 $\mathrm{d}F$ 的大小为

$$\mathrm{d}F = BI\mathrm{d}l\sin\theta$$

$\mathrm{d}F$ 的方向按照右手螺旋法则，为垂直纸面向里．

可以判定，直导线上所有电流元所受磁场力的方向都相同，因此，整个载流直导线所受的安培力可用标量积分直接求出

$$F = \int_l \mathrm{d}F = \int_0^l BI\mathrm{d}l\sin\theta = BIl\sin\theta \tag{9-3}$$

F 作用在载流导线的中点，其方向显然也是垂直纸面向里的．

当 $\theta = 0$ 或 π 时，$F = 0$；当 $\theta = \dfrac{\pi}{2}$ 时，$F = F_{\max} = BIl$.

例 9-2 求两平行无限长载流直导线间的相互作用力．

解 我们已经知道，电流与电流间的相互作用是按照以下方式进行的．

电流 I_1 ———→ 磁场1 ———→ 电流 I_2
←——— 磁场2 ←———

因此，要求出电流 I_2 所受的来自电流 I_1 的作用力，应该先求出电流 I_1 在电流 I_2 所在处产生的磁场 B_1，然后再根据安培定律求出电流 I_2 所受到的安培力．反之亦然．

如例 9-2 图所示，两导线间的垂直距离为 a，导线中的电流分别为 I_1 和 I_2，并设两电流的方向相同，电流 I_1 在电流 I_2 处所产生的磁感应强度 B_1 的大小为

$$B_1 = \frac{\mu_0 I_1}{2\pi a}$$

B_1 的方向与导线 2 垂直．

导线 2 上的电流元 $I_2\mathrm{d}l_2$ 与 B_1 垂直，故 $I_2\mathrm{d}l_2$ 所受的安培力的大小为

例 9-2 图

$$\mathrm{d}F_2 = I_2\mathrm{d}l_2 B_1 = \frac{\mu_0 I_1 I_2}{2\pi a}\mathrm{d}l_2$$

$\mathrm{d}F_2$ 的方向在两导线所决定的平面内，并垂直导线 2 指向导线 1．在导线 2 上各个电流元所受的安培力的方向都相同．因此，导线 2 上单位长度所受的安培力的大小为

$$f_2 = \frac{\mathrm{d}F_2}{\mathrm{d}l_2} = \frac{\mu_0 I_1 I_2}{2\pi a}$$

同理可知,导线 1 上单位长度所受的安培力的大小为

$$f_1 = f_2 = \frac{\mu_0 I_1 I_2}{2\pi a}$$

方向指向导线 2.

这就是说,当两条平行长直导线中的电流同向时,它们间的磁相互作用为吸引力;当电流沿相反方向时则为排斥力.

在国际单位制中,作为基本单位之一的安培,就是根据两平行长直载流导线之间的相互作用力来定义的. 当两导线中的电流相等,即 $I_1 = I_2 = I$ 时,两平行长直载流导线每单位长度上的相互作用力为

$$f = \frac{\mu_0 I^2}{2\pi a}$$

由此得

$$I = \sqrt{\frac{2\pi a f}{\mu_0}} = \sqrt{\frac{a f}{2 \times 10^{-7}}} \ \mathrm{A}$$

取 $a = 1\,\mathrm{m}$,当 $f = 2 \times 10^{-7}\,\mathrm{N \cdot m^{-1}}$ 时,则有 $I = 1\,\mathrm{A}$.

这就是说,当真空中相距 1 m 的两无限长而截面极小的平行直导线中载有相等的电流时,若每米长度上的作用力正好等于 $2 \times 10^{-7}\,\mathrm{N}$,则每根导线中的电流定义为 1 A. 这就是"**安培**"的定义.

例 9-3　如例 9-3 图所示,载有电流 I_1 的无限长直导线,沿一半径为 R 的圆形电流 I_2 的直径 AB 放置,方向如例 9-3 图所示. 试求:

(1)半圆弧 ACB 所受安培力的大小和方向;

(2)整个圆形电流所受安培力的大小和方向.

解　整个圆形电流位于无限长载流直导线所产生的非均匀磁场中,各电流元所受安培力的大小和方向都不相同.

(1)过圆心 O 取一直角坐标系 xOy,如例 9-3 图所示. 在 ACB 圆弧上任取一电流元 $I_2\mathrm{d}\boldsymbol{l}$,该处磁感应强度 $\boldsymbol{B}$ 大小为 $B = \frac{\mu_0 I_1}{2\pi x}$,方向垂直纸面向里. 根据安培力公式,该电流元受的安培力为

例 9-3 图

$$\mathrm{d}\boldsymbol{F} = I_2 \mathrm{d}\boldsymbol{l} \times \boldsymbol{B}$$

其大小为

$$\mathrm{d}F = I_2 B \sin 90° \mathrm{d}l = \frac{\mu_0 I_1 I_2 \mathrm{d}l}{2\pi x} = \frac{\mu_0 I_1 I_2 \mathrm{d}l}{2\pi R \sin \theta}$$

$\mathrm{d}\boldsymbol{F}$ 的方向如图所示. 现将 $\mathrm{d}\boldsymbol{F}$ 分解

$$\mathrm{d}F_x = \mathrm{d}F\sin\theta$$
$$\mathrm{d}F_y = \mathrm{d}F\cos\theta$$

由于对称性, $F_y = \displaystyle\int_{ACB} \mathrm{d}F_y = 0$, 所以, 半圆弧 ACB 受的安培力为

$$F_{ACB} = F_x = \int_{ACB} \mathrm{d}F_x = \int_0^{\pi R} \frac{\mu_0 I_1 I_2 \mathrm{d}l \sin\theta}{2\pi R \sin\theta} = \frac{\mu_0 I_1 I_2 \pi R}{2\pi R} = \frac{\mu_0 I_1 I_2}{2}$$

方向沿 x 轴正向. 则

$$\boldsymbol{F}_{ACB} = \frac{\mu_0 I_1 I_2}{2}\boldsymbol{i}$$

（2）左半圆弧处于与右半圆弧对称的磁场中, 此处 $\boldsymbol{B}$ 的方向垂直纸面向外, 因此, 作用于左半圆弧的安培力亦沿 x 轴正向, 故整个圆形电流所受的安培力的大小为

$$F = \oint \mathrm{d}F_x = \int_0^{2\pi R} \frac{\mu_0 I_1 I_2 \mathrm{d}l}{2\pi R} = \mu_0 I_1 I_2$$

即得

$$\boldsymbol{F} = \mu_0 I_1 I_2 \boldsymbol{i}$$

例 9-4　如例 9-4 图所示, 在 xy 平面上有一根形状不规则的载流导线, 两端点 A、C 的距离为 L, 通有电流 I, 导线置于均匀磁场中, $\boldsymbol{B}$ 的方向垂直于导线所在的平面, 求作用在此导线上的安培力.

例 9-4 图

解　建立如例 9-4 图所示的坐标系, 在导线上任取一电流元 $I\mathrm{d}\boldsymbol{l}$, 它所受的力为 $\mathrm{d}\boldsymbol{F} = I\mathrm{d}\boldsymbol{l} \times \boldsymbol{B}$, 其大小为 $\mathrm{d}F = BI\mathrm{d}l$, 方向如图所示.

设 $\mathrm{d}\boldsymbol{F}$ 与 x 轴的夹角为 α, 由于 $\mathrm{d}\boldsymbol{F} \perp \mathrm{d}\boldsymbol{l}$, 所以 $\mathrm{d}\boldsymbol{l}$ 与 x 轴的夹角为 $\theta = \dfrac{\pi}{2} - \alpha$. 因此, $\mathrm{d}\boldsymbol{F}$ 在 x 轴和 y 轴的分量分别为

$$\mathrm{d}F_x = \mathrm{d}F\cos\alpha = \mathrm{d}F\sin\theta = BI\mathrm{d}l\sin\theta = -BI\mathrm{d}y$$
$$\mathrm{d}F_y = \mathrm{d}F\sin\alpha = \mathrm{d}F\cos\theta = BI\mathrm{d}l\cos\theta = BI\mathrm{d}x$$

从而, 整个载流导线在 x 轴和 y 轴方向的分力分别为

$$F_x = \int \mathrm{d}F_x = -BI\int_0^0 \mathrm{d}y = 0$$

$$F_y = \int \mathrm{d}F_y = BI\int_0^L \mathrm{d}x = BIL$$

于是, 载流导线所受的磁场力为

$$\boldsymbol{F} = F_y\boldsymbol{j} = BIL\boldsymbol{j}$$

由以上结果可以看出,在均匀磁场中,任意形状的平面载流导线所受的磁场力,与始点和终点相同的载流直导线所受的磁场力是相等的.如果载流导线的始点和终点重合,即构成闭合载流导线,则其所受合外力必为零.但这并不意味着闭合载流导线在匀强磁场中所受的安培力矩也为零.下面我们对此进行讨论分析.

二、磁场对载流线圈作用的磁力矩

1. 均匀磁场中的矩形线圈

如图 9-2 所示,一个边长分别为 l_1 和 l_2 的刚性长方形平面载流线圈,电流为 I,可绕垂直于磁场的轴 OO' 自由转动.当线圈平面法线方向的单位矢量 $\boldsymbol{n}$ 与均匀磁场 $\boldsymbol{B}$ 的夹角为 θ 时,由安培定律可知 ab 和 cd 两边所受磁力大小为

$$F_{ab}=F_{cd}=Il_1B\sin\left(\frac{\pi}{2}-\theta\right)=Il_1B\cos\theta$$

由于 ab 和 cd 两边互相平行,电流方向相反,它们所受的力大小相等,方向相反,并作用在一条直线上,因此合力为零,对 OO' 轴的力矩为零,因而对刚性线圈的运动不起作用.

对于 bc 和 da 两边,尽管它们所受到的力也是大小相等,方向相反,其合力也为零,但是,由于这两个力的作用线不在同一条直线上,因此构成了绕 OO' 轴的力

图 9-2　线圈所受磁力矩

偶矩.在这个力偶矩的作用下,线圈的法线方向 $\boldsymbol{n}$ 向磁场 $\boldsymbol{B}$ 的方向旋转.

具体而言,由于 bc 和 da 两边都与 $\boldsymbol{B}$ 垂直,它们所受力的大小为

$$F_1=F_2=Il_2B$$

对转轴 OO' 的合力矩大小为

$$M=F_1\frac{l_1}{2}\sin\theta+F_2\frac{l_1}{2}\sin\theta=Il_1l_2B\sin\theta=ISB\sin\theta$$

式中 $S=l_1l_2$ 是平面线圈的面积.如果线圈有 N 匝,那么线圈所受的总力矩为

$$M=NBIS\sin\theta=P_{\mathrm{m}}B\sin\theta \tag{9-4}$$

上式中的 $P_{\mathrm{m}}=NIS$ 为 N 匝线圈的总磁矩 $\boldsymbol{P}_{\mathrm{m}}$ 的大小,其方向与线圈的电流成右手螺旋,也即载流线圈平面的正法线方向 $\boldsymbol{n}$.把式(9-4)写成矢量式,有

$$\boldsymbol{M}=\boldsymbol{P}_{\mathrm{m}}\times\boldsymbol{B} \tag{9-5}$$

由式(9-4)可知,磁场对载流线圈作用的力矩,不仅与线圈中的电流强度 I、线圈面积以及磁感应强度 $\boldsymbol{B}$ 有关,而且还与载流线圈的法线方向 $\boldsymbol{n}$ 与 $\boldsymbol{B}$ 的夹角 θ 有关.当 $\theta=0$,即载流线圈平面垂直于 $\boldsymbol{B}$ 或线圈磁矩 $\boldsymbol{P}_{\mathrm{m}}$ 与 $\boldsymbol{B}$ 平行时,线圈所受的磁力矩为零,

线圈处于稳定平衡状态;当 $\theta=\dfrac{\pi}{2}$,即载流线圈平面平行于 **B** 或线圈磁矩 **P**$_m$ 与 **B** 垂直时,线圈所受的磁力矩最大;当 $\theta=\pi$ 时,线圈平面虽然也与磁场垂直,但线圈的磁矩 **P**$_m$ 与 **B** 反向. 此时,虽然线圈所受力矩也为零,但这一平衡位置是不稳定的,线圈稍受扰动,就会在磁力矩的作用下越来越偏离这个位置,直到转到 $\theta=0$ 的稳定平衡位置处. 由此可见,载流线圈在磁场中所受的磁力矩,总是促使线圈的磁矩方向趋于转向外磁场 **B** 的方向.

2. 均匀磁场中的任意平面线圈

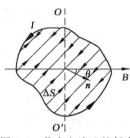

图 9-3　载有电流 I 的任意平面线圈的磁矩

如图 9-3 所示,均匀磁场 **B** 中一任意形状的平面线圈,通有电流 I. 假设用一组平行线把线圈分成无限多个小窄条,每个窄条都可看成一个元矩形线圈,每一个元线圈都以与原线圈相同的电流 I 沿相同的绕向流动. 由于相邻矩形长边上的电流效应会因两次大小相同、方向相反的电流互相抵消,边缘部分电流就和原来的电流分布相同了. 所以这些矩形元线圈所受磁力矩的和等于整个载流线圈所受到的磁力矩. 根据式(9-5),任一元线圈受到的磁力矩为

$$\mathrm{d}\boldsymbol{M}=I\mathrm{d}\boldsymbol{S}\times\boldsymbol{B}=I\mathrm{d}S\boldsymbol{n}\times\boldsymbol{B}$$

所以,整个载流线圈所受的总力矩为

$$\boldsymbol{M}=\int\mathrm{d}\boldsymbol{M}=\int(I\mathrm{d}S\boldsymbol{n}\times\boldsymbol{B})=(I\boldsymbol{n}\times\boldsymbol{B})\int_s\mathrm{d}S$$

$$\boldsymbol{M}=I\boldsymbol{S}\times\boldsymbol{B}=\boldsymbol{P}_m\times\boldsymbol{B}$$

综上所述,均匀磁场中的任意形状载流平面线圈,仅受磁力矩作用而合外力为零. 因此,刚性线圈在匀强磁场中只转动而不会平动. 但是,当在非均匀磁场中时,载流线圈除受到磁力矩作用外,还要受到磁力的作用并向磁场强的方向运动,其情况复杂,这里不作详细讨论.

从上面描述的载流线圈在磁场中所受力矩的特点很容易看出,它和电偶极子在电场中所受力矩的特点是很相似的. 我们不妨对此做一个比较.

一个电矩为 **P**$_e$ 的电偶极子在均匀外电场 **E** 中受到的力矩为

$$\boldsymbol{M}=\boldsymbol{P}_e\times\boldsymbol{E}$$

一个磁矩为 **P**$_m$ 的载流线圈在均匀外磁场 **B** 中受到的力矩为

$$\boldsymbol{M}=\boldsymbol{P}_m\times\boldsymbol{B}$$

以上对比表明,载流线圈的磁矩 **P**$_m$ 和电偶极子的电偶极矩 **P**$_e$ 是彼此对应的概念. **P**$_e$ 是描述电偶极子自身性质的物理量,**P**$_m$ 是描述载流线圈自身性质的物理量,二者有很大的相似性. 因此通常也称小载流线圈为**"磁偶极子"**.

§9-2　磁力的功

载流导线或载流线圈在磁场中运动时,其所受的磁力或磁力矩就要作功.下面分别讨论磁力和磁力矩的功.

一、安培力对运动载流导线的功

图 9-4　磁力所作的功

如图 9-4 所示,设在真空中有一均匀磁场 $\boldsymbol{B}$,将一回路 $abcda$ 置于其中,其中导线 ab 的长度为 l,可以沿 da 和 cb 滑动,当回路中的电流 I 不变时,由安培定律,载流导线 ab 在磁场中受到向右的安培力,大小为

$$F_{ab}=BIl$$

在力 $\boldsymbol{F}_{ab}$ 的作用下,导线 ab 将从初始位置沿着力 $\boldsymbol{F}_{ab}$ 的方向移动,当移动到位置 $a'b'$ 时,磁力 $\boldsymbol{F}_{ab}$ 所作的功

$$A=\int F_{ab}\,\mathrm{d}x=\int IBl\,\mathrm{d}x=\int IB\,\mathrm{d}S$$
$$=\int I\,\mathrm{d}\Phi_m=I\int_{\Phi_{m1}}^{\Phi_{m2}}\mathrm{d}\Phi_m=I(\Phi_{m2}-\Phi_{m1})$$

其中 Φ_{m1}、Φ_{m2} 分别为始、末状态的回路磁通量,则

$$A=I\Delta\Phi_m \tag{9-6}$$

上式就是导线在移动过程中磁力所作的功.它表明,当载流导线在磁场中运动时,若保持电流不变,磁力所作的功等于电流乘以通过回路所环绕的面积内的磁通量的增量.

二、磁力矩对转动载流线圈的功

设一通有电流 I 的线圈在磁感应强度为 $\boldsymbol{B}$ 的均匀磁场中转动,如图 9-5 所示,则线圈所受磁力矩

$$\boldsymbol{M}=\boldsymbol{P}_m\times\boldsymbol{B}$$

其大小为

$$M=P_mB\sin\varphi=ISB\sin\varphi$$

图 9-5　磁力矩所作的功

当线圈在磁力矩作用下转过 $\mathrm{d}\varphi$ 时,磁力所作的功

$$\mathrm{d}A=-M\mathrm{d}\varphi=-BIS\sin\varphi\mathrm{d}\varphi$$

式中的负号考虑到磁力矩作正功时将使 φ 减小,则

$$\mathrm{d}A=BIS\mathrm{d}(\cos\varphi)=I\mathrm{d}(BS\cos\varphi)=I\mathrm{d}\Phi_m$$

当载流线圈从 φ_1 转到 φ_2 时,磁力矩所作的总功为

$$A = \int_{\Phi_{m1}}^{\Phi_{m2}} I\mathrm{d}\Phi_m \qquad (9-7)$$

式中 Φ_{m1} 和 Φ_{m2} 分别表示线圈在 φ_1 和 φ_2 时通过线圈的磁通量.

如果保持电流不变,则

$$A = \int_{\Phi_{m1}}^{\Phi_{m2}} I\mathrm{d}\Phi_m = I(\Phi_{m2} - \Phi_{m1}) = I\Delta\Phi_m$$

即等于电流乘以通过载流回路的磁通量的增量,同(9-6)式.

例 9-5　半径 $R=0.1$ m 的半圆形闭合线圈中,载有电流 $I=10$ A. 线圈放在均匀外磁场 $\boldsymbol{B}$ 中,磁场方向与线圈平面平行,大小为 $B=0.5$ T.

(1)求线圈所受磁力矩;

(2)线圈从如例 9-5(a)图所示的位置转至平衡位置时,磁力矩作的功是多少?

解　(1)如例 9-5(a)图所示,线圈的磁矩 $\boldsymbol{P}_m$ 的方向垂直于纸面向外,所以磁力矩的方向垂直于 $\boldsymbol{B}$ 向上.

由 $\boldsymbol{M} = \boldsymbol{P}_m \times \boldsymbol{B}$ 可得

$$M = P_m B\sin\frac{\pi}{2} = ISB = \frac{1}{2}\pi R^2 IB$$

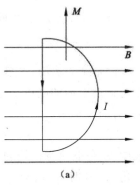

代入数据得

$$M = 7.9 \times 10^{-2}\,\mathrm{N \cdot m}$$

(2)例 9-5(b)图为线圈的俯视图. 图中实线为线圈的初始位置,虚线为转过 θ 角时的位置,此时 $\boldsymbol{P}_m$ 与 $\boldsymbol{B}$ 之间的夹角为 $\left(\dfrac{\pi}{2} - \theta\right)$,所以

$$M = P_m B\sin\left(\frac{\pi}{2} - \theta\right) = IBS\cos\theta$$

例 9-5

当线圈转过 $\dfrac{\pi}{2}$ 后,力矩所作的功为

$$A = \int_0^{\pi/2} M\mathrm{d}\theta = IBS \int_0^{\pi/2} \cos\theta\mathrm{d}\theta = 7.9 \times 10^{-2}\,\mathrm{J}$$

§9-3　带电粒子在磁场中的运动

一、洛伦兹力

实验发现,静止电荷在磁场中是不受力的作用的,只有当电荷运动时,才受到磁场力. 例如,把一阴极射线管置于磁场中,电子射线在磁场作用下运动轨道发生偏转,如图 9-6 所示. 磁场对运动的离子也有力的作用. 取一圆筒状玻璃器皿,内盛硫酸铜溶液,器皿的侧面贴一层铜片作为一个电极,器皿中央插一金属杆,作为另一电极. 当两

电极间加上电压时,正负离子都沿径向运动,若将该装置放在磁极上,如图 9-7 所示,做径向运动的正负电荷将受磁场的作用而引起液体旋转.

图 9-6 磁场对阴极射线的作用

图 9-7 磁场对导电液体中做径向运动的离子的作用

测量结果表明,在磁场内同一点,运动电荷受到的作用力与运动电荷的电量 q、运动速度 v 的大小和方向都密切相关,力的大小为

$$f = qvB\sin\theta$$

式中,B 是电荷所在处的磁感应强度的大小,θ 是 v 与 B 的夹角,$q > 0$ 时,f、v、B 三个量的方向构成右手螺旋,如图 9-8 所示. 写成矢量式为

$$f = qv \times B \tag{9-8}$$

图 9-8 洛伦兹力的方向

磁场对运动电荷的作用力亦称为**洛伦兹力**. 洛伦兹力垂直于电荷的速度方向,因而不作功,它只改变电荷速度的方向,不改变速度的大小.

二、洛伦兹力与安培力的关系

磁场对载流导体有力的作用,而电流又是由电荷的定向运动形成的. 因此,安培力实质上是载流导体内部中各个自由电子所受洛伦兹力的宏观表现. 洛伦兹力公式和安培力公式可以互相导出,下面由安培力公式来导出洛伦兹力公式.

对于载流导线上的任一电流元 Idl,由安培定律知,其在磁感应强度为 B 的磁场中所受到的安培力的大小为

$$dF = BIdl\sin(Id\hat{l}, B)$$

设电流元的截面积为 S,导线内的带电粒子数密度为 n,且每个带电粒子的电量为 q,速度为 v,则电流强度可写为

$$I = qnvS$$

因此
$$dF = qnvSBdl\sin(Id\hat{l}, B)$$

式中,$(\hat{v, B})$ 表示带电粒子的定向运动方向和磁场方向之间的夹角. 设在电流元 Idl 所

代表的一段导体内有 $\mathrm{d}N$ 个运动带电粒子,则

$$\mathrm{d}N = nS\mathrm{d}l$$

那么,$\mathrm{d}\boldsymbol{F}$ 就是作用在 $\mathrm{d}N$ 这个运动电荷上的力,因此,单个运动带电粒子平均所受到的力 $\boldsymbol{f}$ 的大小应为

$$f = \frac{\mathrm{d}F}{\mathrm{d}N} = qvB\sin(\hat{\boldsymbol{v},\boldsymbol{B}})$$

写成矢量式,则有

$$\boldsymbol{f} = q\boldsymbol{v} \times \boldsymbol{B}$$

这正是洛伦兹力的一般表达式.

三、带电粒子在均匀磁场中的运动

带电量为 q、速度为 $\boldsymbol{v}$ 的粒子在均匀磁场中受到的洛伦兹力为

$$\boldsymbol{f} = q\boldsymbol{v} \times \boldsymbol{B}$$

根据速度 $\boldsymbol{v}$ 和 $\boldsymbol{B}$ 的方向间的关系不同,分别进行讨论.

(1)当 $\boldsymbol{v} \parallel \boldsymbol{B}$ 时,$\boldsymbol{f} = q\boldsymbol{v} \times \boldsymbol{B} = 0$,即磁场对粒子的作用力为零. 如果粒子所受其他力(如重力等)可忽略不计,则粒子将以进入磁场时的速度 $\boldsymbol{v}$ 做匀速直线运动.

(2)当 $\boldsymbol{v} \perp \boldsymbol{B}$ 时,粒子受到的洛伦兹力 $f = qvB$,且 $\boldsymbol{f} \perp \boldsymbol{v}$ 为粒子提供在垂直于 $\boldsymbol{B}$ 的平面内做圆周运动的向心力,即

$$f = qvB = m\frac{v^2}{R}$$

所以,带电粒子做圆周运动的半径,即回旋半径为

$$R = \frac{mv}{qB} \tag{9-9}$$

带电粒子做圆周运动的周期(回旋周期)T 及频率(回旋频率)分别为

$$T = \frac{2\pi R}{v} = \frac{2\pi m}{qB}$$

$$\nu = \frac{1}{T} = \frac{qB}{2\pi m} \tag{9-10}$$

上式表明,带电粒子的回旋周期及回旋频率与粒子的速率和回转半径无关,这一结论在工程技术中有重要应用.

(3)当 $\boldsymbol{v}$ 与 $\boldsymbol{B}$ 有一夹角 θ 时,$\boldsymbol{v}$ 垂直 $\boldsymbol{B}$ 的分量和平行 $\boldsymbol{B}$ 的分量分别为

$$v_\perp = v\sin\theta, v_\parallel = v\cos\theta$$

所以,带电粒子在做垂直于 $\boldsymbol{B}$ 的圆周运动时,同时沿 $\boldsymbol{B}$ 方向做匀速直线运动,其合运动的轨迹是一条螺旋线,如图 9-9 所示,其圆周运动的周期和半径分别为

$$T = \frac{2\pi m}{qB}, R_\perp = \frac{mv_\perp}{qB} \tag{9-11}$$

带电粒子每回旋一周所前进的距离称为**螺距**,其大小为

$$h = T v_{/\!/} = \frac{2\pi m v_{/\!/}}{qB} \tag{9-12}$$

由此可见,螺距 h 只与 $v_{/\!/}$ 有关,而与 $v_\perp$ 无关. 利用这一特点,可以实现磁聚焦. 图9-10
是用于电真空器件的一种磁聚焦装置的示意图. 从电子枪射出的电子以各种不同的初
速进入近似均匀的恒定磁场 $\boldsymbol{B}$ 中. 电子枪的构造保证:(1)各电子初速度 $\boldsymbol{v}$ 的大小近似
相等(由枪内加速阳极与阴极间的电压决定);(2) $\boldsymbol{v}$ 与 $\boldsymbol{B}$ 的夹角足够小,以致
$v_\perp = v\sin\theta \approx v\theta$,$v_{/\!/} = v\cos\theta \approx v$ 每个电子都做螺旋线运动. 因为 $v_\perp$ 各不相同,由式
(9-11)可知螺旋线的半径也各不相同,但各电子的 $v_{/\!/}$ 近似相同,故由式(9-12)可知它
们的螺距近似相同,于是就有了这样的好事:虽然开始时各电子分道扬镳,但各自转了
一圈后竟又彼此相会(殊途同归!),从而达到电子束聚焦的目的. 图9-10示出了三个电
子的螺旋线轨迹.

图 9-9 带电粒子的合运动

图 9-10 磁聚焦示意

　　磁聚焦在许多电真空系统(如电子显微镜)中得到广泛的应用. 但在实际中用得更
多的是非均匀磁场的磁聚焦.

四、霍尔效应

　　如图 9-11 所示,在一个载流子导体(宽度为 b,厚
度为 d)中通以电流 I,当沿垂直电流的方向上加一磁
场 $\boldsymbol{B}$ 时,便在该导体中的上下两个表面产生了电势差
$U_{AA'}$,这个现象是由美国物理学家霍耳于 1879 年发现
的,后人称为**霍耳效应**. 这个电势差称为**霍耳电势差**.

　　实验表明,在磁场不太强时,$U_{AA'}$ 与电流 I 和磁感
应强度 B 成正比,而与金属板的厚度 d 成反比,即

图 9-11 霍耳效应

$$U_{AA'} = K\frac{IB}{d} \tag{9-13}$$

式中 K 是只与导体材料有关的常数,称为**霍耳系数**.

　　霍耳效应可以用洛伦兹力来解释. 设导体内每个载流子的电量为 q,定向运动
的速度为 v,当 $q>0$ 时,正电荷在洛伦兹力的作用下,将产生横向漂移而向 A 面偏
转,结果 A 面出现净余的正电荷,而 A' 面出现负电荷. 当 $q<0$ 时,负电荷在洛伦兹

力的作用下,也向 A 面偏转,结果 A 面出现净余的负电荷,而 A′面出现正电荷.根据电荷守恒定律,在导体相对侧面聚集的异号电荷,将在薄片中形成横向电场 E_H,称为**霍尔电场**.霍尔电场使载流子受到一个电场力 $F_e=eE_H$ 的作用,电场力 F_e 的方向与磁场力 F_L 的方向正好相反,它将阻碍电荷在侧面的继续聚集,随着上下表面电荷的不断积累,F_e 也不断增大.当 $F_e=F_L$ 时就达到了动平衡,此时薄片中的霍尔场强可由 $qE_H=qvB$ 得

$$E_H=\frac{F_e}{q}=\frac{F_L}{q}=vB$$

上下表面便建立起稳定的霍耳电势差:

$$U_{AA'}=E_Hb=vBb$$

由于电流 $I=nqSv=nqvdb$(n 为载流子密度),则

$$U_{AA'}=\frac{1}{nq}\frac{IB}{d} \tag{9-14}$$

式中 $K=\frac{1}{nq}$,为霍耳系数,它的大小取决于载流子密度,符号取决于载流子的符号.对于金属,载流子带负电,K 为负;对带正电的载流子,K 为正.因此,由式(9-14)可知,通过测量霍耳电压,就可以确定载流子是带正电还是负电.而且,只要测量霍尔系数,即可测得导体中载流子的密度.由于金属载流子的密度很大,故金属的霍尔系数都很小.半导体的霍尔系数比较大,因为半导体的载流子密度比较小.另外,霍尔效应还可用于测量磁场的磁感应强度,也可用于测量电流,特别是较大的电流.

思　考　题

9-1　宇宙射线实际是高速带电粒子流(基本上是质子),它们交叉来往于星际空间,并从各个方向撞击地球.为什么宇宙射线穿入地球磁场时,接近两磁极比其他任何地方都容易?

9-2　如果我们想让一个质子在地磁场中一直沿着赤道运动,我们是向东还是向西发射它呢?

9-3　赤道处的地磁场沿水平面并指向北.假设大气电场指向地面,因而电场和磁场相互垂直.我们必须沿什么方向发射电子,才能使它的运动不发生偏转?

9-4　能否利用磁场对带电粒子的作用力来增大粒子的动能?

9-5　当带电粒子由弱磁场区向强磁场区做螺旋运动时,平行于磁场方向的速度分量如何变化?动能如何变化?

9-6　一根长直导线周围有不均匀磁场,今有一带正电粒子平行于导线方向射入这磁场中,它此后的运动将是怎样的?轨迹如何?(请大致定性说明)

9-7　相互垂直的电场 E 和磁场 B,可做成一个带电粒子的速度选择器,它能使选定速度的带电粒子垂直于电场和磁场射入后无偏转地前进.那么这带电粒子的速度 v 和 E 及 B 的关系如何?

9-8　在磁场方向和电流方向一定的条件下,导体所受的安培力的方向与载流子的种类有无关系?

9-9　一个弯曲的载流导线在均匀磁场中,应如何放置才不受磁力的作用?

9-10　在一均匀磁场中,有两个面积相等、通有相同电流的线圈,一个是三角形,一个是圆形.这两个线圈所受磁力矩是否相等? 所受的最大磁力矩是否相等? 所受磁力的合力是否相等? 两线圈的磁矩是否相等? 当它们在磁场中处于稳定位置时,由线圈中电流所激发的磁场方向与外磁场方向是相同、相反还是相互垂直?

习　　题

9-1　彼此相距 10 cm 的三根平行的长直导线中,各通有 10 A 同方向的电流,试求各导线上每 1 cm 上作用力的大小和方向.

9-2　如题 9-2 图所示,长直电流 I_1 附近有一等腰直角三角形线框,通以电流 I_2,二者共面. 求 $\triangle ABC$ 的各边所受的磁力.

9-3　一半径为 $R=0.1$ m 的半圆形闭合线圈,载有电流 $I=10$ A,放在均匀磁场中,磁场方向与线圈平面平行,如题 9-3 图所示. 已知 $B=0.5$ T. 求:(1)线圈所受力矩的大小和方向(以直径为转轴);(2)若线圈受力矩的作用,转到线圈平面与磁场垂直的位置,此过程力矩作功为多少?

9-4　如题 9-4 图所示,在长直导线 AB 内通以电流 $I_1=20$ A,在矩形线圈 $CDEF$ 中通有电流 $I_2=10$ A,AB 与线圈共面,且 CD、EF 都与 AB 平行. 已知 $a=9.0$ cm,$b=20.0$ cm,$d=1.0$ cm,求:

(1)导线 AB 的磁场对矩形线圈每边所作用的磁力;

(2)矩形线圈所受合力和合力矩.

题 9-2 图

题 9-3 图

题 9-4 图

9-5　如题 9-5 图所示是一种正在研究中的电磁轨道炮原理图. 该装置可用于发射高达 10 km·s^{-1} 的炮弹. 炮弹置于两条平行轨道之间并与轨道相接触,轨道是半径为 r 的圆柱形导体,轨道间距为 d,炮弹沿轨道可以自由滑动. 稳恒电源 ε、炮弹及轨道构成一闭合回路,回路中的电流为 I. 证明作用在炮弹上的磁场力为 $F=\left(\dfrac{\mu_0 I^2}{\pi}\right)\ln\dfrac{d+r}{r}$.

9-6　如题 9-6 图所示,长直导线中通有电流 I_1,通有电流为 I_2 的半圆形载流导线圆心距长直导线 I_1 的距离为 a,求半圆形载流导线所受的安培力.

9-7　如题 9-7 图所示,光滑斜面上放有一质量为 M、长为 L、半径为 R 的圆柱体,其上绕有 N 匝线圈,置于匀强磁场中,问线圈通有多少电流时,才能使圆柱体保持平衡?

题 9-5 图   题 9-6 图   题 9-7 图

9-8 如题 9-8 图所示,一半径为 R 的无限长半圆柱面导体,其上电流与其轴线上一无限长直导线的电流等值反向,电流 I 在半圆柱面上均匀分布,试求轴线上单位长度导线所受的磁场力?

9-9 正方形线圈由外皮绝缘的细导线绕成,共绕有 200 匝,每边长为 150 mm,放在 $B=4.0$ T 外磁场中,当导线中通有 $I=8.0$ A 的电流时,求:

(1)线圈磁矩 $\boldsymbol{P}_m$ 的大小;

(2)作用在线圈上的力矩的最大值.

9-10 在如题 9-10 图所示扇形区域中,电子从下边界 P 点垂直射入均匀磁场 $\boldsymbol{B}$ 中,为使电子不从上边界跑出,其最大入射速度应为何值?

9-11 一电子以速率 $v=1\times10^4$ m·s^{-1} 在磁场中运动,当电子沿 x 轴正方向通过空间 A 点时,受到一个沿 $+y$ 方向的作用力,力的大小为 $F=8.01\times10^{-17}$ N;当电子沿 y 轴正方向以同一速率通过 A 点时,所受的力沿 z 轴的分量为 $F_z=1.39\times10^{-16}$ N,求 A 点处的磁感应强度.

9-12 一半径为 4.0 cm 的圆环放在磁场中,磁场的方向对环面而言是对称发散的,如题 9-12 图所示,圆环所在处的磁感应强度的大小为 0.10 T,磁场的方向与环面法向成 60°角,求当圆环中通有电流 $I=15.8$ A 时,圆环所受磁力的大小和方向.

题 9-8 图   题 9-10 图   题 9-12 图

9-13 沿南北方向水平放置的铜棒中通有电流 $I=2$ A,流向向南,若要使它悬浮起来,可在东西方向加一强磁场. 问:该磁场的磁感应强度至少应多大? 取何方向? (每米长铜棒的质量为 0.5 kg)

9-14 一电子射入 $\boldsymbol{B}=(0.2\boldsymbol{i}+0.5\boldsymbol{j})$ T 的均匀磁场中,当电子速度为 $v=5\times10^6\boldsymbol{j}$ m·s^{-1} 时,求电子所受的磁力.

9-15 一电子以 1.0×10^6 m·s^{-1} 的速度进入一均匀磁场,速度方向与磁场方向垂直. 已知电子在磁场中做半径为 0.1 m 的圆周运动,求磁感应强度的大小和电子的旋转角速度.

9-16 一质子以 1.0×10^7 m·s^{-1} 的速度射入磁感应强度 $B=1.5$ T 的均匀磁场中,其速度方向与磁场方向成 30°角. 计算:(1)质子做螺旋运动的半径;(2)螺距;(3)旋转频率.

9-17   霍耳效应实验中,一宽 1.0 cm,长 4.0 cm,厚 1.0×10^{-3} cm 的导体,沿长度方向载有 3.0 A 的电流,当磁感应强度大小为 $B=1.5$ T 的磁场垂直于该导体时,产生 1.0×10^{-5} V 的横向电压. 试求:

(1)载流子的漂移速度;

(2)每立方米的载流子数目.

科学家简介

电学中的"牛顿"——安培

安培(Andre-Marie Ampere,1775—1836),法国物理学家. 在电磁学方面作出了巨大贡献,被誉为"电学中的牛顿".

生平简介

安培 1775 年 1 月 22 日生于里昂一个富商家庭. 从小受到良好的家庭教育. 他父亲按照卢梭的教育思想,鼓励他走自学成才之路. 安培 12 岁时就自学了微分运算和各种数学书籍,显示出较高的数学天赋. 为了能到里昂图书馆去阅读欧勒、伯努利等人的拉丁文原著,他还花了几星期时间掌握了拉丁文. 14 岁时他就钻研了当时狄德罗和达兰贝尔编的《百科全书》. 没有上过任何学校,依靠自学,他掌握了各方面的知识. 1793 年(18 岁)因其父在法国大革命时期被杀,为了糊口他做了家庭教师. 在读了一本卢梭关于植物学的书以后,又重新燃起了他对科学的热情. 1802 年,安培在布尔让-布雷斯中央学校任物理学及化学教授,1808 年被任命为新建的大学联合组织的总监事,此后一直担任此职. 1814 年被选为帝国学院数学部成员. 1819 年主持巴黎大学哲学讲座. 1824 年任法兰西学院实验物理学教授,1836 年 6 月 10 日在马赛逝世.

主要科学贡献

他的兴趣十分广泛,早年是在数学方面,曾研究过概率论及偏微分方程,他的一篇关于博弈机遇的数学论文曾引起达朗贝尔的瞩目. 后来又作了些化学研究,他只比阿伏加德罗晚三年导出阿伏加德罗定律. 由于他高超的数学造诣,他成为将数学分析应用于分子物理学方面的先驱. 他的研究领域还涉及植物学、光学、心理学、伦理学、哲学、科学分类学等方面. 他写出了《人类知识自然分类的分析说明》这一涉及各科知识的综合性著作.

他的主要科学工作是在电磁学上. 1820 年奥斯特发现电流磁效应的消息由阿拉果带回巴黎,他作出迅速反应,在短短一个多月的时间内提交了 3 篇论文,报告他的实验研究结果:通电螺线管与磁体相似;两条平行长直载流导线之间存在相互作用;进而他用实验证明,在地球磁场中,通电螺线管犹如小磁针一样取向. 一系列实验结果,提供给他一个重大线索:磁铁的磁性是由闭合电流产生的. 起先,他认为磁体中存在着一个大的环形电流,后来经好友菲涅耳提醒(宏观圆形电流会引起磁体中发热),提出分子电流假说. 他试图参照牛顿力学的方法处理电磁学问题. 他认为在电磁学中与质点相对应的是电流元,所以根本问题是找出电流元之间的相互作用力．为此，自 1820 年 10 月起，他潜心研究电流间的相互作用，这期间显示了他的高超实验技巧．依据四个典型实验，他终于得出了两个电流元间的作用力公式．他把自己的理论称作"电动力学"．安培在电磁学方面的主要著作是《电动力学现象的数学理论》，它是电磁学的重要经典著作之一．麦克斯韦称赞安培的工作是"科学上最光辉的成就之一"．

此外，他还提出，在螺线管中加软铁芯可以增强磁性．1820 年他首先提出利用电磁现象传递电报信号．

以他的姓氏安培命名的电流强度的单位为国际单位制的基本单位之一．安培在他的一生中，只有很短的时期从事物理工作，可是他却能以独特的、透彻的分析，论述带电导线的磁效应，因此我们称他是电动力学的先创者，他是当之无愧的．

阅读材料 H

电磁轨道炮

电磁轨道炮是一种利用电磁力将弹丸发射出去的新型武器．

现在，以火药作为发射能源的传统火炮已经能够将质量为几千克的弹丸加速到 1.8 km·s⁻¹ 左右的出射速度（即弹丸离开炮口时的速度），这已经接近化学能发射弹丸速度的极限（不包括采用火箭推进方式）．然而随着军事科学技术的发展，利用化学能发射弹丸所能获得的速度远远不能适应目前反装甲、防空、拦截高速导弹技术的需要．在这种情况下，利用电能发射弹丸的电磁炮应运而生．

如图 H-1 所示，电磁轨道炮由两条连接着大电流源的固定平行导轨和一个沿导轨轴线方向可滑动的电枢组成．发射时，电流由一条导轨流经电枢，再由另一条导轨流回，而构成闭合回路．强大的电流流经两平行导轨时，在两导轨间产生强大的磁场，这个磁场与流经电枢的电流相互作用，产生强大的电磁力，该力推动电枢和置于电枢前面的弹丸沿导轨加速运动，从而获得高速度．

图 H-1　电磁轨道炮的组成

根据毕奥-萨伐尔定律和安培定律可推得，电枢受到的电力与电流强度的平方成正比，即

$$F = kI^2 \qquad ①$$

电枢和弹丸在移动过程中，电磁力所作的功就等于电枢和弹丸的动能增量，即

$$Fl = \frac{1}{2}mv^2 \qquad ②$$

于是，可得电枢和弹丸的出射速度为

$$v = \sqrt{\frac{2klI^2}{m}} \qquad ③$$

式中，m 为电枢和弹丸的质量，l 是它们移动的距离，k 是与轨道炮结构有关的系数．

由此可见，要想获得弹丸的高速度，必须供给轨道强大的电流．通常该电流的数值在兆安

级,而电流的脉冲宽度在毫秒数量级.同时,在强脉冲电流的作用下,轨道炮中弹丸的加速度可达重力加速度的几十万倍,因此,轨道炮只需要较短的导轨,就能使弹丸获得很高的速度.

目前试验已获得的最高速度:当弹丸质量为 3.1×10^{-3} kg 时,初速可达 10.1 km $\cdot$ s^{-1}. 为适应地面战术武器的应用,人们追求的目标是将千克级的弹丸通过电磁力加速到 $2.5 \sim 4$ km $\cdot$ s^{-1};而对于天基战略防御拦截导弹的武器(部署在航天器上的战略防御拦截导弹的武器),则要求质量为几克至几十克的弹丸加速至 20 km $\cdot$ s^{-1} 以上.

由于一般的火炮受结构和材料强度的限制,发射弹丸的速度不超过 2 km $\cdot$ s^{-1},火炮的自重又严重地影响了它的效率(自重多达有效负荷的 130 倍);而轨道炮的结构简单,适用范围广,且发射的几乎全是有效负荷,所以是一种具有吸引力的高新技术. 不仅可作为现代武器用于天基战略反导及反装甲和防空等地面战术武器,还可用于各类高速碰撞,如碰撞核聚变、流星体碰撞研究等. 当前的问题是高速弹丸及导轨在强电流下产生的烧蚀,加上其他的一些技术关键问题还处于试验阶段. 可以预期,随着高温超导材料的实现及相关技术的发展,必将促使轨道炮成为一种有效的武器.

第十章 磁场中的磁介质

前两章介绍了真空中的磁场,在实际应用中,人们常常需要了解物质中的磁场. 类似于在静电学中电场与电介质的相互作用,磁场与置于其中的物质间也有相互作用. 磁场会使物质处于一种特殊的状态称为磁化,被磁化的物质又会反过来影响磁场的分布,这种物质称为**磁介质**. 本章讨论磁介质和磁场相互影响的规律.

§10-1 磁介质的磁化 磁化强度矢量

一、磁介质

我们知道,电介质在电场的作用下会发生极化,并激发附加电场 E',从而使得电介质内的电场 E 是外电场 E_0 与附加电场 E' 的叠加. 与此类似,当把磁介质放入磁场 B_0 中时,由于磁场和磁介质的相互作用,磁介质将被磁化,而处于磁化状态的磁介质也要激发一个附加磁场 B'. 因此,有磁介质时的磁场 B 是外磁场 B_0 和附加磁场 B' 的叠加,即

$$B = B_0 + B' \tag{10-1}$$

实验表明,不同的磁介质在磁场中磁化的效果是不同的. 如图 10-1(a)所示,在内部为真空的螺绕环线圈中通以电流 I,测得环内磁感应强度为 B_0. 然后,保持线圈中的传导电流 I 不变,将螺绕环内部充满磁介质,如图 10-1(b)所示. 则环内会产生一附加磁场 B',此时测得环内总磁感应强度为 $B = B_0 + B'$. 实验表明不同的磁介质有不同的 B,定义

$$\mu_r = \frac{B}{B_0} \tag{10-2}$$

μ_r 称为磁介质的**相对磁导率**,μ_r 取决于磁介质本身的性质,是一个没有单位的纯数,它反映了不同物质的磁性差异. 它与真空中磁导率的乘积 $\mu_0 \mu_r = \mu$ 称为磁介质**的磁导率**.

根据 μ_r 可以将磁介质分成三类.

① 顺磁质:$\mu_r > 1$ 且接近 1,当顺磁质充满如图 10-1 所示的螺绕环时,它产生的附加磁场 B' 与传导电流 I 产生的磁场 B_0 同向,$B > B_0$,即环中磁通量增加. 属于顺磁质的物质有铬、铂、氮、氧等.

② 抗磁质:$\mu_r < 1$ 且接近 1,当抗磁质充满如图 10-1 所示螺绕环时,它产生的附加磁场 B' 与传导电流产生的磁场 B_0 反向,磁介质中的磁场 $B < B_0$,环中的磁通量减少.

属于抗磁质的物质有水银、铜、铋、硫、氢、金、银、锌等.

③ 铁磁质：$\mu_r \gg 1$，当铁磁质充满如图 10-1 所示螺绕环时，它产生的附加磁场 $\boldsymbol{B}'$ 与 $\boldsymbol{B}_0$ 同向，且 $\boldsymbol{B}'$ 比传导电流产生的 $\boldsymbol{B}_0$ 大得多，环中的磁通量大增. 属于铁磁质的物质有铁、钴、镍、钆、镝，以及它们与其他元素的合金和铁氧体.

(a) 环内为真空   (b) 环内充满磁介质

图 10-1   相对磁导率的定义

在外磁场中，磁介质表现的宏观行为是产生附加磁场 $\boldsymbol{B}'$，使磁场得以加强或削弱，这种现象称为**磁化**. 为什么不同磁介质在外磁场中有如此不同的行为？为什么磁介质在外磁场中会引起附加磁场？下面我们来讨论顺磁质和抗磁质磁化的微观机理.

二、顺磁质和抗磁质的磁化

物质是由分子、原子组成的，分子或原子中的每个电子都在同时参与两种运动：绕原子核的轨道运动和电子本身的自旋. 这就宛如地球绕太阳公转的同时也在绕地轴自转一样. 电子的这两种运动都能产生磁效应. 如果把分子或原子看做一个整体，则其对外界所产生的磁效应的总和，可以等效为一个圆电流，称为**分子电流**，分子电流的磁矩称为**分子磁矩**或**固有磁矩**，用 $\boldsymbol{P}_m$ 表示. 不同物质的分子磁矩的大小不同.

原子核也有磁矩，称为**核磁矩**，它是核内质子的轨道运动及质子和中子的自旋运动所产生的磁效应的总和. 但是核磁矩与核外电子的磁矩相比，要小三个数量级. 因此，计算分子或原子的总磁矩时，可以忽略核磁矩的影响.

当无外磁场作用时，对于抗磁质来说，因为每个分子中所有电子的磁效应互相抵消，分子磁矩 $\boldsymbol{P}_m = 0$，所以，抗磁质中的任何一部分对外界都不显示磁性；对于顺磁质来说，虽然每个分子都有一定的磁矩，但是由于热运动，各分子磁矩 $\boldsymbol{P}_m$ 的取向杂乱无章，因此，对于顺磁质内的任何一个体积元，其中所有分子磁矩的矢量和 $\sum \boldsymbol{P}_m = \boldsymbol{0}$. 所以，顺磁质对外界也不显示磁性.

当有外磁场 $\boldsymbol{B}_0$ 存在时，对于顺磁质，其内所有分子磁矩 $\boldsymbol{P}_m$ 在磁力矩的作用下都趋于外磁场 $\boldsymbol{B}_0$ 的方向，从而在磁介质内部出现了分子磁矩的有序排列，这时任一个体积元中所有分子磁矩的矢量和 $\sum \boldsymbol{P}_m \neq \boldsymbol{0}$，这些有序排列的分子磁矩产生了一个与 $\boldsymbol{B}_0$

方向一致的附加磁场 B'，使磁介质内部的磁场增强，这就是顺磁质的磁化机理．顺磁质磁化的微观过程如图 10-2(a)所示．

对于抗磁质来说，在无外磁场作用时，虽然其每个分子的分子磁矩 $P_m = 0$，但就分子中的每个电子而言，无论是电子的轨道运动还是自旋运动都有磁矩．当有外磁场 B_0 作用时，每个电子的运动轨道将会受到影响，从而产生附加分子磁矩 ΔP_m．可以证明，无论电子轨道磁矩的方向如何，附加磁矩 ΔP_m 的方向必与外磁场 B_0 的方向相反．因此，在磁化后的抗磁质内，任一体积元中所有分子附加磁矩的矢量和 $\sum \Delta P_m \neq 0$，结果就在磁介质内产生了一个与 B_0 反向的附加磁场 B'，使磁场削弱．这就是抗磁质磁化的微观机制．图 10-2(b)所示为抗磁质磁化的微观过程．

无外磁场时

分子磁矩 $P_m = 0$

分子附加磁矩 $\Delta P_m = 0$

无外磁场时

有外磁场时

有外磁场时

（a）顺磁质的磁化　　　　　（b）抗磁质的磁化

图 10-2　顺磁质和抗磁质的磁化

应当指出，抗磁性不只是抗磁质所独有的特性，由上面分析可知，顺磁质也应具有这种抗磁性．只不过顺磁质中抗磁性的效应较之顺磁性效应要小得多，因此，在研究顺磁质的磁化时可以不计其抗磁性效应．

总之，无论是顺磁质还是抗磁质，经外磁场作用后：磁介质内任一体积元的总磁矩 $\sum P_m$ 由 $\sum P_m = 0$ 变为 $\sum P_m \neq 0$，对外显示出顺磁性或抗磁性，这就是磁介质的磁化．为表征物质磁化的程度，引入一个物理量——磁化强度矢量．

三、磁化强度　磁化电流

1. 磁化强度

在磁化的磁介质中任取体积元 ΔV，若该体积中总磁矩为 $\sum P_m$，则磁化强度矢量

定义为

$$M = \frac{\sum P_{\mathrm{m}}}{\Delta V} \tag{10-4}$$

它表示单位体积内分子磁矩的矢量和. 在国际单位制中,磁化强度的单位为安培每米
($A \cdot m^{-1}$). 对于顺磁质,M 与外磁场 B_0 方向相同,它在磁介质内产生的附加磁场 B'
也与 B_0 同向. 对于抗磁质,M 与外磁场 B_0 方向相反,它在磁介质内产生的附加磁场
B' 与 B_0 也是反向的.

磁化强度 M 是定量描述磁介质磁化程度的物理量. 一般情况下,介质内各点的 M
是不同的. 如果介质内各点的 M 都相同,则称磁介质被均匀磁化.

2. 磁化电流

磁介质被磁化后,与分子磁矩相联系的分子电流也趋于有序排列. 图 10-3(a)所示
为充满无限长螺线管的磁介质被磁化时,分子电流的流动情况. 图 10-3(b)为磁化的
磁介质内任意横截面上分子电流的排列情况. 如果磁介质均匀分布,则在其内部任意
位置,总是有相反方向的分子电流流过,它们的磁作用相互抵消,只有在磁介质边缘处
的分子电流未被抵消. 其宏观效果是在介质截面的边缘处形成与边缘重合的圆电流,
这种电流称为**磁化面电流**,简称**磁化电流**,用 I_S 表示. 在图 10-3(a)中用虚线表示磁化
电流. 磁化电流不能像传导电流那样能用导线引出,故也称为束缚电流. 顺磁质磁化
时,分子磁矩取向造成磁化面电流 I_S 与激发外磁场 B_0 的传导电流 I 同向,如图 10-3
(c)所示;而对于抗磁质,其磁化面电流 I_S 则与传导电流 I 反向,因而对外显示出抗磁
性,如图 10-3(d)所示.

图 10-3 磁介质磁化时分子电流的排布

我们看到,磁介质的磁化情况可以用磁化强度来描述,也可以用磁化电流来反映,
二者之间必然存在着一定联系. 可以证明(从略):磁化强度 M 的环流为

$$\oint M \cdot dl = I_S \tag{10-5}$$

即:磁化强度沿任意闭合回路的环流,等于闭合回路所包围的面积内磁化电流的代数
和. 式(10-5)是在任何情况下都成立的普遍规律.

§10-2 有磁介质时磁场的基本规律

一、磁场强度 有磁介质存在时的安培环路定理

有磁介质存在时,空间(磁介质内部和外部)任一点的磁感应强度 $\boldsymbol{B}$ 是传导电流所产生的磁场 $\boldsymbol{B}_0$ 与磁化电流所产生的附加磁场 $\boldsymbol{B}'$ 的矢量和,即 $\boldsymbol{B}=\boldsymbol{B}_0+\boldsymbol{B}'$. 因此,在磁介质中应用安培环路定理时,须把被闭合回路所包围的磁化电流 I_S 计算在内,即

$$\oint_L \boldsymbol{B} \cdot \mathrm{d}\boldsymbol{l} = \mu_0 \left(\sum I_0 + I_S \right) \tag{10-6}$$

式中的 I_0 和 I_S 分别为穿过以回路 L 为边界的任一曲面的传导电流和磁化电流. 由于磁化电流难于测量,上式不便于直接应用. 所以,利用式(10-5)将式(10-6)改写为

$$\oint_L \boldsymbol{B} \cdot \mathrm{d}\boldsymbol{l} = \mu_0 \left(\sum I_0 + \oint_L \boldsymbol{M} \cdot \mathrm{d}\boldsymbol{l} \right)$$

或

$$\oint_L \left(\frac{\boldsymbol{B}}{\mu_0} - \boldsymbol{M} \right) \cdot \mathrm{d}\boldsymbol{l} = \sum I_0$$

令

$$\boldsymbol{H} = \frac{\boldsymbol{B}}{\mu_0} - \boldsymbol{M} \tag{10-7}$$

则有

$$\oint_L \boldsymbol{H} \cdot \mathrm{d}\boldsymbol{l} = I_0 \tag{10-8}$$

式(10-7)定义的矢量 $\boldsymbol{H}$ 称为**磁场强度**,它是描述磁场性质的辅助量. 在国际单位制中,磁场强度的单位是 $\mathrm{A} \cdot \mathrm{m}^{-1}$. 式(10-8)称为**有磁介质时的安培环路定理**. 该定理表明,$\boldsymbol{H}$ 的环流仅与传导电流有关,与磁介质无关,只要传导电流 I 一定,不管磁场中填充什么磁介质,$\boldsymbol{H}$ 的环流都是一样的. 值得一提的是,该定理并不意味着磁场强度 $\boldsymbol{H}$ 也与磁介质无关. 由于 $\boldsymbol{H}$ 和 $\boldsymbol{B}$ 与传导电流、磁化电流都有关系,因此,磁场中各点的 $\boldsymbol{H}$、$\boldsymbol{B}$ 会随所填充磁介质的不同而变化.

二、有磁介质时的高斯定理

磁介质中任一点的磁感应强度 $\boldsymbol{B}=\boldsymbol{B}_0+\boldsymbol{B}'$,由于磁化电流所激发的磁场 $\boldsymbol{B}'$ 与传导电流激发的磁场等效,均为有旋场,所以对 $\boldsymbol{B}'$ 也有

$$\oint_S \boldsymbol{B}' \cdot \mathrm{d}\boldsymbol{S} = 0$$

因此,可以得到

$$\oint_S \boldsymbol{B} \cdot \mathrm{d}\boldsymbol{S} = \oint_S (\boldsymbol{B}_0 + \boldsymbol{B}') \cdot \mathrm{d}\boldsymbol{S} = 0 \tag{10-9}$$

式(10-9)称为**有磁介质时的高斯定理**,是磁场的普遍公式.

三、线性磁介质

实验研究结果表明,除铁磁质外,只要所在处的磁场不太强,多数各向同性磁介质中的磁化强度 M 与磁场强度 H 的关系为

$$M = \chi_m H \tag{10-10}$$

满足上述关系的磁介质称为**线性磁介质**. 由于在 SI 制中 M 与 H 的单位相同,比例系数 χ_m 的量纲为 1,χ_m 称为**磁介质的磁化率**,大小由介质的物理性质决定,线性磁介质中的磁化强度 M 的方向与磁场强度 H 的方向总是在同一条直线上.

把式(10-10)代入磁场强度的定义式,即可得到 H 与 B 的关系

$$B = \mu H \tag{10-11}$$

式中 $\mu = \mu_0 \mu_r$,$\mu_r = 1 + \chi_m$.

式(10-8)和式(10-11)是分析计算有磁介质存在时磁场分布问题的两个常用公式. 一般根据传导电流的分布先用式(10-8)求出 H 的分布,然后再利用式(10-11)求出 B 的分布. 下面我们举例说明.

例 10-1 在均匀密绕的螺绕环内充满均匀的顺磁质,已知螺绕环中的传导电流为 I,单位长度上的匝数为 n,环的横截面半径比环的平均半径小得多,磁介质的相对磁导率为 μ_r,求环内的磁感应强度.

解 密绕螺绕环,磁场几乎全部集中在环管内部,环管外磁场接近于零. 根据电流分布的对称性可知,环管内磁场的 B 线和 H 线均为以 O 为圆心的圆,在同一圆周上各点的 H 的大小相等,方向沿圆周的切线方向. 如例10-1图所示,在环管内任取一点,过该点作一和环同心、半径为 r 的圆周作为积分回路 L,根据安培环路定理知

例 10-1 图

$$\oint_L \boldsymbol{H} \cdot \mathrm{d}\boldsymbol{l} = NI$$

N 是螺绕环上线圈的总匝数. 由于所取圆形回路上各点的磁场强度的大小相等,方向都沿切线. 于是

$$H2\pi r = NI$$

$$H = \frac{NI}{2\pi r} = nI$$

所以
$$B = \mu H = \mu_0 \mu_r H = \mu_0 \mu_r nI$$

当环内是真空时

$$B_0 = \mu_0 H = \mu_0 nI$$

$$\frac{B}{B_0} = \mu_r$$

由此可知,当环内充满均匀磁介质后,环内的磁感应强度是真空时的 μ_r 倍.

§10-3　铁　磁　质

铁磁质是一种性能特异、用途广泛的磁介质. 铁、钴、镍及许多合金和含铁的氧化物都属于铁磁质.

一、铁磁质的基本性质

铁磁质的相对磁导率 $\mu_r \gg 1$,能产生很强的附加磁场,可以使铁磁质中的磁场增强 $10^2 \sim 10^4$ 倍,这使得铁磁质在实际工程中具有很高的应用价值.

铁磁质的相对磁导率 μ_r 不仅很大,而且还随磁场强度的变化而变化. μ_r 随 H 变化的关系曲线如图 10-4 中虚线所示. 从曲线上可以看出,最初磁介质的相对磁导率 μ_r 随磁场强度 H 的增加而急剧地增加,直到最大值;此后,μ_r 随 H 的增加又逐渐减小. 铁磁质中的磁感应强度 B 与磁场强度 H 之间呈非线性关系,如图 10-4 中实线所示. 由图可以看出,随着磁介质中 H 的逐渐增加,所测得的 B 经历了缓慢增加(Oa 段)、急剧增加(ab 段)、缓慢增加(bc 段),最后当 H 达到某一值后,B 值逐渐趋于饱和(cS 段). 从 S 点开始铁磁质的磁化达到饱和状态,对应 S 点的磁场强度称为**饱和磁场强度**,从 O 到 S 的这一段曲线称为**起始磁化曲线**.

如果在磁感应强度达到饱和状态后,将磁场强度 H 逐渐减小为零,则发现 B 并不沿着起始磁化曲线逆向减小,而是沿图中另一条曲线 SR 比较缓慢地减小,如图 10-5 所示. 这种 B 的变化落后于 H 变化的现象,叫做**磁滞现象**,简称**磁滞**. 磁滞现象的一个显著特点是,当 H 降为零时,磁感应强度 B 并不等于零(如图中的 R 点),这说明铁磁质在没有传导电流时也可以有磁性,B_r 称为**剩磁**. 为使 B 减少到零(通常称为**退磁**),必须加一个反向磁场 H_C,该值称为**矫顽力**,矫顽力的大小反映了铁磁材料保存剩磁状态的能力. 若再增加反向磁场,则 B 又可达到反向饱和值 S' 点. 如果再使反向磁场的绝对值逐渐减弱到零,随后再使正向磁场逐渐增加,则铁磁质的磁化状态将沿 $S' \rightarrow R' \rightarrow C' \rightarrow S$ 回到正向饱和状态 S,完成一个 $SRS'R'S$ 的循环曲线,这条闭合曲线叫做**磁滞回线**.

图 10-4　起始磁化曲线

图 10-5　磁滞回线

二、铁磁质的分类

在实际应用中,通常按照矫顽力的大小把铁磁质分成软磁材料和硬磁材料. 矫顽力小的称为**软磁材料**;矫顽力大的称为**硬磁材料**. 矫顽力小,表示剩磁容易消除;矫顽力大,表示剩磁容易保持.

按照磁滞回线的特点也可以将铁磁质分成三类:

(1)**软磁材料**,如图 10-6(a)所示,软磁材料的特点是磁导率大,矫顽力小,磁滞回线窄,容易磁化,也容易退磁,可用来制造变压器、电机和电磁铁的铁心. 对于软磁材料,可以近似认为有固定的相对磁导率 μ_r,B 与 H 成线性关系.

(2)**硬磁材料**,如图 10-6(b)所示,其特点是剩磁和矫顽力都比较大,磁滞回线所包围的面积也较大,磁滞现象非常明显. 该类材料在充磁后,能保留较强的磁性,且剩磁不易消除,故适合做永久磁体,例如磁电式电表、永磁扬声器、小型直流电机、电话等所用的磁铁都是用硬磁材料做成的.

(3)**矩磁材料**,如图 10-6(c)所示,磁滞回线呈矩形,剩磁 B_r 和饱和磁感应强度 B 几乎相同. 由于它在两个方向的剩磁为 $\pm B_r$,因而可以用来表示计算机的两个数码"0"和"1",制成所谓的记忆元件. 最常用的矩磁材料是锰-镁和锂-锰铁氧体.

(a)软磁材料   (b)硬磁材料   (c)矩磁铁氧体材料

图 10-6   不同铁磁质的磁滞回线

三、铁磁质的磁化机制

虽然人类对永磁体早有认识,但铁磁质的磁化机制一直令人困惑不解,直到近代量子论的出现,才使人类较好地解决了这个问题. 由于磁化过程很复杂,我们这里只介绍几个结论.

(1)近代科学实验证明,铁磁质的磁性主要来源于电子的自旋磁矩. 在没有外磁场时,铁磁质中电子自旋磁矩可以在小范围内"自发地"排列起来,形成一个个小的"自发磁化区",称作**磁畴**,如图 10-7(a)所示. 磁畴的大小和形状不一,大致来说,每个磁畴体积约为 $10^{-15}\ \mathrm{m^3}$,大约含有 10^{15} 个原子. 每个磁畴都有一定的磁矩,由电子自旋磁矩自发取向一致产生,与电子轨道运动无关. 因而每个磁畴中的磁化强度非常大,但由于热运动,各磁畴的磁化方向不同,从而在宏观上铁磁质并不显现磁性.

(2)在外磁场作用下,磁畴会发生变化,可分为两步:① 外磁场较弱时,凡是磁矩方向与外磁场相同或相近的磁畴都要扩大自己的体积,此现象称为**畴壁位移**,如图10-7(b)、(c)所示;② 外磁场较强时,每个磁畴的磁矩方向都不同程度地取向于外磁场方向,如图10-7(d)所示,外磁场越强,取向作用就越大,直到铁磁质中的所有磁畴都沿着外磁场方向排列起来,如图10-7(e)所示.此时,铁磁质磁化达到饱和,并产生了一个远大于外磁场的附加磁场.

图 10-7 单晶结构铁磁体磁化过程示意图

在上述磁畴的两个变化过程(畴壁位移和磁矩取向)中,磁化强度沿外场方向会逐渐增大.当铁磁质磁化达到饱和之后,由于所有磁畴的磁矩都已沿外场方向排列,即便是再增强外磁场也不会使磁化强度增大.这便是起始磁化曲线的成因.

(3)既然磁畴起因于电子自旋磁矩的自发有序排列,而热运动又是有序排列的破坏者,因此,每一种铁磁质都有一个临界温度,当温度超过这一临界温度时,分子热运动加剧到了可使磁畴瓦解的程度,磁畴便不复存在,使铁磁性消失而退变为顺磁性,而当温度低于这一临界温度时则又还原为铁磁质.这个临界温度叫做铁磁质的**居里点**.不同的铁磁质有不同的居里点,纯铁和纯镍的居里点分别为770℃及358℃.这一性质可用于制造温控装置.例如,电饭锅中装有两块互相吸引的永磁钢,其中一块叫**感温磁钢**,当温度达到其居里点(103℃)时失去剩磁,使另一磁钢因自重而下落,从而切断电源.

思　考　题

10-1　设想一个封闭曲面包围住永磁体的N极,通过此封闭曲面的磁通量是多少?通过此封闭曲面的H通量如何?

10-2　一块永磁铁落到地板上就可能部分退磁,为什么?把一根铁条南北放置,敲它几下,就可能磁化,又为什么?

10-3　为什么一块磁铁能吸引一块原来并未磁化的铁块?

10-4　马蹄形磁铁不用时,要用一铁片吸到两极上;条形磁铁不用时,要成对的将N,S极方向相反地靠在一起放置,为什么?有什么作用?

10-5　下面几种说法是否正确,试说明理由.

(1)H仅与传导电流(自由电流)有关;

(2)不论顺磁质与抗磁质,B与H同向;

(3)通过以闭合曲线L为边线的任意曲面的B通量均相等;

(4)通过以闭合曲线L为边线的任意曲面的H通量均相等.

习　题

10-1　一均匀磁化的介质棒,其直径为 $1\,cm$,长为 $20\,cm$,磁化强度为 $100\,A\cdot m^{-1}$,求磁棒的磁矩.

10-2　螺绕环中心周长 $l=10\,cm$,环上线圈匝数 $N=200$,线圈中通有电流 $I=100\,mA$,求:

(1)管内的磁感应强度 B_0 和磁场强度 H_0;

(2)若管内充满相对磁导率 $\mu_r=4\,200$ 的磁介质,则管内的 B 和 H 是多少?

10-3　在铁磁质磁化特性的测量实验中,设所用的环形螺线管上共有 $1\,000$ 匝线圈,平均半径为 $15.0\,cm$,当通有 $2.0\,A$ 电流时,测得环内磁感应强度 $B=1.0\,T$,求:

(1)螺绕环铁芯内的磁场强度 H;

(2)该铁磁质的磁导率 μ 和相对磁导率 μ_r.

10-4　螺绕环的导线内通有电流 $20\,A$,利用冲击电流计测得环内磁感应强度的大小是 $1.0\,Wb\cdot m^{-2}$.已知环的平均周长是 $40\,cm$,绕有导线 400 匝.试计算:

(1)磁场强度;(2)磁化强度;(3)磁化率;(4)相对磁导率.

10-5　一铁制的螺绕环,其平均圆周长 $L=30\,cm$,截面积为 $1.0\,cm^2$,在环上均匀绕以 300 匝的导线,当绕组内的电流为 $0.032\,A$ 时,环内的磁通量为 $2.0\times10^{-6}\,Wb$.试计算:

(1)环内的平均磁通量密度;

(2)圆环截面中心处的磁场强度大小.

10-6　在实验室,为了测试某种磁性材料的相对磁导率 μ_r,常将这种材料做成截面为矩形的环形样品,然后用漆包线绕成一螺绕环,设圆环的平均周长为 $0.10\,m$,横截面积为 $0.50\times10^{-4}\,m^2$,线圈的匝数为 200 匝,当线圈通以 $0.10\,A$ 的电流时,测得穿过圆环横截面的磁通量为 $6.0\times10^{-5}\,Wb$.求此时该材料的相对磁导率 μ_r.

10-7　一个截面为正方形的环形铁芯,其磁导率为 μ.若在此环形铁芯上绕有 N 匝线圈,线圈中的电流为 I,环的平均半径为 r.求此铁芯的磁化强度.

科学家简介

从学徒工到科学家
——法拉第及其对电磁学的贡献

法拉第(Michael Faraday 1791—1867)是 19 世纪最伟大的实验物理学家,同时又是杰出的化学家和自然哲学家,他在电磁学研究方面的卓越贡献如同伽利略、牛顿在力学方面的贡献一样,具有划时代的意义.

生平简介

1791 年 9 月 22 日,法拉第诞生在伦敦南面的萨里郡纽因顿一个贫困的铁匠家庭.5 岁那年,全家为谋生迁居伦敦,靠有病的父亲一人工作维持全家的生计,艰苦的生活造就了法拉第勤劳、刻苦的品格. 1804 年,13 岁的法拉第离开学校,成了 G·黎堡先生书店的小报童,第二年他被正式收为学徒学习装订技术. 在书店里,法拉第接触到了大量的书籍,这启发了他强烈的求知欲望,他利用所有的工余时间贪婪地阅读各种书籍,正是通过大量地、勤奋地读书,法拉第才走上了科学之路. 最早使法拉第对科学产生兴趣的是《大英百科全书》. 当读到其中梯特勒(Tytler)撰写的"电学"条目时,他被深深地吸引住了,他用自己微薄的工钱买来实验器具,照着书上的实验一个个地做,并作了实验记录,这位伟大的实验大师的最初实践就这样开始了.

1810 年,法拉第参加了塔特姆(Tatum)组织的"市哲学学会",在那里,他获得了力学、电学、光学、化学等基础学科的启蒙知识,对科学的兴趣与日俱增. 在此期间,玛丽特(Marcet)夫人所写的《化学对话》一书使著名化学家戴维(Davy)爵士成了年轻的法拉第所崇拜的榜样. 戴维当时任皇家研究院化学教授,经常举行化学讲座,一个偶然的机会,法拉第听了 4 次戴维的讲演,他被深深地感动了,决心寻找自己的科学道路.

1812 年,法拉第学徒期满,他怀着敬仰之情将经过自己补充、整理的戴维讲演记录装订成册,并在书脊上烫上金字寄给了戴维,并附上了一封信,请求戴维帮助他到皇家学院工作. 收到法拉第寄来的书,戴维大为感动. 他向皇家学院理事建议录用法拉第. 1813 年,法拉第的愿望终于实现了,他成为皇家研究院实验室助理,搬进了研究院的顶楼,从此开始了他献身科学的历程. 由于他工作勤恳、聪明机敏,很快便掌握了实验技术,成为戴维的得力助手. 1813 年 10 月～1815 年 4 月,法拉第随戴维夫妇到欧洲作科学旅行. 一路上,他听取戴维介绍各种科学知识,并有机会见到了安培、伏打等知名科学家,参观了他们的实验室. 这使法拉第眼界大开,他称这次旅行为一所社会大学. 1815 年回到英国后,法拉第开始独立进行科学研究,发挥了惊人的才干,获得了累累硕果. 1821 年,法拉第任皇家学院实验室总监和代理实验室主任. 此时,他开始进行电和磁的研究.

1855 年他从皇家学院退休. 1867 年 8 月 25 日在伦敦去世. 遵照他"一辈子当一个平凡的迈克尔·法拉第"的意愿,遗体被安葬在海格特公墓. 为了纪念他,用他的名字命名电容的单位——法拉.

主要科学贡献

法拉第的最大贡献是发现了电磁感应现象. 电磁感应现象的发现是 19 世纪最伟大的发现,也是整个科学史上最伟大的发现之一,它具有划时代的意义. 它不仅奠定了电力工业最重要的基础,而且在奥斯特实验的基础上进一步揭示了电现象和磁现象的紧密联系. 法拉第研究电磁学的工作后来汇集在《电学实验研究》这部凝结着他毕生心血的巨著中. 1831 年 11 月 24 日,法拉第在皇家学会上宣读了他的《电学实验研究》第一辑的 4 篇论文,公布了他发现的电磁感应现象.

法拉第对电磁学的贡献不仅是发现了电磁感应现象,他还发现了电解定律(1833～1834年)、光磁效应(也叫法拉第效应,1845 年)、物质的抗磁性(1845 年)等. 1851 年,他发表了《论磁感线》的论文,在大量实验的基础上创建了力线思想和场的概念,为麦克斯韦电磁场理论奠定了基础.

法拉第一生致力于科学研究事业,不恋钱财、不图虚荣,为科学事业贡献了毕生精力.

阅读材料 I

地 磁 场

　　远在距今 1 900 多年前,在我国历史上就已有"磁勺柄指南"的记载,到了公元 11 世纪,我国宋代的航海家已使用指南针——罗盘来导航.但是长久以来,人们一直不明白,磁针静止时为什么总是指向南北方向,在观察了小磁针在一根条形磁铁近旁的指向后,人们才猜想地球本身应该具有磁性.

　　一个用细线悬挂在水平位置的小磁针,在四周没有磁性物体和电流的影响时,小磁针的静止方位指向接近地理南、北极方向,这好像小磁针被一块磁铁紧紧吸引住那样,由此人们更确信地球是一个大磁体,上述现象是地球表面处的磁场对小磁针的作用所致.地球自转轴与地面的两个交点,分别称为地理的南、北两极,而地球内部的磁化强度(猜测的)的方向与地球的自转轴的交角约为 $15°$,所以地球两个磁极中心位于地理南、北极的附近.上述小磁针在静止时,磁针北端的磁极称为"指北极",简称北极;南端的磁极称为"指南极",简称南极.按此,则在地理北极附近的地磁极是磁南极 S_m;而在地理南极附近的地磁极是磁北极 N_m,(见图 I-1).根据近代的正确测量,地磁的 S_m 极在北半球加拿大北海岸以北北纬 $70°50'$ 和西经 $90°$ 的地方,而地磁的 N_m 极则处于南半球罗斯海西部南纬 $70°10'$ 和东经 $150°45'$ 的地方.

　　地球是一个大磁体,因此在它的周围存在着磁场,我们称地球周围的磁场为地球磁场或地磁场,简称地磁.在离地球约 5 倍地球半径空间处,地球的磁场分布近似一个均匀磁化了的球产生的磁场.在不同的地点,磁场强度是不同的,而且除在磁赤道处,地磁场都不是水平的,因此,地面上任一点磁场可分为水平分量 B_0(θ 为磁纬度)和径向分量 B_r.小磁针静止时所在的直立平面称为地磁子午面,这个平面与地球的地理子午面间的夹角称为磁偏角,根据测定

图 I-1　地磁极

发现地面上不同地点的磁偏角是不相同的,在赤道地区较小,但在高纬度区可以很大.小磁针静止时与水平面间的夹角称为磁倾角,在地磁赤道上,磁倾角为零;在磁南极和磁北极处的磁倾角为 $90°$.磁场强度的水平分量、磁偏角和磁倾角三个量通常称为地磁的三个要素,地球磁场的研究必须先从这三个要素的测定入手.在北京地区,地磁场 $B=0.548×10^{-4}$ T,磁偏角为 $-6°$(偏东为正,偏西为负),磁倾角为 $57°1'$.

　　根据测量发现,在地面不同点地磁的三个要素是不同的,如在地图上将要素相同的点连成曲线可得出一张地磁图.早在 1581 年,英国的诺尔曼绘制了第一张世界地磁图,在图上标明世界各地罗盘指针所指示的实际方向,此图无疑对航行和探险事业中的导向以及发现地磁异常等方面有很大的参考价值.例如,当发现某一地区的地磁显著偏离地磁图上标明的数据资料时,也就是出现地磁异常时,这往往是该地区即将出现地震或气象突变的预兆;或者当从地磁图上发现某一地区的地磁数据与相邻地区相差悬殊时,则可能表明该地区地下深处蕴藏着丰富的磁铁矿(磁法探矿).

　　我国已于 1950 年、1960 年和 1970 年先后发表了由地面测量得到的不同比例尺的全国地磁图.1960 年 10 月,国际上采用了一个"国际参考地磁场",以此作为计算全球性地磁异常的参考.

人们还发现,地磁场的强度和方向已经过多次的循环变化:其强度由强变弱,以至消失变为零,然后地磁方向倒转,强度再由弱变至反方向的最大值,地壳中的火山岩石清楚地保留了地磁变化的资料. 自从地球形成以来,自远古至今,地球上各处频频出现火山爆发,每一次爆发时从地球内部喷射出大量的岩浆,在这些岩浆逐渐冷却凝固过程中,它里面的结晶体便会顺着当时地磁场方向有序地排列起来,采用现代检测手段,人们很容易推断出熔岩凝固的年代,从而可推知不同历史时期地磁场的方向和强度. 根据对这些火山岩的精确测定,已知在过去 4 000 000 年内,地球磁场的方向倒转——即地磁的 N_m 极和 S_m 极南北移位——已经有 9 次,而在近 3 000 000 年内,地球磁极也曾 3 次南北移位.

最近几个世纪以来,科学家们连续测量和记载了地磁场强度的数据,发现地磁强度一直在不断地减弱. 美国曾经通过所发射的地磁卫星对地磁进行了长时间的精密测量和仔细研究,得出了一个精确的地磁减弱速度,由此推算到公元 32 世纪(即 1 100 年后)来临之前,地磁将消失殆尽. 根据以往地磁变化、南北移位的历史在 32 世纪开始时是否会像过去那样出现地磁方向的转向呢? 到那时人们又将怎样来适应这样的地磁变化呢? 在漫长的历史时期中,多次地磁转向时我们的祖先并没有留下真实情况及人们感受的记录,那么我们期望下一次地磁倒转历史能被我们的子孙描绘得一清二楚. 至于是什么原因引起地磁场的循环变化,直到现在仍懵然无知. 另外,昼、夜和季节更换也会引起地磁场有规律的变化,这种变化一般很小,在几十年中并不明显.

地磁场除了上述有规律的变化之外,还会突然出现不规则的变化,这种变化称为磁暴. 产生磁暴的主要原因是:当太阳活动时,在太阳黑子区域有一股连续发出的带电粒子流射向地球,由这些粒子流所形成的电流产生一个附加磁场,这附加磁场强烈地干扰地磁场而产生了磁暴. 有时磁暴非常强烈,它能使指南针失效,它还会在地面上的输电线、电话线、输油管道和一切细长的金属导体中产生感应电流而引起破坏作用. 磁暴和北极光往往在同时发生.

有关地磁的起源一直是科学家们力图探明的一个基本课题. 自从 1820 年奥斯特发现电流的磁效应,1820 年安培提出物质的磁性来源于分子电流的假设后,科学家们很自然地想到地磁场应和地球内部的电流源相联系着. 按现代的观点,地磁场来源于磁流体力学机制:地球炽热核心内的导电流体的运动和磁场的存在形成一个自行维持着的巨大直流发电机,使在地球核心内导电流体形成一个巨大的环形电流,从而使地球产生如图 I-1 所示的磁场. 但是内部的环形电流又是怎样形成的呢? 因为地磁方向每倒转一次,表明产生地磁的环形电流也已反向,又是什么机制促使如此巨大的环形电流周期性地变换方向的呢? 这些都是科学家们正在努力探索的课题.

所有生物,包括人类在内,都已完全适应和习惯于在地磁环境下生活和繁衍,可以认为,地磁一方面对地球上的生命起着保护作用,一方面也为他们的生存创造了条件. 根据人造卫星的探测,地面周围的磁场并不延伸到很遥远的区域,这是因为从太阳发射出来的等离子体阻止了地磁场的向外延伸. 因此,地磁场局限在地球周围的有限区域之内,这个区域称为磁层或地磁层,它随地球一起运动,就是这个磁层挡住了由宇宙空间射来的、足以使生物致命的高能粒子流,使所有生物得以安全地栖息在地球上. 还有人类和生物赖以生存的水,也是依靠地磁场将大量的氢离子吸引到地球表面,从而使它和空气中的氧化合而形成水滴和雨降落到地面的. 所以也可以这样说,地球上的生命是伴随着地磁场的形成并增强到足以对生命起保护作用时才出现的,即生命与地磁两者是紧紧地联系在一起的.

第十一章　变化的电磁场

迄今我们已经分别研究了静电场和稳恒磁场的基本规律,但均未涉及场随时间变化的问题. 如果电场或磁场随着时间变化,则变化的磁场会产生电场,变化的电场又会产生磁场. 这时,电与磁成为紧密相关、不可分割的统一的电磁场. 本章将要分析电场与磁场之间这种相互关联、相互激发的关系以及电磁场的普遍规律.

本章将首先讨论电磁感应定律和位移电流的概念,然后介绍麦克斯韦的电磁场方程组. 有关电磁波的特性及其辐射规律将在本书波动学中再作介绍.

§11-1　法拉第电磁感应定律

一、基本的电磁感应现象

自 1820 年奥斯特发现电流的磁效应后,人们一直在设法寻找其逆效应,即利用磁场产生电流. 历史上曾进行过许多实验,直到 1831 年法拉第(M. Faraday)才找到了正确的实验方法. 下面我们通过几组实验来观察一些电磁感应现象,并通过归纳分析实验结果,弄清产生电磁感应现象的条件.

1. 实验现象观察

实验 1　线圈与磁铁有相对运动

如图 11-1 所示,一个线圈与一个电流计串接成一个闭合回路,这时电流计指示为零. 将条形磁铁相对于固定线圈运动,发现磁铁插入或拔出的同时,电流计的指针都发生偏转,而且相对运动的方向改变时,指针的偏转方向也改变.

实验 2　用线圈代替实验 1 中的磁铁

用一个带有电源、电键的闭合线圈 B 来代替实验 1 中的磁铁(见图 11-2),线圈中流过的稳恒电流为 I,若保持线圈 A、B 的相对位置不变,则 A 回路中电流计不偏转,但当打开或闭合电键时,就可观察到电流计的指针偏转,而且对应于开关的打开或闭合,电流计的偏转方向相反. 如果保持线圈 B 中的电流稳恒不变,但左右移动,则同样可以观察到电流计的偏转.

实验 3　导线切割磁导线

在一块磁铁的两极之间,放置一个与磁场方向垂直的平面导体框架,导线 ab 放置在框架上并串接一个电流计组成电流回路(见图 11-3). 当 ab 导线在框架上滑动时,电流计的指针就会偏转,表明回路中产生了电流. 当 ab 导线反向滑动时,电流计指针的偏转方向随即反向;如果 ab 导线停止滑动,则电流计指针回到零点.

实验 4 线圈在磁场中转动

如图 11-4 所示,在两个磁极之间有一线圈可以绕轴 OO' 转动,线圈的两端通过电刷连接到一个电流计上,当线圈以一定的角速度绕轴转动时,电流计指针在零点的两侧来回摆动,即这一电流是周期性变化的. 线圈停止转动后则电流计指针又回到零点.

图 11-1 线圈与磁铁相对运动

图 11-2 线圈回路的通断

图 11-3 导线切割磁力线

图 11-4 线圈在磁场中转动

2. 实验结果分析

在实验 1 和实验 2 中,线圈中之所以产生电流,是因为线圈所在处的磁场发生了变化,从而使穿过线圈中的磁通量发生了变化,当线圈中的磁场不发生变化时,则线圈中的电流为零.

实验 3 和实验 4 则不同,其磁场不变. 实验 3 中的导线 ab 在作切割磁感应线运动时,与导线框架构成的面积发生了变化,因而穿过该面积的磁通量也在变化;而实验 4 中线圈的面积虽然保持不变,但线圈在转动过程中,通过线圈的磁通量是变化的.

由以上分析我们可以得出如下结论:当穿过闭合导电回路的磁通量发生变化时,不管这种变化是由什么原因引起的,回路中都会有电流产生,这种现象叫做**电磁感应现象**. 既然回路中产生了感应电流,那么,也必然有电动势存在,这种电动势称为**感应电动势**. 如果回路中的磁通量发生变化时,将回路断开,虽然感应电流没有了,但感应电动势仍然存在.

二、楞次定律

1834 年,俄国物理学家楞次概括总结出可以直接判断感应电流方向的法则:**闭合**

电路中感应电流的方向,总是企图使感应电流产生的磁通量去阻碍引起该感应电流的磁通量的变化.

　　简言之,即感应电流的磁通量总是企图阻碍引起该感应电流的磁通量的变化. 如图 11-5 (a),当磁铁的 N 极插入线圈时,感应电流产生的磁通量与原磁通量相反(指两磁感应线产生的磁通量相互削弱),如图中虚线所示,这样,就阻碍了原磁通量的变化(增加);如图 11-5(b),当磁铁的 N 极从线圈拔出时,感应电流产生的磁通量与原磁通量相互补充,以阻碍原磁通量的变化(减少).

图 11-5　楞次定律

　　楞次定律是符合能量守恒定律的. 如当磁铁的 N 极插入线圈时,要反抗感应电流的磁场而作功,外力作功转化为感应电流产生的焦耳热. 设想如感应电流与楞次定律的结论相反,则当磁铁的 N 极向线圈插入时,感应电流产生的磁场不是阻碍而是吸引磁铁更快地插入,于是产生更大的感应电流,从而对磁铁的吸引力更强,则插入再加快,如此循环下去,感应电流会产生越来越多的焦耳热,这显然是违反能量守恒定律的. 感应电流的方向遵从楞次定律的事实表明,楞次定律本质上就是能量守恒定律在电磁感应现象中的具体表现.

三、法拉第电磁感应定律

　　法拉第电磁感应定律可表述为:当穿过闭合回路所包围面积的磁通量发生变化时,回路中产生的感应电动势与磁通量对时间的变化率成正比. 数学表达式为

$$\varepsilon_i = -\frac{\mathrm{d}\Phi}{\mathrm{d}t} \tag{11-1}$$

式中的负号反映了感应电动势的方向,它是楞次定律的数学表现.

　　由式(11-1)确定感应电动势的方向符号规则如下:在回路上先任意选定一个转向作为回路的绕行正方向,再用右手螺旋法则确定此回路所围面积的正法线单位矢量 **n** 的方向,如图 11-6 所示;然后确定磁通量的正、负,凡是穿过回路面积的磁场 **B** 的方向与正法线方向相同者为正,相反者为负;最后再考虑 Φ 的变化,从式(11-1)来看,感应电动势 ε_i 的正、负只由 $\frac{\mathrm{d}\Phi}{\mathrm{d}t}$ 决定. 在图 11-6 中,(a)、(c)图中 **B** 在增大,(b)、(d)中 **B** 在减小,这样对图(a)、(b),$\Phi > 0$,其中图(a)中,$\varepsilon_i < 0$,表示感应电动势的方向和回路所选定的正方向相反;在图(b)中,$\varepsilon_i > 0$,表示 ε_i 和回路正方向相同. 对于图(c)、(d)$\Phi < 0$ 的情况可作同样的讨论. 用这种方法确定感应电动势方向的方法和用楞次定律确定感应电动势的方向完全一致,但在实际问题中用楞次定律确定感应电动势方向比较简便.

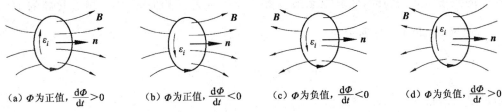

（a）Φ 为正值，$\dfrac{\mathrm{d}\Phi}{\mathrm{d}t}>0$ （b）Φ 为正值，$\dfrac{\mathrm{d}\Phi}{\mathrm{d}t}<0$ （c）Φ 为负值，$\dfrac{\mathrm{d}\Phi}{\mathrm{d}t}<0$ （d）Φ 为负值，$\dfrac{\mathrm{d}\Phi}{\mathrm{d}t}>0$

图 11-6 感应电动势的方向与 Φ 的变化之间的关系

应该指出，以上所讨论的回路都是由导线组成的单匝回路，实际上用到的线圈常常是许多匝串联而成的，在这种情况下，在整个线圈中产生的感应电动势应是每匝线圈中产生的感应电动势之和．当穿过各匝线圈的磁通量分别为 Φ_1、Φ_2、$\cdots$、Φ_n 时，总电动势则应为

$$\varepsilon=-\left(\frac{\mathrm{d}\Phi_1}{\mathrm{d}t}+\frac{\mathrm{d}\Phi_2}{\mathrm{d}t}+\cdots+\frac{\mathrm{d}\Phi_n}{\mathrm{d}t}\right)=-\frac{\mathrm{d}}{\mathrm{d}t}\left(\sum_{i=1}^{n}\Phi_i\right)=-\frac{\mathrm{d}\Psi}{\mathrm{d}t}$$

其中 $\Psi=\sum\limits_{i=1}^{n}\Phi_i$ 是穿过各匝线圈的磁通量的总和，称为穿过线圈的**全磁通**．当穿过各匝线圈的磁通量相等时，N 匝线圈的全磁通为 $\Psi=N\Phi$，称为**磁通链**，这时

$$\varepsilon_i=-\frac{\mathrm{d}\Psi}{\mathrm{d}t}=-N\frac{\mathrm{d}\Phi}{\mathrm{d}t} \tag{11-2}$$

如果闭合回路的电阻为 R，则在回路中的感应电流为

$$I=\frac{\varepsilon_i}{R}=-\frac{1}{R}\frac{\mathrm{d}\Phi}{\mathrm{d}t} \tag{11-3}$$

利用 $I=\dfrac{\mathrm{d}q}{\mathrm{d}t}$，可算出在 t_1 到 t_2 这段时间内通过导线的任一截面的感生电荷量为

$$q=\int_{t_1}^{t_2}I_i\mathrm{d}t=-\frac{1}{R}\int_{\Phi_1}^{\Phi_2}\mathrm{d}\Phi=\frac{1}{R}(\Phi_1-\Phi_2) \tag{11-4}$$

式中，Φ_2、Φ_2 分别是 t_1、t_2 时刻通过导线回路所包围面积的磁通量．式（11-4）表明，在一段时间内通过导线任一截面的电量，与这段时间内导线所包围的面积的磁通量的变化量成正比，而与磁通量变化的快慢无关．如果测出感生电量，而回路的电阻又为已知时，就可以计算磁通量的变化量．常用的测量磁感应强度的磁通计就是根据这个原理而设计的．

例 11-1 无限长直导线中流过电流 $I=I_0\mathrm{e}^{-\alpha t}$ A，矩形线框长为 l，宽为 b，与长直导线共面．如例 11-1 图所示，长边与导线距离为 d，求矩形线框中感应电动势大小和方向；若线框总电阻为 R，求流过线框总电量为多少？

解 选逆时针方向为线框回路正绕向方向（$\varepsilon>0$）．回路所

例 11-1 图

在处的磁场是非均匀的,任取距无限长直导线距离为 x 的面元 $dS = ldx$,此处的 $B = \dfrac{\mu_0 I}{2\pi x}$,通过 dS 面元的磁通量为

$$d\Phi = \boldsymbol{B} \cdot d\boldsymbol{S} = -\frac{\mu_0 Il}{2\pi x}dx$$

通过矩形回路的总磁通

$$\Phi = \int_d^{b+d} -\frac{\mu_0 Il}{2\pi x}dx = -\left(\frac{\mu_0 l}{2\pi}\ln\frac{b+d}{d}\right)I_0 e^{-\alpha t}$$

$$\varepsilon_i = -\frac{d\Phi}{dt} = -\frac{\mu_0 la}{2\pi}\ln\frac{b+d}{d}I_0 e^{-\alpha t} < 0$$

$\varepsilon_i < 0$,说明 ε_i 与所选回路绕行正向相反,即感应电动势、感应电流沿顺时针方向. 感应电流

$$i(t) = \frac{\varepsilon_i}{R} = -\frac{\mu_0 l\alpha}{2\pi R}\ln\frac{b+d}{d}I_0 e^{-\alpha t}$$

因 $i(t) = \dfrac{dq}{dt}$ 得

$$q = \int_0^\infty i(t)dt = \frac{\mu_0 l}{2\pi R}\ln\frac{b+d}{d}I_0\int_0^\infty e^{-\alpha t}d(-\alpha t)$$

$$= -\frac{\mu_0 l}{2\pi R}\ln\frac{b+d}{d}I_0$$

例 11-2　例 11-2 图(a)是交流发电机的原理图,面积为 S,绕有 N 匝的矩形线圈,在磁感应强度为 $\boldsymbol{B}$ 的均匀磁场中以角速度 ω 定轴转动,求线圈中的感应电动势.

解　选线圈逆时针绕向为正,线圈面法线为 $\boldsymbol{n}$(例 11-2 图(b)). 设 $t = 0$ 时,$\theta_0 = 0$,则任一时刻 t 时,$\theta = \omega t$.

t 时刻通过线圈的磁通量

$$\Phi = \boldsymbol{B} \cdot \boldsymbol{S} = BS\cos\omega t$$

磁通链

$$\Psi = NBS\cos\omega t$$

线圈中的感应电动势

$$\varepsilon_i = -\frac{d\Psi}{dt} = NBS\omega\sin\omega t$$

令 $\varepsilon_m = NBS\omega$(恒量)

$$\varepsilon_i = \varepsilon_m\sin\omega t$$

感应电动势随时间的变化示于例 11-2 图(c). 该电动势的大小、方向随时间周期性变化,故称为交流电. 交流电的频率取决于线圈转动的角速度,如 $\omega = 2\pi\nu = 100\pi$ rad·s^{-1},即每秒转 50 圈.

例 11-2 图

由此可见,在均匀磁场中做匀速转动的线圈能产生交流电,这就是交流发电机的基本原理.

从能量观点来看,当线圈中有感应电流时,根据感应电流的方向可知,这时线圈在磁场中受到一个阻止它转动的力矩. 因此,要使线圈能够在磁场中不停地匀速转动,就必须消耗其他形式的能量来反抗这一力矩作功. 实际上,发电机就是把其他形式的能量转换成电能的装置.

§11-2　动生电动势

法拉第电磁感应定律告诉我们,不管什么原因,只要回路中的磁通量发生变化,回路中就有感应电动势产生. 实际上,使回路中磁通量发生变化的方式是多种多样的,但是,最基本的方式只有两种. 一是由于导线和磁场之间的相对运动所引起的回路中磁通量的变化;另一个是由于磁场随时间的变化所引起的回路中磁通量的变化. 按照回路中磁通量变化的原因不同,我们将感应电动势分为动生电动势和感生电动势两类. 本节我们讨论动生电动势.

一、动生电动势及其非静电力

在稳恒磁场中,由于导体或导体回路在磁场中运动而产生的感应电动势叫做**动生电动势**. 比较形象地说,动生电动势就是运动导线切割磁感应线时在导线中所产生的感应电动势.

我们来讨论一段金属导体棒 ab 在均匀磁场 **B** 中平动时,产生动生电动势的物理过程. 由图 11-7 所示,当导体棒 ab 以速度 v 向右运动时,导体内的自由电子也以同样的速度 v 随棒一起向右做定向运动. 而运动电荷在磁场中要受到洛伦兹力作用,根据洛伦兹力公式,导体棒中自由电子所受的洛伦兹力为 $f_m = -e(v \times B)$,其方向由 a 指向 b. 在洛伦兹力的推动下,自由电子将沿 ab 方向运动,在导体回路中形成电流. 显然,动生电动势的

图 11-7　动生电动势的非静电力

非静电力是洛伦兹力. 如果图 11-7 中固定框架是绝缘的,则形不成导体回路,这时洛伦兹力将使自由电子向棒的 b 端聚集,使 b 端带负电,而 a 端带正电. 可见,在磁场中运动的一段导体就相当于一个电源,a 端为电源正极,b 端为电源负极.

应该注意到,并非所有在磁场中运动的导体中都会产生动生电动势. 实验表明,只有当导体切割磁感应线时,导体中才会有动生电动势产生,否则,无电动势产生. 从图 11-8 所示的几种情况可以看出,当导线切割磁感应线时,导线中自由电子所受到的洛伦兹力 f_m 沿着导线方向,故有动生电动势产生(如图 11-8(a)). 当导线不切割磁场线时,导线中自由电子不受洛伦兹力作用(如图 11-8(b)),或者所受洛伦兹力与导线垂直(如图 11-8(c)),这时,导线中就没有动生电动势产生.

图 11-8 切割磁感应线运动产生电动势的理论分析

二、动生电动势过程中的能量转换

下面分析在出现动生电动势过程中的能量转换和守恒问题. 为简单起见,仅讨论一导体棒在平行导轨上滑动,并与导轨构成一闭合回路的情形(见图 11-9). 设与回路平面垂直方向上有稳恒的匀强磁场 B. 当在回路平面内以恒定的外力拉动导体棒使之向右滑动时,在导体棒滑动过程中,棒中产生动生电动势,从而在回路中出现感应电流,感应电流在磁场 B 中又受到安培力的作用,安培力的方向向左,从而阻碍导体棒滑动. 随着导体棒运动速度的增大,安培力逐渐增大,当安培力增大到与外力相平衡时,导体开始以匀速 v 运动,这时导体回路内的感应电流也达到稳定值,即达到平衡状态. 显然,在平衡时,导体棒中的载流子参与了两个运动,即随导体以速度 v 运动和沿导体棒的漂移运动,两运动方向是垂直的. 设载流子的电量为 q,漂移速度为 u,则载流子受到的洛伦兹力

图 11-9 动生电动势过程中的能量转换和守恒一

$$F = q(v+u) \times B = qv \times B + qu \times B$$

分力 $q\boldsymbol{v}\times\boldsymbol{B}$ 沿导体棒向上,相应功率为

$$q(\boldsymbol{v}\times\boldsymbol{B})\cdot\boldsymbol{u}$$

分力 $q\boldsymbol{u}\times\boldsymbol{B}$ 垂直于导体棒向左,相应功率

$$q(\boldsymbol{u}\times\boldsymbol{B})\cdot\boldsymbol{v}$$

由矢量积混合公式

$$\boldsymbol{u}\cdot(\boldsymbol{v}\times\boldsymbol{B})=\boldsymbol{B}\cdot(\boldsymbol{u}\times\boldsymbol{v})=\boldsymbol{v}\cdot(\boldsymbol{B}\times\boldsymbol{u})$$

得

$$(\boldsymbol{v}\times\boldsymbol{B})\cdot\boldsymbol{u}=-(\boldsymbol{u}\times\boldsymbol{B})\cdot\boldsymbol{v}$$

由此可见,洛伦兹力的总功率为零. 即分力 $q\boldsymbol{v}\times\boldsymbol{B}$ 作为产生动生电动势的非静电力作正功,而分力 $q\boldsymbol{u}\times\boldsymbol{B}$(它在宏观上表现为安培力)作负功,两者功率大小相等,故正好相消. 而能量转换关系是:**外力作正功输入机械能,安培力作负功吸收了它,同时感应电动势在回路中作正功又以电能的形式输出这个份额的能量**. 这一过程就是大家熟知的发电机中的能量转换.

类似地,也可以说明电动机中能量转换的过程. 在图 11-10 中,如果连接电源使回路通以电流,电流使得导体棒受到安培力的作用运动起来,在磁场 $\boldsymbol{B}$ 中运动的导体棒又产生动生电动势,而动生电动势同电源电动势的方向总相反(称反电动势),从而消耗了电源能量. 其能量转移关系是:**电源消耗电能,安培力作正功,对外界输出机械能**.

图 11-10 动生电动势过程中的
能量转换和守恒二

三、动生电动势的计算

动生电动势的非静电力为洛伦兹力,即

$$\boldsymbol{f}=-e\boldsymbol{v}\times\boldsymbol{B} \tag{11-5}$$

则单位正电荷所受到的非静电力,亦即非静电性场强为

$$\boldsymbol{E}_{k}=\frac{\boldsymbol{f}}{-e}=\boldsymbol{v}\times\boldsymbol{B}$$

根据电动势的定义可知,动生电动势为

$$\varepsilon=\int_{L}\boldsymbol{E}_{k}\cdot\mathrm{d}\boldsymbol{l}=\int_{L}(\boldsymbol{v}\times\boldsymbol{B})\cdot\mathrm{d}\boldsymbol{l} \tag{11-6}$$

式中,$\boldsymbol{v}$ 为导线相对于磁场 $\boldsymbol{B}$ 的运动速度,$\mathrm{d}\boldsymbol{l}$ 为导线上的长度元,其方向沿回路绕行的正方向,L 为导线的长度.

式(11-6)为我们提供了计算动生电动势的一种重要方法. 当然,动生电动势也可以根据法拉第电磁感应定律来计算. 由此可见,动生电动势的计算有两种方法可供选择:

(1)由电动势的定义出发,根据式(11-6)计算;

(2)用法拉第电磁感应定律计算.

下面我们举例来说明动生电动势的计算.

例 11-3 如例 11-3 图所示,一根长为 L 的铜棒在均匀磁场 $\boldsymbol{B}$ 中垂直于磁场的平面内,绕其一端 O 以角速度 ω 匀速转动. 求铜棒上的动生电动势.

解法一 用动生电动势求解. 此题虽然 L 为直导线,磁场为均匀场,$\boldsymbol{B}$、L、v 也两两正交,但铜棒在旋转中,棒上各处的线速度均不相同,故不能直接用 $\varepsilon = Blv$ 进行计算,必须用积分方法进行求解.

在铜棒上距 O 点为 l 处取一长度为 $\mathrm{d}l$ 的线元,规定其方向由 O 指向 a,则该线元上的电动势为

例 11-3 图

$$\mathrm{d}\varepsilon = (\boldsymbol{v} \times \boldsymbol{B}) \cdot \mathrm{d}\boldsymbol{l} = vB\cos \pi \mathrm{d}l$$
$$\mathrm{d}\varepsilon = -\omega Bl\mathrm{d}l$$

积分得铜棒上的电动势为

$$\varepsilon = -\omega B \int_0^L l\mathrm{d}l = -\frac{1}{2}\omega BL^2$$

式中的负号表明 ε 的方向与所选取的线元 $\mathrm{d}l$ 的方向相反,即电动势 ε 的方向是由 a 指向 O 的.

解法二 用法拉第电磁感应定律求解. 铜棒在转动中所扫过的面积 S 为一扇形,设沿逆时针方向为回路绕行的正方向,则 S 的正法线方向垂直纸面向上,故通过扇形面积的磁通量为

$$\Phi = \boldsymbol{B} \cdot \boldsymbol{S} = -BS$$

而扇形面积为

$$S = \frac{1}{2}L^2\theta = \frac{1}{2}L^2\omega t$$

所以

$$\Phi = -BS = -\frac{1}{2}\omega BL^2 t$$

由电磁感应定律得

$$\varepsilon = -\frac{\mathrm{d}\Phi}{\mathrm{d}t} = -\frac{\mathrm{d}}{\mathrm{d}t}\left(-\frac{1}{2}\omega BL^2 t\right)$$
$$\varepsilon = \frac{1}{2}\omega BL^2 > 0$$

$\varepsilon > 0$ 表明它的方向与所选取的回路绕行正方向相同,即由 a 指向 O. 这一结果与第一种解法所得结论完全一致.

例 11-4 如例 11-4 图所示，一无限长直导线中通有电流 $I_0 = 10$ A，有一根长 $l = 0.2$ m 的金属棒 AB，以 $v = 2$ m/s 的速度平行于长直导线做匀速运动．棒的一端与导线距离 $a = 0.1$ m，求金属棒中的动生电动势．

解 先将金属棒分成许多线元 $\mathrm{d}x$，这样，每一线元 $\mathrm{d}x$ 处的磁场都可以看做是均匀的，磁感应强度的大小为

$$B = \frac{\mu_0 I_0}{2\pi x}$$

例 11-4 图

运动线元 $\mathrm{d}x$ 上的电动势为

$$\mathrm{d}\varepsilon = (\boldsymbol{v} \times \boldsymbol{B}) \cdot \mathrm{d}l = -vB\mathrm{d}x = -\frac{\mu_0 I_0}{2\pi x} v \mathrm{d}x$$

由于所有线元上产生的动生电动势的方向都是相同的，所以金属棒中的总电动势为

$$\varepsilon = \int \mathrm{d}\varepsilon = \int_a^{a+l} -\frac{\mu_0 I_0}{2\pi x} v \mathrm{d}x = -\frac{\mu_0 I_0}{2\pi} v \ln\frac{a+l}{a}$$

$$= -\frac{4\pi \times 10^{-7} \times 10}{2\pi} \times 2 \times \ln 3 = -4.4 \times 10^{-6} \text{ (V)}$$

ε 的方向是由 B 到 A 的方向，即 A 点电势比 B 点电势高．

§11-3 感生电动势 感生电场

在如图 11-11 所示的实验中，将带有小灯泡的小线圈放置在螺线管的铁芯之上，给螺线管通以 220V 的高频交流电．这样，螺线管中的交变电流将激发随时间变化的磁场，因而穿过小线圈的磁通量也就随时间变化，这时，将会看到小灯泡发光．这表明小线圈中有电动势产生．我们把导体回路不动，由于磁场的变化而产生的电动势叫做**感生电动势**．

一、感生电动势的非静电力 感生电场

在上述实验中，驱动小线圈中电荷运动的非静电力是什么？可以肯定，它不是洛伦兹力，因为线圈静止不动，线圈中的自由电子没有宏观的定向运动．它也不会是库仑力，因为库仑力是静止电荷之间的相互作用，而这里没有对导线中自由电子施加库仑力的静止电荷．显然，在小线圈中驱动电荷

图 11-11 感生电动势

做定向运动的力是一种当时人们还没有认识到的非静电力．实验表明，这种力与导线的形状、种类和性质无关．天才的英国科学家麦克斯韦在系统总结法拉第等人成果的基础上，依靠直觉思维成功地提出了一个假设：随时间变化的磁场在其周围激发一种

电场,这种电场被称为**感生电场**,场强以 $\boldsymbol{E}_i$ 表示.感生电场对电荷也有力的作用($\boldsymbol{F}=q\boldsymbol{E}_i$),正是这种感生电场力充当了感生电动势的非静电力,驱动电荷在导体中做定向运动.麦克斯韦还进一步指出,只要空间中有变化的磁场,就有感生电场存在,而与空间中有无导体或导体回路无关.麦克斯韦的这些假说,从理论上揭示了电磁场的内在联系,并为近代众多的实验结果所证实.

二、感生电场的性质

感生电场和静电场一个是由变化的磁场激发的,另一个则是由静止电荷所激发的.二者的相同之处是它们对电荷都有力的作用,但是,这两种电场在性质上却有很大的区别.

1. 感生电场的环路定理

静电场的环流 $\oint_L \boldsymbol{E}_s \cdot \mathrm{d}\boldsymbol{l} = 0$,表明静电场是保守场,作功与路径无关.而感生电场则不同,单位正电荷在感生电场中绕闭合回路一周,感生电场力所作的功不等于零,而等于回路中的感生电动势,即

$$\varepsilon = \oint_L \boldsymbol{E}_i \cdot \mathrm{d}\boldsymbol{l} = -\frac{\mathrm{d}\Phi}{\mathrm{d}t} \tag{11-7}$$

式中,Φ 为通过回路 L 所围曲面内的磁通量.上式表明感生电场的环流不等于零,这就说明感生电场是非保守力场.同时它也说明**感生电场线是无头无尾的闭合曲线**.一簇这样的电场线很像水的旋涡,所以也常把感生电场叫做**涡旋电场**.

由于磁通量

$$\Phi = \int_S \boldsymbol{B} \cdot \mathrm{d}\boldsymbol{S}$$

所以式(11-7)可以写成如下的形式

$$\oint_L \boldsymbol{E}_i \cdot \mathrm{d}\boldsymbol{l} = -\frac{\mathrm{d}\Phi}{\mathrm{d}t} = -\frac{\mathrm{d}}{\mathrm{d}t}\int_S \boldsymbol{B} \cdot \mathrm{d}\boldsymbol{S}$$

式中,S 是以 L 为周界的任意曲面.当回路不动时,有

$$\oint_L \boldsymbol{E}_i \cdot \mathrm{d}\boldsymbol{l} = -\int_S \frac{\mathrm{d}\boldsymbol{B}}{\mathrm{d}t} \cdot \mathrm{d}\boldsymbol{S}$$

考虑到 $\boldsymbol{B}$ 不仅是时间的函数,而且也是空间坐标的函数,所以有

$$\oint_L \boldsymbol{E}_i \cdot \mathrm{d}\boldsymbol{l} = -\int_S \frac{\partial \boldsymbol{B}}{\partial t} \cdot \mathrm{d}\boldsymbol{S} \tag{11-8}$$

这便是**感生电场的环路定理**.它给出了变化的磁场 $\dfrac{\partial \boldsymbol{B}}{\partial t}$ 和它所激发的感生电场 $\boldsymbol{E}_i$ 之间的定量关系.根据式(11-8),在具有一定对称性的条件下,可以由 $\dfrac{\partial \boldsymbol{B}}{\partial t}$ 求 $\boldsymbol{E}_i$.在一般情况下,求感生电场的空间分布则比较困难.

式(11-8)中的负号表示感生电场 E_i 与变化的磁场 $\dfrac{\partial B}{\partial t}$ 构成左手螺旋关系,是楞次定律的数学表示. 下面我们只讨论 B 的方向不随时间变化(只有大小变化)的简单情况. 如图 11-12 所示:

图 11-12　E_i 与 $\dfrac{\partial B}{\partial t}$
在方向上成左旋系统

当 B 增加时,$\dfrac{\partial B}{\partial t}>0$,则 $\dfrac{\partial B}{\partial t}$ 与 B 同向;

当 B 减少时,$\dfrac{\partial B}{\partial t}<0$,则 $\dfrac{\partial B}{\partial t}$ 与 B 反向.

又回路 L 绕行方向与回路所围平面的正法线方向 n 服从右手螺旋法则. 当 $\dfrac{\partial B}{\partial t}>0$ 时,$\displaystyle\int_s\dfrac{\partial B}{\partial t}\cdot dS>0$. 由式(11-8)可知,

这时 $\displaystyle\oint_L E_i\cdot dl<0$,这说明 E_i 线的方向与回路的绕行方向相反为顺时针绕行方向. 由此可见,E_i 线与 B 线互相套合,在方向上 E_i 与 $\dfrac{\partial B}{\partial t}$ 成左旋关系.

2. 感生电场的高斯定理

感生电场的电场线是无头无尾的闭合曲线,很显然,在感生电场中,通过任意封闭曲面的电通量恒为零,即

$$\oint_s E_i\cdot dS=0 \tag{11-9}$$

这就是**感生电场的高斯定理**,它表明感生电场是无源场.

综上所述,在自然界存在着两种不同的电场:一种是由静止电荷所激发的静电场. 静电场的电场线不闭合,它是有源场;场强环流恒为零,它是有势场. 另一种是由变化的磁场所激发的感生电场. 感生电场的电场线是闭合曲线,该场为无源场;场强环流不为零,它是非势场. 这两种电场的性质迥然不同,其唯一的共性就是它们都能对场中的电荷施以力的作用,正是感生电场力形成了感生电动势.

例 11-5　长直螺线管通以随时间变化的电流,即可在半径为 R 的圆柱形空间中获得随时间变化的磁场 B,磁场方向沿螺线管的轴向. 当磁场以匀变速率增加(即 $\dfrac{dB}{dt}=$ 恒量>0)时,求空间感生电场的分布.

解　螺线管截面如例 11-5(a)图所示,由于 $\dfrac{dB}{dt}$ 处处相同,螺线管磁场分布满足轴对称性,感生电场 E_i 的电场线与 B 线互相套合,由于场的对称性,变化磁场所激发的感生电场的电场线在管内外是以螺线管轴线为中心的一系列同心圆. 在同一圆周上各点 E_i 的大小处处相等,方向沿圆周切向,且与 $\dfrac{\partial B}{\partial t}$ 方向成左旋关系.

任取一距轴线为 r 的电场线作为闭合回路,并设回路的回转方向与 B 的方向成左

例 11-5 图

旋关系. 则由式(11-8)可求出离轴线为 r 处的感生电场 $\boldsymbol{E}_i$ 的大小

$$\oint_L \boldsymbol{E}_i \cdot \mathrm{d}\boldsymbol{l} = \oint_L E_i \mathrm{d}l = 2\pi r E_i = -\int_S \frac{\partial \boldsymbol{B}}{\partial t} \cdot \mathrm{d}\boldsymbol{S}$$

即

$$E_i = -\frac{1}{2\pi r}\int_S \frac{\partial \boldsymbol{B}}{\partial t} \cdot \mathrm{d}\boldsymbol{S}$$

式中的 S 是以所取回路为边线的任一曲面.

（1）当 $r<R$ 时，即所考察的场点在螺线管内时，我们选此回路为边线的平面面积为积分面，在这个面上各点的 $\dfrac{\partial \boldsymbol{B}}{\partial t}$ 大小相等，方向和面法线的方向平行，因此 $r<R$ 处的感生电场为

$$E_i = -\frac{1}{2\pi r}\int_S \frac{\partial \boldsymbol{B}}{\partial t} \cdot \mathrm{d}\boldsymbol{S} = \frac{1}{2\pi r}\pi r^2 \frac{\mathrm{d}B}{\mathrm{d}t} = \frac{r}{2}\frac{\mathrm{d}B}{\mathrm{d}t}$$

（2）当 $r>R$ 时，即所考察的场点在螺线管外时，所选回路包围的面积内只有管内的 $\dfrac{\mathrm{d}\boldsymbol{B}}{\mathrm{d}t}$ 不为零，所以管外各点的感生电场为

$$E_i = -\frac{1}{2\pi r}\int_S \frac{\partial \boldsymbol{B}}{\partial t} \cdot \mathrm{d}\boldsymbol{S} = \frac{1}{2\pi r}\pi R^2 \frac{\mathrm{d}B}{\mathrm{d}t} = \frac{R^2}{2r}\frac{\mathrm{d}B}{\mathrm{d}t}$$

可见，当 $r<R$ 时，$E_i \propto r$；当 $r>R$ 时，$E_i \propto \dfrac{1}{r}$. 螺线管内外的 E_i 随 r 的变化规律如例 11-5(b)图所示.

三、感生电动势的计算

计算感生电动势，可以用以下两种方法：

1. 由电动势的定义出发进行计算

$$\varepsilon = \oint_L \boldsymbol{E}_i \cdot \mathrm{d}\boldsymbol{l} \tag{11-10a}$$

用这种方法求解，必须先求出感生电场 $\boldsymbol{E}_i$ 的空间分布，然后再做积分运算. 这里 L 可以是一段导线，也可以是闭合导体回路.

2. 用法拉第电磁感应定律计算

$$\varepsilon = -\frac{\mathrm{d}\Phi}{\mathrm{d}t} = -\int_S \frac{\partial \boldsymbol{B}}{\partial t} \cdot \mathrm{d}\boldsymbol{S} \tag{11-10b}$$

用这种方法求解时,不论导体是否闭合,同样都能适用. 对于闭合导体回路 L,可以直接运用上式求解,式中的 S 就是 L 所包围的面积. 如果导体不是闭合的,则需用辅助线构成闭合回路.

例 11-6　在圆柱形空间内分布有沿圆柱轴线方向的均匀磁场,若磁场方向垂直纸面向里,其变化率 $\dfrac{\mathrm{d}B}{\mathrm{d}t}=$ 常量,且大于 0. 把长度为 L 的直导线 ab 放在圆柱截面上,且距圆心垂直距离为 h,如例 11-6 图(a)所示,求此直导线 ab 上的感生电动势.

解法一　由电动势的定义求解. 由例 11-5 所得结果知,在圆柱形磁场内部 $E_i = \dfrac{r}{2}\dfrac{\mathrm{d}B}{\mathrm{d}t}$,$\dfrac{\mathrm{d}B}{\mathrm{d}t}>0$,由楞次定律可判定 $\boldsymbol{E}_i$ 的方向为逆时针并垂直于过该点处的半径,如例 11-6 图(a)所示.

在 ab 上距 O 为 r 处取线元 $\mathrm{d}\boldsymbol{l}$,方向由 a 指向 b,则

$$\mathrm{d}\varepsilon = \boldsymbol{E}_i \cdot \mathrm{d}\boldsymbol{l} = \frac{r}{2}\frac{\mathrm{d}B}{\mathrm{d}t}\cos\theta\,\mathrm{d}l = \frac{h}{2}\frac{\mathrm{d}B}{\mathrm{d}t}\mathrm{d}l$$

所以直导线 ab 上的感生电动势为

$$\varepsilon_{ab} = \int_a^b \mathrm{d}\varepsilon = \int_a^b \frac{h}{2}\frac{\mathrm{d}B}{\mathrm{d}t}\mathrm{d}l = \frac{hL}{2}\frac{\mathrm{d}B}{\mathrm{d}t}$$

因为 $\varepsilon_{ab}>0$,所以 ε 的方向自 a 到 b,即 b 端电势高.

解法二　由法拉第电磁感应定律求解. 连接 Oa、Ob,作闭合回路 $abOa$,绕行方向为逆时针,如例 11-6 图(b)所示,回路内的感应电动势

例 11-6 图

$$\varepsilon = -\frac{\mathrm{d}\Phi_{\mathrm{m}}}{\mathrm{d}t} = -\int_s \frac{\partial \boldsymbol{B}}{\partial t}\cdot\mathrm{d}\boldsymbol{S} = \frac{hL}{2}\frac{\mathrm{d}B}{\mathrm{d}t}$$

因为在 Oa 和 Ob 直线上,$\boldsymbol{E}_i$ 的方向与 Oa、Ob 垂直,因此

$$\varepsilon = \oint_L \boldsymbol{E}_i \cdot \mathrm{d}\boldsymbol{l} = \int_0^a \boldsymbol{E}_i \cdot \mathrm{d}\boldsymbol{l} + \int_a^b \boldsymbol{E}_i \cdot \mathrm{d}\boldsymbol{l} + \int_b^0 \boldsymbol{E}_i \cdot \mathrm{d}\boldsymbol{l}$$
$$= 0 + \varepsilon_{ab} + 0$$

即

$$\varepsilon_{ab} = \frac{hL}{2}\frac{\mathrm{d}B}{\mathrm{d}t}$$

回路电动势的方向由楞次定律决定,由 a 到 b,其结果与解法一相同.

四、涡流

感应电场的存在,已被许多实验事实所证明,并在现代科技中得到广泛应用. 涡电流就是例证之一.

当大块导体处在变化的磁场中,或相对于磁场有相对运动时,由于感应电场力的作用,在这块导体中就会产生感应电流,并自动形成闭合回路,这种在大块导体内流动的感应电流,称为**涡流**. 由于大块导体的电阻很小,涡流可以达到很大的值,从而产生很强的热效应.

图 11-13 涡流的热效应

如图 11-13 所示,在一个绕有线圈的铁芯上端,放置一个盛有冷水的铜杯. 把线圈的两端接到交流电源上,只需几分钟,杯内的冷水就会变热,甚至沸腾起来.

为了说明上述实验,我们把铜杯看成是由一层一层的金属圆筒套在一起构成的,每一层圆筒都相当于一个回路. 当绕在铁芯上的线圈中通有交流电时,穿过铜杯中每个回路面积的磁通量都在不断地变化,因此,在这些回路中便产生感生电动势,并形成环形感应电流. 由于铜的电阻很小,涡流很大,所以能够产生大量热量,使杯中的冷水变热,以至沸腾起来. 工厂中冶炼合金时常用的工频感应炉(见图 11-14)就是利用金属块中产生的涡流所发出的热量使金属块熔化. 又如制造显像管、电子管,在做好后要抽气封口,但管子里金属电极上吸附气体不易很快放出,必须高温加热才能放出而被抽走. 这样利用涡流加热的方法,一边加热,一边抽气,然后封口(见图 11-15).

图 11-14 工频感应炉

图 11-15 用涡流加热金属电极

涡流的热效应应用很广,除上述介绍的以外,还可以用来进行表面淬火、焊接,在半导体材料和器件的制备中也常用到.

除了上面所讲的热效应以外,涡流还可以起阻尼作用,这可以由图 11-16 所示的实验来说明. 把一块铜或铅等非铁磁性物质制成的金属板悬挂在电磁铁的两极之间,在电磁铁的线圈没有通电时,两极间没有磁场,这时使摆摆动后,要经过相当长的时间,摆才会停止下来. 当在电磁铁的线圈中通电后,两极间有了磁场,这时使摆摆动后,它会很快停止下来. 这是因为当摆朝着两个磁极间运动时,穿过金属板的磁通量增加,在板中产生了涡流(涡流的方向如图中虚线所示),载流的金属板在磁场中受到力的作用,其作用方向与摆运动方向相反,阻碍摆的运动. 同样,当摆由两极间的磁场离开时,磁场对金属板的作用力的方向也是与摆的运动方向相反,所以,摆很快会停止下来. 磁场对金属板的这种阻尼作用称为**电磁阻尼**. 在一些电磁仪表中,如检流计,常利用电磁阻尼来使摆动的指针迅速地停在平衡位置上. 电度表中的制动铝盘也利用了电磁阻尼效应.

利用电磁感应还可以实现电磁驱动. 如图 11-17 所示,一金属圆盘紧靠磁铁的两极但不接触. 当磁铁旋转起来时,圆盘中各区域内的磁通量发生变化,因而要产生涡流,其作用将阻碍圆盘与磁铁之间的相对运动. 这样圆盘就跟磁铁一起转动起来. 当然圆盘的转速总要小于磁铁的转速,即是异步的,不然两者间就不会出现电磁感应现象. 感应式异步电动机就是根据这个原理制成的.

图 11-16　阻尼摆　　　　　　　　　　图 11-17　电磁驱动

上面所讨论的是涡流的一些实际应用. 但是,在有些情况下,涡流发热是有害的. 例如变压器和电机中的铁芯,由于处在交流电的变化磁场中,而使铁芯内部产生涡流,使铁芯发热. 这不仅浪费了电能,而且由于铁芯的温度不断升高,会引起导线间绝缘材料性能的下降. 当温度过高时,绝缘材料就会被烧坏,使变压器或电机损坏,造成事故. 因此,对变压器、电机这类设备,应当尽量减少涡流. 为此,一般电机和变压器中的铁芯都不是整块的,而是用一片片彼此绝缘的硅钢片叠合而成. 这样,虽然穿过整个铁芯的磁通量不变,但对每一片来说,产生的感应电动势就小,涡流也就小了. 减少涡流的另一措施是选择电阻率较高的材料做铁芯,如电机、变压器的铁心用硅钢片而不用铁片,就是因为硅钢片的电阻率比铁大得多.

§11-4　自感和互感

一、自感现象

当回路中有电流通过时,电流产生的磁场的磁感应线将穿过回路本身所包围的面积,当回路中的电流随时间变化时,通过回路所包围面积的磁通量也发生变化,因而亦要在回路中产生感应电动势和感应电流,这种现象称为**自感现象**,所产生的电动势称为**自感电动势**.

许多实验可以演示自感现象. 在图 11-18 所示的电路中, S_1 和 S_2 是两个完全相同的灯泡, S_1 与一电阻器串联, S_2 与一具有铁芯的线圈串联, 并联在电源上, 电阻器的阻值选择是保证电路接通并达到稳定后, 通过两个灯泡的电流相等. 实验结果表明, 在接通此电路的瞬间, S_1 在瞬间即达到最大亮度, S_2 则要稍晚一段时间后才达到最大亮度. 也就是说, 通过 S_2 的电流比通过 S_1 的电流增长得慢些.

我们知道, 接通电路后, 回路中的电流由零增长到稳定值. 在 S_2 支路中, 通过线圈的磁通量在电流增长的过程中增大, 因而在线圈中产生自感电动势, 其作用是阻碍电流的增大, 因而使得电流增长较慢. 但在 S_1 支路中, 由于没有线圈, 几乎没有自感电动势出现, 所以灯泡 S_1 在瞬间即亮.

图 11-19 也是演示自感现象的实验, 其中灯泡 S_2 与线圈串联, 适当选择线圈的电阻和灯泡的内阻, 使得电流达到稳定时, 通过 S_2 的电流 I_2 比通过 S_1 的电流 I_1 大得多, 即 $I_2 \gg I_1$. 实验表明, 在切断电路的瞬间, S_1 在熄灭前变得猛然一亮. 这是因为在切断电路时, I_1 立即趋向于零, 但 I_2 从有到无, 是一个减小的变化过程, 电流的变化在线圈中产生自感电动势, 其作用是抵制电流 I_2 的变化, 因此 I_2 并不立即消失, 而是慢慢趋向于零. 但此时电路已切断, 只有 S_1 和 S_2 组成一回路, 慢慢减小着的电流 I_2 将经过 S_1, 由于 $I_2 \gg I_1$, 因此在切断电路时, S_1 先比原来更亮, 然后熄灭.

图 11-18　一种自感现象的演示

图 11-19　另一种自感现象的演示

以上的实验都表明, 当线圈中通过变化的电流时, 在线圈中将产生自感电动势. 对于一个给定的线圈, 其磁场与线圈中的电流、线圈的形状、匝数、周围磁介质的性质等有关. 当线圈的形状、周围的介质(设介质是非铁磁性的)等都确定时, 线圈中的电流所产生的磁场对线圈本身的磁通链与线圈中的电流成正比, 即

$$\Psi = LI \tag{11-11}$$

比例系数 L 称为该线圈的**自感系数**, 简称**自感**或**电感**. 自感系数在量值上等于线圈中的电流为一个单位时通过线圈的全磁通. 它是一个表征线圈本身电磁性质的物理量, 仅由线圈的形状、匝数和磁介质的性质决定, 在无铁磁质的情况下, 它与线圈中的电流是无关的. 在 SI 制中, 自感的单位为亨利, 用符号 H 表示, 由式 (11-11) 可知, $1 \text{ H} = 1 \text{ Wb} \cdot \text{A}^{-1}$. 由于 H 这个单位较大, 实用中常用毫亨利 (mH)、微亨利 (μH), 与亨利的换算关系是

$$1 \text{ mH} = 10^{-3} \text{ H}$$

$$1 \, \mu\text{H} = 10^{-6} \text{ H}$$

当线圈本身参数不变,且周围介质为弱磁质(无铁磁质)时,自感系数 L 是一个与电流无关的恒量. 由法拉第电磁感应定律可知,线圈中的自感电动势为

$$\varepsilon_L = -L \frac{\mathrm{d}I}{\mathrm{d}t} \tag{11-12}$$

沿电流 I 的方向取回路绕行正方向,当电流增大时,$\frac{\mathrm{d}I}{\mathrm{d}t}>0$,由式(11-12)知,$\varepsilon_L<0$,这说明 ε_L 的方向与回路绕行方向、亦即电流 I 的方向相反;当电流减小时,$\frac{\mathrm{d}I}{\mathrm{d}t}<0$,$\varepsilon_L>0$,这说明 ε_L 的方向与电流 I 的方向相同. 由此可见,自感电动势 ε_L 的作用是反抗回路中电流的变化. 换句话说就是:任何载流回路都具有试图保持原有电流不变的特性,这种性质被称之为"**电磁惯性**". 由式(11-12)可知,对于相同的电流变化率 $\frac{\mathrm{d}I}{\mathrm{d}t}$,$L$ 越大,自感电动势 ε_L 也就越大,回路中的电流也就越难改变,所以,自感系数 L 是电路中电磁惯性的量度.

在工程技术和日常生活中,自感现象的应用非常广泛,如无线电技术和电工中常用的扼流圈、日光灯上用的镇流器(图11-20)等,都是自感应用最简单的实例. 但是在有些情况下,自感现象会带来危害,必须采取措施给予预防. 例如,无轨电车行驶时,若路面不平,在车顶上的受电弓由于车身颠簸,有时会短时间脱离电网而使电路突然断开. 这时由于自感而产生的自感电动势,在电网与受电弓之间形成一较高的电压,常常大到使原来不导电的空气隙被"击穿"而导电,以致在空气隙处产生电弧,这种电弧对电网起着损坏作用.

图 11-20 日光灯的镇流器

例 11-7 一空心单层密绕长直螺线管,总匝数为 N,长为 l,半径为 R,且 $l \gg R$,求长直螺线管的自感系数.

解 设螺线管中通有电流 I,由于 $l \gg R$,对于长直螺线管,管内各处的磁场可近似地看做是均匀的,且磁感应强度的大小为

$$B = \mu_0 n I = \mu_0 \frac{N}{l} I$$

全磁通 Ψ 为

$$\Psi = N\Phi = NBS = \mu_0 \frac{N^2 I}{l} \pi R^2$$

代入式(11-11)得

$$L = \frac{\Psi}{I} = \frac{\mu_0 N^2 \pi R^2}{l} = \mu_0 n^2 V$$

式中 $V = \pi R^2 l$ 是螺线管的体积. 可见 L 与 I 无关, 仅由 n、V 决定. 若采用较细的导线制成螺线管, 可使单位长度上的匝数 n 增大, 使自感 L 变大. 另外若螺线管中充满磁介质时, 可使 L 增大 μ_r 倍. 但用铁磁质作为铁芯时, 由于铁磁质的磁导率 μ 与 I 有关, 此时 L 值与 I 有关.

例 11-8 图

例 11-8　同轴电缆由两个共轴的长圆筒状导体所组成, 其间充满磁导率为 μ 的磁介质 (μ 为常量), 内外圆筒的半径分别为 R_1 和 R_2, 电缆中沿内、外圆筒流过的电流大小相等而方向相反. 求单位长度电缆的自感系数. (见例 11-8 图)

解　设电缆中所通电流为 I, 可由安培环路定理求得两圆筒之间的磁感应强度为

$$B = \frac{\mu I}{2\pi r}, R_1 < r < R_2$$

而在内圆筒之内和外圆筒之外的空间中, 磁感应强度为零.

在电缆上取长度为 l 的一段, 则通过该段纵截面上的磁通量为

$$\Phi = \int_S \boldsymbol{B} \cdot d\boldsymbol{S} = \int_{R_1}^{R_2} B l \, dr = \frac{\mu I l}{2\pi} \int_{R_1}^{R_2} \frac{dr}{r}$$

$$\Phi = \frac{\mu I l}{2\pi} \ln \frac{R_2}{R_1}$$

由定义可知, 长为 l 的一段同轴电缆的自感系数为

$$L = \frac{\Phi}{I} = \frac{\mu l}{2\pi} \ln \frac{R_2}{R_1}$$

故单位长度电缆的自感系数

$$L_0 = \frac{L}{l} = \frac{\mu}{2\pi} \ln \frac{R_2}{R_1}$$

单位长度的自感系数是传输电磁信号电缆的一个重要特性参数.

二、互感现象

考虑两个任意形状的载流回路 C_1 和 C_2, 回路中的电流分别为 I_1 和 I_2, 如图 11-21 所示. 回路 C_1 中的电流 I_1 产生的磁场 $\boldsymbol{B}_1$, 有一定的磁通量要通过回路 C_2, 同样, 回路 C_2 中的电流 I_2 产生的磁场 $\boldsymbol{B}_2$ 对回路 C_1 也有一定的磁通量. 当 C_1 中的电流随时间变化时, $\boldsymbol{B}_1$ 亦变化, 因而在 C_2 中引起感应电动势和感应电流; 同样, 当 C_2 中的电流随时间变化时, $\boldsymbol{B}_2$ 亦变化, 因而在 C_1 中亦引起感应电动势和感应电流. 这种现象称为**互感现象**.

我们知道, 一个载流回路在空间各点产生的磁场与该回路的几何形状、考察点与

载流回路的相对位置、周围磁介质的性质等因素有关. 因此,一个回路中的电流产生的磁场对另一回路的磁通链不仅与这个回路中的电流有关,还与两个回路的几何形状、匝数以及两个回路的相对位置和周围磁介质的性质有关. 设 Ψ_{12} 是 C_2 的磁场在 C_1 中的磁通链,Ψ_{21} 是 C_1 的磁场在 C_2 中的磁通链,则

图 11-21　互感现象

$$\Psi_{12} = M_{12} I_2 \qquad (11\text{-}13)$$

$$\Psi_{21} = M_{21} I_1 \qquad (11\text{-}14)$$

M_{12} 称为回路 C_2 对 C_1 的互感系数,M_{21} 称为回路 C_1 对 C_2 的互感系数,它们由两个回路的几何形状、相对位置以及周围磁介质的性质决定. 若回路周围的磁介质是非铁磁性的,则互感系数与电流无关,理论和实验均可证明

$$M_{12} = M_{21} = M \qquad (11\text{-}15)$$

M 称为两个回路间的**互感系数**,简称**互感**.

回路 C_2 中的电流变化在回路 C_1 中产生的感应电动势即互感电动势 ε_{12} 和回路 C_1 中的电流变化在回路 C_2 产生的互感电动势 ε_{21} 都可由法拉第电磁感应定律求得

$$\varepsilon_{12} = -\frac{\mathrm{d}\Psi_{12}}{\mathrm{d}t} = -M_{12}\frac{\mathrm{d}I_2}{\mathrm{d}t} = -M\frac{\mathrm{d}I_2}{\mathrm{d}t} \qquad (11\text{-}16)$$

$$\varepsilon_{21} = -\frac{\mathrm{d}\Psi_{21}}{\mathrm{d}t} = -M_{21}\frac{\mathrm{d}I_1}{\mathrm{d}t} = -M\frac{\mathrm{d}I_1}{\mathrm{d}t} \qquad (11\text{-}17)$$

两个回路的互感系数 M 一般由实验测定. 在简单情况下可由计算得到.

互感在电工和无线电技术中有着广泛的应用. 利用互感现象,可以方便地把交变信号或者能量从一个回路直接传递给另一个回路,而无需将两个回路连接起来. 电工和无线电技术中所使用的各种变压器,例如电力变压器,中周变压器,输入、输出变压器等,都是根据互感原理制成的互感器件. 电工常用的钳形电流表也是一种互感器,如图 11-22 所示,它的铁芯是钳形的,可以打开和闭合. 用它来测量交变电流时,就不必断开电路,使用十分方便.

图 11-22　钳形电流表

在某些情况下,互感却是有害的. 例如有线电话往往由于两路电话之间的互感而引起串音;无线电设备中也往往由于导线间的互感而妨碍正常工作,在这种情况下则需要设法避免互感的干扰.

例 11-9　例 11-9 图所示为两个同轴螺线管 1 和 2,同绕在一个半径为 R 的长磁介质棒上. 它们的绕向相同,截面积都可近似地认为等于磁介质棒的截面积,螺线管 1 和 2 的长度分别为 l_1 和 l_2,且 $l_1 \gg R$,$l_2 \gg R$,单位长度上的匝数分别为 n_1 和 n_2. (1)证明

$M_{21} = M_{12} = M$；(2)求两个线圈的自感 L_1 和 L_2 与互感 M 之间的关系.

解 (1)设螺线管 1 中通有电流 I_1，它产生的磁感应强度大小为

$$B_1 = \mu n_1 I_1$$

例 11-9 图

电流 I_1 产生的磁场穿过螺线管 2 每一匝的磁通量为

$$\Phi_{21} = B_1 S_2 = \mu n_1 I_1 \pi R^2$$

因此有

$$\Psi_{21} = n_2 l_2 \Phi_{21} = \mu n_1 n_2 l_2 \pi R^2 I_1$$

由式(11-14)可得

$$M_{21} = \frac{\Psi_{21}}{I_1} = \mu n_1 n_2 l_2 \pi R^2 = \mu n_1 n_2 V_2$$

$V_2 = l_2 \pi R^2$ 是螺线管 2 的体积.

设螺线管 2 中通有电流 I_2，它产生的磁感应强度大小为

$$B_2 = \mu n_2 I_2$$

电流 I_2 产生的磁场穿过螺线管 1 的每一匝的磁通量为

$$\Phi_{12} = B_2 S_1 = \mu n_2 I_2 \pi R^2$$

我们知道长直螺线管的端口以外，B 很快减到零，因此螺线管 1 中只有 $n_1 l_2$ 匝线圈穿过 Φ_{12} 的磁通量，故 I_2 的磁场在螺线管 1 中产生的总磁通为

$$\Psi_{12} = n_1 l_2 \Phi_{12} = \mu n_1 n_2 l_2 I_2 \pi R^2$$

由式(11-14)可得

$$M_{12} = \frac{\Psi_{12}}{I_2} = \mu n_1 n_2 l_2 \pi R^2 = \mu n_1 n_2 V_2$$

两次计算的互感相等，即 $M_{21} = M_{12} = M$.

(2)例 11-7 已计算出长直螺线管的自感为 $L = \mu n^2 V$，所以

$$L_1 = \mu n_1^2 V_1 = \mu n_1^2 l_1 \pi R^2, L_2 = \mu n_2^2 V_2 = \mu n_2^2 l_2 \pi R^2$$

由此可见

$$M = \sqrt{\frac{l_2}{l_1}} \sqrt{L_1 L_2}$$

更为普遍的形式为

$$M = k \sqrt{L_1 L_2}$$

式中，k 称为耦合系数，大小由两个线圈的相对位置决定，它的取值为 $0 \leqslant k \leqslant 1$. 当两个线圈垂直放置时，$k \approx 0$.

例 11-10 一个矩形线圈 $ABCD$，长为 l，宽为 a，匝数为 N，放在一长直导线旁边与之共面，见例 11-10 图，这长直导线是闭合回路的一部分，其他部分离线圈很远，未在

图中画出. 当矩形线圈中通有电流 $i = I_0 \cos \omega t$ 时,求长直导线中的互感电动势.

解　由 $\varepsilon_M = -M dI/dt$,欲求长直导线中的互感电动势 ε_M,需先求矩形线圈与长直导线间的互感.

设长直导线中通有电流 I,此电流的磁场在矩形线圈中产生的全磁通为

$$\Psi = N\iint \boldsymbol{B} \cdot d\boldsymbol{S} = N\int_d^{d+a} \frac{\mu_0 I}{2\pi r} l \, dr$$

$$= \frac{\mu_0 N l I}{2\pi} \ln \frac{d+a}{d}$$

例 11-10 图

长直导线与矩形线圈间的互感

$$M = \frac{\Psi}{I} = \frac{\mu_0 N l}{2\pi} \ln \frac{d+a}{d}$$

矩形线圈中的电流 $i = I_0 \cos \omega t$,在长直导线中产生的互感电动势为

$$\varepsilon_M = -\frac{\mu_0 N l}{2\pi} \ln \frac{d+a}{d} \frac{d}{dt}(I_0 \cos \omega t)$$

$$= \frac{\mu_0 N l I_0 \omega}{2\pi} \ln \frac{d+a}{d} \sin \omega t$$

例 11-11　自感为 L_1 和 L_2 的线圈,设两线圈间的互感为 M. 如例 11-11 图. 若 (1)顺串联(2 与 3 相联);(2)反串联(2 与 4 相联),求其总自感.

解　设线圈中通有电流 I.

(1)顺串联时

例 11-11 图

$$\varepsilon = \varepsilon_1 + \varepsilon_2$$

$$\varepsilon_1 = \varepsilon_{11} + \varepsilon_M = -\left(L_1 \frac{dI}{dt} + M \frac{dI}{dt}\right)$$

$$\varepsilon_2 = \varepsilon_{22} + \varepsilon_M = -\left(L_2 \frac{dI}{dt} + M \frac{dI}{dt}\right)$$

$$\varepsilon = -(L_1 + 2M + L_2)\frac{dI}{dt}$$

$$L = -\frac{\varepsilon}{dI/dt} = L_1 + 2M + L_2$$

(2)反串联时

$$\varepsilon = \varepsilon_1 + \varepsilon_2$$

$$\varepsilon_1 = \varepsilon_{11} - \varepsilon_M = -\left(L_1 \frac{dI}{dt} - M \frac{dI}{dt}\right)$$

$$\varepsilon_2 = \varepsilon_{22} - \varepsilon_M = -\left(L_2 \frac{dI}{dt} - M \frac{dI}{dt}\right)$$

$$\varepsilon = -(L_1 - 2M + L_2)\frac{\mathrm{d}I}{\mathrm{d}t}$$

$$L = -\frac{\varepsilon}{\mathrm{d}I/\mathrm{d}t} = L_1 - 2M + L_2$$

§11-5　磁场的能量

一、自感储能

我们知道,充电后的电容器储存有一定的电能. 同理,一个通电线圈也储存有能量. 在图 11-23(a)所示的实验中,当我们打开图中所示的电键 K 时,灯泡并不是立即熄灭,而是突然更亮一下以后才慢慢地暗了下来. 打开电键后电源已不再向灯泡供给能量了,它突然强烈地闪亮一下所消耗的能量是从哪里来的? 这是因为在切断电路时,电路中的原有电流要从有到无地逐渐减小,使自感线圈中产生了自感电动势,在回路中形成感应电流. 感应电流供给灯泡的能量就是储存在通电线圈中的磁能.

通电线圈中所储存的磁能是在电流从 $0 \to I$ 的建立过程中,电源反抗感应电动势作功所转化来的能量. 我们用图 11-23(b)所示的电路,来说明这一能量的转化过程.

图 11-23　自感储能

图中 R 为回路的总电阻,包括电源内阻. 电阻 R 的自感可以略去不计,自感线圈的电阻亦可忽略不计. 当闭合电键 K 时,回路中的电流由零逐渐增大,经过一定时间后达到它的稳定值 $I\left(I = \frac{\varepsilon}{R}\right)$. 在电流增大过程中,线圈中产生自感电动势 $\varepsilon_L = -L\frac{\mathrm{d}i}{\mathrm{d}t}$,它反抗回路中电流的增加,使电流不能立即达到它的稳定值. 在这个过程中,电源必须提供能量用来克服自感电动势而作功,它所供给的能量,一部分转化为磁能并储存在线圈中,另一部分在电阻上转化为焦耳热. 根据全电路的欧姆定律有

$$\varepsilon + \varepsilon_L = iR$$

亦即

$$\varepsilon = iR - \varepsilon_L$$

方程两边同乘以电流 i 得

$$\varepsilon i = i^2 R - \varepsilon_L i \tag{11-18}$$

上式中的 εi 是电源的输出功率，$i^2 R$ 是电阻放热的热功率，而$(-\varepsilon_L i)$则是自感电动势的吸收功率，亦即电源反抗自感电动势作功的功率. 显然，式(11-18)表明了电流建立过程中电路中的能量转换关系：电源所提供的能量，一部分转化为焦耳热，另一部分则用来反抗自感电动势作功，转化为磁能. 电源反抗自感电动势所作的元功为

$$\mathrm{d}A = -\varepsilon_L i\,\mathrm{d}t = L\frac{\mathrm{d}i}{\mathrm{d}t}i\,\mathrm{d}t$$

$$\mathrm{d}A = Li\,\mathrm{d}i$$

在电流 i 由零增大到它的稳定值 I 的过程中，电源反抗自感电动势所作的总功为

$$A = \int_0^I Li\,\mathrm{d}i = \frac{1}{2}LI^2$$

作功伴随着能量的转换，这部分功转换成磁能储存于线圈中. 显然，一个自感为 L 的线圈中通有电流 I 时，它所储存的磁能为

$$W_{\mathrm{m}} = \frac{1}{2}LI^2 \tag{11-19}$$

自感磁能在实际中有着很重要的应用. 例如电感储能焊接，受控热核反应等.

二、磁场的能量

自感磁能储存在载流线圈的磁场中，故可以用描述磁场的物理量来表示. 以长直螺线管为例. 当长直螺线管中通有电流 I 时，它所储存的磁能为

$$W_{\mathrm{m}} = \frac{1}{2}LI^2$$

因为管内磁场为

$$B = \mu\frac{N}{l}I$$

又螺线管的自感系数

$$L = \mu\frac{N^2}{l}S$$

所以

$$W_{\mathrm{m}} = \frac{1}{2}LI^2 = \frac{1}{2}\left(\mu\frac{N^2}{l}S\right)\left(\frac{Bl}{\mu N}\right)^2$$

$$W_{\mathrm{m}} = \frac{1}{2}\frac{B^2}{\mu}Sl = \frac{1}{2}\frac{B^2}{\mu}V \tag{11-20}$$

式中，$V = Sl$ 是长直螺线管的体积，也是磁场存在的空间体积，并且螺线管内部是均匀磁场，所以

$$w_{\mathrm{m}} = \frac{W_{\mathrm{m}}}{V} = \frac{1}{2}\frac{B^2}{\mu} = \frac{1}{2}BH \tag{11-21}$$

上式表示磁场中单位体积中的磁场能量，称为**磁场能量密度**，简称**磁能密度**. 这一结果，虽然是从长直螺线管这一特例推导出来的，但是，可以证明它具有普遍性. 对于

均匀磁场来说,磁场能量 W_m 就等于磁能密度 w_m 乘以体积 V. 当磁场分布不均匀时,则可把磁场划分为许多体积微元 dV,在任一小体积内,磁场可以认为是均匀的,故体积微元中的磁场能量为

$$dW_m = w_m dV$$

则磁场的总能量为

$$W_m = \int_V dW_m = \int_V w_m dV \qquad (11\text{-}22)$$

式(11-22)说明,任何磁场都具有能量,磁能定域于磁场中,磁场的能量是储存在磁场的整个体积之中的.

例 11-12 同轴电缆由内外两个共轴圆柱筒所组成,其间充满磁导率为 μ 的磁介质(μ 为常量),其横截面如例 11-12 图所示. 圆柱面的内、外半径分别为 R_1 和 R_2,电缆中沿内、外圆筒流过的电流大小相等而方向相反. 试求:

(1)长为 l 的一段电缆中所储存的磁场能量.

(2)该段电缆的自感系数.

例 11-12 图

解 (1)根据安培环路定理可以求出:内圆柱面以内、外圆柱面以外不存在磁场,而两圆柱面之间的磁感应强度为

$$B = \frac{\mu I}{2\pi r}, R_1 < r < R_2$$

相应的磁场能量密度为

$$w_m = \frac{1}{2}\frac{B^2}{\mu} = \frac{1}{2\mu}\left(\frac{\mu I}{2\pi r}\right)^2 = \frac{\mu I^2}{8\pi^2 r^2}$$

取长为 l、半径为 r、厚度为 dr 的薄圆筒体积元,则

$$dV = 2\pi r dr l = 2\pi l r dr$$

$$dW_m = w_m dV = \frac{\mu I^2}{4\pi} l \frac{dr}{r}$$

所以,长为 l 的一段电缆中所储存的磁场能量

$$W_m = \frac{\mu I^2 l}{4\pi}\int_{R_1}^{R_2}\frac{dr}{r} = \frac{\mu I^2 l}{4\pi}\ln\frac{R_2}{R_1}$$

(2)由 $W_m = \frac{1}{2}L I^2 = \frac{\mu I^2 l}{4\pi}\ln\frac{R_2}{R_1}$ 得

$$L = \frac{\mu l}{2\pi}\ln\frac{R_2}{R_1}$$

由上可知,自感磁能公式也为自感 L 提供了另一种计算方法.

§11-6　电磁场的理论基础

　　本节中,我们将看到电场和磁场是可以相互转化的,电场和磁场实际上是同一物质——电磁场的两个方面.麦克斯韦系统地总结了从库仑到法拉第等人关于电磁学的全部成就,并在此基础上提出了"涡旋电场"和"位移电流"的假说,揭示了电场和磁场的内在联系,并将电与磁的起源、性质及相互转化规律完美地综合于非常简洁的数学形式中,建立了完整的电磁场理论体系.这个电磁场理论体系的核心就是我们本节要讨论的麦克斯韦方程组.

　　首先我们对学习过的电磁场基本理论作一简要回顾:

　　(1)根据库仑定律和静电场叠加原理可以得到,静止电荷所激发的静电场 E 所遵循的规律

$$\oint_S \boldsymbol{D} \cdot \mathrm{d}\boldsymbol{S} = \sum q \tag{11-23}$$

$$\oint_L \boldsymbol{E} \cdot \mathrm{d}\boldsymbol{l} = 0 \tag{11-24}$$

　　(2)根据毕奥－萨伐尔定律和磁场叠加原理可以得到,稳恒电流所激发的稳恒磁场 B 所遵循的规律

$$\oint_S \boldsymbol{B} \cdot \mathrm{d}\boldsymbol{S} = 0 \tag{11-25}$$

$$\oint_L \boldsymbol{H} \cdot \mathrm{d}\boldsymbol{l} = \sum I \tag{11-26}$$

　　(3)变化的磁场所激发的涡旋电场 E_i 所遵循的规律

$$\oint_S \boldsymbol{E}_i \cdot \mathrm{d}\boldsymbol{S} = 0 \tag{11-27}$$

$$\oint_L \boldsymbol{E}_i \cdot \mathrm{d}\boldsymbol{l} = -\int \frac{\mathrm{d}\boldsymbol{B}}{\mathrm{d}t} \cdot \mathrm{d}\boldsymbol{S} \tag{11-28}$$

　　由上述电磁场规律可见,自由电荷不是产生电场唯一的来源.这样就很自然地会提出一个对称的问题:既然变化的磁场能产生电场,那么变化的电场会不会也产生磁场呢? 麦克斯韦根据自然界的对称性,从传导电流的连续性问题中发现了变化的电场产生磁场的规律.

一、位移电流

1. 问题的提出

前面我们曾学习了稳恒磁场中的安培环路定理

$$\oint_L \boldsymbol{H} \cdot \mathrm{d}\boldsymbol{l} = \sum I = \int_S \boldsymbol{j} \cdot \mathrm{d}\boldsymbol{S}$$

在稳恒电流的条件下,如图 11-24 所示,由于电流是连续的,导体回路中的传导电

流在任何时刻都处处相等，因此，上式总能成立，无论以 L 为边界取 S_1 面还是 S_2 面都有相同的结论．那么，在非稳恒电流的情况下，安培环路定理是否仍适用呢？

图 11-24

现在讨论有电容器时的充放电电路．如图 11-25 (a)所示的充电电路，若在电容器的一极板左侧取环绕导线的闭合回路 L．那么以 L 为边界作两个曲面 S_1 和 S_2，且 S_1 和 S_2 构成一闭合曲面，其中 S_1 面与导线相交，S_2 面在两极板之间，不与导线相交．将安培环路定理分别应用到以 L 为边界的曲面 S_1 和 S_2，得到不同结果．

对于 S_1

$$\oint_L \boldsymbol{H} \cdot \mathrm{d}\boldsymbol{l} = I$$

对于 S_2

$$\oint_L \boldsymbol{H} \cdot \mathrm{d}\boldsymbol{l} = 0$$

（a）充电时　　　　　　　　（b）放电时

图 11-25　位移电流

$\boldsymbol{H}$ 对同一个闭合回路 L 的积分却得出不同的值（一为 I，一为零），显然是矛盾的，这表明由于传导电流的不连续性，导致 $\boldsymbol{H}$ 的环流不再是唯一的了．因此，在非稳恒电流的情况下，安培环路定理不再适用，必须寻找新的规律．

在科学史上，解决这类问题一般有两种途径：一种是在大量实验事实的基础上，提出新概念，建立与实验事实相符合的新理论；另一种是在原有理论的基础上，提出合理的假设，对原有的理论作必要的修正，使矛盾得到解决，并用实验检验假设的合理性．麦克斯韦遵循第二种途径，提出了位移电流的假设，修正了安培环路定理，使之也适用于非稳恒电流的情况．

2. 麦克斯韦的位移电流假设

麦克斯韦注意到这个矛盾出自传导电流的不连续性，传导电流在电容器两极板间中断了．既然如此，电容器极板上的电量 q 和电荷面密度 σ 必随时间变化（充电时增加，放电时减少），导线中的电流应等于极板上的电荷量的变化率，若板的面积为 S，传

导电流为

$$I = \frac{dq}{dt} = \frac{d(S\sigma)}{dt} = S\frac{d\sigma}{dt} \tag{11-29}$$

传导电流密度为

$$j = \frac{d\sigma}{dt} \tag{11-30}$$

同时在电容器的充放电过程中,两极板之间的电位移 **D** 和通过整个截面的电位移通量 $\Phi_D = SD$,也都是随时间变化的. 对平板电容器来说,$D = \sigma$,代入式(11-29)得

$$I = S\frac{d\sigma}{dt} = S\frac{dD}{dt}$$

上式表明,导线中的电流 I 等于极板上的 $S\dfrac{d\sigma}{dt}$,又等于极板间的 $S\dfrac{dD}{dt}$. 在方向上,充电时,电场增加,$\dfrac{d\boldsymbol{D}}{dt}$ 的方向与场的方向一致,也与导线中的电流方向一致(参见图 11-25(a));当放电时,电场减少,$\dfrac{d\boldsymbol{D}}{dt}$ 的方向与场的方向相反,但仍与导线中的电流方向一致(参见图 11-25(b)). 我们知道,$\dfrac{d\boldsymbol{D}}{dt}$ 和 j 都具有电流密度的量纲,因此可以设想,如果 $\dfrac{d\boldsymbol{D}}{dt}$ 表示某种电流密度,那么,它就可以代替在两极板间中断了的传导电流密度,从而保持电流的连续性.

由此可见,电容器电路中的电流借助于电容器内的电场的变化,仍可视为连续的. 把变化的电场看做电流的论点,就是麦克斯韦所引入的**位移电流**的概念,定义为:电场中某点的位移电流密度等于该点处电位移对时间的变化率,通过电场中的某截面的位移电流等于通过该截面的电位移通量的时间变化率. 即

$$\boldsymbol{j}_d = \frac{d\boldsymbol{D}}{dt} \tag{11-31}$$

$$I_d = \frac{d\Phi_D}{dt} \tag{11-32}$$

这样,按照麦克斯韦位移电流的假设,可以形象地说:在有电容器的电路中,在传导电流中断的地方,由位移电流继续下去,两者一起构成了电流的连续性.

二、全电流安培环路定理

引入位移电流后,安培环路定理中的 $\sum I$,应由传导电流和位移电流一起构成,它们之和称为**全电流** I_S,即

$$I_S = I + I_d$$

这样就推广了电流的概念,对于任何电路来说,全电流都是连续的. 在图 11-25 所示的情

况中,如果考虑穿过 S_1 和 S_2 面的为全电流,那么,安培环路定理可以修改为如下形式

$$\oint_L \boldsymbol{H} \cdot \mathrm{d}\boldsymbol{l} = \sum (I + I_{\mathrm{d}}) = \int_S \boldsymbol{j} \cdot \mathrm{d}\boldsymbol{S} + \int_S \frac{\mathrm{d}\boldsymbol{D}}{\mathrm{d}t} \cdot \mathrm{d}\boldsymbol{S} \tag{11-33}$$

上式称为**全电流安培环路定理**. 它表明,磁场强度 $\boldsymbol{H}$ 沿任意闭合回路的环流等于穿过此闭合回路所围曲面的全电流的代数和. 当我们把式(11-33)用于图 11-25(a)中取 S_2 面的情况时,得到

$$\oint_L \boldsymbol{H} \cdot \mathrm{d}\boldsymbol{l} = I_{\mathrm{d}} = \frac{\mathrm{d}\Phi_D}{\mathrm{d}t}$$

如前所述,$\dfrac{\mathrm{d}\Phi_D}{\mathrm{d}t} = \dfrac{\mathrm{d}q}{\mathrm{d}t} = I$,因而这个结果和取 S_1 面的结果

$$\oint_L \boldsymbol{H} \cdot \mathrm{d}\boldsymbol{l} = I$$

相一致,至此,矛盾解决. 同时,式(11-33)还表明:位移电流和传导电流一样能在其周围激发磁场.

位移电流的引入深刻揭示了电场和磁场之间的内在联系,反映了自然现象的对称性. 麦克斯韦位移电流假设的中心思想是变化的电场产生涡旋磁场;涡旋电场假设的中心思想是变化的磁场产生涡旋电场,并由法拉第电磁感应定律加以证明. 两种变化的场永远相互联系,形成了统一的电磁场.

值得注意的是,位移电流和传导电流毕竟是两个截然不同的概念. 它们只有在激发磁场方面是等效的,但二者之间在本质上是有区别的:

(1)位移电流本质是随时间变化着的电场,而传导电流是自由电荷的定向流动;

(2)传导电流在通过导体时会产生焦耳热,位移电流不会像传导电流那样产生热效应,也没有化学效应;

(3)位移电流也即变化的电场,可以存在于真空、导体、电介质中. 在通常情况下,电介质中的电流主要是位移电流,传导电流可以忽略不计;而导体中的电流主要是传导电流,位移电流可以忽略不计. 至于在高频电流的场合,导体内的位移电流和传导电流同样起作用,这时就不可忽略其中任何一个了.

例 11-13 如例 11-13 图所示,半径 $R = 0.1$ m 的两块圆板,构成平板电容器,对电容器匀速充电使之两极板间电场的变化率为 $\dfrac{\mathrm{d}E}{\mathrm{d}t} = 10^{13}$ V/m·s. 求电容器两极板间的位移电流(忽略边缘效应),并计算电容器内离两板中心连线为 $r(r < R)$ 处的磁感应强度 B_r 及 $r = R$ 处的 B_R.

解 电容器两板间的位移电流为

$$I_d = \frac{\mathrm{d}\Phi_D}{\mathrm{d}t} = S \frac{\mathrm{d}D}{\mathrm{d}t} = \pi R^2 \varepsilon_0 \frac{\mathrm{d}E}{\mathrm{d}t}$$

$$= 3.14 \times (0.1)^2 \times 8.85 \times 10^{-12} \times 10^{13} \text{ A} = 2.8 \text{ A}$$

位移电流的方向与电场方向相同.

例 11-13 图

对于这个正在充电的电容器来说,两板之外有传导电流,两板之间有位移电流,所产生的磁场对于两板中心连线具有对称性,可认为电容器内离两板中心连线为 $r(r<R)$ 处的各点都在同一磁感线上,磁感线方向和电流方向之间的关系按右手螺旋法则确定. 在平行于极板的平面内,以两极板中心连线为轴作半径为 r 的圆形回路,如例 11-13图所示. 由于对称性,圆形回路上各点磁感应强度的大小都为 B_r,方向沿回路的切向方向. 应用全电流定律得

$$\oint_L \boldsymbol{H} \cdot \mathrm{d}l = \frac{1}{\mu_0} B_r 2\pi r = \frac{\mathrm{d}\Phi_D}{\mathrm{d}t} = \varepsilon_0 \frac{\mathrm{d}}{\mathrm{d}t} \int_S \boldsymbol{E} \cdot \mathrm{d}\boldsymbol{S} = \varepsilon_0 \frac{\mathrm{d}E}{\mathrm{d}t} \pi r^2$$

所以
$$B_r = \frac{\mu_0 \varepsilon_0}{2} r \frac{\mathrm{d}E}{\mathrm{d}t}$$

当 $r=R$ 时

$$B_R = \frac{\mu_0 \varepsilon_0}{2} R \frac{\mathrm{d}E}{\mathrm{d}t} = \frac{1}{2} \times 4\pi \times 10^{-7} \times 8.85 \times 10^{-12} \times 0.1 \times 10^{13}$$

$$= 5.6 \times 10^{-6} (\mathrm{T})$$

计算结果表明,虽然位移电流相当大,但它产生的磁场在一般情况下是比较小的,要用实验测量是很困难的. 这和感生电场截然不同,感生电场通常比较强,很容易显示出来. 不过在超高频的情况下,较强的位移电流将会产生较大的磁场.

三、麦克斯韦方程组

1873 年前后,麦克斯韦出版了以《电学和磁学通论》为代表的一系列论著,提出了表述电磁场普遍规律的四个方程——**麦克斯韦方程组**,将电场和磁场的所有规律完美地综合了起来,建立了完整的电磁场理论体系.

1. 麦克斯韦方程组的积分形式

$$\text{I.} \qquad \oint_S \boldsymbol{D} \cdot \mathrm{d}\boldsymbol{S} = \sum q \tag{11-34}$$

$$\text{II.} \qquad \oint_S \boldsymbol{B} \cdot \mathrm{d}\boldsymbol{S} = 0 \tag{11-35}$$

$$\text{III.} \qquad \oint_L \boldsymbol{E} \cdot \mathrm{d}l = -\int \frac{\mathrm{d}\boldsymbol{B}}{\mathrm{d}t} \cdot \mathrm{d}\boldsymbol{S} \tag{11-36}$$

$$\text{IV.} \qquad \oint_L \boldsymbol{H} \cdot \mathrm{d}l = \int_S \boldsymbol{j} \cdot \mathrm{d}\boldsymbol{S} + \int_S \frac{\mathrm{d}\boldsymbol{D}}{\mathrm{d}t} \cdot \mathrm{d}\boldsymbol{S} \tag{11-37}$$

这四个方程就是麦克斯韦电磁场方程组的积分形式．各方程的物理意义为：

方程Ⅰ即电场的高斯定理，说明了电场的性质．方程中的 **D** 不仅包括了自由电荷激发的电场（库仑电场），还包括了变化磁场激发的感应电场，二者性质不同．库仑场是有源场，感生电场是涡旋场，它的电位移线是闭合的，对闭合面通量无贡献．因此，对任意闭合面，电位移 **D** 的通量等于面内自由电荷量的代数和，方程Ⅰ是总电场所遵循的普遍规律．

方程Ⅱ描述了磁场的性质．磁场可以由传导电流激发，也可以由变化电场的位移电流激发，它们所产生的磁场都是无源涡旋场，磁感应线都是闭合曲线，对闭合面的通量无贡献．

方程Ⅲ和方程Ⅳ则揭示了变化电场和变化磁场之间相互激发的规律，这是电磁场理论的中心思想．

特例，在 $\dfrac{\mathrm{d}\boldsymbol{B}}{\mathrm{d}t}=0,\dfrac{\mathrm{d}\boldsymbol{D}}{\mathrm{d}t}=0$ 的条件下，方程组则简化为静电场和稳恒磁场的方程组，即式(11-23)、式(11-24)、式(11-25)和式(11-26).

2. 麦克斯韦方程组的微分形式

麦克斯韦方程组的积分形式描述的是电磁场在一定范围（一个闭合曲面或一个闭合回路）内的电磁场量和电荷、电流之间的依存关系．而在实际应用中，更重要的是要了解场中任一点上各场量和该点电荷、电流之间的相互依存关系．这就需要用到麦克斯韦方程组的微分形式．

利用矢量场论的高斯定理和斯托克斯定理，可以将麦克斯韦方程组的积分形式化为微分形式：

$$\nabla \cdot \boldsymbol{D} = \rho \tag{11-38}$$

它表明，电磁场中任一点处电位移的散度等于该点处自由电荷的体密度．

$$\nabla \times \boldsymbol{E} = -\frac{\partial \boldsymbol{B}}{\partial t} \tag{11-39}$$

它表明，电磁场中任一点处电场强度的旋度等于磁感应强度变化率的负值．

$$\nabla \cdot \boldsymbol{B} = 0 \tag{11-40}$$

它表明，电磁场中任一点处磁感应强度的散度恒为零．这个结论说明了磁极 N 和 S 不能分割成孤立的单个磁极．

$$\nabla \times \boldsymbol{B} = \boldsymbol{j} + \frac{\partial \boldsymbol{D}}{\partial t} \tag{11-41}$$

它表明，电磁场中任一点处磁感应强度的旋度等于该点处传导电流密度和位移电流密度的矢量和．

麦克斯韦方程组支配着一切电磁现象．麦克斯韦方程组在电磁学中的地位，犹如牛顿定律的微分方程在力学中的地位．由该方程组，再辅以有关系统的物态方程，如

$$D = \varepsilon E \tag{11-42}$$

$$B = \mu H \tag{11-43}$$

$$j = \sigma E \tag{11-44}$$

及电场、磁场的边界条件和初始条件,便可求解出所有的电磁问题.

麦克斯韦电磁场理论的建立是 19 世纪物理学发展史上又一个重要的里程碑.正如爱因斯坦所说:"这是自牛顿以来物理学所经历的最深刻和最有成果的一项真正观念上的变革".它不仅在于揭示了统一的电磁场的规律,而且预言了电磁波的存在,并指出光也是一种电磁波,这个预言于 1888 年得到赫兹实验的证实,从而揭示了光、电、磁现象的内在联系及统一性,完成了物理学史上的又一次大综合.他的理论成果为现代无线电电子工业奠定了理论基础.

思　考　题

11-1　灵敏电流计的线圈处于永磁体的磁场中,通入电流,线圈就发生偏转.切断电流后,线圈在回复原来位置前总要来回摆动好多次.这时如果用导线把线圈的两个接头短路,则摆动马上停止.这是什么缘故?

11-2　熔化金属的一种方法是用"工频炉".它的主要部件是一个铜制线圈,线圈中有一坩埚,埚中放待熔的金属块.当线圈中通以高频交流电时,埚中金属块就可以被熔化.这是什么缘故?

11-3　变压器的铁芯为什么总做成片状的,而且涂上绝缘漆相互隔开?铁片放置的方向应和线圈中磁场的方向有什么关系?

11-4　将尺寸完全相同的铜环和铝环适当放置,使通过环内的磁通量的变化率相等.问这两个环中的感应电流及感生电场是否相等?

11-5　电子感应加速器中,电子加速所得到的能量是从哪里来的?试定性解释.

11-6　三个线圈中心在一条直线上,相隔的距离很近,如何放置可使它们两两之间的互感系数为零?

11-7　有两个金属环,其中一个环的半径略小于另一个.为了得到最大互感,应把两环面对面放置还是一环套在另一环中?如何套?

11-8　如果电路中通有强电流,当突然打开刀闸断电时,就有一大火花跳过刀闸.试解释这一现象.

11-9　利用楞次定律说明为什么一个小的条形磁铁能悬浮在用超导材料做成的盘上?

11-10　麦克斯韦方程组中各方程的物理意义是什么?

11-11　位移电流密度的方向是否与电位移 D 的方向平行?

习　题

11-1　如题 11-1 图所示,导体棒 ab 与金属轨道 ca 和 db 接触,整个线框放在 $B = 0.50$ T 的均匀磁场中,磁场方向与图面垂直.

(1)若导体棒以 $4.0\ \mathrm{m \cdot s^{-1}}$ 的速度向右运动,求棒内感应电动势的大小和方向;

(2)若导体棒运动到某一位置时,电路的电阻为 $0.20\ \Omega$,求此时棒所受的力.摩擦力可不计.

（3）比较外力作功的功率和电路中所消耗的热功率.

11-2   无限长直导线,通以电流 I. 有一与之共面的直角三角形线圈 ABC,已知 AB 边长为 b,且与长直导线平行,BC 边长为 a,若线圈以垂直于导线方向的速度 v 向右平移,当 B 点与长直导线的距离为 d 时,求线圈 ABC 内的感应电动势的大小和感应电动势的方向.

题 11-1 图   题 11-2 图

11-3   如题 11-3 图所示矩形线框与长直载流线共面,已知线框的长和宽分别为 l 和 b,求下列各情形中矩形线框中的感应电动势.

（1）$I=I_0$（I_0 为常量）,矩形线圈以恒定速率 v 平移至距载流线为 a 的位置时；

（2）$I=I_0\sin\omega t$,矩形线圈不动时；

（3）$I=I_0\sin\omega t$,矩形线圈以恒定速率 v 平移至距载流线为 a 的位置时.

11-4   如题 11-4 图所示,有一弯成 θ 角的金属架 COD 放在磁场中,磁感应强度 B 的方向垂直于金属架 COD 所在平面. 一导体杆 MN 垂直于 OD 边,并在金属架上以恒定速度 v 向右滑动,v 与 MN 垂直,设 $t=0$ 时,$x=0$. 求下列两情形中,框架内的感应电动势 ε_i.

（1）磁场分布均匀,且 B 不随时间改变.

（2）非均匀的时变磁场 $B=kx\cos\omega t$. 其中 k 为常量.

11-5   一半径为 $r=10$ cm 的圆形回路放在 $B=0.8$ T 的均匀磁场中. 回路平面与 B 垂直. 当回路半径以恒定速率 $\dfrac{\mathrm{d}r}{\mathrm{d}t}=80$ cm·s^{-1} 收缩时,求回路中感应电动势的大小.

11-6   如题 11-6 图所示,一对互相垂直的半径相等的半圆形导线构成回路,已知 $R=5$ cm,均匀磁场 $B=8\times10^{-2}$ T,B 的方向与两半圆的公共直径（在 Oz 轴上）垂直,且与两个半圆构成相等的角 α. 当磁场在 5 ms 内均匀降为零时,求回路中的感应电动势的大小及方向.

题 11-3 图   题 11-4 图   题 11-6 图

11-7   如题 11-7 图所示,一根导线弯成抛物线形状 $y=ax^2$ 放在均匀磁场中. B 与 xOy 平面垂直,细杆 CD 平行于 x 轴并以加速度 a 从抛物线的底部向开口处作平动. 求 CD 距 O 点为 y 处时回路中产生的感应电动势.

11-8   如题 11-8 图所示,载有电流 I 的长直导线附近,放一导体半圆环 MeN 与长直导线共面,且端点 MN 的连线与长直导线垂直. 半圆环的半径为 b,环心 O 与导线相距 a. 设半圆环以速度 v 平行于导线平移. 求半圆环内感应电动势的大小和方向及 MN 两端的电压 U_{MN}.

11-9 (1)如题 11-9 图所示,质量为 M、长度为 l 的金属棒 ab 从静止开始沿倾斜的绝缘框架下滑,设磁场 B 竖直向上,求棒内的动生电动势与时间的函数关系,假定摩擦可忽略不计.

(2)如果金属棒 ab 是沿光滑的金属框架下滑,结果有何不同?(提示:回路 $abcd$ 中将产生感应电流.可设回路的电阻为 R,并作为常量考虑.)

| 题 11-7 图 | 题 11-8 图 | 题 11-9 图 |

11-10 如题 11-10 图,一个恒力 F 作用在质量为 m、长为 l 的水平滑动导线 ab 上,该导线两端与电阻 R(导线电阻也计入 R)连接.导线从静止开始,在均匀磁场 B 中运动,其速度 v 的方向与 B 和导线皆垂直,假定滑动是无摩擦的,且忽略导线与电阻 R 形成的环路自感,试求导线的速度与时间的关系式.

11-11 有一螺线管,每米有 800 匝.在管内中心放置一绕有 30 圈的半径为 1 cm 的圆形小回路,在 1/100 s 的时间内,螺线管中产生 5 A 的电流.求小回路中的感生电动势为多少?

11-12 一半径为 R 的圆柱形空间内,充满磁感应强度为 B 的均匀磁场,一金属杆放在题 11-12 图中位置,杆长为 $2R$,其中一半位于磁场内、另一半在磁场外,当 $\dfrac{dB}{dt}>0$ 时,求:杆两端的感应电动势的大小和方向.

11-13 半径为 R 的直螺线管中,有 $\dfrac{dB}{dt}>0$ 的磁场,一任意闭合导线 $abca$,一部分在螺线管内绷成 ab 弦,a、b 两点与螺线管绝缘,如题 11-13 图所示.设 $ab=R$,试求:闭合导线中的感应电动势.

| 题 11-10 图 | 题 11-12 图 | 题 11-13 图 |

11-14 如题 11-14 图所示,通过回路的磁通量与线圈平面垂直,且指向图面,设磁通量依如下关系变化:

$$\Phi=6t^2+7t+1$$

式中 Φ 的单位为 Wb,t 的单位为 s,求 $t=2$ s 时,回路中的感生电动势的量值和方向.

11-15 电子感应加速器中的磁场在直径为 0.50 m 圆柱形区域内是匀强的,若磁场的变化率为 1.0×10^{-2} T·s^{-1}.试计算距中心距离为 0.10 m、0.50 m、1.0 m 处各点的感生电场.

11-16 如题 11-16 图所示,在垂直于直螺线管管轴的平面上放置导体 ab

题 11-14 图

于直径位置,另一导体 cd 在一弦上,导体均与螺线管绝缘.当螺线管接通电源的一瞬间,管内磁场的方向如图所示.试求:(1)ab 两端的电势差;(2)cd 两点的电势哪点的高.

11-17 一无限长的直线和一正方形的线圈如题 11-17 图所示放置(导线与线圈接触处绝缘).求:线圈与导线间的互感系数.

11-18 一矩形线圈长为 $l=20$ cm,宽为 $b=10$ cm,由 100 匝表面绝缘的导线绕成,放置在一根长直导线的旁边,并和长直导线在同一平面内,该长直导线可看做一个闭合回路的一部分,其余部分离线圈很远,其影响可以略去不计.求:题 11-18 图中(a)和(b)两种情况下,线圈与长直导线间的互感.

题 11-16 图　　　　题 11-17 图　　　　题 11-18 图

11-19 已知一个空心密绕螺线环,其平均半径为 0.10 m,横截面积为 6 cm²,环上共有线圈 250 匝,求螺绕环的自感系数.

11-20 一截面为长方形的螺线管.其尺寸如题 11-20 图所示,共有 N 匝,求(1)此螺线管的自感;(2)若导线内通有电流 I,环内磁能为多少?

11-21 一无限长圆柱形直导线,其截面各处的电流密度相等,总电流为 I.求:导线内部单位长度上所储存的磁能.

11-22 圆柱形电容器,内、外导体截面半径分别为 R_1 和 R_2($R_1<R_2$),中间充满介电常数为 ε 的电介质.当两极板间的电压随时间的变化为 $\dfrac{\mathrm{d}U}{\mathrm{d}t}=k$ 时(k 为常数),求介质内距圆柱轴线为 r 处的位移电流密度.

题 11-20 图

11-23 试证:平行板电容器的位移电流可写成 $I_{\mathrm{d}}=C\dfrac{\mathrm{d}U}{\mathrm{d}t}$,式中 C 为电容器的电容,U 是电容器两极板的电势差.如果不是平板电容器,以上关系还适用吗?

11-24 在半径为 R 的圆筒内,有方向与轴线平行的均匀磁场 B,以 10^{-2} T·s^{-1} 的速率减小,a、b、c 各点离轴线的距离均为 $r=5.0$ cm,试问电子在各点处可获得多大的加速度?加速度的方向如何?如果电子处在圆筒的轴线上,它的加速度又是多大?

11-25 一电子在电子感应加速器中沿半径为 1 m 的轨道做圆周运动,如果电子每转一周动能增加 700 eV,试计算轨道内磁通量的变化率.

11-26 在真空中,若一均匀电场中的电场能量密度与一磁感应强度为 0.50 T 的均匀磁场中的磁场能量密度相等,该电场的电场强度是多少?

11-27 一螺线管的自感系数为 0.010 H,通过它的电流为 4 A,试求螺线管内储藏的磁场能量.

11-28 如题 11-28 图示,电荷 $+q$ 以速度 v 向 O 点运动($+q$

题 11-28 图

到 O 点的距离以 x 表示). 在 O 点处作一半径为 a 的圆, 圆面与 v 垂直, 试计算通过此圆面的位移电流.

科学家简介

麦 克 斯 韦

生平简介

麦克斯韦(J. C. Maxwell, 1831—1879)于 1831 年出生于英国爱丁堡, 自幼聪敏好学, 青年时代就显露出数学和物理上的才能, 15 岁时就发表了一篇关于卵形电线的论文, 并参加了在爱丁堡举行的皇家学会会议. 1847 年秋, 16 岁的麦克斯韦考入爱丁堡大学, 1850 年又转入剑桥大学. 他学习勤奋, 成绩优异, 经著名数学家霍普金斯和斯托克的指点, 很快就掌握了当时的先进数学理论, 这为他后来的理论研究工作打下了良好的基础. 麦克斯韦曾先后在马里斯查学院(1856 年)、伦敦皇家学院(1860 年)、剑桥大学(1871年)任物理学教授. 由于肺结核长久不治, 麦克斯韦于1879 年英年早逝, 年仅 48 岁. 量子论的创立者普朗克指出:"麦克斯韦的名字将永远镌刻在经典物理学家的门扉上, 他的理论永远放射着灿烂的光芒. 从出生地来说, 他属于爱丁堡;从个性来说, 他属于剑桥大学;从功绩来说, 他属于全世界. "

主要科学贡献

麦克斯韦创建电磁场理论, 历时十年, 中间经历了三个大的飞跃. 首先, 麦克斯韦在开尔芬的启发下, 对法拉第的力线、力管进行了深入研究. 1855 年在《论法拉第力线》一文中, 认为电荷间以及磁极间的力线是靠场来传递的, 并把力线看成不可压流体. 麦克斯韦引入一种新的矢量场来描述电磁场, 导出了电流和磁力线之间的定量关系的微分方程, 以及电流的作用力和电磁感应定律的定量公式, 走出了富有创造性的第一步. 法拉第看到这篇文章后大为赞扬地说:"我惊讶地看到, 这个主题居然处理得如此好!"

随后, 麦克斯韦于 1861 年对磁场变化产生感应电动势的现象进行深入研究, 敏锐地感觉到即使不存在导体回路也会在其周围激发一种场, 他称为涡旋场, 这是他为统一电磁场理论做出的第一个重大假设;同年 12 月 10 日他在给开尔文的信中又提出了"位移电流"的假设. 这两个假设对电磁场理论做出了突破性的贡献, 为电磁场理论的统一奠定了基础. 1862 年麦克斯韦在英国《哲学杂志》发表了第二篇论文《论物理力线》, 对位移电流等问题作了明确的阐述. 他写道:"只要位移电流作用在导体上, 它就产生一个电流……作用在介质上的位移电流, 使介质产生一种极化状态, 如同铁的颗粒在磁场影响下的极性分布一样……".

1864 年麦克斯韦在英国皇家学会宣读了一篇著名论文《电磁场的动力理论》. 论文中, 他总结了前人和自己对电磁理论的研究成果,提出了"电磁场理论",文中提出了现今所称的麦克斯韦方程组.

麦克斯韦把法拉第的场模型发展成电磁场理论,即变化的电场激发磁场,变化的磁场激发电场,这种变化的磁场和电场构成了统一的电磁场,并以横波形式在空间传播形成电磁波.他还推出了统一的电磁场的能量密度定义,即能流密度矢量——坡印廷矢量,推出了电磁波传播速度 $v=\dfrac{1}{\sqrt{\varepsilon\mu}}$,证明了电磁波在真空中的速度为 $c=\dfrac{1}{\sqrt{\varepsilon_0\mu_0}}$.

麦克斯韦是一位极有胆识和远见的理论物理学家,他预言了电磁波的存在,提出了光的电磁理论,认为光是一种波长更短的电磁波.20年后,赫兹的实验证实了电磁波的存在.麦克斯韦到此并没止步,他于1873年公开出版《电磁学通论》一书,达到了当时电磁理论的顶峰.这是一本囊括了电学和磁学的百科全书.该书从电磁研究的开门鼻祖库仑一直讲述到麦克斯韦时代已认识到的全部电磁学理论.

麦克斯韦的电磁理论具有以下几个特点:(1)物理概念创新;(2)逻辑体系严密;(3)数学形式简洁优美;(4)演绎方法出色;(5)电场与磁场以及时间和空间的明显对称性.爱因斯坦为之赞叹不已,予以高度评价:"这个理论从超距作用过渡到以场作为基本变量,以致成为一个革命性的理论."

阅读材料 J

磁悬浮列车

自1979年日本研制出第一列磁悬浮列车的样机至今已20多年了.磁悬浮列车具有行进平稳无颠簸、噪声小、无污染等特性,所需牵引力也很小,只需要几个兆瓦的功率就能使悬浮列车的速度达到 $500\,\text{km}\cdot\text{h}^{-1}$.随着超导技术的发展和高温超导的发现,对磁悬浮列车的研制起到了积极推动作用.

超导磁悬浮列车的原理可分为两大部分:一是悬浮作用,二是推进作用.

一、悬浮原理

超导磁悬浮列车的铁轨为 U 字形,在 U 字形铁轨底部铺设有若干个悬浮用的铝线圈,在每列车厢两侧底部装有 6~8 个超导线圈.当列车起动或进站时,列车依靠车轮行驶,随着列车加速,超导线圈通电,超导线圈产生的磁场可达 5 T.当超导线圈随列车向前运动时,固定在铁轨上的铝线圈中产生感应电流,感应电流产生的磁场方向与超导线圈产生的磁场方向相反,两者互相排斥,使列车悬浮,车体与铁轨间保持约 10 cm 的空隙,图 J-1 是磁悬浮列车的结构示意图.

图 J-1 磁悬浮列车结构示意

下面估算一下超导线圈所需的匝数. 设每个超导线圈为矩形线圈,宽 1 m,长 2 m,超导线圈与铁轨上的铝线圈相距 $h=10$ cm,设对应于每个超导线圈的悬浮力需举起 10 t 重的物体. 若采用二根平行载流直导线相互作用力公式计算,单位长度导线的相互作用力为

$$F_1 = \frac{\mu_0 I^2}{2\pi h}$$

对于长度为矩形线圈周长的超导线圈,$L=2(1+2)=6$ m,设导线共 N 匝,则对于每一个超导线圈,排斥力为

$$F = \frac{\mu_0 (NI)^2 L}{2\pi h}$$

如需举起重物的重量为 $F'=mg$,则应有 $F=F'$

$$\frac{\mu_0 (NI)^2 L}{2\pi h} = mg$$

$$NI = \sqrt{\frac{2\pi h m g}{\mu_0 L}} = \sqrt{\frac{2 \times 3.14 \times 0.1 \times 10 \times 10^3 \times 9.8}{4\pi \times 10^{-7} \times 6}} = 9.0 \times 10^4 （安匝）$$

对于这样大的安匝数,功率又要限制在可能的使用范围内,只能使用超导材料制作线圈.

二、推—挽型磁推进系统原理

前述超导线圈只起到使列车悬浮的作用,这样可以大大减少行进阻力,但没解决使列车前进的动力. 推—挽型磁推进系统是提供列车前进的动力装置,图 J-2 所示为原理图. 在列车两侧装置着由超导线圈制成的电磁铁,简称为列车电磁铁(即图 J-1 中的推进地面线圈),仅当列车经过时,该处的轨道电磁铁才按顺序接通和断开电流. 图 J-2 只画出列车左侧的列车电磁铁和轨道电磁铁. 每个图的上排为轨道电磁铁,下排为列车电磁铁.

当列车到达图 J-2 中的位置(1)时,仅有两组轨道电磁铁接通电流,极性如图. 由于列车电磁铁和轨道电磁铁的相对位置,存在四组 N-S 拉力和 S-S 或 N-N 推力,所有这些推—挽力的总效果是推动列车向前运动.

当列车到达位置(2)时,轨道电磁铁的电流被断开,列车借助惯性前进,直至到达位置(3)时这两组轨道电磁铁的电流又接通,但其极性与(1)相反,结果仍使列车加速. 当列车到达位置(4)时,轨道电磁铁的电流又断开,列车又借助惯性到达位置(5). 这时所接通的轨道电磁铁已有一组改换了. 即沿着列车前进的方向,轨道电磁铁的接通和断开是按一定顺序进行的. 若按车速 500 km·h^{-1}≈140 m·s^{-1},轨道电磁铁长 2 m,间距 2 m 计算,轨道电磁铁的开关频率约为 140/4 Hz=35 Hz,因而对列车运动的自动控制系统要求相当高.

我国目前也在研制磁悬浮列车,1994 年 10 月西南交通大学建成我国第一条常规悬浮列车实验线,并开始研究超导悬浮技术.

上海磁悬浮列车示范运营线工程于 2001 年 3 月 1 日在浦东新区正式开工,2003 年底竣工,现已投入商业运行.

图 J-2　推—挽型磁推进系统原理

习 题 答 案

第一章

1-1 (1)-48 m$,-36$ m $\cdot$ s$^{-1},-12$ m $\cdot$ s^{-2}; (2)±12 m $\cdot$ s^{-1}; (3)6 m

1-2 (1)$(3t+5)\boldsymbol{i}+\left(\dfrac{1}{2}t^2+3t-4\right)\boldsymbol{j}$ m; (2)$8\boldsymbol{i}-0.5\boldsymbol{j}$ m,$11\boldsymbol{i}+4\boldsymbol{j}$ m,$3\boldsymbol{i}+4.5\boldsymbol{j}$ m;

(3)$3\boldsymbol{i}+5\boldsymbol{j}$ m $\cdot$ s^{-1}; (4)$3\boldsymbol{i}+7\boldsymbol{j}$ m $\cdot$ s^{-1}; (5)$1\boldsymbol{j}$ m $\cdot$ s^{-2};(6)$1\boldsymbol{j}$ m $\cdot$ s^{-2}

1-3 (1)$x=\sqrt{9+16t-4t^2},y=4-2t,v=\dfrac{8-4t}{\sqrt{9+16t-4t^2}}$; (2)0

1-4 $v=\sqrt{16-2x^2}$ **1-5** $x=-\dfrac{1}{12}t^4+2t^2-t+0.75$ **1-9** $\dfrac{H}{H-h}v_0$

1-10 (1)$a=\sqrt{b^2+\dfrac{(v_0-bt)^4}{R^2}},\varphi=\arctan\dfrac{a_\tau}{a_n}=\dfrac{-Rb}{(v_0-bt)^2}$; (2)$\dfrac{v_0}{b}$

1-11 (1)4 s; (2)2.83 s

1-12 (1)3.36×10^{-2} m $\cdot$ s^{-2}; (2)5.95×10^{-3} m $\cdot$ s^{-2}; (3)2.23×10^{-10} m $\cdot$ s^{-2}

1-13 (1)10 m; (2)80 m   **1-14** 386.2 m

1-15 (1)$-\pi$ rad $\cdot$ s^{-2},625 rev; (2)25π rad $\cdot$ s^{-1}; (3)$v=25\pi$ m $\cdot$ s$^{-1},a_\tau=-\pi$ m $\cdot$ s^{-2},

$a_n=625\pi^2$ m $\cdot$ s^{-2}

1-16 $a_\tau=36$ m $\cdot$ s$^{-2},a_n=1\,296$ m $\cdot$ s^{-2}; (2)2.67 rad

1-17 $a_n=82.4$ m $\cdot$ s$^{-2},a_\tau=-7.8$ m $\cdot$ s^{-2}

1-18 $\theta=\operatorname{arccot}\dfrac{h-\dfrac{1}{2}gt^2}{vt},\omega=\dfrac{v\left(h+\dfrac{1}{2}gt^2\right)}{\left(h-\dfrac{1}{2}gt^2\right)^2+v^2t^2}$

1-19 12.8 m $\cdot$ s^{-1} **1-20** (1)0.705 s; (2)0.715 m

1-21 $\sqrt{2}v$,方向:来自西北,或东偏南$45°$ **1-22** 8 m $\cdot$ s^{-1}

第二章

2-1 $y=\dfrac{1}{2v_0^2}g\sin\alpha\cdot x^2$ **2-2** $\dfrac{m}{k}\ln\dfrac{mg+kv_0}{mg},\dfrac{mv_0}{k}-\dfrac{m^2}{k^2}g\ln\left(1+\dfrac{kv_0}{mg}\right)$

2-3 $\sqrt{gl}$ **2-4** $N=\dfrac{m(g\sin\theta-r\omega^2\cos\theta)}{\sin\theta},n=\dfrac{1}{2\pi}\sqrt{\dfrac{g}{h}}$

2-5 (1)g; (2)$a_2=a'-a=\dfrac{g}{2}$,方向向上;$a_1=\dfrac{\sqrt{5}}{2}g$,

$$\theta = \arctan\frac{a}{a} = \arctan\frac{1}{2} = 26.6°,左偏上$$

2-6　3,3　　　　**2-7**　(1)0.10i N・S;(2)2 N　　　　**2-8**　kv

2-9　(1)$\dfrac{a}{b}$;　(2)$\dfrac{a^2}{2b}$;　(3)$\dfrac{a^2}{2bv_0}$　　　　**2-10**　7.65 s

2-11　$v_1 = \dfrac{F\Delta t_1}{m_1 + m_2}, v_2 = \dfrac{F\Delta t_1}{m_1 + m_2} + \dfrac{F\Delta t_2}{m_2}$,

2-13　$\dfrac{5}{3}$ m　　　　**2-14**　(1)$\dfrac{mv_0}{m+M}, \dfrac{Mmv_0}{m+M}$;　(2)$\dfrac{m^2 v_0}{m+M}$;　(3)$\dfrac{Mm}{M+m}v_0$

2-15　$\dfrac{u_2}{u_1} = \dfrac{M+m}{M}$

2-16　(1)0.4 m・s^{-1};　(2)1.2 m・s^{-1};　(3)-0.4 m・s^{-1}

2-17　(1)$v = \dfrac{Nm}{M+Nm}u$;　(2) 不同,$v_N = \sum\limits_{n=1}^{N}\dfrac{mu}{M+nm}$

2-18　3 m・s^{-1}

2-20　(1)$-\dfrac{M^2 + 2Mm}{(M+m)^2}\left(\dfrac{1}{2}mv^2\right)$;　(2)$\dfrac{Mm}{(M+m)^2}\left(\dfrac{1}{2}mv^2\right)$;　(3)$-\dfrac{M}{(M+m)}\left(\dfrac{1}{2}mv^2\right)$

2-21　(1)0.06 m;　(2)不是;　(3)0.04 m,不是

2-22　(1)$\dfrac{\Delta x_1}{\Delta x_2} = \dfrac{k_2}{k_1}$;　(2)$\dfrac{E_{p1}}{E_{p2}} = \dfrac{k_2}{k_1}$

2-23　1 390 N・m^{-1},0.84 m

2-24　$h = 2.5R$　　　**2-25**　(1)$\dfrac{3}{4}x_0\sqrt{\dfrac{k}{3m}}$;　(2)$\dfrac{1}{2}x_0$

2-26　$(m_1 + m_2)g$　　　**2-27**　$\dfrac{v_0^2}{2g}\dfrac{m\sin^2\theta + m'}{m+m'}$　　　**2-28**　$\left(\dfrac{M}{M+m}\right)^2 h_0$

2-29　0.037 m　　　**2-30**　$\dfrac{F}{k} < L \leqslant \dfrac{3F}{k}$　　　**2-31**　$v = \dfrac{m}{m+M}\sqrt{2gh}, h_1 = \dfrac{m^2 h}{M^2 - m^2}$

第三章

3-1　$\dfrac{g\sin\theta}{3l}$　　　**3-2**　7.6 m・s^{-2}　　　**3-3**　157 N

3-4　(1)$\dfrac{3R\omega_0}{4\mu g}$;　(2)$-\dfrac{1}{4}mR^2\omega_0^2$　　　**3-5**　(1)$\dfrac{3g}{2l}$;　(2)$\sqrt{\dfrac{3g\sin\theta}{l}}$

3-6　(1)6.13 rad・s^{-2};　(2)20.8 N,17.1 N　　　**3-7**　0.01 kg・m^2;0.094 2 N・m

3-8　$\dfrac{2}{r}\sqrt{\dfrac{gh}{3}}$　　　**3-9**　1.48 m・s^{-1}　　　**3-10**　$2m_2\dfrac{v_1 + v_2}{\mu m_1 g}$

3-11　5.26×10^{12} m　　　**3-12**　$\omega' = \sqrt{\dfrac{M_1 g}{mr_0}\left(\dfrac{M_1 + M_2}{M_1}\right)^4}, r' = \dfrac{M_1 + M_2}{m\omega'^2}g = \left(\dfrac{M_1}{M_1 + M_2}\right)^{\frac{1}{3}}\cdot r_0$

3-13　$\dfrac{3v_0}{2l}$　　　**3-14**　$\dfrac{1}{17}\omega_0, \dfrac{16}{17}W$　　　**3-15**　$\dfrac{(2\sqrt{3}-1)m_2 v}{2m_1 r}$

3-16 $\omega=-\dfrac{mv}{6m'R},v=-\dfrac{mv}{6m'}$ **3-17** 12.0 rad $\cdot$ s^{-1},183 J

3-18 (1)$\dfrac{\sqrt{6(2-\sqrt{3})}}{12}\dfrac{3m+M}{m}\sqrt{gl}$; (2)$-\dfrac{\sqrt{6(2-\sqrt{3})}M}{6}\sqrt{gl}$

3-19 (1)$\dfrac{mv_0R}{2(mR^2+I+MR^2)}$; (2)$\dfrac{m^2v_0^2R}{16\pi Mg(mR^2+MR^2+I)}$

3-20 $-\dfrac{Gm_1m_2}{r_1+r_2}$ **3-21** $\dfrac{2mv}{(5m+2m')R}$ **3-22** $\dfrac{2(m_2-m_1)gt}{m_1+2m_2+3m_3}$

第四章

4-1 (1)3.65v_0; (2)3.99v_0; (3)3v_0 **4-2** 2.35$\times10^5$ Pa **4-3** 152 J

4-4 6.22$\times10^{-21}$ J **4-5** 图(a)中(1)表示氧,(2)表示氢;图(b)中(2)温度高

4-6 (1)6.00$\times10^{-21}$ J,4.00$\times10^{-21}$ J,1.00$\times10^{-20}$ J; (2)1.83$\times10^3$ J; (3)1.39 J

4-7 6.42 K;0.67$\times10^5$ Pa **4-9** 1.16$\times10^7$ K **4-10** 284 K

4-11 8.8$\times10^{-3}$ m $\cdot$ s^{-1}

4-12 (1)2.45$\times10^{24}$ m^{-3}; (2)5.32$\times10^{-26}$ kg; (3)0.13 kg $\cdot$ m^{-3}; (4)7.42$\times10^{-9}$ m;
(5)446.58 m $\cdot$ s^{-1}; (6)482.87 m $\cdot$ s^{-1}; (7)1.04$\times10^{-20}$ J

4-13 (1)8.28$\times10^{21}$ J;(2)400 K **4-14** 0.51 kg

4-15 (1)12.9 keV; (2)1.58$\times10^6$ m $\cdot$ s^{-1}

4-16 (1)5.05$\times10^3$ m $\cdot$ s^{-1},3.69$\times10^2$ m $\cdot$ s^{-1},1.73$\times10^3$ m $\cdot$ s^{-1};
(2)5.97$\times10^4$ m $\cdot$ s^{-1},1.27$\times10^3$ m $\cdot$ s^{-1}

4-18 (1)$f(v)=\begin{cases} av/Nv_0 & (0\leqslant v\leqslant v_0)\\ a/N & (v_0\leqslant v\leqslant2v_0)\\ 0 & (v\geqslant2v_0)\end{cases}$; (2)$a=\dfrac{2N}{3v_0}$; (3)$\dfrac{1}{3}N$; (4)$\dfrac{11}{9}v_0$; (5)$\dfrac{7v_0}{9}$

4-19 1.05% **4-21** 3.33$\times10^{17}$;7.5 m **4-22** 0.103 5 Pa

4-23 7.90$\times10^4$ Pa **4-24** 6 080 m

4-25 (1)71.8 W $\cdot$ m^{-1};(2)$-$28.86 k $\cdot$ cm^{-1}

第五章

5-1 (1)4 155 J; (2)5 817 J; **5-2** (1)7 928 J; (2)5 663 J; (3)2 265 J

5-3 -1.1×10^4 J **5-4** (1)3.75$\times10^3$ J; (2)5.73$\times10^3$ J

5-5 40% **5-7** 1.26;1.15

5-8 1.22 **5-9** (1)3R; (2)6$R(T_2-T_1)$;$R(T_2-T_1)$

5-10 (1)7.58$\times10^4$ Pa; (2)60.5 J **5-11** (1)5$\times10^6$ J; (2)563 m $\cdot$ s^{-1}

5-12 (1)12RT_0,45RT_0,$-$47.7RT_0; (2)16.3%

5-14 (2)$A_p=4$ 052 J;$A_V=0$ J;$A_T=-2$ 809 J; (3)8.67%

5-15 21% **5-16** 13.4% **5-17** 17.4% **5-18** 25%,3

5-20 (1)125℃; (2)31.4% **5-21** 32 990 J;放出热量 3.67$\times10^5$ J

第六章

6-1 $Q=-2\sqrt{2}q$ **6-2** (1) -9.90×10^{-9} C; (2) 1.79×10^{-6} V·m^{-1}

6-3 (1) 6.74×10^2 N·C^{-1},水平向右; (2) 1.50×10^3 N·C^{-1},y 轴正向

6-4 $\dfrac{\lambda}{2\pi\varepsilon_0 R}i$ **6-5** $\dfrac{\sigma}{4\varepsilon_0}i$ **6-6** 球面外:$E=\dfrac{q}{4\pi\varepsilon_0 x^2}$;球面内:0

6-7 $E=\dfrac{qr}{4\pi\varepsilon_0\left(r^2+\dfrac{l^2}{4}\right)\sqrt{r^2+\dfrac{l^2}{2}}}$,方向沿 $\overrightarrow{OP}$ **6-8** $\dfrac{q}{2\varepsilon_0}\left(1-\dfrac{d}{\sqrt{R^2+d^2}}\right)$

6-9 $0,3.98$ N·C^{-1},1.06 N·C^{-1}

6-10 球体内:$E(r)=\dfrac{kr^2}{4\varepsilon_0}$;球体外:$E(r)=\dfrac{kR^4}{4\varepsilon_0 r^2}$;   **6-11** (1)0;(2)$\dfrac{\lambda}{2\pi\varepsilon_0 r}$;(3)0

6-12 两面间,$\boldsymbol{E}=\dfrac{1}{2\varepsilon_0}(\sigma_1-\sigma_2)\boldsymbol{n}$;$\sigma_1$ 面外,$\boldsymbol{E}=-\dfrac{1}{2\varepsilon_0}(\sigma_1+\sigma_2)\boldsymbol{n}$;

σ_2 面外,$\boldsymbol{E}=\dfrac{1}{2\varepsilon_0}(\sigma_1+\sigma_2)\boldsymbol{n}$;$\boldsymbol{n}$:垂直两平面,由 σ_1 面指向 σ_2 面

6-13 $\boldsymbol{E}_O=\dfrac{r^3\rho}{3\varepsilon_0 d^3}d,\boldsymbol{E}_{O'}=\dfrac{\rho}{3\varepsilon_0}d$,证明略   **6-14** 2×10^8 V

6-15 $\dfrac{\sigma}{2\varepsilon_0}\left(1-\dfrac{x}{\sqrt{R^2+x^2}}\right)$,方向沿直线;$\dfrac{\sigma}{2\varepsilon_0}(R-\sqrt{R^2+x^2})$

6-16 $-\dfrac{\sqrt{3}q}{2\pi\varepsilon_0 a},-\dfrac{\sqrt{3}qQ}{2\pi\varepsilon_0 a}$ **6-17** $\dfrac{q_0 q}{6\pi\varepsilon_0 R}$

6-18 $\dfrac{-\lambda}{2\pi\varepsilon_0 R}$,"$-$"号表示垂直于直导线向下;$\dfrac{\lambda}{2\pi\varepsilon_0}\ln2+\dfrac{\lambda}{4\varepsilon_0}$

6-19 (1)2.5×10^3 V;(2)4.3×10^3 V

6-22 (1)$\dfrac{\sigma}{2\varepsilon_0}(\sqrt{x^2+R_2^2}-\sqrt{x^2+R_1^2})$;

(2)$\left[2gx+\dfrac{\sigma}{2\varepsilon_0}\left(R_2-R_1-\sqrt{x^2+R_2^2}+\sqrt{x^2+R_1^2}\right)\right]^{1/2}$

6-23 $U=\dfrac{\lambda}{4\pi\varepsilon_0}\ln\left(\dfrac{\sqrt{a^2+x^2}+a}{\sqrt{a^2+x^2}-a}\right),\boldsymbol{E}=\dfrac{\lambda}{4\pi\varepsilon_0}\dfrac{2a}{x\sqrt{a^2+x^2}}\boldsymbol{i}$

第七章

7-1 $\dfrac{R}{r^2}U_0$ **7-2** -2×10^{-7} C,-1×10^{-7} C,2.3×10^3 V

7-3 (1)$q,\dfrac{q}{4\pi\varepsilon_0 R}$; (2)$0,0$; (3)$q'=\dfrac{R_1}{R_2}q,\dfrac{(R_1-R_2)q}{4\pi\varepsilon_0 R_2^2}$

7-4 $-\dfrac{q}{3}$ **7-5** (1)$\dfrac{3}{8}F_0$; (2)$\dfrac{4}{9}F_0$ **7-6** $\dfrac{1}{2}\left(U+\dfrac{qd}{2\varepsilon_0 S}\right)$

7-7 (1)$R_1<r<R_2$ 时 $E_1=\dfrac{Q}{4\pi\varepsilon_0\varepsilon_r r^2}$,$r>R_2$ 时 $E_2=\dfrac{Q}{4\pi\varepsilon_0 r^2}$;

$(2)R_1 < r < R_2$ 时 $U_1 = \dfrac{Q}{4\pi\varepsilon_0\varepsilon_r}\left(\dfrac{1}{r} + \dfrac{\varepsilon_r - 1}{R_2}\right)$，$r > R_2$ 时 $U_2 = \dfrac{Q}{4\pi\varepsilon_0 r}$；

$(3)U = \dfrac{Q}{4\pi\varepsilon_0\varepsilon_r}\left(\dfrac{1}{R_1} + \dfrac{\varepsilon_r - 1}{R_2}\right)$

7-8 $\dfrac{\sigma_2}{\sigma_1} = \varepsilon_r$ **7-9** $(1)F = \dfrac{1}{4\pi\varepsilon_0}\dfrac{q_1 q_2}{r^2}$ 无 $(2)F = \dfrac{1}{4\pi\varepsilon_0}\dfrac{q_1 q_2}{r^2}$ 有

7-10 $(1)1.82\times10^{-4}$ J； $(2)1.01\times10^{-4}$ J； $(3)4.49\times10^{-12}$ F

第八章

8-1 4×10^{-5} T **8-2** $(1)\dfrac{2\mu_0 I}{\pi a}$； $(2)8\times10^{-5}$ T

8-3 $(a)\dfrac{\mu_0 I}{4\pi a}$，垂直纸面向外； $(b)\dfrac{\mu_0 I}{2\pi a} + \dfrac{\mu_0 I}{4r}$，垂直纸面向里； $(c)\dfrac{9\mu_0 I}{2\pi a}$，垂直纸面向里

8-4 $(1)1.44\times10^{-5}$ T；$(2)B:B_{地} = 0.24$ **8-5** 4×10^{-3} T

8-6 $\dfrac{\mu_0 Q\omega}{2\pi(a+b)}$，方向：垂直纸面向外

8-7 $\dfrac{\mu_0 I}{4\pi R}(\pi - \sqrt{2})$；垂直纸面向里 **8-8** $(1)0.135$ Wb； $(2)0$

8-9 $(1)0.24$ Wb； $(2)0$； $(3)-0.24$ Wb **8-10** 5.66×10^{-6} T

8-11 1.2×10^{-4} T，1.2×10^{-4} T； $(2)L_2$ 外侧 0.1 m

8-12 0 **8-13** $6.37\times10^{-5}i$ T **8-14** $\dfrac{\mu_0 NI}{4R}$

8-15 $(1)4\times10^{-5}$ T，向外； $(2)2.2\times10^{-6}$ Wb

8-16 10^{-6} Wb **8-17** $B = \dfrac{\mu_0 I}{2\pi b}\ln\dfrac{r+b}{r}$，垂直纸面向里

8-18 $\mu_0 i$ **8-20** $(1)\dfrac{\mu_0 Ir}{2\pi R_1^2}$； $(2)\dfrac{\mu_0 I}{2\pi r}$； $(3)\dfrac{\mu_0 I(R_3^2 - r^2)}{2\pi r(R_3^2 - R_2^2)}$； $(4)0$

8-21 $r < R_1$，$B = 0$；$R_1 < r < R_2$，$B = \dfrac{\mu_0 NI}{2\pi r}$；$r > R_2$，$B = 0$

8-22 $B_0 = \dfrac{\mu_0 jr^2}{2d}$，方向：垂直于 OO' 轴向上；$B'_0 = \dfrac{\mu_0 jd}{2}$，方向：垂直于 OO' 轴向上；

第九章

9-1 3.46×10^{-6} N，方向指向等边三角形中心

9-2 $F_{AB} = \dfrac{\mu_0 I_1 I_2 a}{2\pi d}$，垂直 AB 向左；$F_{AC} = \dfrac{\mu_0 I_1 I_2}{2\pi}\ln\dfrac{d+a}{d}$，垂直 AC 向下；

$F_{BC} = \dfrac{\mu_0 I_1 I_2}{\sqrt{2}\pi}\ln\dfrac{d+a}{d}$，垂直 BC 向右上

9-3 $(1)7.85\times10^{-2}$ N·m，方向沿转轴向上； $(2)7.85\times10^{-2}$ J

9-4 $(1)F_{CD} = 8.0\times10^{-4}$ N，$F_{FE} = 8.0\times10^{-5}$ N，$F_{ED} = F_{CF} = 9.2\times10^{-5}$ N；

$(2)F = 7.2\times10^{-4}$ N，向左，$\boldsymbol{M} = 0$

9-6　$\dfrac{\mu_0 I_1 I_2}{2\pi}\ln\dfrac{a+R}{a-R}$，方向沿 y 轴

9-7　$\dfrac{Mg}{(2NLB)}$　　　　**9-8**　$\dfrac{\mu_0 I^2}{\pi^2 R}$　　　　**9-9**　(1)36 A・m²；　(2)144 N・m

9-10　$\dfrac{(\sqrt{2}+1)eBl}{m}$　　　　**9-11**　$(8.69\boldsymbol{i}+5\boldsymbol{j})\times 10^{-2}$ T

9-12　0.34 N，垂直环面向上　　　　**9-13**　2.45 T，自西向东

9-14　$1.6\times 10^{-13}\,\boldsymbol{k}$ N　　　　**9-15**　5.69×10^{-5} T，1.0×10^{7} rad・s⁻¹

9-16　(1)3.48×10^{-2} m；(2)0.38 m；(3)2.28×10^{7} Hz

9-17　(1)6.7×10^{-4} m・s⁻¹；(2)2.8×10^{29} m⁻³

第十章

10-1　1.57×10^{-3} A・m²　　　　**10-2**　(1)2.51×10^{-4} T，200 A・m⁻¹；　(2)1.06 T，200 A・m⁻¹

10-3　(1)2.12×10^{3} A・m⁻¹；　(2)4.71×10^{-4} H・m⁻¹，375

10-4　(1)2×10^{4} A・m⁻¹；　(2)7.76×10^{5} A・m⁻¹；　(3)38.8；　(4)39.8

10-5　(1)2×10^{-2} T；　(2)32 A・m⁻¹　　　　**10-6**　4.78×10^{3}　　　　**10-7**　$(\mu_r-1)\dfrac{NI}{2\pi r}$

第十一章

11-1　(1)-1.0 V，图中逆时针方向；　(2)1.25 N；　(3)相等

11-2　$\dfrac{\mu_0 Ib}{2\pi a}\left(\ln\dfrac{a+d}{d}-\dfrac{a}{a+d}\right)v$，方向：顺时针

11-3　(1)$\dfrac{\mu_0 Ilv}{2\pi}\left(\dfrac{1}{a}-\dfrac{1}{a+b}\right)$；　(2)$-\dfrac{\mu_0 I_0 l\omega\cos\omega t}{2\pi}\ln\dfrac{a+b}{a}$；

　　　(3)$\dfrac{\mu_0 I_0 lv\sin\omega t}{2\pi}\left(\dfrac{1}{a}-\dfrac{1}{a+b}\right)-\dfrac{\mu_0 I_0 l\omega\cos\omega t}{2\pi}\ln\dfrac{a+b}{a}$

11-4　$-B\tan\theta v^2 t$，$kv^3\tan\theta\left(\dfrac{1}{3}\omega t^2\sin\omega t-t^3\cos\omega t\right)$　　　　**11-5**　0.40 V

11-6　8.89×10^{-2} V，逆时针方向　　　　**11-7**　$By\sqrt{\dfrac{8a}{\alpha}}$，$\varepsilon_i$ 实际方向沿 ODC

11-8　$\varepsilon_{MeN}=\dfrac{\mu_0 Iv}{2\pi}\ln\dfrac{a+b}{a-b}$，方向 $N\rightarrow M$，$U_{M-N}=\dfrac{\mu_0 Iv}{2\pi}\ln\dfrac{a+b}{a-b}$

11-9　(1)$\varepsilon=(Blg\sin\theta\cos\theta)t$；　(2)$\varepsilon=\dfrac{MgR\sin\theta}{(Bl\cos\theta)^2}\left[1-\mathrm{e}^{\frac{(Bl\cos\theta)^2}{MR}\cdot t}\right]$

11-10　$v=\dfrac{RF}{B^2 l^2}\left[1-\exp\left(-\dfrac{B^2 l^2}{mR}t\right)\right]$　　　　**11-11**　4.74×10^{-3} V

11-12　$\left(\dfrac{\sqrt{3}R^2}{4}+\dfrac{\pi R^2}{12}\right)\dfrac{\mathrm{d}B}{\mathrm{d}t}$，方向 $a\rightarrow b$　　　　**11-13**　$-\left(\dfrac{\pi R^2}{6}-\dfrac{\sqrt{3}}{4}R^2\right)\dfrac{\mathrm{d}B}{\mathrm{d}t}$，逆时针方向

11-14　31 V，逆时针方向

11-15　5.0×10^{-4} V・m⁻¹；6.25×10^{-4} V・m⁻¹；3.13×10^{-4} V・m⁻¹

11-16 (1) $U_{ab}=0$；(2) $U_c > U_d$ **11-17** $\dfrac{\mu_0 a}{2\pi}\ln 2$ **11-18** (a) 2.8×10^{-6} H；(b) 0

11-19 7.5×10^{-5} H **11-20** (1) $\dfrac{\mu_0 N^2 h}{2\pi}\ln\dfrac{R_2}{R_1}$；(2) $\dfrac{\mu_0 N^2 I^2 h}{4\pi}\ln\dfrac{R_2}{R_1}$

11-21 $\dfrac{\mu_0 I^2}{16\pi}$ **11-22** $\dfrac{\varepsilon k}{r\ln\dfrac{R_2}{R_1}}$

11-24 在 a、b、c 三点时电子加速度大小均为 4.4×10^{7} m·s^{-2}，方向分别为：向左，向右，向上；轴线上，0

11-25 700 Wb·s^{-1} **11-26** 1.5×10^{8} V·m^{-1}

11-27 8×10^{-2} J **11-28** $\dfrac{q}{2}\dfrac{a^2 v}{(a^2+x^2)^{3/2}}$